附　　图

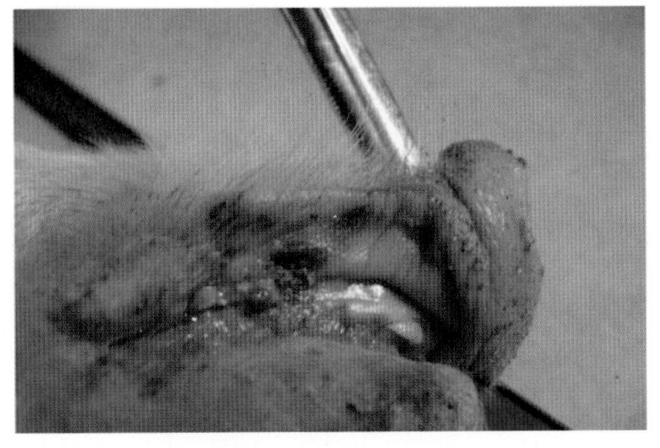

附图 2-1　猪口蹄疫　病猪口腔黏膜水疱破裂形成溃疡和烂斑　(郑明学)

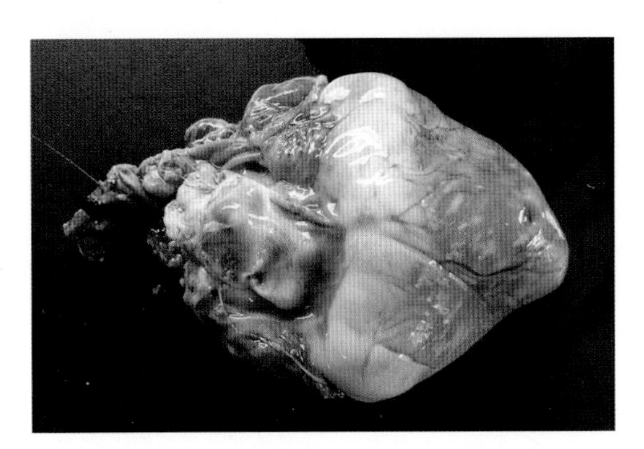

附图 2-2　猪口蹄疫　虎斑心　(郑明学)

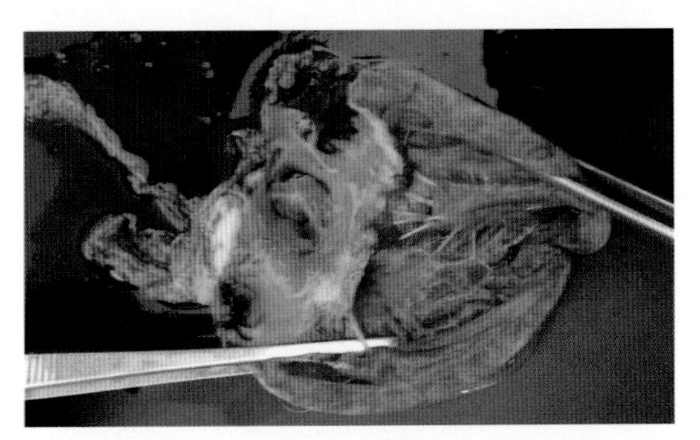

附图 2-3　猪口蹄疫　虎斑心　(郑明学)

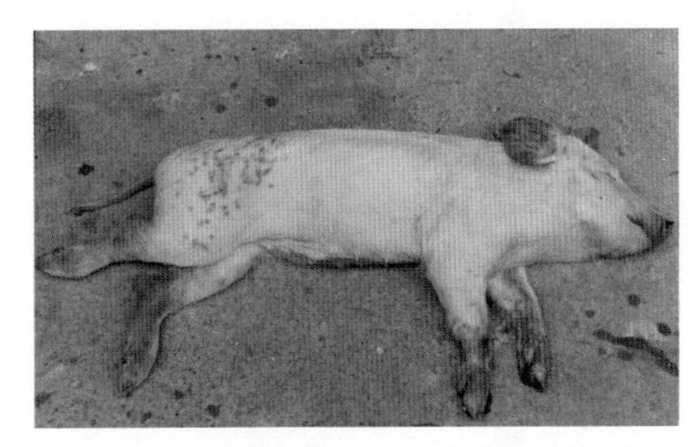

附图 2-4　仔猪副伤寒　耳、嘴、尾和四肢末梢皮肤呈紫红色　(郑明学)

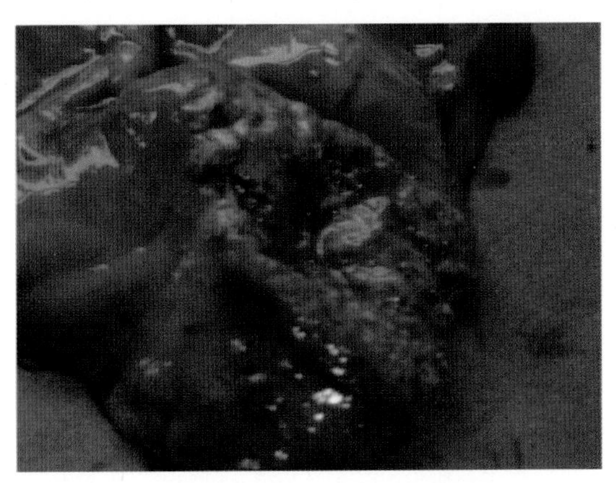

附图 2-5　仔猪副伤寒　猪结肠黏膜被覆灰黄色的糠麸样渗出物　(郑明学)

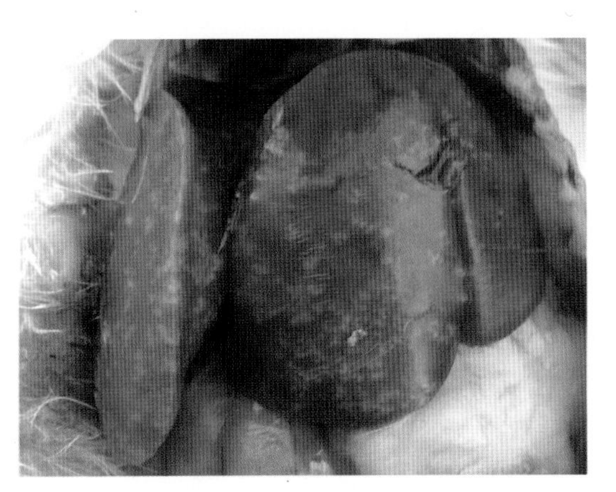

附图 2-6　鸡白痢　肝脏表面散在灰黄色坏死灶和灰白色结节　(刘思当)

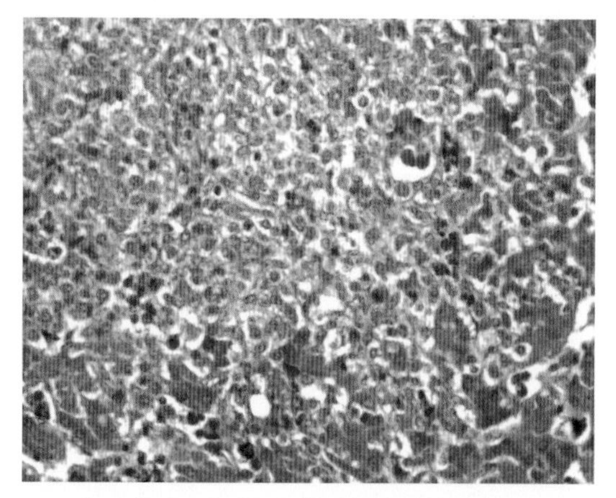

附图 2-7　鸡白痢　肝脏中由网状细胞增生和巨噬细胞浸润形成的副伤寒结节，肝细胞灶状坏死（HE×200）（刘思当）

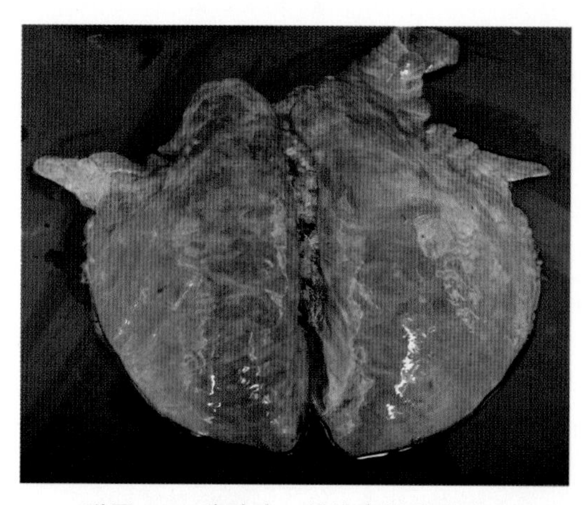

附图 2-8　猪肺疫　纤维素性胸膜肺炎，肺呈大理石样　（郑明学）

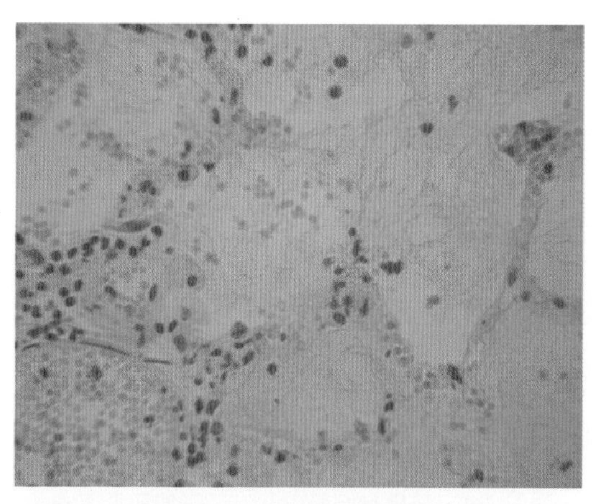

附图 2-9　猪肺疫　纤维素性胸膜肺炎（HE×200）（郑明学）

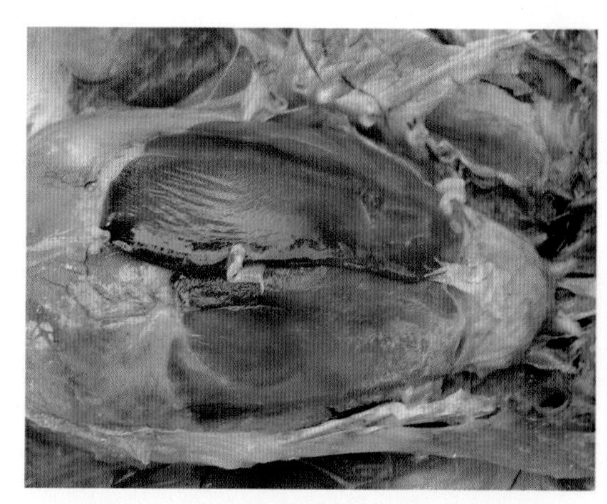

附图 2-10　鸡大肠杆菌病　纤维素性肝周炎（郑明学）

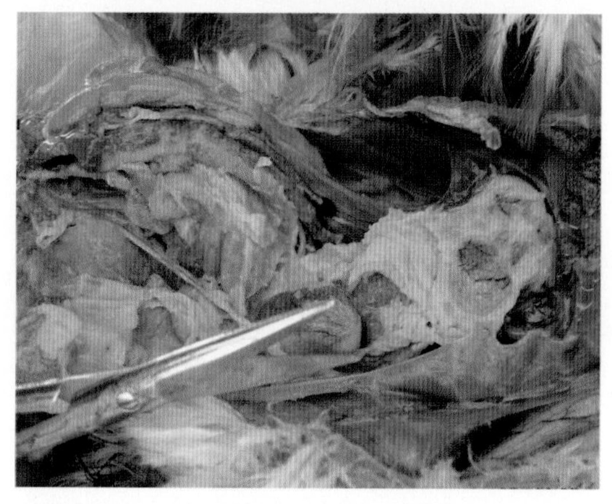

附图 2-11　鸡大肠杆菌病　卵黄性腹膜炎　（郑明学）

附图 2-12　鸡大肠杆菌病　全眼球炎　（郑明学）

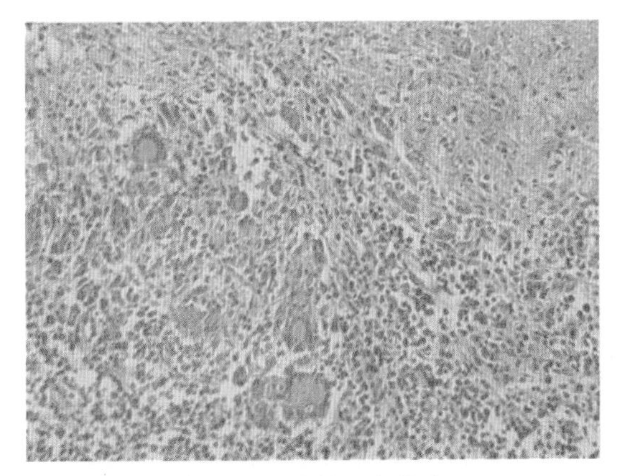

附图 2-13　结核病　结核性肉芽肿(HE×200)
(郑明学)

附图 2-14　结核病　肺结核干酪样坏死灶
(郑明学)

附图 2-15　猪链球菌病　肺充血、水肿,肺脏实质中有散在的黄白色大小不等的化脓灶　(郑明学)

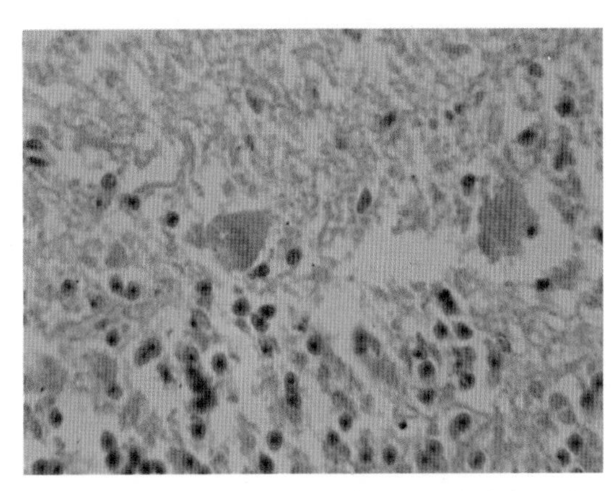

附图 2-16　狂犬病　小脑浦金野细胞质内圆形嗜酸性包涵体(HE×400)　(郑明学)

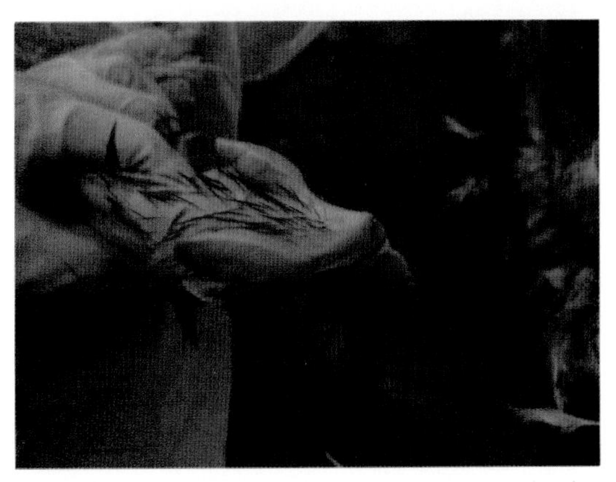

附图 2-17　禽流感　鸡冠、肉髯极度肿胀,出血、发绀、坏死　(郑明学)

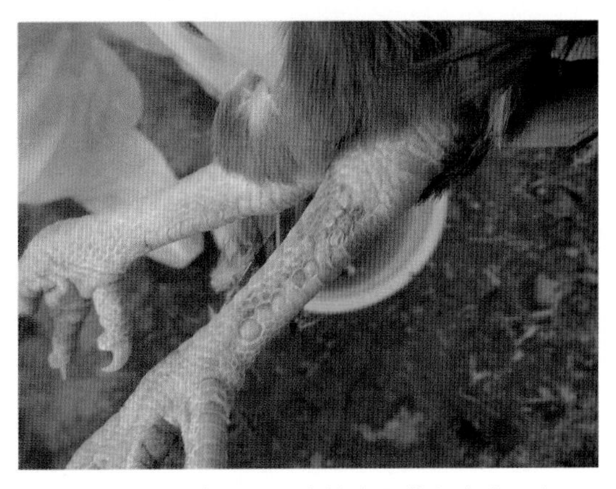

附图 2-18　禽流感　脚鳞出现紫红色出血斑
(郑明学)

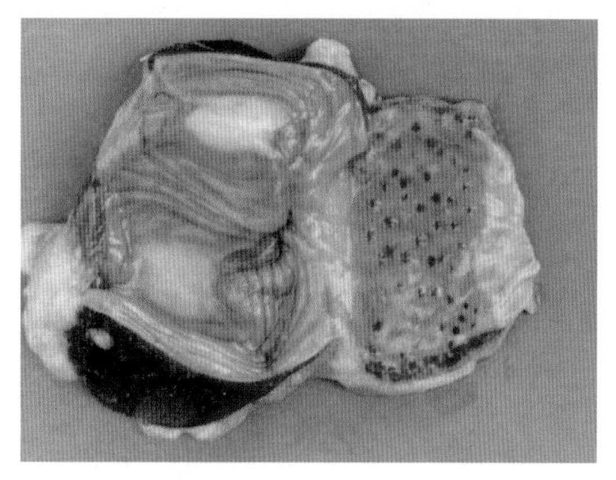

附图 2-19　禽流感　腺胃黏膜乳头出血　（郑明学）

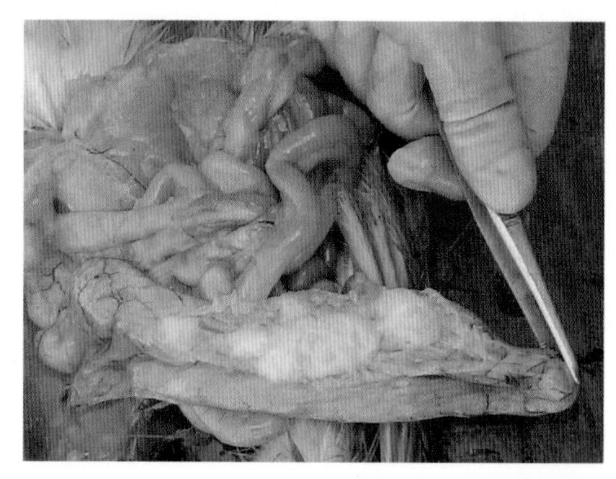

附图 2-20　禽流感　输卵管的中部可见乳白色分泌物或凝块　（郑明学）

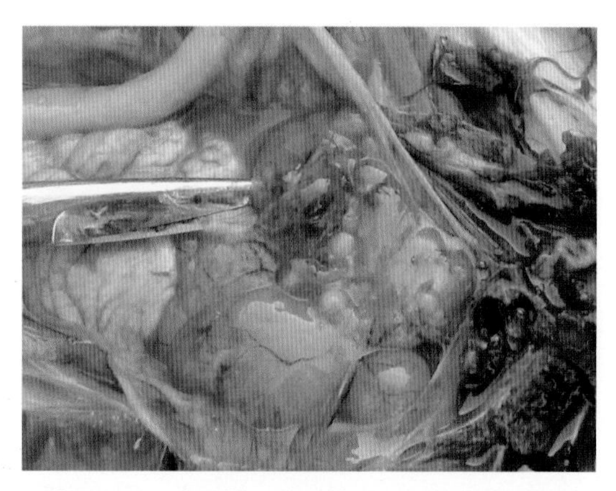

附图 2-21　禽流感　卵泡充血、出血、软化、破裂（郑明学）

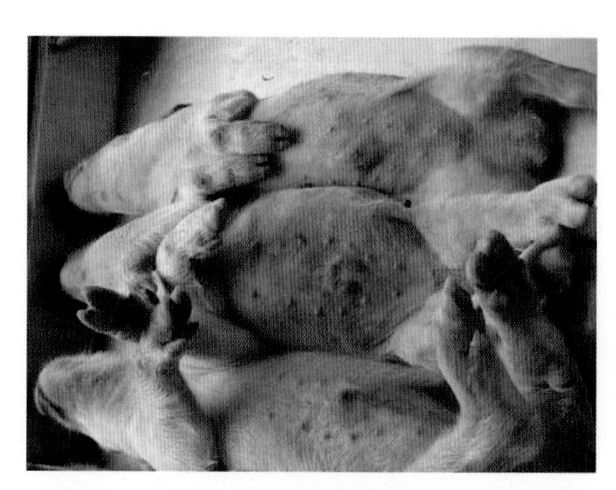

附图 3-1　猪瘟　病猪腹部皮肤充血、出血，阴鞘积尿膨胀　（刘思当）

附图 3-2　猪瘟　膀胱黏膜斑点状出血　（刘思当）

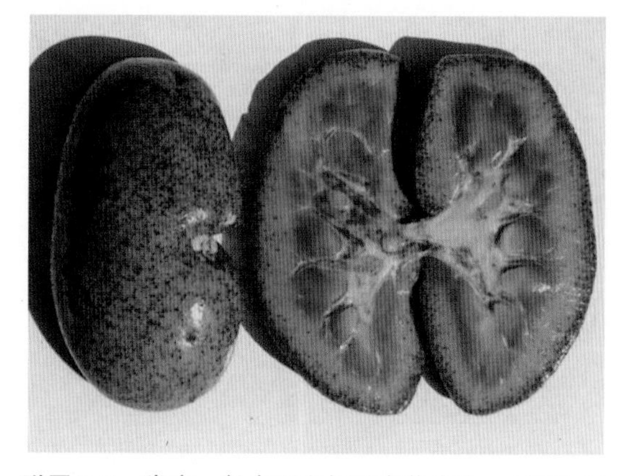

附图 3-3　猪瘟　肾表面和切面点状出血　（刘思当）

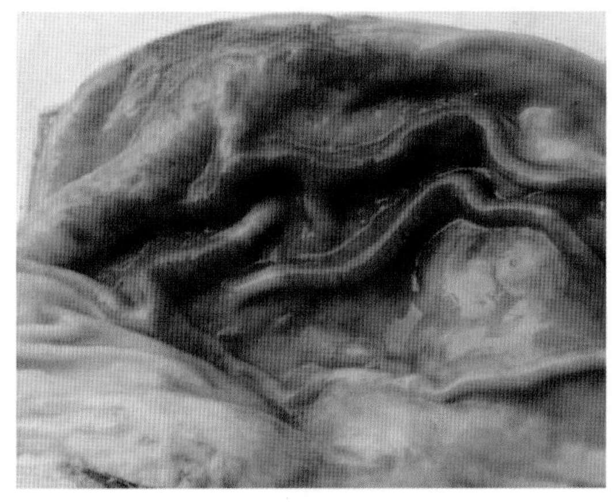

附图 3-4　猪瘟　胃黏膜弥漫性充血、出血
（刘思当）

附图 3-5(a)　猪瘟　结肠淋巴滤泡处溃疡肿胀
（匡宝晓）

附图 3-5(b)　猪瘟　结肠淋巴滤泡处溃疡肿胀
（匡宝晓）

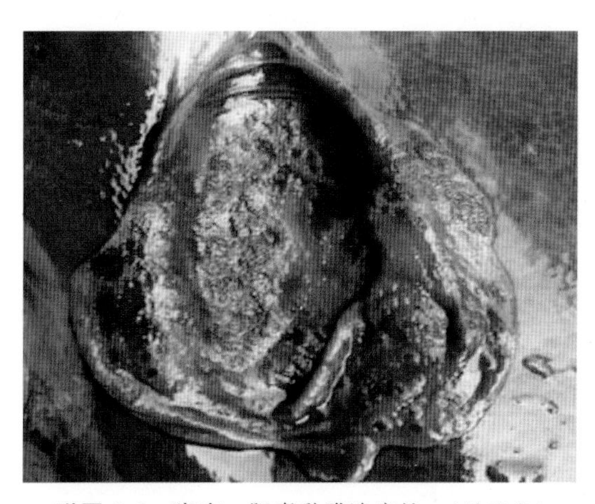

附图 3-6　猪瘟　胆囊黏膜溃疡灶（刘思当）

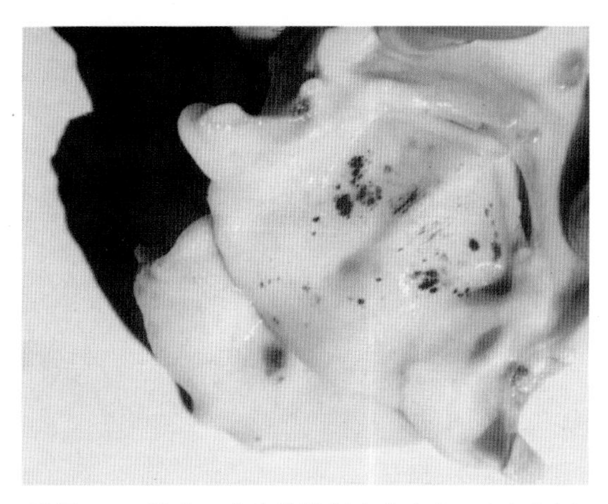

附图 3-7　猪瘟　喉头黏膜斑点状出血（刘思当）

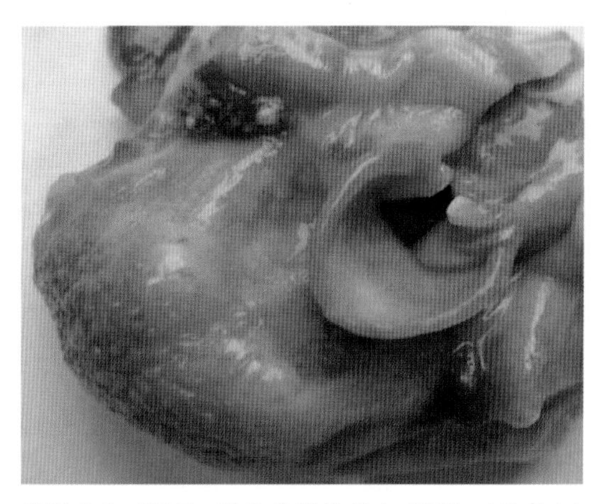

附图 3-8　猪瘟　喉头扁桃体充血、坏死（刘思当）

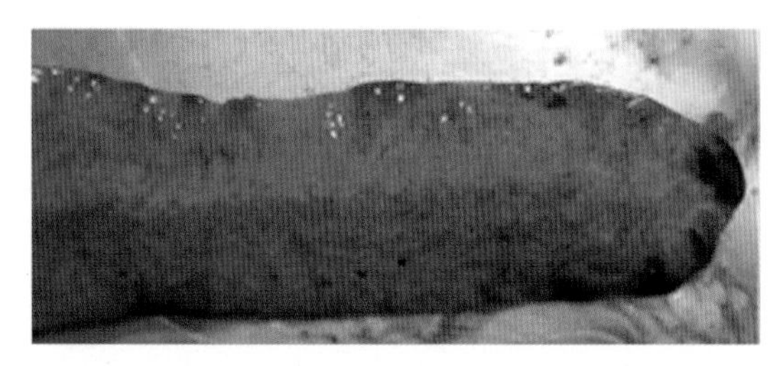

附图 3-9　猪瘟　脾边缘出血性梗死灶　（刘思当）

附图 3-10　猪瘟　全身淋巴结出血性炎症　（刘思当）

附图 3-11　猪瘟　慢性型猪瘟结肠布满溃疡灶
（刘思当）

附图 3-12　猪瘟　肠型猪瘟结肠黏膜扣状肿
（郑明学）

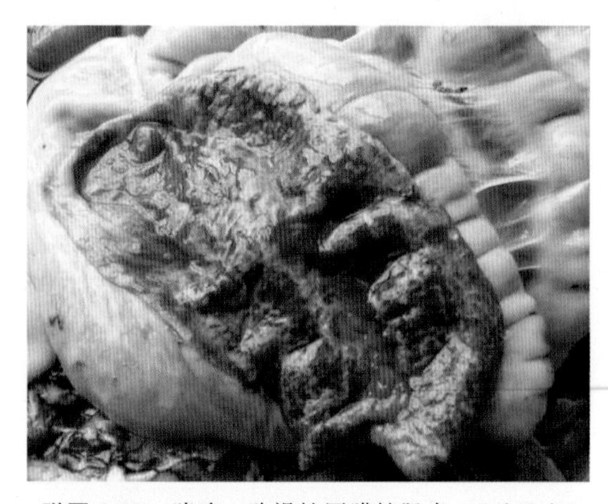

附图 3-13　猪瘟　弥漫性固膜性肠炎　（刘思当）

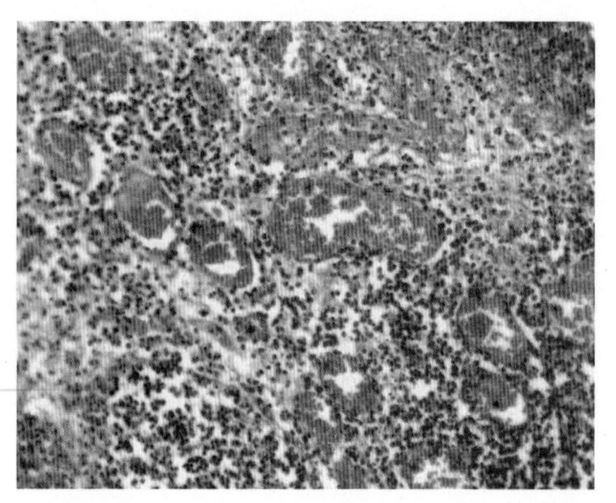

附图 3-14　猪瘟　浆液性淋巴结炎（HE×200）
（刘思当）

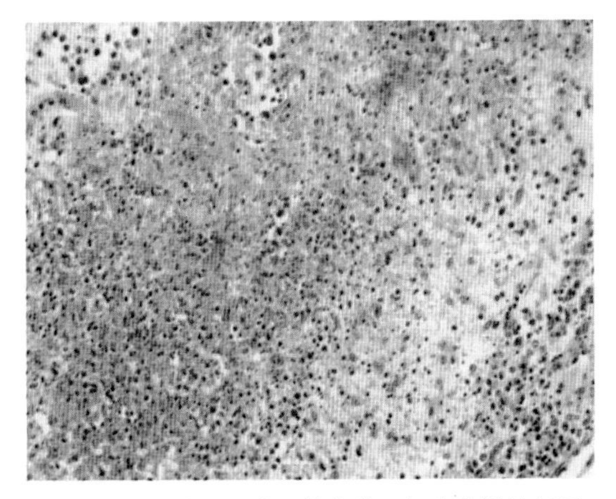

附图 3-15　猪瘟　淋巴结内淋巴细胞弥漫性坏死（HE×200）（刘思当）

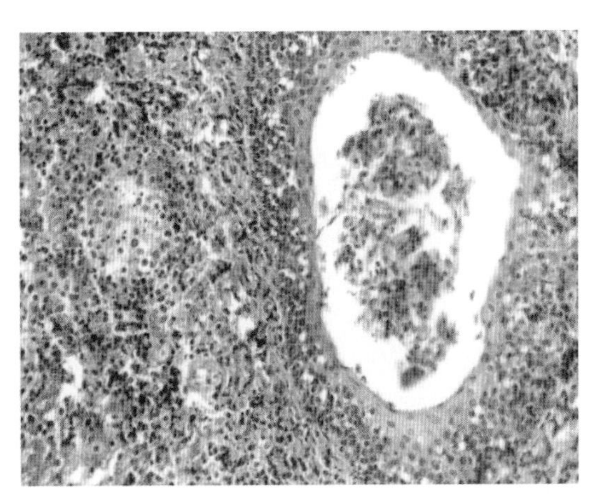

附图 3-16　猪瘟　扁桃体隐窝周围淋巴组织坏死（HE×200）（刘思当）

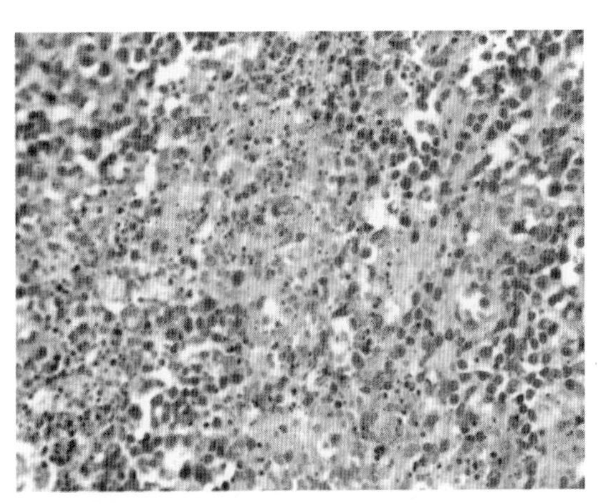

附图 3-17　猪瘟　脾淋巴细胞坏死、出血（HE×400）（刘思当）

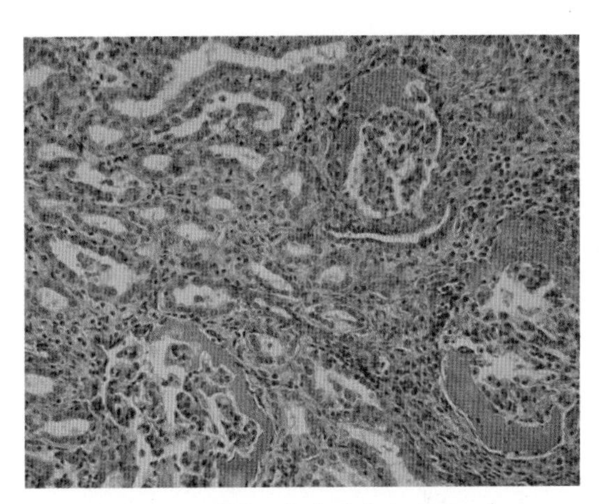

附图 3-18　猪瘟　肾小球出血（HE×200）（郑明学）

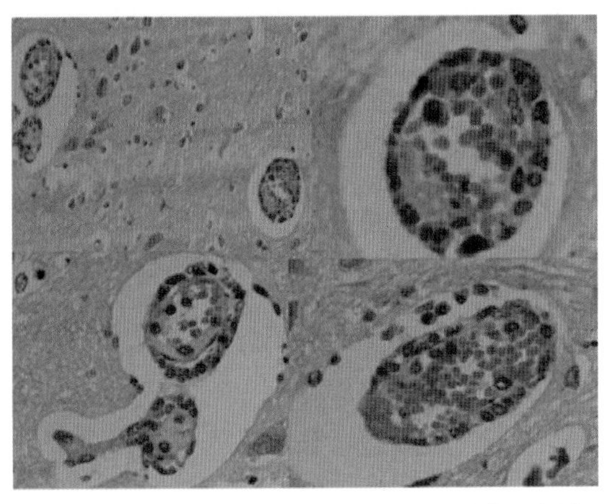

附图 3-19　猪瘟　病毒性脑炎——袖套现象（HE×400）（刘思当）

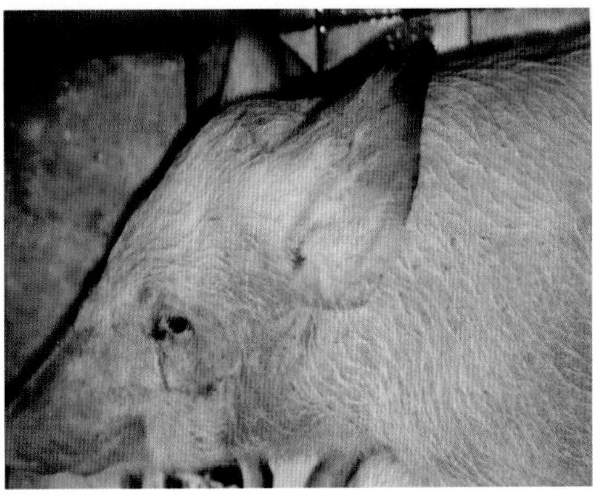

附图 3-20　猪蓝耳病　病猪耳及嘴发绀（刘思当）

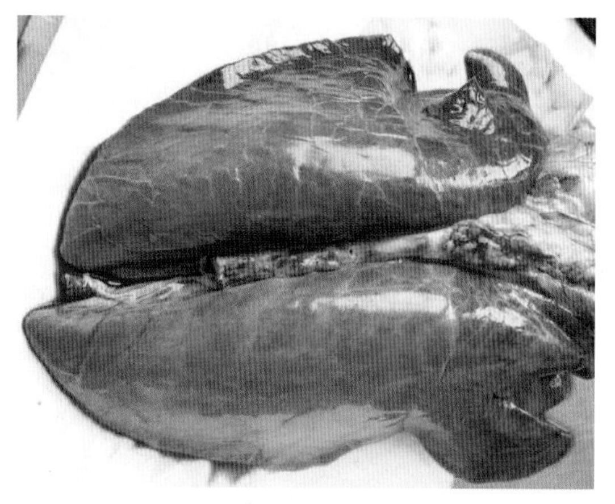

附图 3-21　猪蓝耳病　肺紫红色实变　（刘思当）

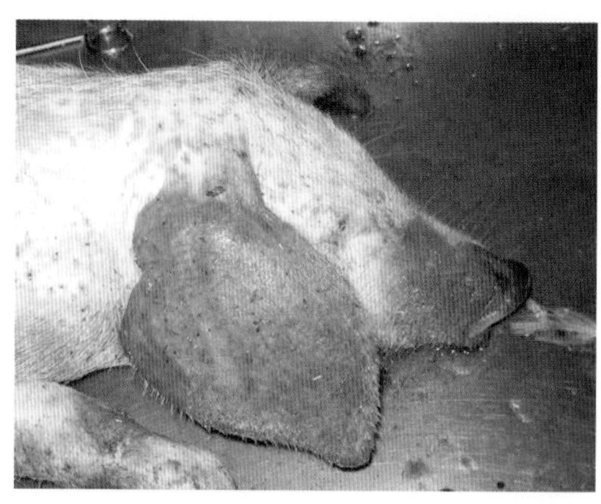

附图 3-22　高致病性蓝耳病　病猪耳及嘴发绀（刘思当）

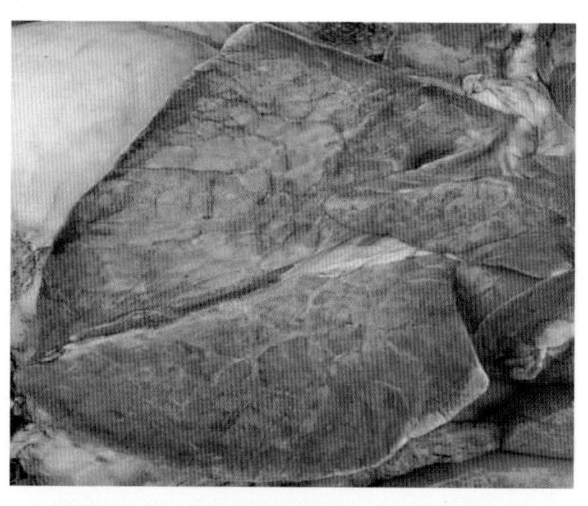

附图 3-23　高致病性蓝耳病　肺紫红色实变（刘思当）

附图 3-24　高致病性蓝耳病　颈部淋巴结出血性炎症　（刘思当）

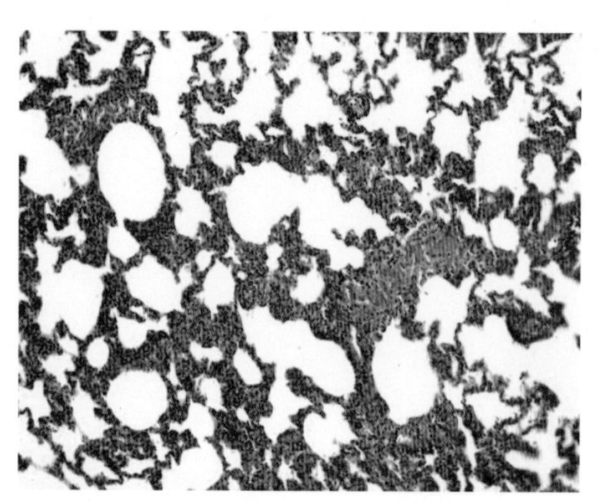

附图 3-25　低致病性蓝耳病　肺泡壁增厚，炎性细胞浸润（HE×100）　（刘思当）

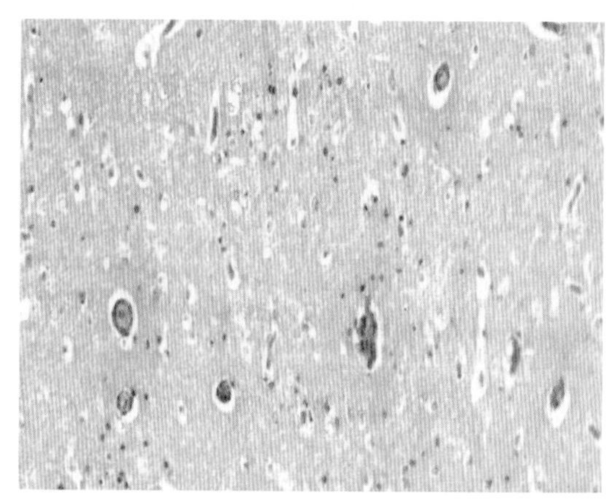

附图 3-26　低致病性蓝耳病　脑血管周围淋巴细胞浸润（HE×200）　（刘思当）

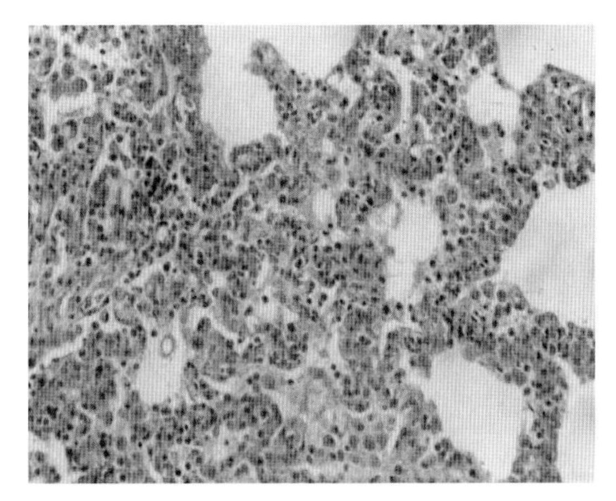

附图 3-27　高致病性蓝耳病　肺泡壁炎性细胞浸润,显著增厚(HE×200)　(刘思当)

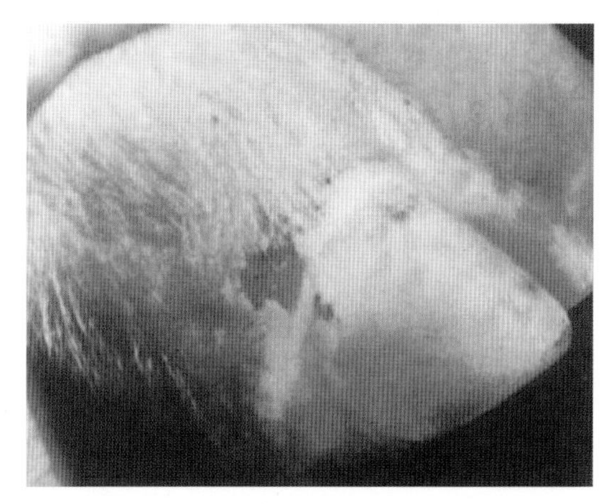

附图 3-28　猪水疱病　蹄冠白带处水疱破溃　(刘思当)

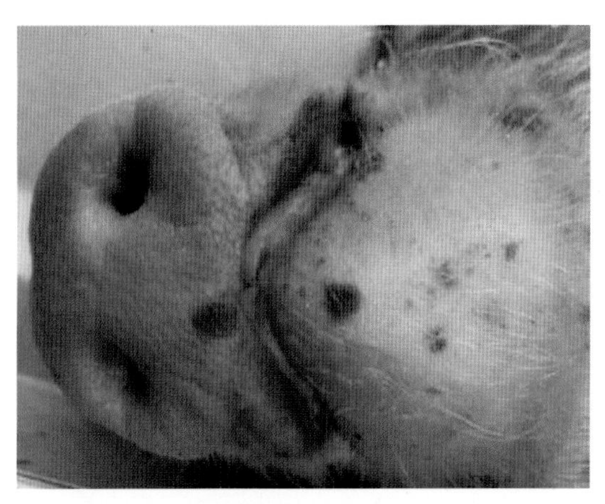

附图 3-29　猪水疱病　吻突及下颌水疱破溃　(刘思当)

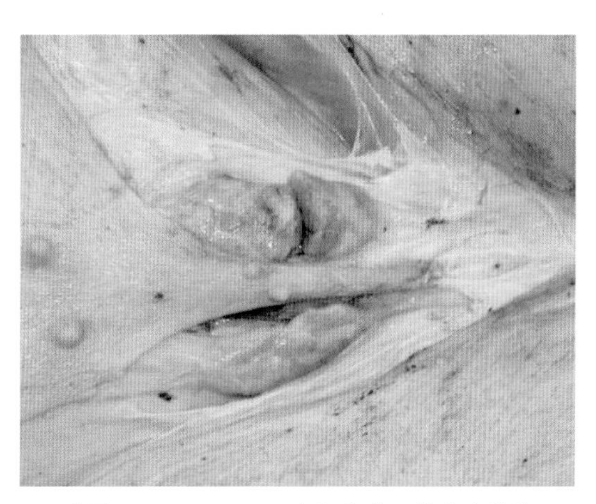

附图 3-30　PMWS　腹股沟淋巴结高度肿胀　(刘思当)

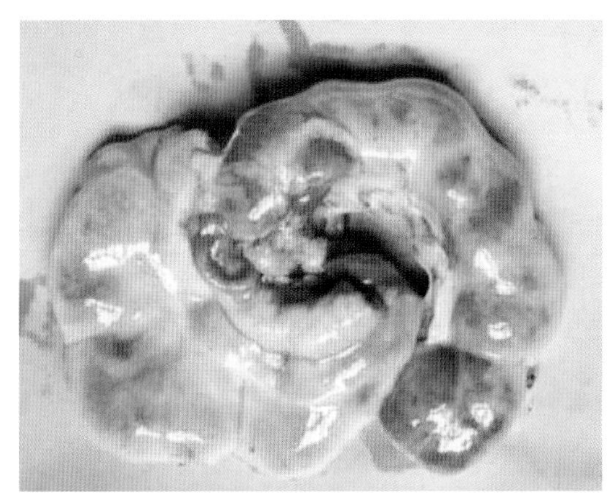

附图 3-31　PMWS　肠系膜淋巴结高度肿胀,切面结构致密　(刘思当)

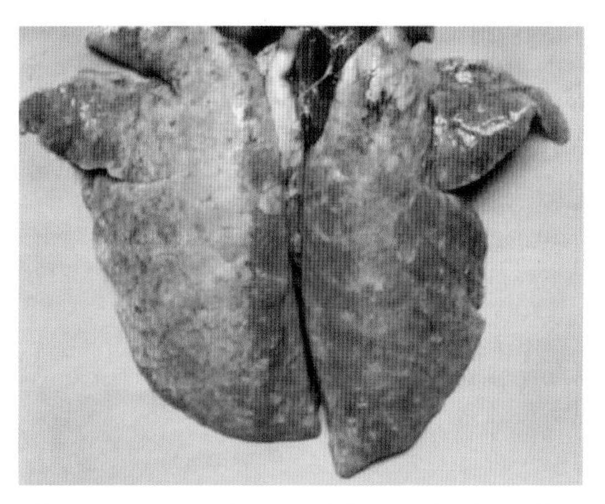

附图 3-32　PMWS　肺呈暗红色实变　(刘思当)

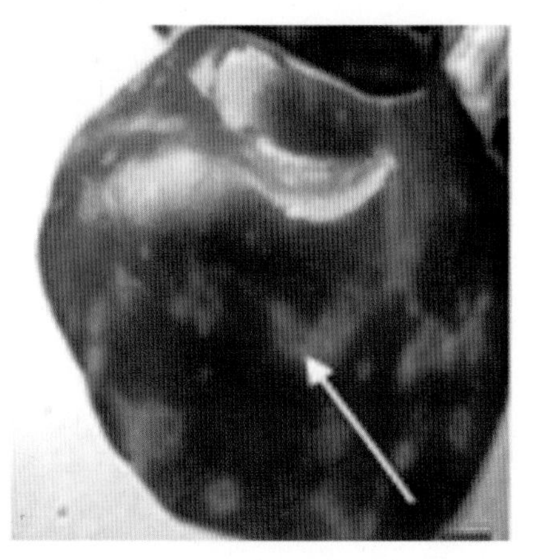

附图 3-33　PMWS　急性间质性肝炎，呈花斑状（刘思当）

附图 3-34　猪圆环病毒感染　白斑肾　（刘思当）

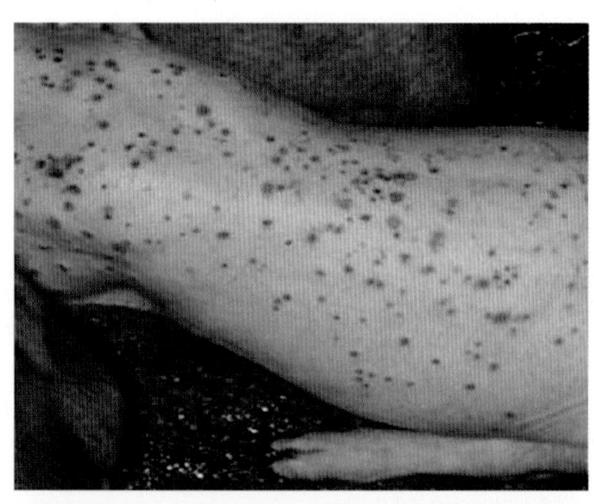

附图 3-35　PDNS　背部皮肤出现圆形或不规则形的暗红色斑点　（刘思当）

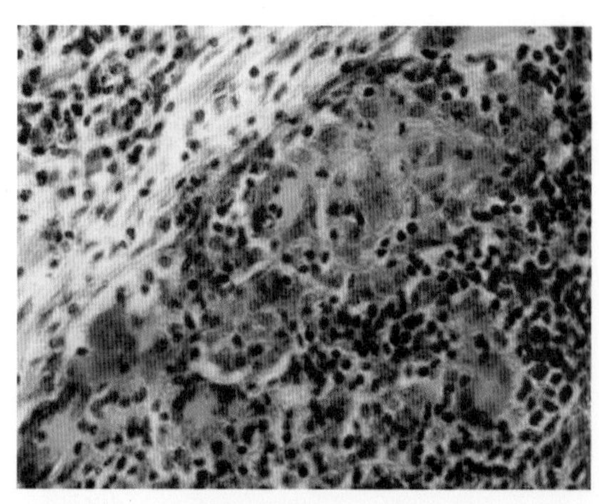

附图 3-36　猪圆环病毒感染　肉芽肿性淋巴结炎（HE×200）（刘思当）

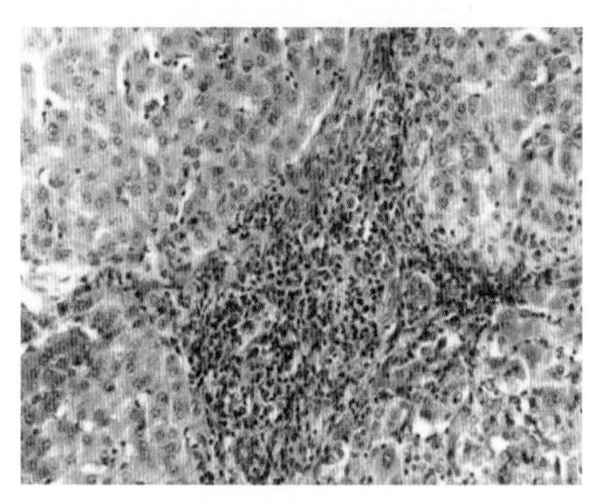

附图 3-37　猪圆环病毒感染　急性间质性肝炎（HE×200）（刘思当）

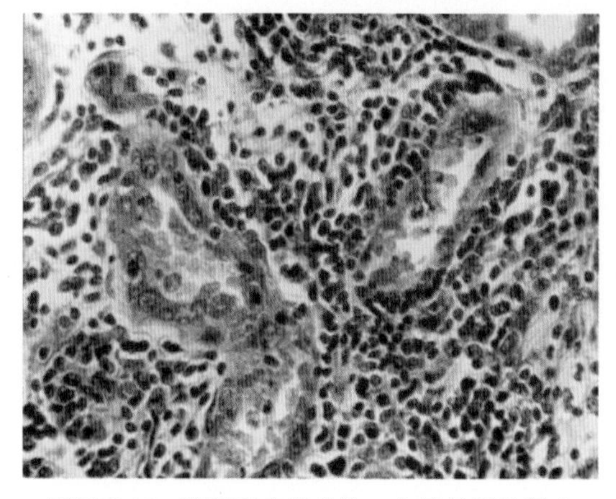

附图 3-38　猪圆环病毒感染　急性间质性肾炎（HE×200）（刘思当）

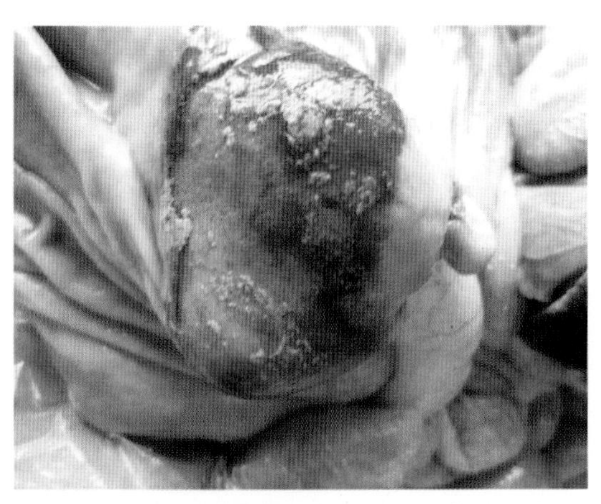

附图 3-39　猪传染性胃肠炎　胃底黏膜充血、出血（刘思当）

附图 3-40　猪传染性胃肠炎　胃肠扩张，肠壁变薄而透明，肠腔含黄色黏液　（刘思当）

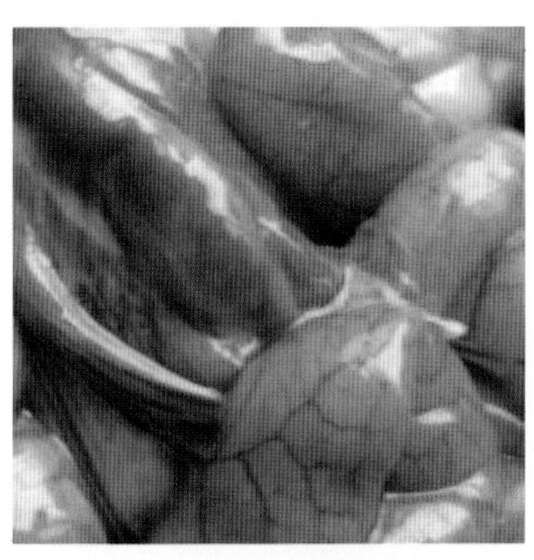

附图 3-41　猪传染性胃肠炎　小肠扩张，肠壁血管充血，肠系膜淋巴结充血水肿　（刘思当）

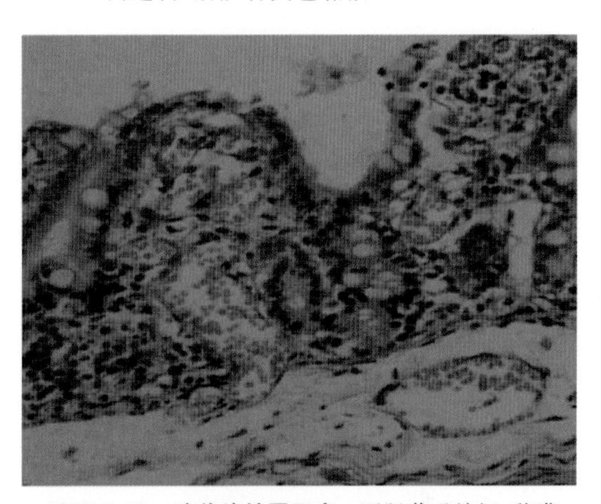

附图 3-42　猪传染性胃肠炎　回肠茸毛缩短，黏膜上皮细胞脱落，固有层充血、水肿（HE×200）（刘思当）

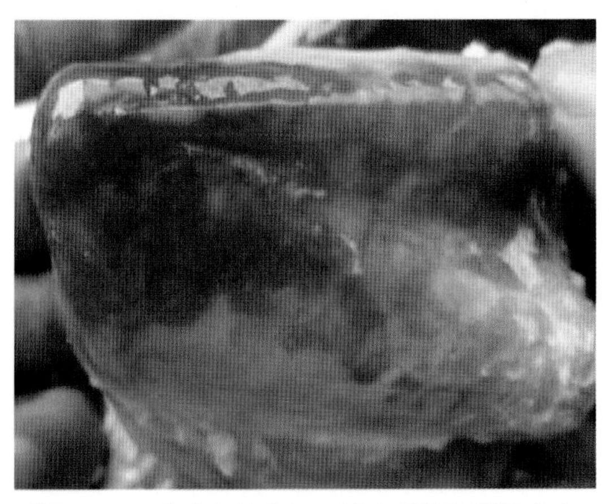

附图 3-43　猪流行性腹泻　胃底黏膜弥漫性充血、出血　（刘思当）

附图 3-44　猪流行性腹泻　胃肠扩张，肠壁变薄，充满黄白色肠液　（刘思当）

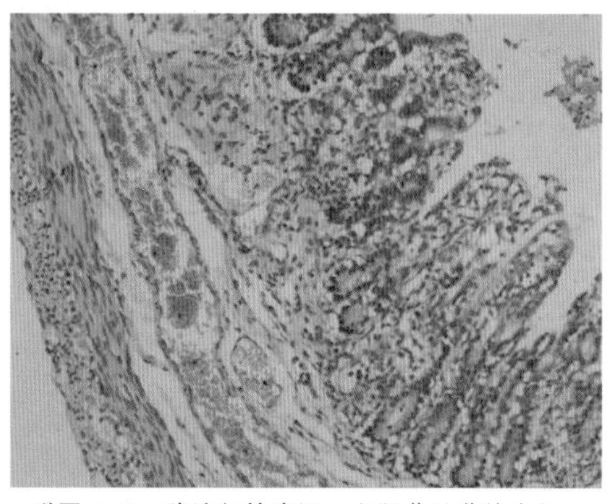

附图 3-45　猪流行性腹泻　空肠茸毛萎缩变短，黏膜上皮细胞坏死脱落，固有层充血（HE×200）（刘思当）

附图 3-46　猪轮状病毒病　肠道鼓气，肠内容物为棕黄色水样，肠壁菲薄半透明　（刘思当）

附图 3-47　猪伪狂犬病　脾表面常见米粒大灰白色坏死灶　（刘思当）

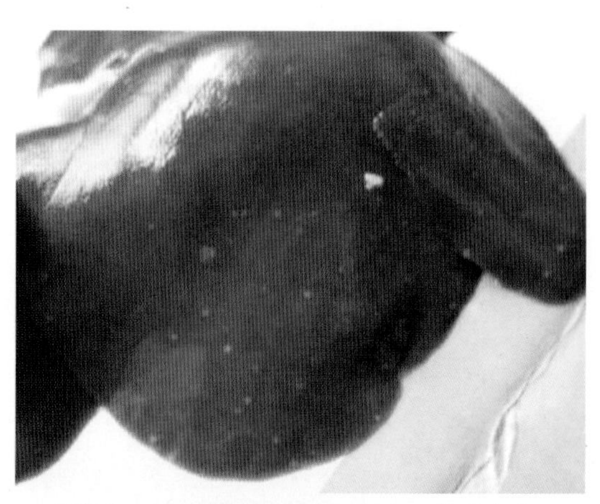

附图 3-48　猪伪狂犬病　肝表面常见米粒大灰白色坏死灶　（刘思当）

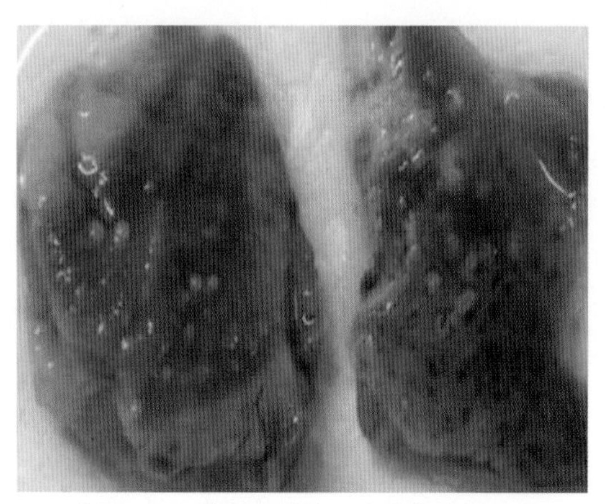

附图 3-49　猪伪狂犬病　扁桃体的坏死灶（刘思当）

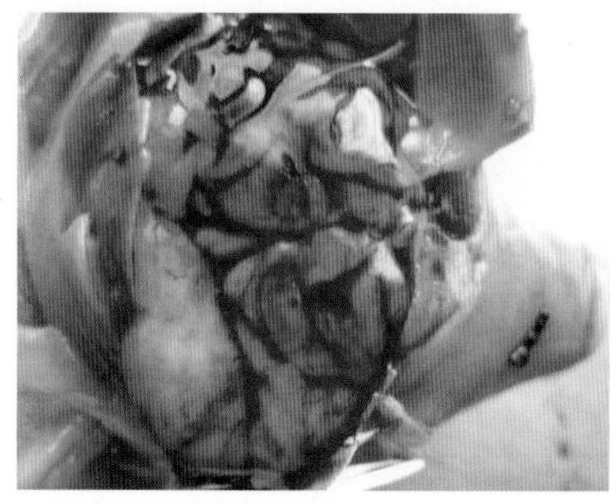

附图 3-50　猪流行性乙型脑炎　死胎脑膜充血、出血，脑水肿　（刘思当）

附图 3-51　猪痘　耳及颈部皮肤痘疹　（匡宝晓）

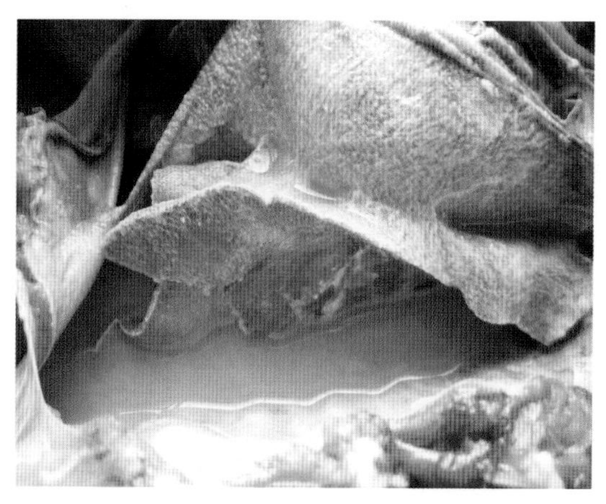

附图 3-52　副猪嗜血杆菌病　肺表面有大量纤维素性附着物，并见许多胸水　（刘思当）

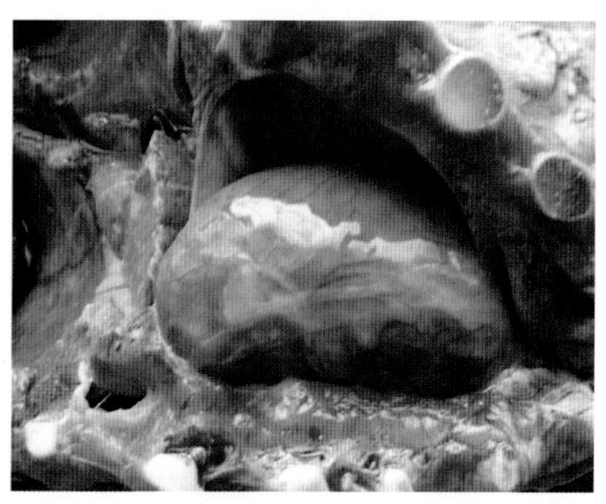

附图 3-53　副猪嗜血杆菌病　心外膜有纤维素性附着物，心外膜与心包膜粘连　（刘思当）

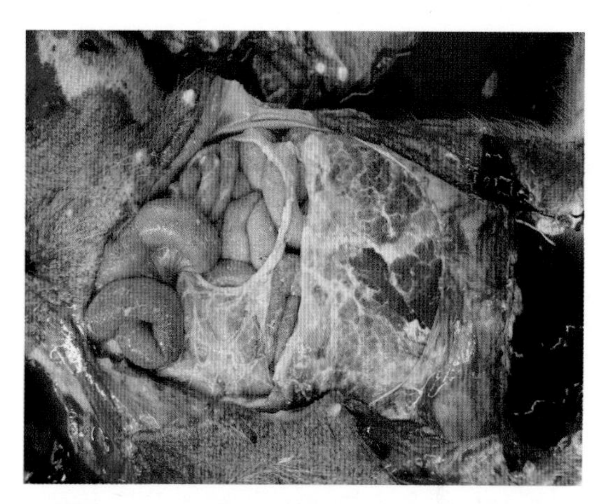

附图 3-54　副猪嗜血杆菌病　纤维素性腹膜炎　（郑明学）

附图 3-55　猪附红细胞体病　病猪精神沉郁，体表发红　（郑明学）

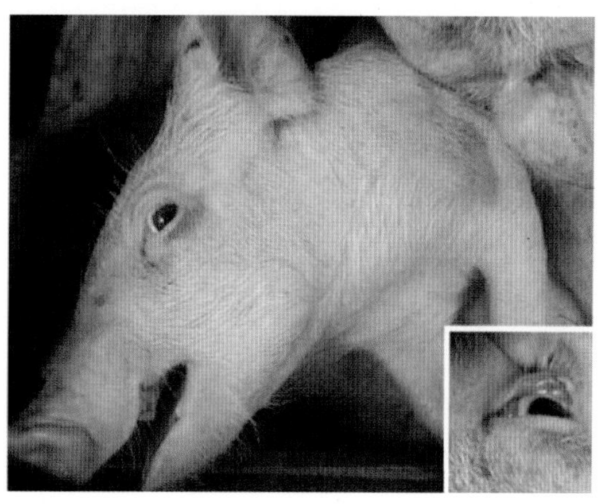

附图 3-56　猪附红细胞体病　病猪体表发黄，眼结膜黄染（黄疸）　（刘思当）

附图 3-57 猪附红细胞体病 膀胱内尿液呈棕红色 （刘思当）

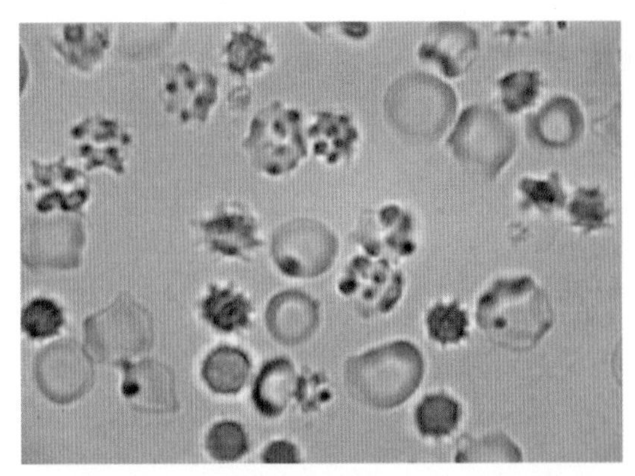

附图 3-58 猪附红细胞体病 病猪抗凝血涂片未染色，高倍镜下可见红细胞边缘有颗粒附着，附着的小体数目不一，少的只有 1 个，被附着的红细胞体积缩小、变形（HE×1 000） （刘思当）

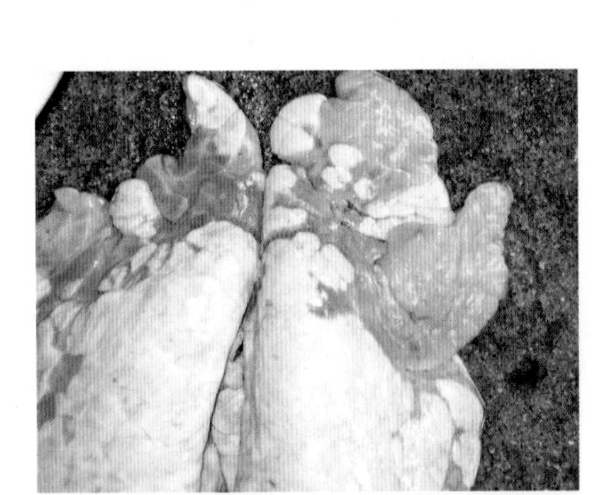

附图 3-59 猪气喘病 肺尖叶及心叶暗红色实变 （匡宝晓）

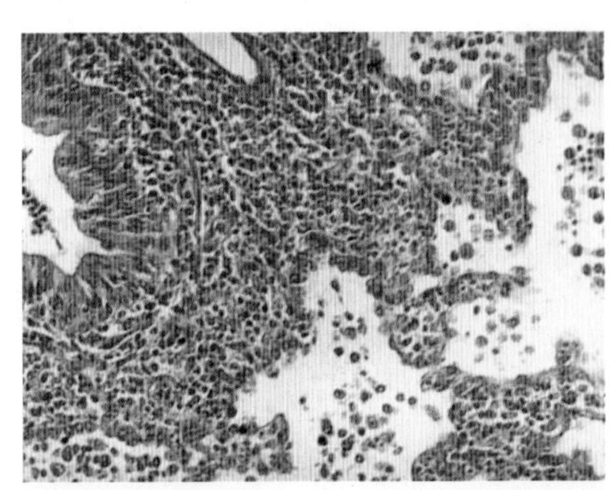

附图 3-60 猪气喘病 支气管周围淋巴细胞围管性浸润（HE×200） （刘思当）

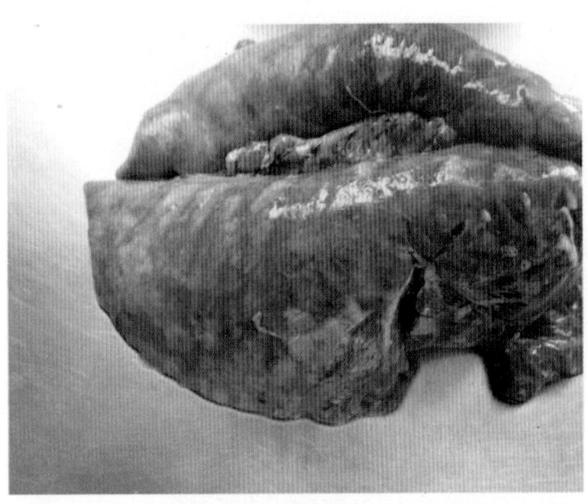

附图 3-61 猪传染性胸膜肺炎 病猪表现出血性纤维素性胸膜肺炎病变 （刘思当）

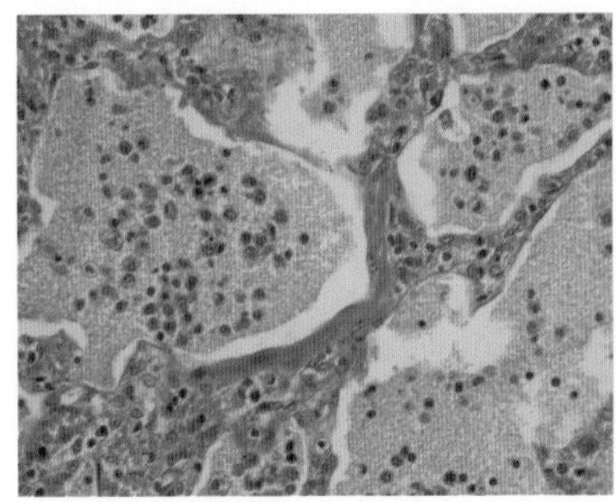

附图 3-62 最急性型猪传染性胸膜肺炎 纤维素性肺炎充血水肿期病变（HE×200） （刘思当）

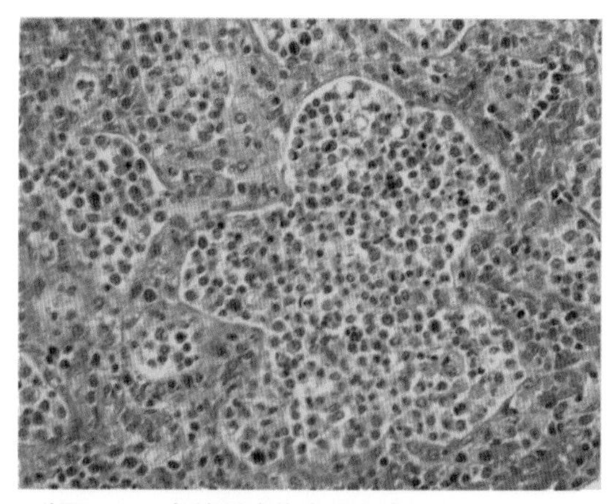

附图 3-63　急性型猪传染性胸膜肺炎　纤维素性肺炎灰色肝变期病变（HE×200）（刘思当）

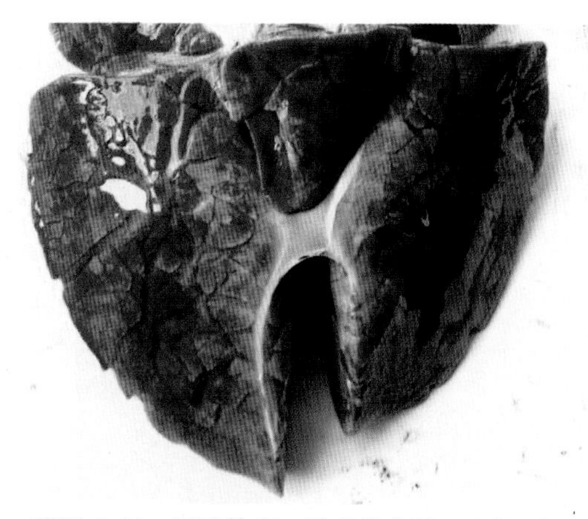

附图 3-64　弓形体病　肺炎性水肿　（刘思当）

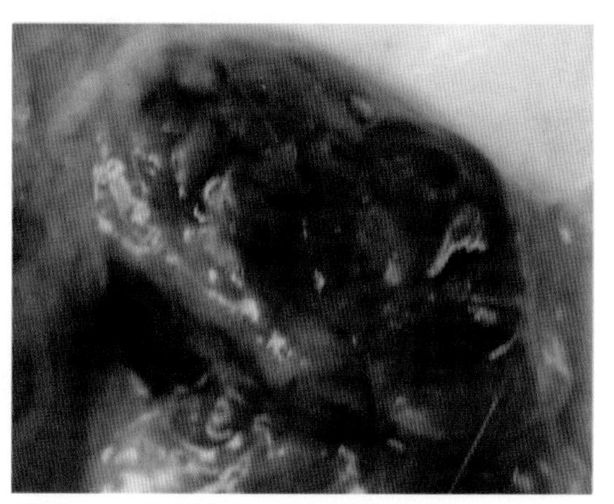

附图 3-65　弓形体病　坏死性淋巴结炎　（刘思当）

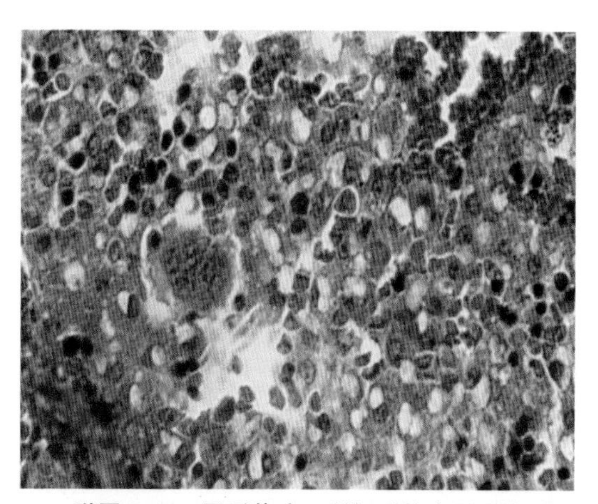

附图 3-66　弓形体病　肝坏死灶内弓形虫假包囊（HE×400）（刘思当）

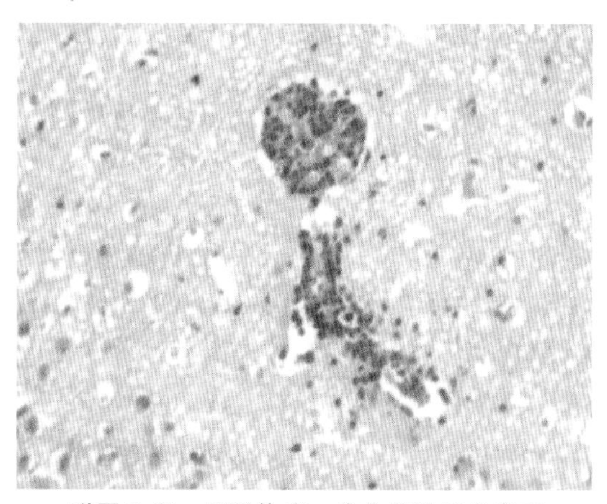

附图 3-67　弓形体病　非化脓性脑炎病变（HE×200）（刘思当）

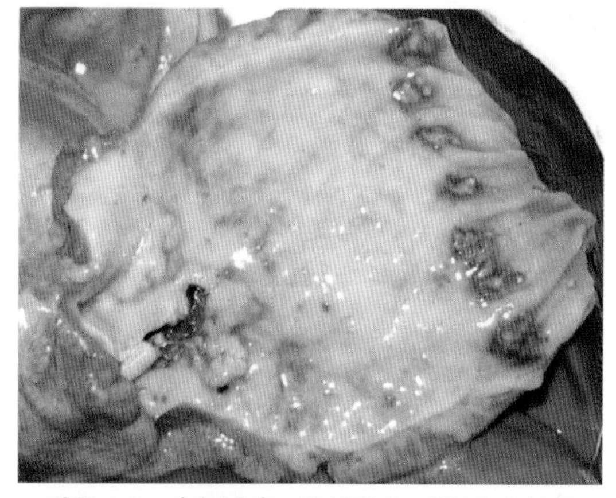

附图 4-1　鸡新城疫　腺胃乳头、喷门和幽门部黏膜出血　（刘思当）

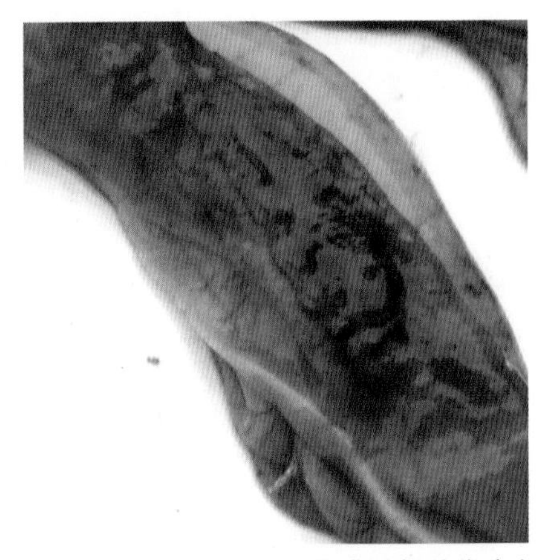

附图 4-2　鸡新城疫　肠黏膜局部肿胀隆起、充血、出血、坏死　（刘思当）

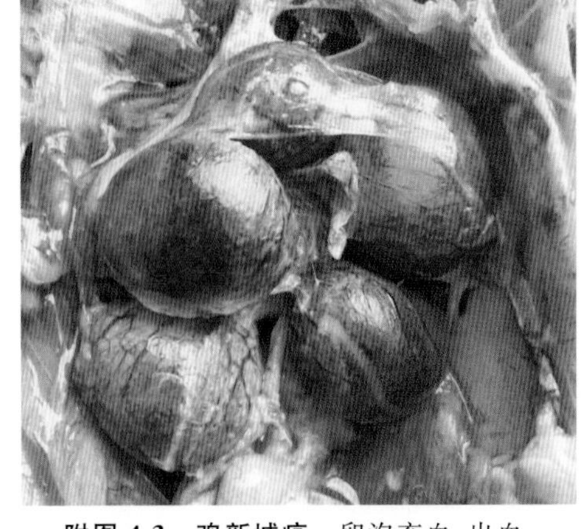

附图 4-3　鸡新城疫　卵泡充血、出血、液化　（刘思当）

附图 4-4　鸡传染性喉气管炎　喉头、气管内充满含血的炎性渗出物、干酪样坏死物　（刘思当）

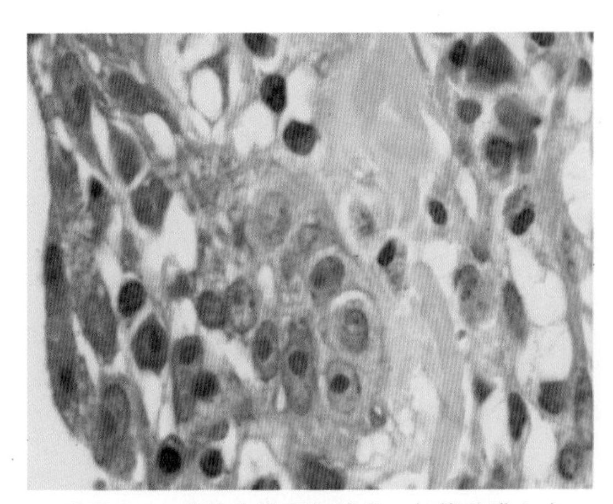

附图 4-5　鸡传染性喉气管炎　气管黏膜上皮细胞形成合胞体，并见核内红染包涵体（HE×400）　（刘思当）

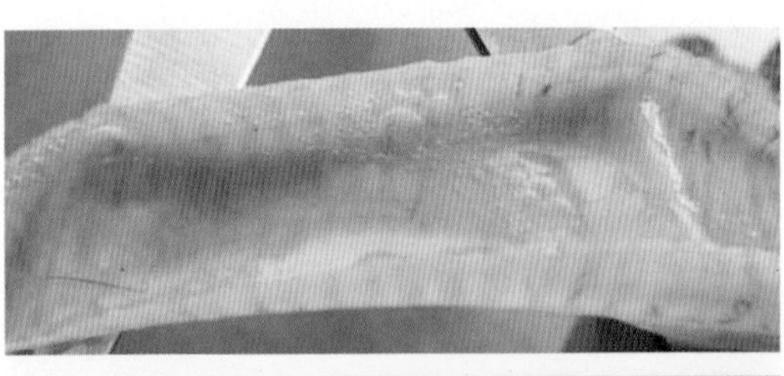

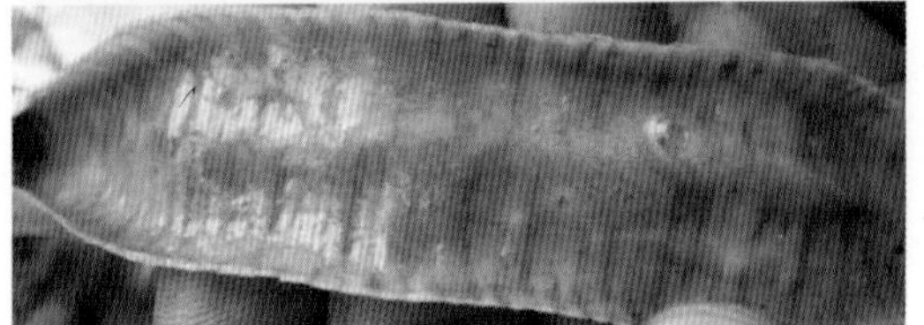

附图 4-6　鸡传染性支气管炎　气管黏膜表面有黏液渗出物，黏膜充血、肿胀　（刘思当）

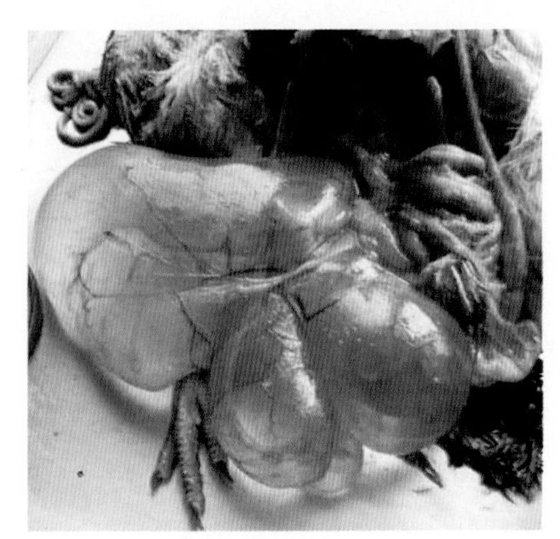

附图 4-7　鸡传染性支气管炎　输卵管囊肿形成　（刘思当）

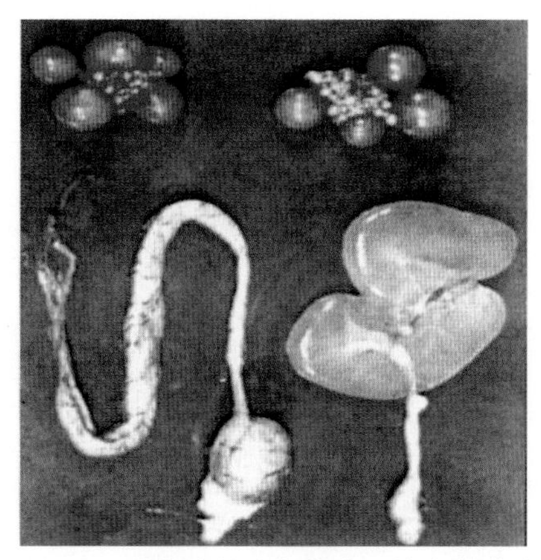

附图 4-8　鸡传染性支气管炎　输卵管萎缩、囊肿形成　（刘思当）

附图 4-9　肾型鸡传染性支气管炎　肾脏肿大，外形呈白色网格状，俗称“花斑肾”　（郑明学）

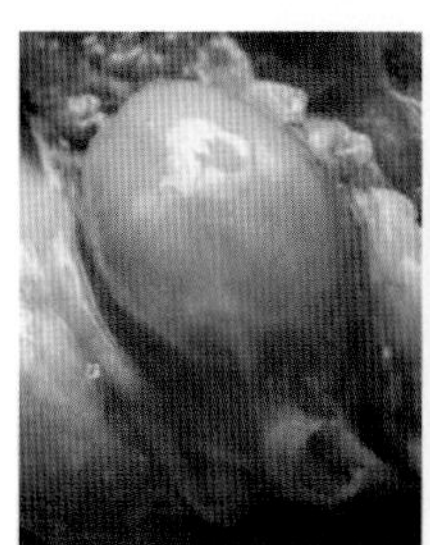
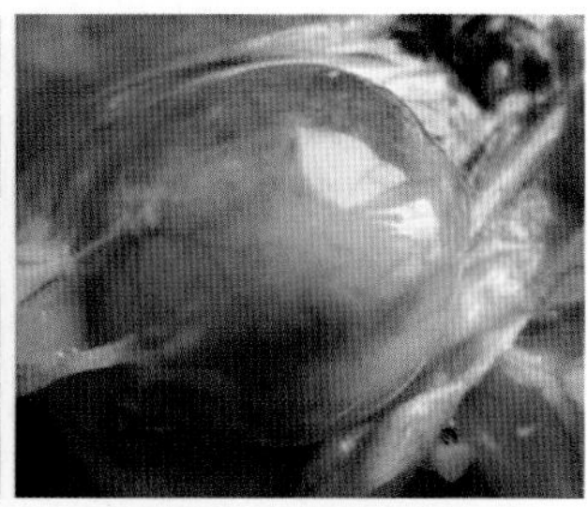

附图 4-10　传染性法氏囊病　法氏囊肿胀、胶冻样水肿，充血、出血　（刘思当）

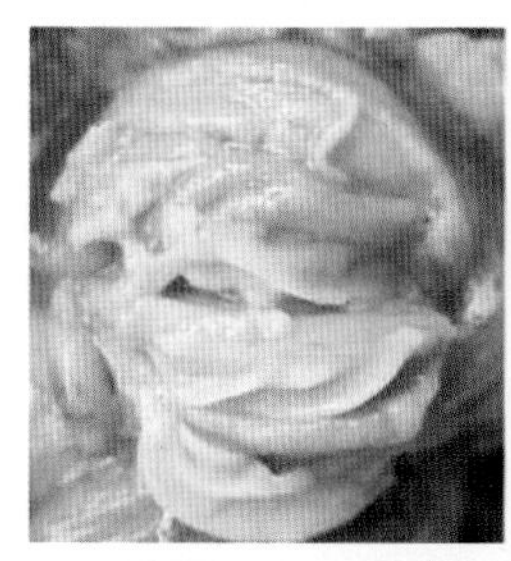
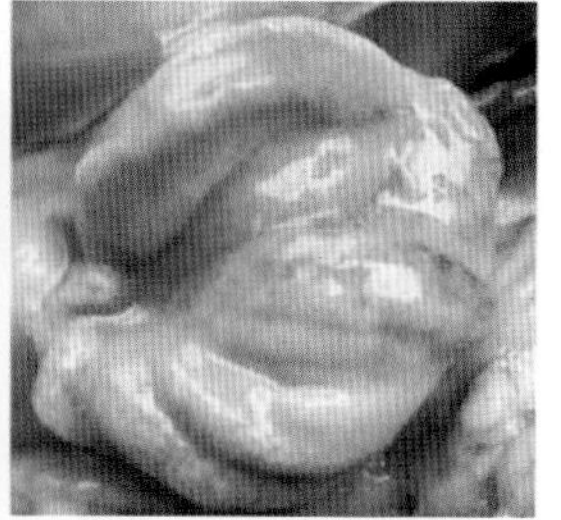

附图 4-11　传染性法氏囊病　法氏囊黏膜黏液性、出血——坏死性炎症　（刘思当）

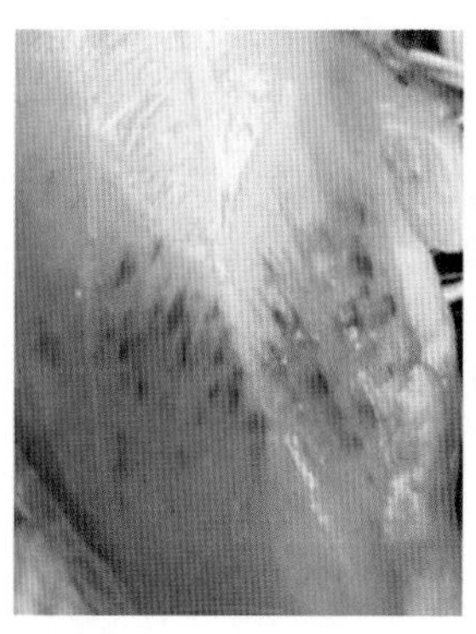
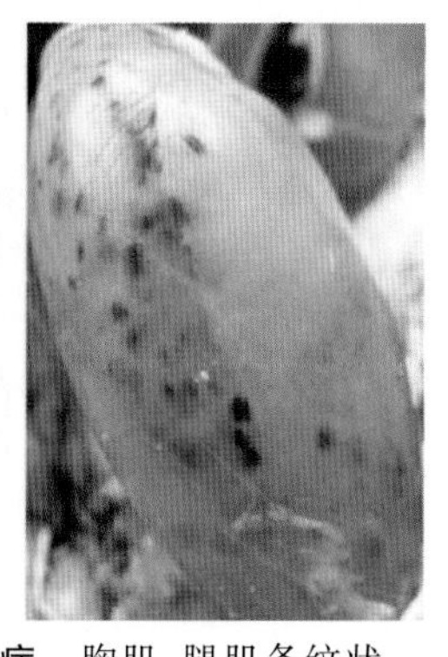

附图 4-12　传染性法氏囊病　胸肌、腿肌条纹状、斑点出血　（刘思当）

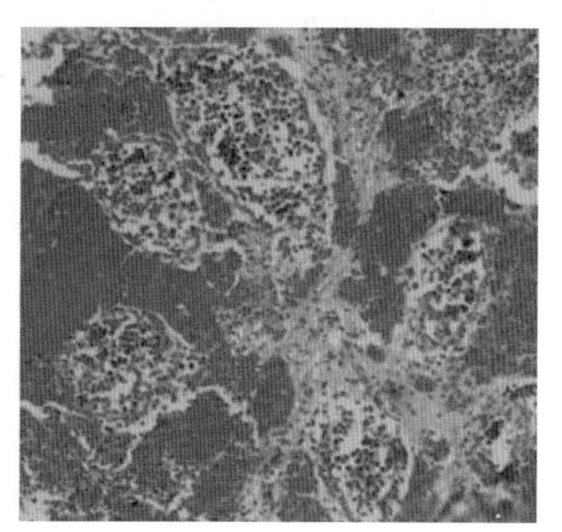

附图 4-13　传染性法氏囊病　法氏囊淋巴细胞坏死，滤泡间出血　（刘思当）

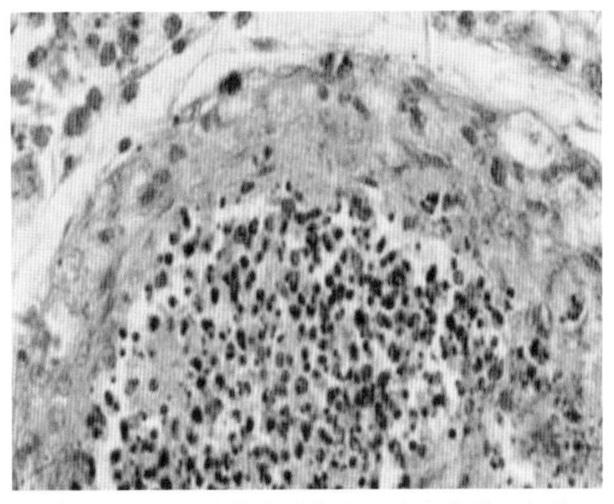

附图 4-14　传染性法氏囊病　滤泡内淋巴细胞坏死崩解，滤泡间异嗜性白细胞浸润（HE×200）（刘思当）

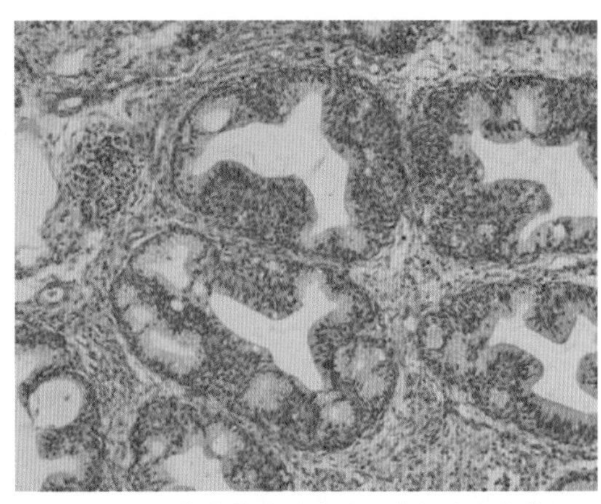

附图 4-15　传染性法氏囊病　淋巴滤泡内淋巴细胞坏死消失、空泡化（HE×200）（刘思当）

附图 4-16　鸡马立克氏病　肝脏弥漫性灰白色肿瘤结节（刘思当）

附图 4-17　鸡马立克氏病　脾脏肿大并见灰白色肿瘤结节（刘思当）

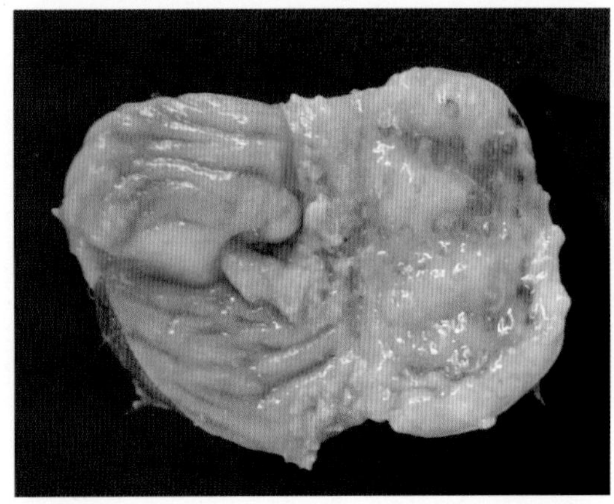

附图 4-18　鸡马立克氏病　腺胃壁增厚并见灰白色肿瘤结节（郑明学）

附图 4-19　鸡马立克氏病　乌鸡颈部皮肤灰白色肿瘤结节（刘思当）

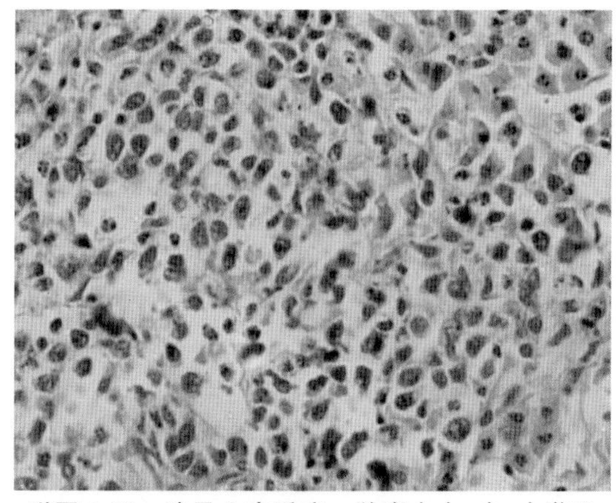

附图 4-20　鸡马立克氏病　肿瘤由大、中、小淋巴细胞，成淋巴细胞，浆细胞，网状细胞及马立克氏病细胞组成(HE×400)　(郑明学)

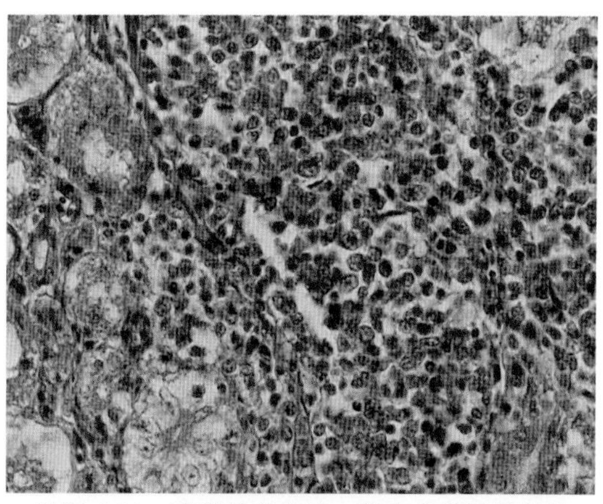

附图 4-21　鸡淋巴白血病　肾中有淋巴母细胞组成的肿瘤结节(HE×400)　(郑明学)

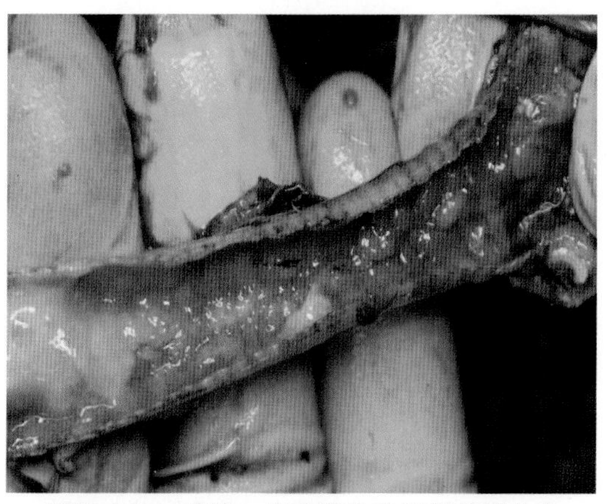

附图 4-22　鸡痘　病鸡喉头和气管黏膜上有隆起的白色结节和黏液　(郑明学)

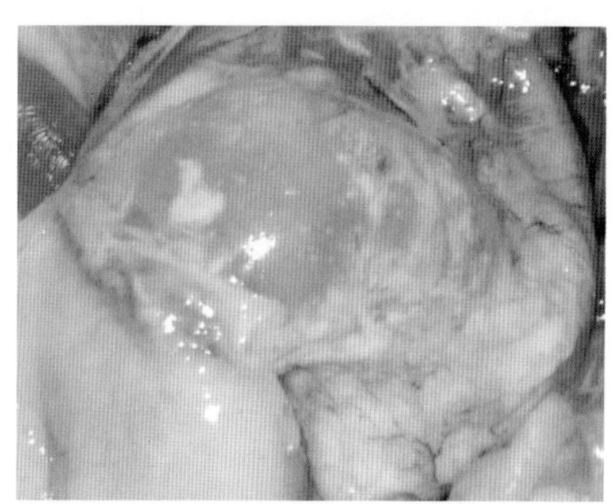

附图 4-23　鸡慢性呼吸道病　气囊膜增厚，囊腔中含有大量干酪样渗出物　(刘思当)

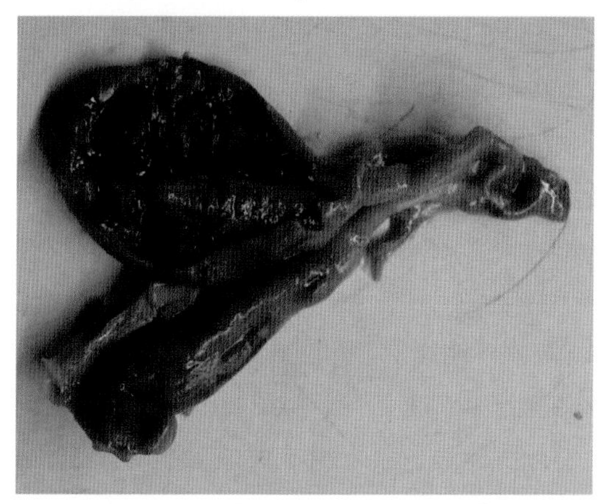

附图 4-24　鸡盲肠球虫病　盲肠显著肿大，肠腔内充满混有血液的内容物和盲肠芯　(郑明学)

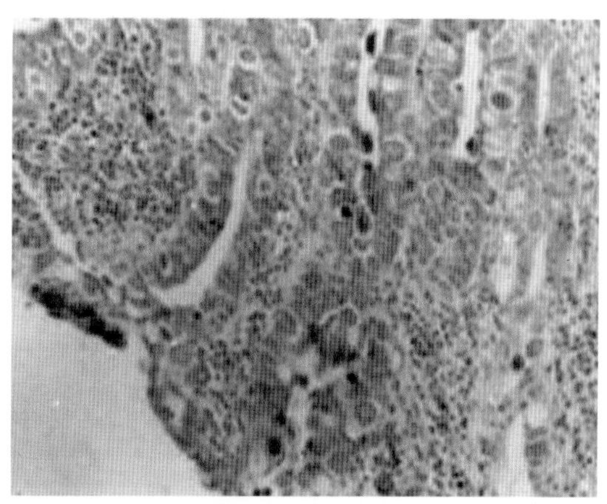

附图 4-25　鸡盲肠球虫病　盲肠黏膜上皮脱落、充血及淋巴细胞与异嗜性粒细胞浸润，并可见到大量不同发育期的球虫(HE× 200)　(郑明学)

附图 4-26　毒害艾美耳球虫病　小肠黏膜面有粟粒大小的出血点　（郑明学）

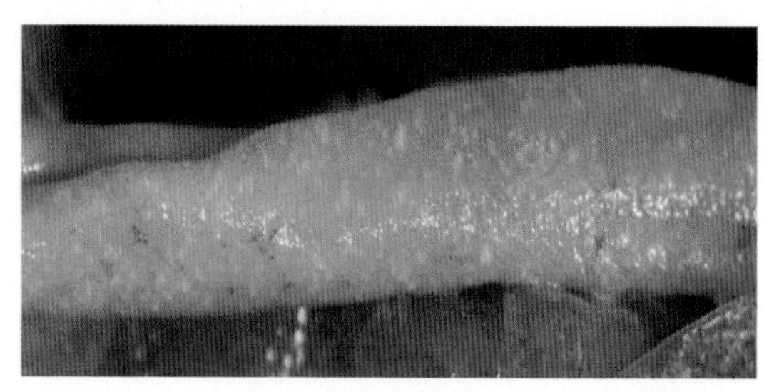

附图 4-27　堆型艾美耳球虫病　十二指肠黏膜面有粟粒大小的沙粒堆样灰白色结节　（郑明学）

附图 5-1　兔球虫病　肝显著肿大，表面及实质内散布大小不一、形状不定的灰白或淡黄色脓样结节　（郑明学）

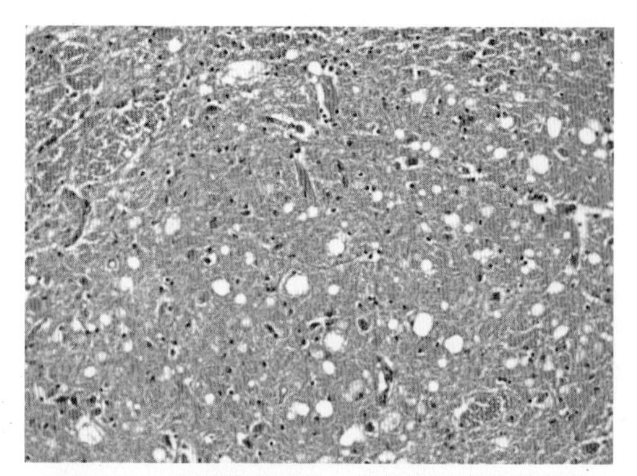

附图 6-1　牛海绵状脑病　脑组织呈空泡状结构（HE×200）（赵德明）

普通高等教育农业部“十二五”规划教材

兽医临床病理解剖学

Veterinary Clinical Anatomopathology

第2版

郑明学 刘思当 主编

中国农业大学出版社
CHINA AGRICULTURAL UNIVERSITY PRESS

内容简介

《兽医临床病理解剖学》(第2版)一书紧紧围绕动物医学和动物检疫专业的培养目标，着重介绍动物常见多发疾病的发生机理、特征病理变化、病理诊断及鉴别诊断，强调病理和临床的结合，介绍了动物疾病病理诊断程序和方法。全书重点突出，兼顾一般，文字精练、规范，并附有典型病理变化彩色图。通过学习兽医临床病理解剖学，可掌握简便、准确、快速的动物疾病诊断手段和方法，能运用病理学知识分析疾病的发生、发展过程，指导临床治疗。

本书可供农业院校动物医学、动物检疫、畜牧兽医专业学生使用，同时也是兽医教学科研人员、临床兽医工作者和畜禽饲养者的参考书。

图书在版编目(CIP)数据

兽医临床病理解剖学/郑明学，刘思当主编. —2版. —北京：中国农业大学出版社，2015.2
ISBN 978-7-5655-1161-5

Ⅰ.①兽…　Ⅱ.①郑…②刘…　Ⅲ.①兽医学-病理解剖学　Ⅳ.①S852.31

中国版本图书馆CIP数据核字(2015)第005065号

书　名　兽医临床病理解剖学　第2版
作　者　郑明学　刘思当　主编

策划编辑　潘晓丽　　**责任编辑**　潘晓丽
封面设计　郑　川　　**责任校对**　王晓凤
出版发行　中国农业大学出版社
社　址　北京市海淀区圆明园西路2号　　**邮政编码**　100193
电　话　发行部 010-62818525，8625　　读者服务部 010-62732336
编辑部 010-62732617，2618　　出　版　部 010-62733440
网　址　http://www.cau.edu.cn/caup　　**e-mail** cbsszs@cau.edu.cn
经　销　新华书店
印　刷　涿州市星河印刷有限公司
版　次　2015年2月第2版　　2015年2月第1次印刷
规　格　787×1 092　16开本　18.5印张　460千字　彩插10
定　价　49.00元

第2版编写人员

主　编　郑明学　刘思当

副主编　祁克宗　韩克光

编　者　（以姓氏笔画为序）

王凤龙（内蒙古农业大学）

王建琳（青岛农业大学）

白　瑞（山西农业大学）

古少鹏（山西农业大学）

宁章勇（华南农业大学）

孙　斌（黑龙江八一农垦大学）

任玉红（山西农业大学）

刘思当（山东农业大学）

祁克宗（安徽农业大学）

祁保民（福建农林大学）

吴长德（沈阳农业大学）

李富桂（天津农学院）

杨玉荣（河南农业大学）

杨利峰（中国农业大学）

郑明学（山西农业大学）

韩克光（山西农业大学）

第1版编写人员

主　编　郑明学

副主编　祁克宗　刘思当

编　者　（以姓氏笔画为序）

王凤龙（内蒙古农业大学）

古少鹏（山西农业大学）

任玉红（山西农业大学）

刘思当（山东农业大学）

祁克宗（安徽农业大学）

吴长德（沈阳农业大学）

李富桂（天津农学院）

杨玉荣（河南农业大学）

郑明学（山西农业大学）

韩克光（山西农业大学）

第2版前言

我国养殖业已从传统的以马、骡等大家畜为主的畜牧业转为以鸡、猪等小动物为主的畜牧业，兽医临床诊疗将以动物群体为对象。兽医病理学诊断具有简便、准确、快速的特点。目前在我国大多数地区，兽医病理学诊断，尤其是兽医临床病理剖检已成为最重要的诊断方法。同时，宠物疾病诊疗也逐渐成为兽医工作的一项重要内容，要求兽医诊断工作更加准确、精细。在疾病治疗过程中，不了解疾病发生的原因、疾病发展到什么阶段、哪些是损伤性变化、哪些是抗损伤性变化，就很难取得理想的治疗效果。近年来，由于受学时的限制和缺乏适宜的兽医病理学教材，作为必修课的兽医病理学只能讲授基础病理学的内容，即仅教会学生认识疾病的"零件"，学生不能进行病理学诊断，更不能运用病理学知识分析疾病，辨病施治，制订科学的治疗方案，致使培养出来的兽医专业学生动手能力差，不能适应社会的需求，从事兽医工作后，缺乏疾病综合诊断能力，疾病诊断误诊率高，治疗效果差，严重影响了畜牧业的健康发展。所以，各高校纷纷开设了兽医临床病理学课程。中国农业大学出版社于2008年组织我国高等农业院校兽医病理学骨干教师编写出版的《兽医临床病理解剖学》(第1版)，经过5年的使用，受到了广大师生的高度评价。但随着养殖业的发展，疾病发生了新变化，对疾病的认识也在不断深入。为进一步充实和提高教材的质量，适应我国兽医体系改革与发展对高素质人才的需求，我们对本教材进行了修订。

在修订本书的过程中，我们紧紧围绕培养目标，着重向学生介绍动物常见多发疾病的发生机理、病理变化和病理诊断技术，使学生达到学会动物疾病的病理诊断和运用病理知识指导疾病防治的目的；在继承和保持《兽医临床病理解剖学》(第1版)传统体系的同时，力求反映学科新进展、跟踪国际先进水平和我国兽医学工作者近年来的研究成果，更新教材内容，适度地介绍新的发病机制。本版教材增加了近年来新发病或危害加大的动物疾病，删去一些少见、危害较小的疾病；强调病理和临床的结合，进一步凝练疾病的特征病变和强化类似病变的鉴别，增加动物疾病病理诊断程序和方法，使学生具有病理诊断和指导临床治疗的能力。全书重点突出，兼顾一般，删繁就简，文字精练、规范，去掉了第1版中颜色表现不明晰的黑白图，增加了彩色附图。

兽医临床病理解剖学包括动物疾病病理诊断和兽医病理诊断技术两部分。动物疾病病理诊断主要介绍：①畜禽常见疾病的发病机理，即病原经何途径侵入动物机体，主要侵害哪些组织，如何导致组织器官的病变；②畜禽疾病的特征病变，突出病理诊断要点。兽医病理诊断技术着重介绍畜禽尸体剖检与疾病病理诊断的程序和方法、病理组织切片制作技术、血细胞临床病理学检查、排泄物和分泌物检查、穿刺液检查、脱落细胞检查、活体组织检查。学生通过学习兽医临床病理解剖学，可掌握简便、准确、快速的动物疾病诊断手段和方法，能运用病理学知识分析疾病的发生、发展过程，指导临床治疗。

本书可供农业院校兽医专业、畜牧兽医专业学生使用，同时也是兽医教学科研人员、临床兽医工作者和畜禽饲养者的参考书。

本书部分插图是根据所附参考文献中插图仿绘或修改的，在此对原书作者和出版者致以衷心的感谢。匡宝晓与赵德明两位老师为本书提供了部分插图，在此表示感谢。

在本书的修订过程中，作者虽着力于使其内容充实、新颖，重点突出、易学，文字简洁、易懂，图像清晰、易看，联系临床、实用，但因水平有限，书中难免有疏漏之处，诚请广大读者批评指正。

编　者

2014 年 8 月

第1版前言

随着集约化、规模化畜牧业的发展，我国养殖业已从传统的以马、骡等大家畜为主的畜牧业转为以鸡、猪等小动物为主的畜牧业。兽医临床诊治是以动物群体为对象，所以，兽医病理学诊断技术也就成了动物疾病诊断的简便、准确、快速的手段之一。目前在我国大多数地区，兽医病理诊断（兽医临床病理剖检）已成为最重要的诊断方法。同时，宠物疾病诊治也逐渐成为兽医工作的一个主要内容，要求兽医诊断工作更准确、精细。在疾病治疗过程中，不了解疾病发生的原因、疾病发展到什么阶段、哪些是损伤性变化、哪些是抗损伤性变化，就很难达到理想的治疗效果。近年来，由于受学时的限制，现有兽医病理学教材缺乏兽医临床病理剖检技术内容，作为必修课的兽医病理学只能讲授基础病理学的内容，即仅教会学生认识疾病的"零件"，学生还不能进行病理诊断，更不能运用病理学知识分析疾病，致使培养出来的兽医专业学生动手能力差，不能适应社会的需要，从事兽医工作后，在疾病诊断中误诊率较高，治疗效果差，严重影响了畜牧业的发展。所以，各高校纷纷开设了兽医临床病理学课程，但迄今为止还没有配套的教材。

兽医临床病理解剖学包括动物疾病病理诊断和兽医病理诊断技术两部分。动物疾病病理诊断主要介绍畜禽常见疾病的发病机理（即病原经何途径侵入动物机体，主要侵害哪些组织，如何导致组织器官的病变）和畜禽疾病的特征病变（疾病所表现病变的病变部位、病变性质、病变形态），突出病理诊断。兽医病理诊断技术着重介绍畜禽尸体剖检与疾病病理诊断、病理组织切片制作技术、白细胞和红细胞临床病理学检查、排泄物和分泌物检查、穿刺液检查、脱落细胞检查、活体组织检查。学生通过学习兽医临床病理解剖学，可掌握简便、准确、快速的诊断手段和方法，能运用病理学知识分析疾病的发生、发展过程，指导临床治疗。

本书可供农业院校兽医专业、畜牧兽医专业学生使用，同时也是兽医教学科研人员、临床兽医工作者和畜禽饲养者的参考书。

编　者

2008年3月

目　录

一、兽医临床病理解剖学的性质与任务

兽医临床病理解剖学（veterinary clinical anatomopathology）是研究动物常见疾病的发病机理和特征病变，并用实验室检验方法研究患病动物的器官组织、细胞、血液和体液的病理变化，对疾病做出病理诊断，指导临床治疗的一门应用学科。

不同疾病有各自的病因、发病机制、病理变化和相应的临床表现。兽医临床病理解剖学的任务就是要阐明各种疾病的病因、病变及其发生发展的特殊规律，研究其与临床表现的关系及其对疾病防治的意义。兽医临床病理解剖学包括动物疾病病理诊断和兽医病理诊断技术两部分。

兽医临床病理解剖学对兽医病理学教学内容起着补充和完善作用。目前我国动物医学专业课程设置的兽医病理学（veterinary pathology）虽然内容非常广泛，讲述了兽医病理学的基本知识，但缺乏和畜禽临床疾病的联系。为解决这一课程设置的不足，很有必要开设兽医临床病理解剖学。

二、兽医临床病理解剖学的基本内容

兽医临床病理解剖学包括动物疾病病理诊断和兽医病理诊断技术两部分内容。

1. 动物疾病病理诊断

包括传染病病理诊断（人畜共患病病理诊断、猪传染病病理诊断、禽传染病病理诊断、兔传染病病理诊断、牛羊传染病病理诊断和其他动物传染病病理诊断）、营养代谢病病理诊断和中毒病病理诊断。

内容主要涉及：①畜禽常见疾病发病原因；②畜禽常见疾病的发病机理，即病原经何途径侵入动物机体，主要侵害哪些组织，如何导致组织器官的病变；③畜禽疾病的特征病变（疾病过程中所表现的病变部位、病变性质、病变形态）和病理诊断特点。

2. 兽医病理诊断技术

包括畜禽尸体剖检与疾病诊断、病理组织切片制作技术、血细胞临床病理学检查、排泄物和分泌物检查、穿刺液检查、脱落细胞检查、活体组织检查。

三、学习方法

随着规模化畜牧业的发展，我国养殖业已从以马、骡等大家畜为主的畜牧业转为以鸡、猪等小动物为主的畜牧业。动物疾病防治注重群防群治，兽医病理学诊断具有简便、准确、快速的特点，在我国大多数地区，兽医病理学诊断（尸体剖检）实际上已成为最重要的现场快速诊断方法。在疾病治疗过程中，不知道疾病发生的原因、疾病发展到什么阶段、哪些是损伤性变化、哪些是抗损伤性变化，就很难取得理想的治疗效果。近年来，由于受学时的限制，作为必修课的兽医病理学只能讲授基础病理学，即仅教会学生认识疾病的“零件”，学生还不能进行病理学诊断，更不能运用病理学知识分析疾病、指导临床治疗，造成兽医人员在疾病诊断中误诊率高，不能制订科学的治疗方案，严重影响了畜牧业的健康发展。

兽医临床病理解剖学是一门以描述疾病过程中形态学变化为主的学科，需要实际观察和经验积累，因此应重视观察能力、表达能力、记忆力、想象力和思维能力的训练和培养。观察标本和切片是必不可缺的基本训练，但我们所见的病变只是疾病过程中的一个片断。我们还要用所学知识和理论来想象病变的整个发展过程，推想临床可能出现的症状，并根据已有资料进行归纳、分析、推断，提出合理的解释，做出正确的诊断，从而培养学生科学的临床思维方法及分析和解决问题的能力。

兽医临床病理解剖学把兽医病理学基础知识与动物疾病分析及治疗紧密结合，具有临床学科的特性直接参与疾病的诊断和防治。因此，学习兽医临床病理解剖学，既要充分利用已学兽医病理学的基本理论知识，又要紧密联系生产实际及临床实践，密切关注动物疫病流行动态，在实践中去理解掌握，做到学以致用。

本书尽管对动物疾病进行了有选择的描述，但基本包括了目前我国主要流行的疾病和群发性疾病，学生不可能在课堂教学中把本书所列疾病全部学完，要依据当地疾病流行情况，有选择地学习重点疾病，达到举一反三的效果。在理解每种疾病发生机理的情况下，应重点掌握疾病的特征病理变化和病理诊断要点。

学生通过兽医临床病理解剖学的学习，要达到掌握简便、准确、快速的病理诊断手段和方法，能运用病理学知识分析疾病的原因、发生和发展规律，学会动物疾病的病理学诊断，指导疾病的防治。

（郑明学）

第一篇　动物疾病病理诊断

第二章　人畜共患传染病病理诊断

第一节　口蹄疫

口蹄疫(foot-and-mouth disease,FMD)是由口蹄疫病毒引起的一种急性、热性、高度接触性和可快速远距离传播的人畜共患传染病。口蹄疫主要侵害偶蹄兽,天然感染的偶蹄动物多达 70 多种,其中危害最为严重的是牛、羊和猪。成年动物患口蹄疫多呈良性经过,以口腔和蹄部皮肤及皮肤型黏膜形成水疱和溃烂为特征;幼龄动物则呈恶性经过,常因急性心肌炎而死亡,特征病变是"虎斑心"。人患口蹄疫的典型表现是发热、口腔黏膜及手、脚皮肤形成水疱。

本病目前呈世界性分布,具有传播迅速(能以气溶胶的形式通过空气进行 50～100 km 的长距离传播)、流行地域广阔、血清型多、病原变异性强、危害大、难以控制和根除等特点。世界动物卫生组织(Office International Des Epizooties,OIE)将其列为 A 类传染病之首,为国际贸易必查和 OIE 成员国必报的疫病;我国农业部将其列为一类动物疫病。

口蹄疫可分为良性口蹄疫和恶性口蹄疫两种类型。良性口蹄疫见于成年动物,发病率高,死亡率低,常为良性经过,多数病例可康复。呈急性经过时,仅持续一至数日,便出现典型的水疱,经过 12～36 h 水疱破溃,局部呈鲜红色的糜烂面。此时体温升高、精神沉郁、步态紧凑或者跛行,脉搏和呼吸次数剧增,奶量下降和动物体质降低;而亚急性经过持续 2～3 周方出现这些症状。一般发病后 1 周左右,病畜进入康复阶段,体温下降,流涎停止,食欲恢复,水疱病变开始再生修复,约 2 周时间,病情轻者完全康复,但病变严重或有继发感染时,则需数周甚至数月方可痊愈。此外,因局部继发感染而常伴有并发症,如果发生在乳房,则引发乳房炎,使患病乳牛奶的质与量都发生变化;如果发生在蹄部,可发生蹄叶炎,使蹄匣脱落;继发感染严重时还可引起脓毒败血症,导致动物死亡。感染本型口蹄疫还可使动物生产性能下降,怀孕母畜流产,同时可延迟受胎,降低动物的繁殖效率。

恶性口蹄疫主要发生在幼龄动物,死亡率很高,仔猪死亡率可达到 80%以上;羔羊的死亡率可达到 40%～94%。此外,也有良性口蹄疫病例在康复期病情恶化而转为恶性口蹄疫,并因急性心力衰竭而死亡。

一、病原和发病机理

口蹄疫病毒(*Foot-and-mouth disease virus*,FMDV)属于微核糖核酸病毒科(*Picornaviridae*)口蹄疫病毒属(*Aphthovirus*)的成员,是已知最小的动物 RNA 病毒。病毒粒子呈球形,直径 20～25 nm,无囊膜,呈 20 面体对称结构。在负染色标本中,可见衣壳约由 32 个壳粒组成,壳粒大于其他小 RNA 病毒的壳粒。感染细胞可看到胞质中有晶格状排列的口蹄疫病毒(即光镜下所见的病毒包涵体)。

该病毒具有多型和易变的特征,表型变异主要表现在抗原性和宿主嗜性两个方面。各血清型病毒引起的症状一样,但无交叉保护作用或免疫反应极其有限。动物感染后,只对本型病毒产生免疫力。目前已发现 7 个基本无交叉反应的血清型,即 O、A、C、SAT Ⅰ、SATⅡ、SAT Ⅲ(即南非Ⅰ、Ⅱ、Ⅲ型)和 Asia Ⅰ型(亚洲Ⅰ型),其中 C 型、SAT Ⅰ型、SATⅡ型和 SAT Ⅲ型口蹄疫是我国重点防范的外来动物疫病。同一血清型又可分为不同的亚型(目前有 80 多个亚型),同血清型各亚型之间仅有部分交叉免疫性。本病与一般传染病不同的是,它较易从一种动物传染给另一种动物。通常认为在自然状况下牛对 FMDV 易感性最强,但近年来不断发现主要或只感染羊或猪的病毒。

口蹄疫一年四季均可发生,但以冬、春气候较寒冷季节多发,常呈跳跃式传播。病畜和带毒家畜是本病的主要传染源。病畜的水疱皮和水疱液中含有大量病毒,血液、肌肉、唾液、乳汁、精液、尿、粪等分泌物和排泄物中都含有病毒。本病可通过直接接触和间接接触传播,病毒进入易感动物的消化道、呼吸道、损伤的黏膜和皮肤而感染发病。人类主要通过直接接触和间接与病畜接触传播,人与人之间很少发生感染。风和鸟类也是间接传播的因素之一。

目前对该病致病机理的研究还不太清楚。口蹄疫病毒对宿主上皮细胞有强烈的易感性,一般认为口蹄疫病毒侵入机体后,首先在侵入部位的上皮细胞内繁殖,使上皮细胞逐渐肿大、变圆,发生水疱变性和坏死,以后于细胞间隙出现浆液性渗出,从而形成一个或多个小水疱,称为原发性水疱或第一期水疱。当机体的抵抗力不足以抵御病毒的致病力时,病毒由原发性水疱进入血液而扩播全身,引起病毒血症,从而又引起病畜体温升高,食欲减退,脉搏、呼吸加快等症状。这时除病畜的唾液、尿、粪便、乳汁、精液等分泌物和排泄物中存有大量病毒外,病毒还定位于口、蹄部、瘤胃和乳房等部位的黏膜与皮肤的上皮细胞内继续增殖,使上皮细胞肿大、变性和溶解,形成大小不等的空泡,后者互相融合,便形成继发性水疱或第二期水疱。继发性水疱发生于人工感染后 48 h,水疱破裂后,则于口腔黏膜、舌、皮肤和蹄部形成糜烂和溃疡病灶,此时患畜表现大量流涎和采食困难,并常发出鼓舌音。蹄部病变可致跛行,如再继发感染化脓菌或腐败菌,常致蹄匣脱落。此外,病毒还可在心肌和骨骼肌中繁殖,导致肌纤维变性、坏死,严重时可致病畜呈心肌炎而突然死亡。

二、病理变化

各种动物感染本病的潜伏期不完全一样。牛的潜伏期为 2～4 d,最长达 1 周;猪的潜伏期为 1～2 d;羊的潜伏期为 7 d 左右;人的潜伏期为 2～6 d。

1. 眼观变化

(1)良性口蹄疫　患良性口蹄疫的病畜很少死亡,并且是最多见的一种病型。本型病变特征是在易受机械损伤的皮肤和皮肤型黏膜形成水疱和烂斑。

水疱在口腔主要位于唇内面、齿龈、颊、舌部和腭部，有时也见于鼻腔外口、鼻镜、食管和瘤胃。无毛部皮肤以乳头、蹄冠、蹄踵、趾间等处最为多见，肛门、阴囊和会阴部次之。它们的病理过程基本相同，但感染动物不同，水疱集中出现的部位和大小也不同。

牛的水疱可达黄豆大、蚕豆大乃至核桃大，水疱液初呈淡黄色透明，后因水疱液内含有红细胞和白细胞而呈粉红色或灰白色。水疱破裂后，形成鲜红色或暗红色边缘整齐的烂斑。有的烂斑表面被覆有淡黄色渗出物，干涸后形成黄褐色痂皮，经过5～10 d烂斑即被新生的上皮覆盖而愈合。如水疱破裂后继发感染细菌，则病变可向深部组织扩展而形成溃疡，在蹄部则可继发化脓性炎或腐败性炎，严重者造成蹄匣脱落。牛瘤胃黏膜肉柱沿线的无绒毛处，也可形成黄豆大至蚕豆大圆形水疱，一般略呈圆形。水疱破溃后，形成周边隆起、边缘不齐、中央凹陷、呈红黄色的糜烂或溃疡，部分被覆黄色黏液样物，有的形成黑褐色痂皮。除肉柱沿线外，瘤胃的其他部位有时也可见水疱和溃疡。

猪口蹄疫水疱主要发生在蹄冠、蹄踵和蹄叉等部位，形成米粒大至蚕豆大水疱，水疱破裂形成糜烂。如无继发感染，病灶经1周左右即可痊愈。如继发细菌感染，则可导致蹄匣脱落（图 2-1）。猪的鼻镜、乳房也常发生病变，但在口腔多无典型病变，有时于唇、舌、鼻（附图 2-1）、齿龈和腭偶见小水疱或烂斑。仔猪很少发生水疱病变，多半呈急性心肌炎而死亡。

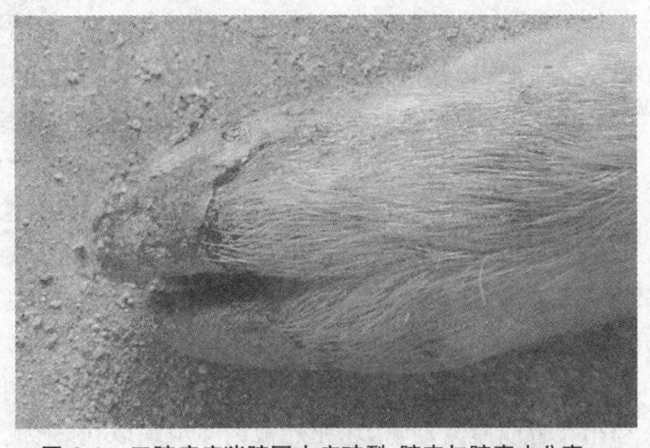

图 2-1　口蹄疫病猪蹄冠水疱破裂，蹄壳与蹄真皮分离

绵羊和山羊的蹄底部和趾间可见到小水疱，常继发细菌感染导致蹄匣脱落。绵羊除于蹄部形成水疱病变外，母羊还常伴发流产。山羊的水疱病变多发生于硬腭和舌面，唇、颊常表现肿胀乃至发展为蜂窝织炎。

除上述所见变化外，其他器官有时也可看到病变，如咽背淋巴结、下颌淋巴结、肠系膜淋巴结、胃淋巴结、腭扁桃体和胸腺不同程度肿大、出血，切面多汁，腭扁桃体切面偶尔可见2 mm大小的灰白色坏死灶；十二指肠、盲肠黏膜潮红、肿胀、出血；真胃黏膜局灶性坏死；胆囊肿胀，积有黑褐色胆汁，黏膜出血；肝脏、肾脏轻度瘀血等。

（2）*恶性口蹄疫*　多半由于机体抵抗力弱或病毒致病力强所致的特急性病例，也有良性病例恶化而导致急性心力衰竭而突然死亡。

本型病例的剖检特征是，在败血症基础上，心肌和骨骼肌严重变性、坏死。一般是成年动物骨骼肌变化严重，幼畜则心肌变化明显。

心脏主要剖检变化是心内、外膜出血，心包腔积液，心脏扩张，心肌柔软，在心室中隔、心房与心室壁上散在有灰白和灰黄色条纹，呈“虎斑心”外观（附图 2-2、附图 2-3）。病程久者，可看到质地坚实的灰白色条状或斑点状蜡样坏死灶。骨骼肌变化多见于肩胛部、前臂部、颈部、舌部、股部和臀部肌肉，病变与心肌变化类似，也见有灰白色或灰黄色条纹与斑点。

其他变化为软脑膜充血、水肿，脑干、脊髓的灰质与白质常散发点状出血；胃肠黏膜潮红、肿胀、出血，可见溃疡；肝脏瘀血、肿大，发生凝固性坏死；肾充血、肿大，在髓质可见小坏死灶。

恶性口蹄疫的口蹄疮常不明显，口腔也多无水疱与糜烂，诊断比良性口蹄疫困难。

2. 镜检病变

(1)良性口蹄疫　虽然水疱发生于不同部位的黏膜或皮肤，但其组织学变化及其发生发展转归的过程基本相同，只是病变程度上有差异。

口蹄疮部位的组织学变化，主要表现为皮肤和皮肤型黏膜的棘细胞肿大、变圆呈气球样，细胞间有浆液性渗出液积聚，致细胞排列疏松。棘细胞层以上的颗粒层、透明层和角化层细胞由于细胞间相互联系紧密，因而尽管发生变性或溶解，但仍保持着相互间的联系，由于其形成细网状，故称之为网状变性。随病程发展，气球样变细胞和网状变性细胞发生溶解液化，形成早期微细水疱，进而融合成肉眼可见水疱。水疱底部则为乳头层组织，并仍保留有部分基底层细胞。水疱内容物内混有坏死的上皮细胞、白细胞和少量红细胞，此外在变性的上皮细胞内还偶见有折光性很强的嗜酸性的类同包涵体的小颗粒。

水疱破溃后，水疱膜脱落，形成局灶性糜烂或溃疡，前者残留部分棘细胞和基底细胞，后者上皮完全脱落，裸露出固有膜或乳头层。残留的上皮组织坏死并和渗出物混合在一起，附着于固有膜上，构成眼观痂膜。水疱邻近组织常无明显病理变化。

大约经 1 周，炎性反应基本消失，仅见少量中性粒细胞，病变进入再生修复阶段，水疱糜烂面存留的基底细胞或溃疡边缘的基底细胞明显分裂增殖。损伤轻者，上皮或表皮很快修复。而损伤严重的部位，尤其是出现继发感染的部位，病变恢复的相对较慢，除在感染局部见有化脓性炎症外，还可见化脓性肺炎、蹄叶炎、骨髓炎、关节炎及乳腺炎等变化。

(2)恶性口蹄疫　心肌呈变质性心肌炎的变化，可见心肌纤维肿胀，发生颗粒变性和脂肪变性，严重时坏死，肌纤维断裂、崩解。肌纤维间发生水肿，有中性粒细胞和淋巴细胞浸润。病程稍久者或康复动物，坏死灶被肉芽组织取代，形成瘢痕组织。骨骼肌的变化和心肌相似，表现变质性骨骼肌炎的变化，肌纤维变性、坏死，有时有钙盐沉着。

三、病理诊断

1. 初步诊断

根据流行特点和临床病理特征可做出初步诊断。在任何情况下，只要见到易感动物流涎、跛行或卧地不愿行走，就应仔细检查蹄部、口腔是否出现水疱。一旦发现水疱性损伤或幼龄动物突然死亡、出现“虎斑心”，就可做出初步诊断，同时应立即报告疫情，并采集病料送指定的实验室诊断。

2. 确诊

口蹄疫的准确诊断必须是能证明病毒抗原或核酸的存在。抗体的检测也具有重要的诊断意义，尤其是在野生动物，但这种方法很难将进行过免疫接种的动物与自然感染的动物相区分。病原检测有反向间接血凝试验、病毒分离鉴定等，用于确定病毒的型甚至亚型。病毒核酸检测采用反转录聚合酶链式反应(LT-PCR)。血清学试验的方法有酶联免疫吸附试验、病毒中和试验、乳鼠中和试验等。世界动物卫生组织推荐的方法是双抗体夹心法酶联免疫吸附试验(检测抗原并确定病毒的血清型)和液相阻断酶联免疫吸附试验(测定抗体的效价和型别)。

3. 鉴别诊断

(1)牛口蹄疫与牛恶性卡他热、牛瘟相鉴别　恶性卡他热主要感染 4 岁以下黄牛，流涎带有恶臭，常呈散发，病死率高。牛口蹄疫水疱的常发部位是口腔黏膜和蹄部皮肤，其次是鼻部和乳房的黏膜或皮肤，水疱破溃后形成糜烂或溃疡，常伴有跛行；恶性卡他热口腔和鼻部也有类似变化，但还伴有明显的眼部病变和症状，而且不形成水疱，也无蹄部和乳房的病变，全身多种器官组织发生坏死性血管炎是恶性卡他热的组织学病变特征。牛瘟的病死率比牛口蹄疫高。虽然牛瘟也在口腔、鼻、眼可见与口蹄疫相似的烂斑，但其最初的变化并不是水疱，而是扁平的结节。另外，牛瘟无蹄部、乳房病变，但有严重的胃肠炎，故临床常伴有剧烈腹泻，是导致病畜死亡的主要原因。在我国已彻底消灭了牛瘟。

(2)羊口蹄疫与蓝舌病、羊传染性脓疱、小反刍兽疫相鉴别　蓝舌病主要危害1岁左右的绵羊，是通过库蠓传播的。舌因重度瘀血而呈“蓝舌”景象，口腔、鼻、前胃等部位虽有类似于口蹄疫的糜烂和溃疡，但它是由严重瘀血缺氧引起上皮细胞坏死所致，而且伴有明显出血，其蹄部病变伴有明显的出血变化，肺动脉和主动脉基部出血是其特征病变。瘤胃病变多发于食管沟，而口蹄疫则沿瘤胃肉柱分布；羊传染性脓疱主要侵害2～6月龄的羔羊，唇型病变呈花椰菜头状外观，蹄型病变几乎只侵害绵羊，常单独发生，而口蹄疫的蹄部病变和口腔病变同时出现；小反刍兽疫以发热、口炎、腹泻、肺炎、流产为特征，易感羊群发病率通常达60%以上，病死率可达50%以上。

(3)猪口蹄疫和猪水疱病、猪水疱疹、水疱性口炎鉴别　猪水疱病类病鉴别诊断见表2-1。

表2-1　猪水疱病类病鉴别诊断

疾病	口蹄疫	猪水疱病	水疱性口炎	水疱疹
临床特征	仔猪常见腹泻、高死亡率	病猪常出现挣扎起立的姿态		
口、蹄水疱病变	有	有	有	有
心肌、骨骼肌	变性、坏死；可见“虎斑心”病变	轻度变质性炎	无	无
镜检特征病变	心肌变性、坏死	病毒性脑炎		
易感动物	牛、羊等其他偶蹄动物	猪	猪、马属动物	猪
流行情况	大流行	范围小	只在美洲流行过	仅在美国流行过
乳鼠接种试验	1～2日龄乳鼠和7～9日龄乳鼠均死亡	1～2日龄乳鼠死亡，而7～9日龄乳鼠不死	1～2日龄乳鼠和7～9日龄乳鼠均死亡	1～2日龄乳鼠和7～9日龄乳鼠都不死亡

第二节　炭疽

炭疽(anthrax)是由炭疽杆菌所引起的一种人畜共患的急性败血性传染病，常呈散发或地方性流行。动物中以草食兽，特别是牛、羊、马最易感，且多呈急性败血症经过；猪具有相当强的抵抗力，即使感染本病，也多以局灶性炎症即炭疽痈的形式表现出来，有时甚至为隐性感染，只在屠宰过程中才发现病灶；猫、犬等肉食动物仅在大量感染时方能发病；家禽在正常情况下不感染；人对炭疽杆菌也较敏感，若食用炭疽病畜肉或含炭疽芽孢的食物和水常可引起肠炭疽。世界动物卫生组织(OIE)和我国农业部将炭疽分别列为B类和二类动物疫病。

目前，炭疽在我国的流行虽已得到控制，但在个别地区仍有散发，尤其是某些处于潜伏期、隐性型、局灶型或慢性型炭疽病畜，有时仍可进入屠宰加工过程，造成区域传播。

一、病原和发病机理

炭疽杆菌是一种大而直的需氧芽孢杆菌，其大小为(1.0～1.3)μm×(3.0～10.0)μm，无鞭毛，不能运动，革兰氏阳性。炭疽杆菌在动物体内以单个或2～5个菌体相连的竹节状短链存在，菌体的游离端呈钝圆形；在培养基中则形成十至数十个菌体相连的长链。炭疽杆菌的荚膜对腐败的抵抗力较强，因此，即使菌体在腐败条件下消失，荚膜仍能残存，称其为"菌影"。炭疽杆菌在动物体内或死亡后而未解剖的动物尸体内不形成芽孢。一旦对炭疽动物误诊而实施放血或剖解，使炭疽杆菌暴露于空气中，接触了游离氧，并在气温适宜(15～42℃)的情况下，炭疽杆菌就会迅速形成芽孢。芽孢对各种不良环境具有顽强的抵抗力，可在水、粪、尿及土壤中长期保持其活力，遇适宜条件就可发芽繁殖，所以被病畜及其尸体所污染的场所，往往成为本病的长期疫源地。因此，对疑似炭疽的尸体，应在剖检之前，自末梢血管采血涂片检菌。血管部位用0.2%升汞液浸湿的脱脂棉或纱布填塞，以杜绝因污染而造成疫源地和人身感染。凡确诊为炭疽的尸体，一般情况下，严禁剖检或利用。

病畜是本病的主要传染源。病菌侵入机体的主要途径是消化道、皮肤和呼吸道。当家畜采食污染的饲料和饮水时，病原体即可从咽部，特别是从扁桃体黏膜侵入机体而引起感染，如猪的咽部炭疽痈；也可以通过胃肠道引起感染。胃液虽然对于繁殖型的炭疽杆菌具有杀灭作用，但对芽孢多无能为力。因此，芽孢常可通过胃而到达肠，并在肠管内发育成繁殖体，于肠壁上形成炭疽痈。皮肤感染主要是由于创伤被污染，或由于带菌的吸血昆虫螫刺所引起。在猪偶见有经呼吸道感染而在肺脏形成炭疽痈的情况，其他动物呼吸道感染病例较少见。

炭疽杆菌或芽孢侵入动物机体后，首先在侵入局部组织内发芽增殖，引起炎症反应。在组织内增殖的炭疽杆菌多形成荚膜，荚膜具有保护菌体抵御吞噬细胞的吞噬作用，荚膜的可溶性物质(荚膜黏液素)及死亡菌体的崩解产物进入血液，能中和血液中的杀菌物质，同时，组织内增殖的大量带有荚膜的炭疽杆菌，由于其荚膜物质吸收大量液体而膨胀，使组织发生水肿。另外，炭疽杆菌产生的毒素还可引起组织细胞代谢障碍，导致细胞变性，甚至坏死，并且可使血管壁的完整性被破坏，内皮细胞肿胀、变性，增殖的大量炭疽杆菌可在血管内形成栓塞，引起循环障碍和出血、水肿等病理变化。

在炭疽杆菌感染的局部组织内，随着病原体的增殖，引起毛细血管扩张充血，内皮细胞变性，血管通透性增高，同时组织内胶体渗透压增高，致局部呈现浆液纤维素渗出和出血，伴有大量中性粒细胞和一定数量的巨噬细胞浸润，这些变化共同组成炎症的中心区，其中充满炭疽杆菌。中心区的周围有相当广阔的水肿区，该区内炭疽杆菌则很少。炎症部位的结缔组织排列疏松，甚至呈纤维素样坏死。一般由炎症中心开始发生组织坏死。由炭疽杆菌引起的上述局部性变化，称为炭疽痈。

侵入机体的炭疽杆菌数量、毒力强弱以及动物机体的全身状态与该病发生、发展密切相关。炭疽杆菌在初发病灶(炭疽痈)内增殖，可能会被机体的防御系统所抑制或完全被消灭，病理过程受到限制(痈型炭疽)，以至于转向康复。但对于大多数敏感动物，由于痈内炭疽杆菌迅速增殖及其产生的大量毒素，导致局部组织严重破坏，突破局部防御屏障，炭疽杆菌进入被破坏的血管和淋巴管，经血液循环播散全身，并侵入各器官组织内，引起器官组织机能及其代谢障碍，呈现一系列临床症状，特别是中枢神经系统常常出现神经细胞萎缩、空泡形成及核溶解等变化。神经系统的机能和形态变化，在本病的发病机制上有着十分重要的意义。

进入循环血液中的炭疽杆菌，一部分随血液循环到达某些器官，如脾脏、肝脏、淋巴结及骨髓等，并被其所滞留；另一部分在血液杀菌物质的作用下被杀灭，故在疾病的早期，循环血液中的炭疽杆菌数量较少或暂时消失。而进入各器官组织的炭疽杆菌可在相应器官组织内进行繁殖，并形成保护性荚膜及产生大量毒素，致使机体抵抗力逐渐减弱，甚至遭到破坏。当血液中的杀菌物质逐渐被中和而减少后，炭疽杆菌又大量进入血流并开始增殖，引起严重的菌血症和毒血症，患病动物多数在出现菌血症后数小时至 20 h 内，因败血症而死亡。发展迅速的病例，炭疽痈变化不典型，甚至缺如，即在局部炎症反应尚未充分形成之前，就发展为败血症。

因患本病而死于严重败血症的动物，死后不久可发生尸体自溶和腐败，故因炭疽死亡的动物尸僵不明显，出现早期腹部膨胀以及血液凝固不良等死后变化。

二、病理变化

炭疽按病变可分为败血症型炭疽和痈型炭疽两种。

1. 眼观病变

(1)败血症型炭疽　又称全身型炭疽，多发生于马、牛、羊等动物。表现为尸僵不全或完全缺乏，尸体极易腐败而腹围膨大。天然孔流出血样液，可视黏膜发绀并布满出血点。血液浓稠而凝固不良，呈黑红色煤焦油样。这主要是由于缺氧、脱水并伴发溶血所致。全身性多发性浆液性渗出(胶样浸润)和出血。出血性胶样浸润(羊多例外)主要发生于颈部、胸前部、肩胛部、下腹部及外生殖器等部皮下；出血斑点常见于皮下与肌间结缔组织、舌系带、肾周组织、肠系膜、膈、纵隔、各部浆膜和黏膜以及各实质器官等；胸腔、腹腔及心包腔内积留多量浑浊血样液；全身骨骼肌呈暗红色。

脾脏呈急性脾炎(败血脾)变化，表现为显著肿大，可达正常的 3～5 倍。被膜紧张，外观呈紫红色，质地松软，触之有波动感。切面呈黑红色，切缘外翻，脾髓呈软泥状，有的呈半流体而自动向外流淌。脾白髓和脾小梁的结构不清。脾脏极度肿大时可发生破裂。

全身淋巴结肿大，呈暗红色；切面湿润，色泽暗红或黑红。

胃肠道(尤其是小肠)多呈弥漫性出血性肠炎或出血性坏死性肠炎。眼观肠黏膜肿胀，呈褐红色半透明状，并密发暗红色出血斑点。肠壁淋巴小结肿大、出血，有时伴发坏死并形成溃疡。肠内容物稀薄呈红褐色。

此外，心、肝、肾等实质器官显示变性、充血、出血和水肿；肺脏一般以充血、出血和水肿为主，有时伴发局灶性出血性肺炎。喉头、气管和支气管黏膜充血、水肿并散发瘀点和瘀斑。

(2)痈型炭疽　亦称局灶型炭疽，是指以局部的炭疽病变为主，而无全身败血症或仅有轻微变化的炭疽。它主要发生于机体抵抗力较强、侵入的炭疽杆菌数量少和毒力弱的病例。痈型炭疽眼观可见中心坏死部呈黑褐色，致密、硬实(在黏膜表面表现为固膜性痂)，坏死周围呈红色出血，其外则呈大面积的淡黄色或黄红色胶样浸润，一般均伴发局部淋巴管炎和淋巴结炎。

根据发生部位，痈型炭疽可分为以下 4 种。

①咽型炭疽：主要见于猪，可占全部猪炭疽的 90%左右。根据患猪抵抗力、菌株毒力和病程长短，可将其进一步分为急性和慢性两种。

• 急性咽型炭疽：患猪临床表现体温明显升高，整个咽喉或一侧腮腺急性肿胀，皮肤发绀，患侧上下眼睑黏合。严重时肿胀蔓延至颈部与胸前，患猪呈现采食及呼吸困难，最后可因窒息而死亡。剖检可见患猪咽喉及颈部皮下呈现出血性胶样浸润，头颈部淋巴结呈现出血性炎，显著肿大，切面呈樱桃红色或深红砖色，中央可见稍凹陷的黑褐色坏死灶，颌下淋巴结尤为明显。口腔软腭、会厌、舌根及咽部黏膜肿胀和出血，黏膜下与肌间结缔组织呈现出血性胶样浸润。扁桃体充血、出血，有时坏死和被覆纤维素性痂膜，黏膜下深部组织也可见有砖红色或黑紫色大小不等的坏死灶。

• 慢性咽型炭疽：患此型炭疽的猪常不显任何临床症状，往往在屠宰检验中被发现。病变主要见于咽喉部淋巴结，尤其是颌下淋巴结，主要表现为淋巴结肿大，被膜增厚，质地坚实，切面干燥，见有砖红色或灰黄色坏死灶；病程较长时可于坏死灶周围形成包囊，若继发化脓菌感染，可形成脓肿，脓汁被吸收后形成干酪样或碎屑状颗粒。一个淋巴结有时新旧病灶可同时存在。

②肠型炭疽：多见于牛、马、猪和羊，人也发生。此型炭疽多发生于小肠，特别是十二指肠和空肠，偶见于大肠和胃。主要表现为弥漫性或局灶性出血性肠炎。肠黏膜充血和出血，见有与周围界限分明的呈暗红或黑红色圆形隆起病灶（多在淋巴集结和孤立淋巴滤泡部）。表层黏膜组织出血和坏死，当坏死达黏膜下层时，形成褐色痂，痂软化脱落后形成溃疡。黏膜下层及黏膜下结缔组织高度水肿，肠壁显著增厚。局部淋巴结呈浆液出血性炎。在猪有时仅见肠系膜淋巴结有变化，而未见肠管产生病变的病例。

③肺型炭疽：较少见，多见于猪，也见于人，其他动物则很少见。主要于肺膈叶前下部或尖叶、膈叶胸膜下存有大小不等的一个或数个局灶性病灶，其切面呈灰红或暗红色，干燥，脆弱，缺乏弹性；有的病灶切面呈砖红色，并散在有灰黑色小坏死灶。肺型炭疽时，常伴有浆液出血性胸膜炎，胸腔积液。支气管及纵隔淋巴结呈浆液性出血性炎。

④皮肤型炭疽：多发生于马、骡，也见于牛，常发生于颈部、胸前、肩胛、腹下、阴囊及乳房等部位。人的皮肤型炭疽最为典型，主要表现为炭疽痈，多见于手、足和颜面部等。初期在皮肤上可见鲜红色，呈圆锥状隆起病灶，在其顶点形成含有浑浊液体的小疱。随病程发展小疱逐渐干燥，形成煤炭样褐色痂。病灶周围皮下有广泛水肿区。局部淋巴结呈浆液性出血性炎症变化。此型炭疽也可发生于绵羊。

2. 镜检病变

(1)脾　脾组织内充盈大量红细胞，其中杂有不同数量的中性粒细胞。脾脏固有结构破坏，脾髓呈局灶性或大片的坏死崩解状。脾髓中可检出大量炭疽杆菌。

(2)淋巴结　淋巴组织充血、出血、水肿，大量白细胞聚集并见不同程度坏死。淋巴窦扩张，充满纤维素、红细胞和数量不一的白细胞，可见大量炭疽杆菌。

(3)肠　黏膜充血、出血和坏死，黏膜下层、肌层以及浆膜层均显示充血、出血和水肿，并有纤维素渗出。肌层变性，血管壁纤维素样变，还见有数量不等的中性粒细胞浸润和炭疽杆菌。有的病例在肠道形成局灶性出血性肠炎，进而发展为炭疽痈。

(4)肺　肺组织充血、出血，肺泡内充满大量浆液、纤维蛋白、红细胞及中性粒细胞。同时也可见炭疽杆菌。

(5)炭疽痈　实际上是发生在机体某部位的局部炎症反应，尽管由于发生部位和病情不同，其表现形式各异，但其基本变化都是炎灶中心区血管扩张充血，组织内充满红细胞和浆液纤维素性渗出物，以及炎性细胞浸润（以中性粒细胞为主，混有一定数量的巨噬细胞），中心往往发生出血性坏死。其周围有广泛性水肿区，其中混有数量不等的红细胞，结缔组织排列疏松。

三、病理诊断

1. 初步诊断

依据以下症状可做出初步诊断:突然发病死亡,尸僵不全甚至缺乏,尸体迅速腐败,腹部显著膨胀;天然孔流出黑红色凝固不良的血液,可视黏膜发绀,并伴有出血点;血液凝固不良,呈暗红或黑红色,如煤焦油样;猪咽喉部周围的结缔组织呈现出血性胶样浸润,咽、喉及前颈部淋巴结肿胀出血,扁桃体出血坏死,其上覆有一层淡黄色痂块。

2. 确诊

对临床上不明原因的重剧病畜或死亡的动物,若怀疑是炭疽病的,应禁止剖检,立即采取病料进行细菌学检查。生前可采取静脉血、水肿液或血便。死后则采取末梢血液或一小块脾脏作涂片,进行炭疽荚膜染色(用甲醛龙胆紫或美蓝),若发现带荚膜的大杆菌,即可确诊。值得指出的是,本法对新鲜病料最为可靠,动物死亡 5~6 h,在血液中可检出带荚膜的炭疽杆菌;死亡时间过长,尸体腐败,由于炭疽杆菌迅速崩解,往往找不到典型的炭疽杆菌,同时因某些腐败菌在形态上也与炭疽杆菌类似,故用腐败病料进行镜检不能做出正确的诊断。对于局灶性炭疽常可根据病变特点和细菌学检查而确诊。

3. 鉴别诊断

在尸体剖检过程中,牛的炭疽必须与梨形虫病、出血性败血症和气肿疽相鉴别;而猪的炭疽则必须与猪丹毒、猪瘟、猪肺疫以及猪弓形虫病相区别。

(1)牛梨形虫病 黏膜和浆膜黄染;脾脏虽肿大、瘀血,但色泽较浅,呈淡红色或红褐色;脾髓不软化;不同部位的皮下组织(尤以胸腹部为甚)虽有胶样浸润而浮肿,但不具出血性质;采血液涂片染色镜检,常于红细胞内发现梨形虫。

(2)牛出血性败血症 脾脏一般不肿大;出血性胶样浸润通常局限于咽喉部与颈前部;病程较久的病例,可发现纤维素性胸膜肺炎。

(3)牛气肿疽 肿胀部通常发生于肌肉丰满的腰、臀和股部,触之有捻发音,并散发酸臭气味,放出带气泡的渗出液;脾脏无明显变化。

(4)猪丹毒 缺乏炭疽病的特征性咽喉部炎性水肿和颌下淋巴结、肠系膜淋巴结的出血性坏死性病变;与败血型炭疽的区别是,脾脏虽肿大,但脾髓不软化。

(5)猪瘟 受损害的肠系膜淋巴结不具有炭疽时经常见到的干燥、脆硬与蜂窝状出血性坏死性病变;尸体全部或大部淋巴结表现为出血性淋巴结炎,切面如大理石样景象;而局灶型炭疽仅损害由病变部汇集淋巴的局部淋巴结,切面不具有大理石样外观,而呈蜂窝状出血性坏死变化。

(6)猪肺疫 在小肠和肠系膜淋巴结中看不到肠型炭疽所表现的特征性病变,但常见纤维素性胸膜肺炎。

(7)猪弓形虫病 猪弓形虫病的受损肠系膜淋巴结多见于空肠后段和回肠部分,切面隆突、湿润,有黄白色不凹陷的坏死灶。其周围无胶样浸润或炎性水肿;而肠型炭疽的受损肠系膜淋巴结多位于空肠前段,切面呈砖红色且干燥,散在灰黑色、稍凹陷的坏死灶,其周围有明显的胶样浸润。

第三节 沙门氏菌病

沙门氏菌病(salmonellosis)是指由沙门氏菌所引起人和动物的一类疾病的总称。其临床上多表现为败血症和肠炎,也可使怀孕母畜发生流产。

本病遍发于世界各地,给种畜的繁殖和幼畜的健康带来严重威胁。许多种血清型的沙门氏菌可使人感染和发生食物中毒。

沙门氏菌属革兰氏阴性杆菌,菌体两端钝圆,大小中等,长 2～3 μm,宽 0.4～0.9 μm,无芽孢,一般无荚膜。除鸡白痢沙门氏菌和鸡伤寒沙门氏菌外,其他沙门氏菌都有周身鞭毛,能运动。血清型沙门氏菌分类复杂,现有 2 500 种以上,我国约有 200 种。许多血清型沙门氏菌具有产生毒素的能力,尤其是肠炎沙门氏菌、鼠伤寒沙门氏菌和猪霍乱沙门氏菌。

沙门氏菌不产生外毒素,但具有毒力较强的内毒素。菌体裂解时,可产生毒性很强的内毒素,常使受侵害动物发生急性败血症、胃肠炎以及其他局部炎症。据研究,沙门氏菌性肠炎可能是由于病菌刺激前列腺素分泌,激活腺苷酸环化酶(adenyl cyclase),使液体外渗所致;而沙门氏菌性败血症则与菌体释放的脂多糖内毒素有关。

病畜禽和带菌动物是本病的主要传染来源,消化道是本病的主要传播途径,另外呼吸道、生殖道及带菌蛋等均可传播本病。饲养管理不当、环境条件改变、阴冷潮湿等条件是发生本病的重要诱因。

正常情况下,大肠黏膜层固有的梭形细菌可产生挥发性有机酸而抑制沙门氏菌的生长。另外,肠道内的正常菌群可刺激肠道蠕动,也不利于沙门氏菌的附着。当动物处于应激状态,肠道正常菌群失调时,可促使沙门氏菌迁居于小肠下端和结肠。病菌迁居于肠道后,从回肠和结肠绒毛顶端,经刷状缘进入上皮细胞,并在其中繁殖,感染邻近细胞或进入固有层继续繁殖,当被吞噬可进入局部淋巴结。

病原菌进一步破坏肠壁的防御屏障,经淋巴流进入血液,引起菌血症和毒血症,在机体抵抗力锐减时可迅速发展为败血症。沙门氏菌细胞壁里的脂多糖,系由一种为所有沙门氏菌共有的低聚糖芯(称为 O 特异键)和一种脂质 A 成分所组成。脂质 A 成分具有内毒素活性,可使动物发热、黏膜出血,白细胞减少继以增多,血小板减少,肝糖原消耗,低血糖症,最后因休克而死亡。

机体抵抗力较强时,侵入血流的病原菌,一部分被机体所消灭,另一部分则局限于肝、脾、肺、肠等器官内,引起局限性病变。有时病原体还可从肝脏到达胆囊,并在此大量繁殖,进而再随胆汁从胆管重新排入肠管,使肠内病理过程加剧。对于亚急性和慢性病例,因为病原菌在大肠黏膜和淋巴滤泡中繁殖,以及肠壁广泛的血栓形成,故引起黏膜和淋巴滤泡的坏死而呈现特征性副伤寒性淋巴滤泡、溃疡及黏膜的固膜性炎。

现将各种畜、禽常见的沙门氏菌病分述如下。

一、猪沙门氏菌病

猪沙门氏菌病(salmonellosis in swine)又称猪副伤寒,主要危害 2～4 月龄小猪,可呈地方性流行,造成大批猪发病死亡。本病的急性型表现为败血症,亚急性和慢性型则以顽固性腹泻、回肠及大肠发生固膜性肠炎为特征。

（一）病原和发病机理

病原主要是猪霍乱沙门氏菌（*S. choleraesuis*）和鼠伤寒沙门氏菌（*S. typhimurium*）。有些沙门氏菌正常就存在于健康猪的体内，当猪抵抗能力降低时（如长途运输、气候突变、饲料改变等），可导致自体感染。此外，病菌也可通过污染的饲料、饮水而侵入机体。进入机体的沙门氏菌首先在肠道大量繁殖，产生毒素，引起肠黏膜上皮细胞坏死和脱落，以及固有层中炎性细胞浸润。初在组织中出现中性粒细胞（局灶性隐窝炎），以后回肠集合淋巴小结和盲肠、结肠孤立淋巴小结增大和坏死，并有纤维素渗出而形成固膜性炎症。然后，病菌进一步侵入淋巴管并进入血流，引发败血症和毒血症，导致患猪的迅速死亡。据报道，猪副伤寒沙门氏菌产生的内毒素可损伤血管内皮，导致小血管的纤维素样坏死，引起肾脏、肺脏、皮肤等组织器官广泛的DIC和休克，这是导致患猪急性败血症死亡的重要因素。对于抵抗力较强的猪，如能继续存活，则一部分沙门氏菌被消灭，而另一部分被局限在许多器官中（如肝脏、脾脏、肺脏、肠道和淋巴结），导致患猪局灶性损害，严重时可引起许多器官组织的变性、坏死和炎症病变。在慢性病例中，病菌在大肠黏膜和肠淋巴滤泡中大量繁殖，导致该处出现特征性淋巴滤泡溃疡和固膜性肠炎。

（二）病理变化

根据临床症状和剖检特点，猪沙门氏菌病可区分为急性败血型、亚急性和慢性型。

1. 急性败血型

急性败血型猪沙门氏菌病的病程短促，主要症状呈高热和呼吸困难，末梢部皮肤呈蓝紫色，后躯软弱，通常在1～3 d内死亡。

（1）眼观病变　败血症病变为此型基本表现形式。死猪皮肤呈淡蓝色或淡紫色，以尾、鼻和耳部最为明显（附图2-4），耳的浅表可能发生坏死。喉黏膜可见出血斑点，呼吸道可见泡沫性液体，肺瘀血、膨隆和水肿，尖叶与心叶可见小叶性肺炎病灶。心包膜常有出血点，甚至发生纤维素性出血性心包炎，心包腔内积有多少不等的炎性渗出液。脾脏程度不同的肿大，表面呈深蓝色，被膜上可见出血点，切面呈深蓝色颗粒状；由于脾髓的组织增生，使脾脏质地变硬。肝脏瘀血，被膜散发点状出血，在被膜下和实质内见有针尖大至粟粒大灰黄色坏死灶或灰白色副伤寒结节。肾皮质内常见针尖大小的出血点，有时肾盂、尿道和膀胱也可见出血斑点。肠道内呈卡他性炎或卡他出血性炎，以空肠和回肠变化最明显，盲肠和结肠则相对较轻。肠壁淋巴滤泡髓样肿胀。全身淋巴结有不同程度的出血，尤其是肠系膜淋巴结肿大、充血、水肿，甚至出血。

（2）镜检病变　皮肤真皮乳头层毛细血管扩张、瘀血，继而于毛细血管、小静脉与少数小动脉见有血栓形成，血管壁水肿，内皮细胞坏死。心、肝、肾等脏器的实质细胞呈退行性变。肝脏的肝细胞广泛颗粒变性，肝窦内白细胞明显增多，肝小叶内可见小坏死灶。肾脏表现渗出性或出血性肾小球肾炎，伴发肾小球毛细血管透明血栓形成和肾小管上皮细胞变性，管腔内透明管型形成。脾脏白髓增生，红髓充血。肠黏膜充血、出血、浆液和黏液浸润，上皮细胞变性坏死脱落，黏膜表面渗出物中可见大量中性粒细胞和巨噬细胞，在某些病例肠淋巴集结和淋巴小结明显增大。淋巴结尤其是肠系膜淋巴结的淋巴窦扩张，其中可见大量中性粒细胞和成淋巴细胞，血管充血、出血，淋巴小结和髓索内许多淋巴细胞坏死。

2. 亚急性和慢性型

此种病型比急性型更为常见。病程多在半个月或1个月以上。临床上表现慢性结肠炎症状，体温升高但波动不定，顽固性腹泻，消瘦和营养衰竭。

(1)眼观病变　常见尸体消瘦，皮肤粗糙，被毛蓬乱无光泽；在胸腹下或腿内侧皮肤上常见黄豆大或豌豆大、暗红色或黑褐色痂样皮疹。特征性病变主要在大肠、肠系膜淋巴结和肝脏。

肠道呈局灶性或弥漫性固膜性炎，尤其是在回肠与大肠。局灶性病变是在肠淋巴滤泡基础上发展起来的，初期淋巴滤泡发生髓样肿胀，呈堤状或半球状突起。随后，中心坏死，并逐渐向深部和周围扩大，病变部黏膜也发生坏死结痂。因坏死周围的分界性炎，使结痂脱落，黏膜上留下圆形或近似圆形的溃疡，其底部平整，表面被覆坏死组织，周围呈堤状隆起。小的溃疡可相互融合形成大的溃疡。肠道还可表现弥漫性卡他性、浮膜性或固膜性炎症。在发生固膜性炎时，黏膜表面粗糙，被覆污灰色或灰黄色的糠麸样渗出物(附图2-5)，这是由渗出物中的纤维素与坏死的黏膜组织结合而成。因此，肠壁显著增厚，可达正常的2～4倍，质硬而失去弹性。肠系膜淋巴管明显变粗，成为浑浊灰白色的条索状，其中淋巴瘀滞，淋巴栓形成。肠系膜淋巴结髓样肿胀，切面可见大小不等的灰白色坏死灶或干酪样物质。有时，因纤维性结缔组织增生而淋巴结质地变硬。肝脏瘀血和变性，有的病例中，被膜下与切面上可见粟粒大小的灰白色的病灶(副伤寒结节)。肺脏有时可见点状出血，甚至浆液性、出血性、纤维素性和化脓性肺炎灶。

(2)镜检病变　肠壁淋巴滤泡呈髓样肿胀，淋巴滤泡中的网状细胞呈反应性增生。增生的网状细胞的胞浆较多，胞核淡染，类似上皮细胞的形态，位于淋巴滤泡的中心。以后，增生的细胞坏死、崩解，形成均质无结构的物质，其中残存大量染色质颗粒。随着坏死区的逐渐扩大和与周围活组织交界处炎性反应带的加剧，坏死组织可发生脱落，并于脱落后在局部留下凹陷或缺损。进一步这些缺损可由新生肉芽组织填补，形成结缔组织瘢痕。在弥漫性固膜性肠炎时，病变处黏膜完全坏死。在病的进展期，损害可分三带：坏死带，位于黏膜表面，其厚度不同；核碎裂带，位于坏死带之下，可扩展到黏膜下层，甚至可深达肌层，由浸润炎性细胞的核崩解碎裂形成；细胞浸润带，在核碎裂带下面，有多少不等的炎性细胞浸润。肝细胞广泛颗粒变性或脂肪变性，肝小叶内有大小不等的凝固性坏死灶。坏死灶有两种表现形式，一种为肝细胞崩解、消失，局部表现为网状细胞、红细胞、巨噬细胞、中性粒细胞、淋巴细胞和纤维素等所浸润的病灶，即所谓渗出性结节；另一种为网状细胞增生和巨噬细胞、淋巴细胞以及中性粒细胞浸润形成的结节，即所谓的副伤寒结节。除肝脏外，肾脏、脾脏等也可见副伤寒结节。

(三)病理诊断

本病多发于1～6月龄的仔猪，多呈散发。临床上体温升高，并常常表现腹泻症状。眼观可见淋巴结肿大增生，呈灰白色、髓样变，并可见坏死灶。肠淋巴小结和淋巴集结初期增生肿大，呈髓样变，以后局部常常发生坏死。脾脏肿大，脾髓增生，质地较硬实。肝脏可见副伤寒结节(肉芽肿)或坏死。肾脏和脾脏也可见副伤寒结节。在盲肠和结肠可见局灶性或弥漫性固膜性炎症。

• 鉴别诊断：急性败血症型猪副伤寒时应依靠细菌学诊断，亚急性和慢性型者主要应与肠型猪瘟作区别。慢性猪瘟时大肠的纽扣状溃疡有时与副伤寒溃疡非常相似，但其数量较少，呈典型轮层状隆起，中央凹陷，而且肠系膜淋巴结不呈脑髓样增生；肝脏内也无小灶状坏死和副伤寒结节。慢性猪瘟时肠道病变常并发副伤寒感染，为了确诊应进行病原学检查。

二、牛沙门氏菌病

牛沙门氏菌病(salmonellosis in cattle)在成年牛常呈散发性，多为慢性感染或带菌者，妊娠母牛流产。犊牛发生急性胃肠炎或关节炎与肺炎，常呈地方性流行，死亡率较高。成年牛常以高热(40～41℃)、昏迷、食欲废绝、脉搏频数、呼吸困难开始。大多数病牛于发病后12～24 h，粪便中带有血块，不久即变为下痢。粪便恶臭，含有纤维素絮片，间杂有黏膜。下痢开始后体温降至正常或较正常略高。病牛可于发病24 h内死亡，多数于1～5 d内死亡。病期延长者可见迅速脱水和消瘦，眼球下陷，黏膜(尤其是眼结膜)充血和发黄。怀孕母牛多数发生流产，从流产胎儿中可发现病原菌。

犊牛沙门氏菌病主要发生于10～14日龄以上的犊牛。病犊表现发热、脱水、衰弱，常有腹泻，粪便稀薄、混有血液黏液并有恶臭气味。

(一)病原和发病机理

引起牛副伤寒的主要病原是鼠伤寒沙门氏菌(*S. typhimurium*)、都柏林沙门氏菌(*S. dublin*)和肠炎沙门氏菌(*S. enteritidis*)等。本病的发生和流行取决于细菌的数量、毒力、机体的状态和外界环境等多种因素。病原菌常经消化道感染，从肠黏膜上皮入侵，到达血液和脾脏、肝脏、骨髓等器官的网状内皮细胞系统中繁殖，引起心血管系统、实质器官和胃肠道等一系列病理变化的发生。

牛副伤寒病变的发生与发展与沙门氏菌具有多种毒力因子有关，其中主要的有脂多糖(LPS)、肠毒素如霍乱毒素(CT)样肠毒、细胞毒素与毒力基因等。脂多糖可防止巨噬细胞的吞噬与杀伤作用，并可引起患牛发热、黏膜出血、白细胞减少随后增多、弥散性血管内凝血(DIC)、循环衰竭等中毒症状，甚至导致休克死亡，这是引起牛副伤寒败血症的主要原因。而毒力基因和细胞毒素则可促使病原菌侵入肠黏膜上皮细胞并导致其受损坏死。肠毒素可引起机体前列腺素合成与分泌的增加，而前列腺素能刺激黏膜腺苷酸环化酶的活性，使血管内的水分、HCO_3^-和Cl^-向肠腔内渗出，中性粒细胞也大量渗出，导致肠炎和腹泻的发生。

过早断奶、拥挤、饲料和饮水不洁、气候反常等不良因素都可促进本病的发生和流行，发病率和死亡率均很高。

(二)病理变化

1. 犊牛

犊牛主要呈败血症变化。

(1)眼观病变　最特征的病变见于脾脏和肝脏，但超急性者可能表现不明显。脾脏肿大而柔软，可达正常的2～3倍，有的甚至可达正常的6～7倍，呈灰红色或暗红色，边缘钝圆，被膜紧张，透过被膜可以看到出血斑点和粟粒大的坏死灶或结节。脾脏切面结构模糊。肝脏肿大，质地柔软，色灰黄或灰白，被膜下散在多少不等的针尖大的病灶。由于各病灶的性质不同，所以色彩也不一致。以组织坏死为主要表现形式的病灶呈灰黄色，而以细胞增殖为主要表现形式的病灶则呈灰白色。各病例中病灶的多少不一。胃肠道呈浆液卡他性或出血卡他性炎症。

皱胃黏膜充血、水肿，表面被覆大量黏液，有时可见出血点。肠壁的孤立淋巴滤泡与淋巴集结髓样肿胀，呈半球状或堤状隆起。肠腔中充满稀薄内容物，并混有黏液和血液。有时因混有血液以致肠内容物呈咖啡色。病程较长时犊牛小肠可见浮膜性或固膜性肠炎。淋巴结以肠系膜、咽背、颈、纵膈和肝门等处淋巴结的变化较为明显，表现为肿大柔软，灰红色，切面有时可见出血点。肾脏发生颗粒变性，被膜下有时可见出血点。心肌变性，色苍白，切面浑浊，质脆易碎。肺脏常见瘀血、水肿和气肿，有时在尖叶和心叶上出现小叶性肺炎病灶，色紫红，较坚实。

(2)镜检病变　脾脏最初表现为脾髓静脉窦显著瘀血，以及红髓中出现小的出血灶，继而发生网状细胞增生与中性粒细胞和淋巴细胞等浸润。这些病变如果呈局灶性的发展便形成结节性病灶，并进一步发生变性、坏死，形成均质无结构的坏死灶。肝脏的肝细胞可见颗粒变性或脂肪变性。肉眼上所见到的灶性病变位于肝小叶内，可分为增生性、坏死性和渗出性三类病灶。增生性病灶(副伤寒结节)为网状内皮细胞增殖所形成的细胞团块，由胞核淡染的网状细胞所组成，其中混有少量的中性粒细胞。坏死性病灶为局灶性的肝细胞凝固性坏死，坏死的肝细胞核消失，胞浆嗜伊红，呈均质状，坏死灶周围没有炎性反应。渗出性病灶的炎性渗出物包括纤维素、红细胞和中性粒细胞等。同时也可见上述三种病灶的过渡形式。这些不同的病变，表明同一病理过程的不同发展阶段，或因个体抵抗力上的差异，或因病原菌毒力上的不同，其病理结局亦相应有别。增生性病灶也可见于中央静脉及小叶下静脉的内膜下，构成副伤寒性静脉内膜炎。如果内皮细胞发生坏死，可继发血栓形成。副伤寒结节还可见于肾、淋巴结和骨髓中，而静脉内膜炎亦可见于脾和肺。

2. 成年牛

成年牛沙门氏菌病的病型比较复杂。有些病例与犊牛急性型相似，表现为急性胃肠炎，但肠炎变化较严重，多为小肠出血性炎，肠壁淋巴小结明显肿大，肠黏膜有局灶性坏死区并被覆纤维素性伪膜。有的病例发生肺炎、关节炎。隐性病牛常无明显病理变化。

(三)病理诊断

根据本病的流行特点，病牛生前在临床上往往体温升高，呼吸困难，并有明显的下痢，结合剖检所见肝、脾、胃肠等脏器的特征性病理变化，可做出初步诊断。肝脏组织学检查发现有小坏死灶、副伤寒结节及其过渡型结节是诊断的重要依据。必要时可取肝、脾和肠系膜淋巴结等病变组织作沙门氏菌的分离培养与鉴定。但本病的肠管病变与牛球虫病、犊牛大肠杆菌病相似，应注意鉴别。

三、鸡白痢

鸡白痢(pullorosis)是鸡常见的一种细菌性传染病，世界动物卫生组织(OIE)将其列为B类传染病。我国农业部公布的《一、二、三类动物疫病病种名录》中将该病列为二类动物疫病进行法定管理。本病主要侵害雏鸡，通常在出壳后2周内发病率与死亡率最高，特征症状为白痢(粪便像石灰浆)、衰竭和败血症。成年鸡呈慢性或隐性感染。也时有报道成年鸡的急性感染，尤其是产褐壳蛋的鸡。感染存活的鸡大多数可成为带菌者。

(一)病原和发病机理

鸡白痢的病原为沙门氏菌属的鸡白痢沙门氏菌(*Salmonella pullorum*)。病鸡和带菌鸡是主要传染源。可通过消化道水平感染,也可通过种蛋垂直传播。对于受感染的母鸡,病原菌定位在卵巢、卵泡和输卵管内,使蛋在形成蛋壳之前受到病原菌感染。这样的蛋在孵化时,一部分鸡胚死于胚期,出壳的雏鸡大多在12～15日龄时发病死亡;少数存活的仔鸡成长后成为带菌者,其所产的蛋又带菌。感染鸡白痢沙门氏菌的母鸡所产的蛋带菌率可高达33%,如此反复代代相传。此外,病雏鸡粪便中排出大量强毒力病原菌,污染饲料、饮水和环境,造成同群雏鸡经消化道、呼吸道或眼结膜等途径受到感染。也可通过感染的公鸡交配而传染母鸡。人工将病菌滴于眼结膜、跖部皮肤、泄殖腔或伤口均能导致发病。育雏室的卫生条件差、拥挤、潮湿、温度剧变、饲料不足或营养成分不平衡等均可促使本病的发病率和死亡率增高。

病雏的严重腹泻与肠道黏膜的急性炎症有关,而大批死亡则主要是由于病原菌进入血液,迅速发展为败血症所致。患病母鸡的死亡多由于卵黄破裂引起严重腹膜炎,或转变为败血症的结果。

(二)病理变化

1. 雏鸡

(1)眼观病变　最急性病例,出壳后很快发生死亡,病变往往表现不明显。一般有肝肿大和瘀血,在肝表面上可见到出血的斑纹,胆囊肿大,肺充血和出血,卵黄囊变性。

病程较长的,病变较明显。尸体极度消瘦,泄殖孔周围的绒毛被白色石灰浆样粪便所污染。肝脏肿大,肝脏表面散在针尖大小、雪花状的灰黄色坏死灶和粟粒大的灰白色结节(附图2-6)。胆囊显著胀大,其中充满胆汁。脾脏肿大、充血,可达正常的2～3倍,被膜下常常可见小的坏死灶。肺脏的早期表现为弥漫性充血和出血,后期则常常出现小的灰黄色干酪样坏死灶或灰白色结节。在某些病例的心脏可见心包炎与心外膜炎,心肌柔软,颜色苍白,心肌内可见灰黄色小坏死灶。有时甚至形成坚硬的灰白色小结节,在心外膜上形成小丘状突起。肾脏肿大,充血或贫血,肾小管和输尿管扩张,其中充满尿酸盐。肠道往往有明显的卡他性炎,尤其是盲肠和小肠前段表现最明显,肠管变粗,肠壁增厚。盲肠腔内常常有大量黄白色干酪样物,有时还混有血液。病程短的雏鸡的卵黄囊变化轻微或不明显,而病程较长的雏鸡,卵黄囊皱缩,内容物呈淡黄色奶油样或干酪样物质。

(2)镜检病变　肝实质充血、出血,肝细胞局灶性坏死,以后坏死区网状内皮细胞增生并逐渐转变形成单核细胞浸润灶(附图2-7),这是感染雏鸡白痢的特征性变化之一。肺脏局部主要有单核细胞浸润,浆液纤维素性渗出物,坏死组织碎屑。较大的病灶可波及整个肺小叶,支气管和细支气管黏膜发生坏死。肠黏膜上皮发生变性坏死,固有层充血、水肿与单核细胞及淋巴细胞浸润,肌层平滑肌变性,甚至浆膜也可见单核细胞及淋巴细胞弥漫性或灶状浸润。

2. 成年鸡

带菌母鸡一般呈慢性经过,突出的病变为慢性卵巢炎。最常见的病变为卵泡变形、变色、质地改变以及卵泡呈囊状,腹膜炎伴有急性或慢性心包炎。受害的卵泡从正常的深黄色或淡黄色变为灰色、红色、褐色、淡绿色,甚至铅黑色,其内容为干酪样,或为红色、褐色的半流状或油脂状物质,卵黄膜增厚,卵泡的形态也不规则,呈现椭圆形、三角形或多角形。变性的卵泡仍附在卵巢上,但常有长短粗细不一的卵蒂与卵巢相连,脱落的卵泡深藏在腹腔的脂肪组织内。有些卵泡则自输卵管倒行而堕入腹腔,有的则阻塞在输卵管内,引起广泛的腹膜炎及腹腔脏器粘连。

（三）病理诊断

本病多见于2周以内的雏鸡，且死亡率高。临床上表现严重的白色下痢和消瘦。肉眼可见在肝脏、心脏、肺脏、肌胃、盲肠和脾脏常常有灰黄色坏死灶和灰白色小结节。组织学上，病灶中有大量单核细胞浸润。雏鸡白痢在肺形成灰白色坏死点和黄色小结节是特征之一，这种结节应与曲霉菌感染相区别，后者在气囊和气管表面可见霉斑，病灶涂片镜检可发现曲霉菌。

第四节 巴氏杆菌病

巴氏杆菌病（pasteurellosis）是由多杀性巴氏杆菌所引起的各种家畜、家禽、野生动物和人类的一种传染病的总称。该病的特征是急性者表现为败血症和炎性出血等变化，慢性者则表现为皮下、关节以及各脏器的局灶性化脓性炎症。人的病例少见，且多呈伤口感染。本病分布于世界各地。世界动物卫生组织和我国农业部分别将牛出血性败血病、猪肺疫和禽霍乱列为B类疫病和二类疫病。

一、病原和发病机理

巴氏杆菌病的病原主要是多杀性巴氏杆菌（*Pasteurella multocida*），为革兰氏阴性的短小杆菌，具有两极着色的特征。根据光滑型菌落的荧光色彩，多杀性巴氏杆菌可分为蓝绿色荧光型（Fg）、橘红色荧光型（Fo）和无荧光型（Nf）3种。其中，Fg型菌对猪、牛、羊毒力强，而Fo型对鸡、兔的毒力强，Nf型菌则对畜禽的毒力都很弱。Fg型菌和Fo型菌在一定条件下可发生相互转变。病菌的变异性很大，原来确定的菌型，经过一段时间的人工培养后，可能变成与原来不同的变异株菌型。

根据细菌的荚膜抗原，可将多杀性巴氏杆菌分为A、B、D、E、F共5个型；根据菌体抗原，可将多杀性巴氏杆菌分为1～16型，两者结合起来形成更多的血清型。不同血清型的致病性和宿主特异性有一定的差异。对本菌的血清学鉴定表明，我国有A、B 、D 3种血清群。其中C型为猫和犬的正常栖居群。产毒素多杀性巴氏杆菌为A型和D型，用凝集反应对菌体抗原（O抗原）分类可分为12个血清型；而用琼脂扩散试验对热浸出菌体抗原分类则可分为16个血清型。

患病动物和带菌动物是主要传染源，病菌存在于患病动物全身各组织、体液、分泌物及排泄物中，健康动物的上呼吸道也可能带菌。病畜不断排出有毒力的病菌并污染周围环境，病菌经消化道和呼吸道传染给健康畜禽，也可经损伤的皮肤、黏膜和吸血昆虫叮咬而使机体感染。健康动物在机体抵抗力降低时可以发生内源性感染。一些诱因，如营养不良、饲养管理不善、寄生虫感染、气温骤变和长途运输等，也可促进本病的发生。

本菌的致病机理尚不清楚。各种诱因使畜禽机体抵抗力降低时，多杀性巴氏杆菌通过外源性或内源性感染侵入机体后，很快突破局部免疫屏障进入血液形成菌血症。病菌在血液中繁殖，毒力增强，进而随血流扩散到全身，对各脏器的组织发生毒性作用，引起各器官组织的变性和坏死，血管充血和出血，代谢障碍和机体发热，进而发展为器官功能衰竭、败血症和休克而死亡。病原侵入机体繁殖的能力同菌体的荚膜有很大关系，高毒力菌株能够在体内存活和繁

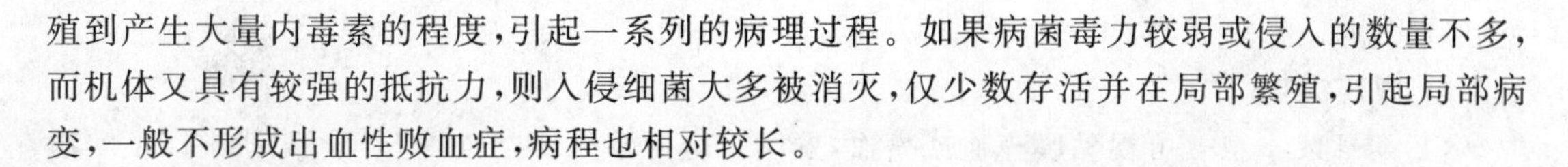

殖到产生大量内毒素的程度,引起一系列的病理过程。如果病菌毒力较弱或侵入的数量不多,而机体又具有较强的抵抗力,则入侵细菌大多被消灭,仅少数存活并在局部繁殖,引起局部病变,一般不形成出血性败血症,病程也相对较长。

二、病理变化

(一)猪巴氏杆菌病

猪巴氏杆菌病又称猪肺疫。潜伏期 1～5 d,临床上一般分为最急性型、急性型和慢性型 3 种形式。

1. 眼观病变

(1)最急性型　本型亦称流行性猪巴氏杆菌病,俗称锁喉风。本型以咽喉部及其周围组织的浆液性出血性炎和全身出血性败血症为主要特征。全身淋巴结肿大、出血,切面红色;肺急性水肿,胸、腹腔和心包腔内液体增多;心外膜和心包膜有小出血点;胃肠黏膜发生卡他性出血性炎;皮肤有红斑。

(2)急性型　较常见,多呈纤维素性胸膜肺炎病变。除了全身黏膜、浆膜、实质器官和淋巴结出血外,特征性的病理变化为纤维素性肺炎。即肺有出血、水肿、气肿、红色和灰色肝变区,切面呈大理石样(附图 2-8);胸膜常有纤维素性附着物,严重时胸膜与肺脏粘连;胸腔和心包积液;支气管、气管内含有多量泡沫样黏液。

(3)慢性型　多见于流行后期,主要表现慢性肺炎或慢性胃肠炎病变。尸体极度消瘦、贫血;肺肝变区扩大并有黄色或灰色坏死灶,外面有结缔组织包裹,内含干酪样物质,有的形成空洞并与支气管相通;心包与胸腔积液,胸腔有纤维素沉着,胸膜肥厚,常与病肺粘连;有时在肋间肌、支气管周围淋巴结、纵隔淋巴结以及扁桃体、关节和皮下组织见有坏死灶。

2. 镜检病变

(1)最急性型　该病例的组织学变化主要表现为出血性变化,咽喉部黏膜水肿,水肿液内有多量的细菌和中性粒细胞。颌下、咽后及颈部淋巴结充血、出血、水肿。肺瘀血、水肿,肺组织内有散在的红色实变区。脾呈急性脾炎的变化,白髓缩小,红髓轻度充血,白细胞浸润,网状细胞肿胀、崩解,鞘动脉周围网状组织疏松。

(2)急性型和慢性型　肺脏主要呈现不典型的纤维素性肺炎的变化。在充血区,肺泡壁毛细血管扩张充血,肺泡腔内有多量的浆液、少量红细胞和中性粒细胞以及脱落的肺泡上皮细胞。在红色肝变区,肺泡壁毛细血管亦扩张充血,肺泡腔内有大量交织成网状的纤维素、红细胞、中性粒细胞、巨噬细胞、脱落的上皮细胞及浆液(附图 2-9)。在灰色肝变区,肺泡壁毛细血管充血消退,肺泡腔扩张,其内含有大量的中性粒细胞、巨噬细胞、浆液、坏死细胞碎屑和纤维素。与此同时,还能见到从充血期到红色肝变期以及从红色肝变期到灰色肝变期的过渡的各种变化。病变部间质疏松,有多量浆液渗出和少量中性粒细胞浸润。间质中的淋巴管扩张,有的形成淋巴栓。有的炎灶内有化脓灶和坏死灶。肺组织的各级血管扩张充血,病灶之外的间质疏松并有多量浆液渗出。发生纤维素性肺炎的病畜多在红色肝变期或灰色肝变期就因呼吸功能衰竭和败血症而死亡,因此一般看不到消散期的变化。

(二)牛巴氏杆菌病

牛巴氏杆菌病又名牛出血性败血症。血清型以 6∶B 为最多见。临床上分为败血型、水肿型和肺炎型3种。

1. 眼观病变

(1)急性败血型　可视黏膜充血或瘀血，发绀。全身浆膜、黏膜、皮下、舌部、肌肉以及实质脏器表面都散在数量不等的出血点。脾不肿但有点状出血，心、肝、肾等器官发生变性，胸腔及心包腔内积有多量浆液性纤维素性渗出物。全身各处淋巴结充血、水肿，呈急性浆液性淋巴结炎的变化。上呼吸道黏膜呈现急性卡他性炎变化，胃肠呈急性卡他性或出血性炎的变化。

(2)急性肺炎型　主要表现胸膜炎和大叶性肺炎，胸腔中有大量浆液性纤维素性渗出液。整个肺有不同肝变期的变化，小叶间淋巴管增大变宽，肺切面呈大理石状；有些病例由于病程发展迅速，在较多的小叶里能同时发生相同阶段的变化；肺泡里有大量红细胞，使肺病理变化呈弥漫性出血景象，病程进一步发展可出现坏死灶，呈污灰色或暗褐色，通常无光泽；有时有纤维素性心包炎和腹膜炎，心包与胸膜粘连，内含干酪样坏死物。

(3)急性水肿型　面部、颌下、咽喉部、颈部、胸前(有时达前肢皮下)高度肿胀，呈凹陷性水肿，切开见多量橙黄色浆液浸润，常伴发出血。颌下、咽背、颈部及肺门淋巴结充血、出血、肿胀。全身浆膜、黏膜散布点状出血。肺瘀血、水肿。胃、肠黏膜呈卡他性炎或出血性炎。实质器官变性，脾不肿大。

2. 镜检病变

肺脏表现为浆液-纤维素性肺炎变化，往往进入红色肝变期前就死亡了，少数病程稍长的病例可见肺充血和红色肝变区。浆液-纤维素性-出血性肺炎，同时散在有许多不规则的坏死灶。淋巴结结构紊乱，淋巴组织坏死，其中部分淋巴结呈增生性淋巴结炎变化。肝脏可见单个或密集存在的小坏死灶，灶内存在红细胞，还可见许多灰尘样细菌团块，毛细血管中也有少量这样的细菌团块。心脏充血、出血，有的血管内有血栓，心肌细胞颗粒变性，肌纤维横纹消失，有的呈灶状溶解，坏死部常有中性粒细胞、红细胞、水肿液，并见有肿大的巨噬细胞，间质偶见灰尘样的细菌团块。神经胶质细胞也变性、坏死，但没有炎症变化。

(三)禽巴氏杆菌病

1. 禽多杀性巴氏杆菌病

禽多杀性巴氏杆菌病又称禽霍乱(fowl cholera)，或称为禽出败(出血性败血症)。血清型以5:A最多，其次是8:A。禽霍乱主要是由多杀性巴氏杆菌中A型的一些菌株引起的禽类的一种接触性传染病，根据病程长短，一般分为最急性、急性和慢性3型。以急性型最常见，该型以下痢、广泛性出血及肝脏的局灶性坏死性炎为主要特征，死亡率较高。

(1)眼观病变

• 最急性型：多见于流行初期，病程极短，病禽常无前驱症状而突然死亡。病变不明显，仅鸡冠和肉髯发绀，心冠状沟有针尖大的出血点，肝脏肿大，表面散布细小的坏死灶。

• 急性型：以坏死性炎和出血性炎变化为特征。肝脏的病变具有特征性，表现为肿大质脆，呈棕红色、棕黄色或紫红色，表面和切面广泛分布灰白色或灰黄色的针尖大小到针头大小的坏死灶。皮下组织，全身浆膜及腹部脂肪等处常见大小不一的出血点和出血斑，其中以心外膜出血最严重，心冠及纵沟部位往往呈喷洒样密集的点状出血；肺有充血和出血点；脾脏一般不肿大或稍充血肿胀，质地较柔软；肌胃出血显著；肠道尤其是十二指肠呈卡他性出血性肠炎，肠内容物含有血液。

• 慢性型:该型主要见于本病流行后期,多由急性转化而来或是由毒力较弱的菌株感染所致。慢性型缺乏全身性出血性败血症的变化,病变多发生在局部且表现为化脓性炎。病理解剖变化常因侵害的器官不同而有差异,一般可见鼻腔、气管、支气管有多量黏性分泌物,肺质地变硬;肉髯肿大,内有干酪样渗出物;关节肿大、变形,有炎性渗出物和干酪样坏死;产蛋母鸡还可见到卵巢出血,卵黄破裂,腹腔内脏表面上附有卵黄样物质。

鸭、鹅的病理变化与鸡基本相似。呈多发性关节炎的雏鸭,主要可见关节面粗糙,附着黄色的干酪样物质或红色的肉芽组织;关节囊增厚,内含红色浆液或灰黄色、浑浊的黏稠液体;肝脏发生脂肪变性和局部坏死。

(2)镜检病变

• 急性病例:在充血的血管内可见到大量的细菌,并可见到血管内凝血和纤维素性血栓。肺高度瘀血、水肿,少数病例可出现纤维素性肺炎灶,多为充血期及红色肝变期的变化。肝细胞因普遍发生水疱变性或脂肪变性而肿大,中央静脉和窦状隙扩张充血。肝小叶内有多个大小不一的坏死灶,其周围有数量不等的异嗜性粒细胞浸润。其他实质器官内可以见到异嗜细胞浸润。

• 慢性病例:在气囊、中耳和脑膜可见到异嗜细胞浸润和纤维素。气囊中多核巨细胞常与异嗜细胞的坏死团同时出现。

2. 鸭传染性浆膜炎

鸭传染性浆膜炎(duck infectious serositis)原称鸭疫巴氏杆菌病,现称鸭疫里氏杆菌病。它是由巴氏杆菌科、鸭疫里氏杆菌所引起鸭的一种接触性、急性或慢性、败血性传染病,主要特征为纤维素性心包炎、纤维素性肝周炎、纤维素性气囊炎、干酪性输卵管炎、关节炎及麻痹。

本病主要自然感染 1～8 周龄的雏鸭,尤以 2～3 周龄雏鸭最易感,1 周龄内幼鸭和 8 周龄以上大鸭少见发病,在污染鸭场的感染率可达 90%以上,病死率高低不一,为 5%～75%,与感染鸭的日龄、环境条件、病菌毒力、应激因素等有关。

根据病程长短,鸭传染性浆膜炎一般分为最急性、急性和慢性 3 型。最急性型常见不到任何明显症状而突然死亡。急性型的病初表现眼流出浆液性或黏性的分泌物,常使眼周围羽毛粘连或脱落;鼻孔流出浆液或黏液性分泌物,有时分泌物干涸,堵塞鼻孔;轻度咳嗽和打喷嚏;粪便稀薄呈绿色或黄绿色;嗜睡,缩颈或嘴抵地面,腿软,不愿走动、步态蹒跚。濒死前出现神经系统症状,如痉挛、背脖、两腿伸直呈角弓反张状,尾部摇摆等,不久抽搐而死,病程一般 2～3 d。慢性型多见于日龄较大的小鸭,病程 1 周以上。病鸭表现精神沉郁,少食,共济失调,痉挛性点头运动、前仰后翻、翻转后仰卧、不易翻起等症状。少数鸭出现头颈歪斜,遇惊扰时不断鸣叫和转圈、倒退等,而安静时头颈稍弯曲,犹如正常,因采食困难,逐渐消瘦而死亡。

病理变化主要是心包膜、肝表面、气囊等浆膜上的纤维素渗出物。

(1)纤维素性心包炎　心包液增多,心包膜外面覆盖纤维素性渗出物,使心外膜与心包膜形成粘连。

(2)纤维素性肝周炎　肝表面覆盖一层灰白色或灰黄色纤维素膜,易剥离。肝肿大呈土黄色或棕红色。病程较长者,纤维素性渗出物被肝被膜生长出的肉芽组织机化,呈淡黄色干酪样团块。

(3)纤维素性气囊炎　气囊浑浊增厚,被覆纤维素性膜。

慢性病例可见到纤维素性化脓性肝炎和脑膜炎;脾肿大,表面有灰白色斑点;以及干酪性输卵管炎和关节炎等。

(四)兔巴氏杆菌病

兔巴氏杆菌病(rabbit pasteurellosis)又称兔出血性败血症,多是由多杀性巴氏杆菌中 A 型的一些菌株所引起的兔的一种传染病。由于侵害部位及性质不同,临床上可表现为败血型、鼻炎型、肺炎型、中耳炎型、结膜炎型、子宫脓肿型、睾丸炎型和脓肿型。上述各型可单独发生,更多的是两型或两型以上混合发生。

家兔对多杀性巴氏杆菌十分敏感,感染后常引起大批发病和死亡,是兔的一种重要的传染病,多发生于 9 周龄至 6 月龄兔。

1. 败血型

败血型可见全身浆膜、黏膜充血、出血和坏死,其中尤以鼻腔、喉头和气管黏膜最严重。肺严重瘀血、出血,高度水肿。胸腔、心包腔中有淡黄色积液。淋巴结肿大、出血,脾不肿大或稍肿大、出血。肝脏变性肿大,有微小的坏死灶。继发于其他病型的,除去见到上述败血症变化外,尚可见到其他病型相应的病理变化。

2. 鼻炎型

鼻炎型的特征是浆液性或黏液性或黏脓性鼻炎和副鼻窦炎。当疾病从急性向慢性转化时,鼻漏从浆液性向黏液性、黏脓性转化;鼻孔周围皮肤发炎,鼻窦和副鼻窦内有分泌物,窦腔内层黏膜红肿;在较慢性的阶段,仅见黏膜呈轻度到中度的水肿增厚。

显微镜下,鼻腔黏膜上皮细胞变性、脱落,黏膜下层炎性水肿并有许多嗜酸性粒细胞浸润。

3. 肺炎型

肺炎型通常呈地方性流行性发生。常呈急性经过,病变主要位于肺尖叶、心叶和膈叶前下部,其病变表现为肺充血、出血、实变、膨胀不全、脓肿和出现灰白色小结节。肺胸膜与心包膜常有纤维素附着,胸腔积液;鼻腔和气管黏膜充血、出血,有黏稠的分泌物;淋巴结充血肿大。

显微镜下,病变肺组织呈现纤维素性肺炎病变,并有明显的出血和坏死;血管和支气管周围有淋巴细胞浸润,或形成淋巴小结。

4. 中耳炎型

中耳炎型是由咽炎或鼻炎经咽鼓管蔓延到鼓室所致。眼观可见一侧或两侧耳道鼓室有脓性或干酪样渗出物。鼓室内壁黏膜潮红。如果中耳炎扩散至脑组织,可引起化脓性脑膜脑炎。

在显微镜下,鼓室内壁上皮杯状细胞增多,黏膜下层有淋巴细胞和浆细胞浸润。

此外,多杀性巴氏杆菌从产道逆行感染可引起分娩后母兔发生化脓性子宫内膜炎和子宫积脓;血源性感染或经尿道口逆行感染可引起公兔发生坏死性或化脓性睾丸炎和副睾炎。

三、病理诊断

1. 初步诊断

(1)猪巴氏杆菌病　最急性型:高热,呼吸困难,咽喉部及其周围急性肿胀,全身广泛性出血。急性型:高热、呼吸困难、咳嗽,一般败血症变化,纤维素性肺炎,纤维素性胸膜炎。

(2)牛巴氏杆菌病　急性败血型:呈现一般败血症变化,病畜高热稽留。急性肺炎型:呈现一般败血症、纤维素性肺炎和纤维素性胸膜炎的变化,病畜高热稽留,呼吸困难,咳嗽。急性水肿型:以炎性水肿为特征;患畜咽喉部以及头部、颈部、胸前等处皮下有大量水肿液;病畜高热稽留，呼吸困难，发绀。

（3）禽霍乱　急性型：严重的全身广泛性出血，尤以心外膜喷洒状出血、局灶性坏死性肝炎、卡他性出血性肠炎。慢性型：慢性上呼吸道炎、肺炎、胃肠炎及关节炎。

（4）鸭疫巴氏杆菌病　主要特征为纤维素性心包炎、纤维素性肝周炎、纤维素性气囊炎、干酪性输卵管炎、关节炎及麻痹。

（5）兔巴氏杆菌病　根据病兔的败血症变化、鼻炎、肺炎、中耳炎、结膜炎、子宫内膜炎、睾丸炎等变化可初步确定为兔巴氏杆菌病。

2. 确诊

确诊必须作细菌分离培养鉴定。败血症病例可从心、肝、脾或体腔渗出物等部位取材，其他病型主要从病理变化部位、渗出物、浓汁等部位取材，如涂片镜检可见到两极浓染的卵圆形杆菌，接种培养物分离并鉴定该菌则可确诊本病。

3. 鉴别诊断

急性败血型牛巴氏杆菌病应与炭疽相鉴别，两者虽均有败血症变化，但炭疽严重且脾肿大明显。急性肺炎型牛巴氏杆菌病与牛肺疫病变相似，但牛肺疫病程较长，纤维素性肺炎严重，肺的大理石样变明显。急性水肿型牛巴氏杆菌病应与恶性水肿相区别，两者均有水肿，但各自发生原因及部位不尽相同。恶性水肿的发生与局部损伤有关，水肿明显，水肿液中含气泡。

急性型猪巴氏杆菌病与猪瘟有相似之处，且易发生混合感染，应加以鉴别。急性单纯性猪瘟呈现全身泛发性出血、急性出血性淋巴结炎、急性脾炎及脾梗死、非化脓性脑炎、急性出血性肾小球肾炎、出血性局灶性固膜性肠炎等变化，而无纤维素性肺炎、纤维素性胸膜炎的变化。只有继发巴氏杆菌感染，才能出现纤维素性肺炎、纤维素性胸膜炎的变化。急性型猪巴氏杆菌病与猪繁殖-呼吸综合征有相似之处，也易发生混合感染，应加以鉴别。断奶仔猪的猪繁殖-呼吸综合征呈现全身广泛性出血、急性出血性淋巴结炎、急性脾炎、非化脓性脑炎、急性出血性肾炎、急性卡他性上呼吸道炎、卡他性浆液性肺炎和间质性肺炎等特征性变化，其瘀血、发绀、出血、淋巴结炎及脾炎与急性型猪巴氏杆菌病有相似之处，而无纤维素性肺炎、纤维素性胸膜炎的变化。只有在继发多杀性巴氏杆菌感染时才能出现纤维素性肺炎、纤维素性胸膜炎的变化。急性型猪巴氏杆菌病与猪地方流行性肺炎的区别：猪地方流行性肺炎的特点是病变主要位于肺的尖叶和心叶，呈典型的淋巴细胞性间质性肺炎；病变区质地坚实，灰红色或淡紫红色，外观与胰腺相似，膈叶多为气肿；无急性型猪巴氏杆菌病的败血症和纤维素性肺炎、纤维素性胸膜炎的变化。

急性型禽巴氏杆菌病与鸡新城疫有相似之处，应加以鉴别。新城疫全身泛发性出血不如急性型禽巴氏杆菌病严重，但腺胃及肠道出血坏死严重且具特征性。新城疫有非化脓性脑炎且有神经症状，但无肝脏的局灶性坏死性炎变化。

兔巴氏杆菌病的败血型，应注意与兔病毒性出血病相鉴别。同时，兔中耳炎型需与李氏杆菌病作鉴别诊断。

鸭疫巴氏杆菌与多杀性巴氏杆菌、大肠杆菌和粪链球菌感染相似，其诊断必须根据病原的分离与鉴定。

第五节 大肠杆菌病

大肠杆菌病(colibacillosis)是由致病性大肠埃希氏菌所引起的急性肠道传染病的总称，主要发生在幼畜和幼禽，常常导致严重腹泻、肠毒血症和败血症，造成大批死亡。人亦可感染发病。

大肠杆菌是肠杆菌科(Enterobacteriaceae)埃希菌属(*Escherichia*)中重要的一种细菌。该菌为革兰氏阴性无芽孢的直杆菌，两端钝圆，散在或成对。该菌无明显的荚膜，多数菌株有鞭毛，能运动。碱性染料对本菌有良好着色性，菌体两端偶尔略深染。大肠杆菌具有复杂的抗原结构与血清型。大肠杆菌的抗原结构较复杂，由菌体(O)抗原、表面(K)抗原、鞭毛(H)抗原以及菌毛(F)抗原组成。到目前为止，至少有 O 抗原 173 种、K 抗原 103 种、H 抗原 60 种、F 抗原 17 种，因此，自然界中可能存在的大肠埃希氏菌血清型高达数万种。大肠杆菌的血清型与致病性密切相关。例如，引起仔猪黄痢的血清型菌株以 $O_{60}:K_{88}$ 最为常见，仔猪白痢以 $O_{8}:K_{88}$ 居多，猪水肿病主要是 O_{139}。我国已报道对禽类有致病性的大肠埃希氏菌血清型有 70 多种，引起雏鸡发病的菌型有 $O_{1}:K_{1}$，$O_{1}:K_{19}$ 等。导致兔大肠杆菌病的菌型有 O_{85}、O_{19} 等。大多数大肠杆菌为非致病性的，是人和温血动物肠道内正常的一种菌群，主要寄生于大肠内，约占肠道菌种的1%，能合成维生素 B 和维生素 K。人或动物出生后数小时大肠杆菌即可经口进入消化道并定居于消化道后段，与机体终身共存。只有少数血清型的大肠杆菌对人和动物有致病性，尤其是对婴儿和幼畜(禽)，可引起严重腹泻甚至败血症。在集约化动物养殖场，由于各种应激因素存在，致病性大肠杆菌常为条件性病原菌，对养殖业造成相当普遍而又严重的损失。

大肠埃希氏菌的致病性主要取决于其所产生的毒素。该菌有很多毒力因子，这些毒力因子通过不同的机理导致大肠埃希氏菌在机体的特定部位定居、增殖并引起相应组织的损伤，在临床上呈现出明显不同的感染类型及其相应的病理变化。重要的毒力因子有黏附素(又称菌毛或 F 抗原)、肠毒素、内毒素和细胞毒素等，其他诸如神经毒素、溶血素和 K 抗原等则起到辅助菌株的致病作用。根据大肠埃希氏菌的致病机理，可将与动物疾病有关的病原性大肠埃希氏菌分为以下 5 类：产肠毒素大肠埃希氏菌(Enter toxigenic *E. coli*，ETEC)、产类志贺毒素大肠埃希氏菌(Shiga-like toxigenic *E. coli*，SLTEC)、肠致病性大肠埃希氏菌(Enteropathogenic *E. coli*，EPEC)、败血性大肠埃希氏菌(Septicaemia *E. coli*，SEPEC)和尿道致病性大肠埃希氏菌(Uropathogenic *E. coli*，UPEC)。其中，ETEC 能够产生耐热肠毒素(heat-stable enterotoxin，ST)和不耐热肠毒素(heat-labile enterotoxin, LT)，这两种肠毒素均可导致婴幼儿和幼畜禽的腹泻。SLTEC 能够产生类志贺毒素(Shiga toxin, SLT)，该毒素为一种蛋白性细胞毒素，可引起婴幼儿的腹泻、人的出血性结肠炎和溶血性尿毒综合征，而其中的 2 型类志贺毒素(SLT-2e)还可引起猪的水肿病。SEPEC 则主要引起猪、犊牛和羔羊败血症以及鸡的大肠杆菌病。

患病和带菌动物是大肠杆菌病的主要传染源，最常见的传播途径是消化道，某些血清型菌株也可经鼻咽黏膜、子宫、产道或交配引起感染。

现将各种畜、禽常见的大肠杆菌病分述如下。

一、猪大肠杆菌病

猪大肠杆菌病(swine colibacillosis)是由致病性大肠埃希氏菌所引起的猪的一类急性传染病，多发生于仔猪，常见的是仔猪黄痢、仔猪白痢和猪水肿病3种病型。有时亦可见到断奶仔猪腹泻、出血性肠炎和猪败血症等其他病型的大肠杆菌病。

(一)仔猪黄痢

仔猪黄痢(yellow scour of new born piglets)是出生后几小时到一周龄仔猪所发生的一种急性、高度致死性肠道传染病，也称早发性猪大肠杆菌病。本病以急性卡他性胃肠炎、剧烈腹泻、排黄色或黄白色水样粪便、迅速脱水死亡为其特征。本病的发病率和死亡率都很高。

1. 病原和发病机理

仔猪黄痢的病原为产肠毒素大肠埃希氏菌(ETEC)。ETEC的致病力主要取决于其产生的黏附素和肠毒素，二者在疾病发生过程中密切相关，缺一不可，其他毒素则起到协同作用。ETEC进入消化道后，其黏附素与肠上皮细胞表面的黏附素受体结合后使病菌黏着，定植在肠黏膜靶细胞上。上皮细胞表面的黏附素受体的有无则决定了动物的年龄易感性，仔猪仅在出生后前6周有此受体，且日龄越小受体越多，故黄痢主要发生于仔猪，肠毒素则是导致腹泻的直接因素。

带菌母猪和病猪是本病的主要传染源。病畜通过粪便排出病菌并污染饮水、饲料以及猪乳头和皮肤，病菌经口进入易感仔猪的小肠内，在耐过宿主的抗菌作用后，借其黏附素黏着、定殖在黏膜上皮细胞上并分泌肠毒素(LT和ST)。LT以其B亚单位与小肠上皮细胞表面的神经节苷脂(GM)和黏蛋白(GP)受体结合后，协助A亚单位穿越细胞膜进入细胞内，进而活化腺苷酸环化酶(AC)，使胞内三磷酸腺苷(ATP)转变为环磷酸腺苷(cAMP)。细胞内高水平的cAMP激活蛋白激酶，导致细胞内Cl^-、Na^+、HCO_3^-及水分过度分泌至肠腔，同时Na^+的吸收受抑制。肠上皮细胞过量分泌造成肠管内水及电解质大量蓄积。而ST则与小肠上皮细胞的鸟苷酸环化酶(GC)受体结合并激活GC，刺激细胞内环磷酸鸟苷(cGMP)的产生，细胞内大量的cGMP可抑制Na^+/Cl^-共转运系统，减少肠道对水分和电解质的吸收。另外，肠毒素及肠道炎性产物还可刺激多种血管活性物质的释放，引起肠道血管通透性增高，又加重液体的渗出和蓄积。在上述多种因素的作用下，小肠内水及电解质大量蓄积，其量超出了大肠吸收的能力，致使患畜发生水样腹泻。严重的腹泻可引起水及电解质大量丧失，机体迅速脱水并发生代谢性酸中毒，患畜终至昏迷而死亡。

仔猪黄痢的发生常常需要种种诱因。这是因为正常时仔猪小肠前段的生理环境并不适合大肠埃希氏菌的繁殖，而当仔猪出生后哺乳过晚、乳质低劣、初乳缺乏、乳汁含脂过高使仔猪吃后不易消化、环境卫生不良及气候多变时，均可降低仔猪抵抗力，影响肠道内抗体的分泌，致使小肠内环境发生改变，为大肠埃希氏菌的定植创造了条件，进而诱发仔猪黄痢的发生。

2. 病理变化

(1)眼观病变　仔猪黄痢潜伏期短，多在生后12 h以内发病，长则1～3 d。同窝仔猪相继发病，病猪主要表现腹泻，排出黄色浆状稀粪，内含凝乳小片，之后很快脱水、消瘦、昏迷而死亡。

尸体外表苍白、消瘦、脱水，皮肤、黏膜和肌肉苍白，颈部、腹部皮下水肿，肛门周围、尾根和腹部常黏着灰白色带腥臭的稀粪。剖检可见胃膨胀，充满酸臭气味的凝乳块，胃底和幽门部黏膜潮红并有出血点或出血斑，其黏膜上覆盖多量黏液。肠黏膜呈急性卡他性炎症变化，小肠壁变薄，以十二指肠最严重，有多量黄色液状内容物和气体，间或有血液，空肠和回肠病变较轻，但是肠内鼓气显著。大肠壁变化轻微，肠腔内充满稀薄的内容物。肠系膜淋巴结肿胀，切面多汁，有弥漫性小出血点。肝、肾变性和小点出血，间或有凝固性小坏死灶。脾脏瘀血。脑充血或有小点出血，少数病例脑实质有小液化灶。

(2)镜检病变　胃黏膜上皮细胞变性、坏死或脱落，固有层水肿，有少量的炎性细胞浸润；肠绒毛袒露，黏膜上皮细胞变性肿胀或坏死脱落，部分绒毛坏死脱落。固有膜水肿并有少量炎性细胞浸润。肠腺体部分萎缩，大部分被破坏，仅留下空泡状腺管轮廓。肠黏膜下层充血、水肿，有少量炎性细胞浸润。实质脏器多呈现退行性变化，肝、肾常见小的凝固性坏死灶。

3. 病理诊断

仔猪黄痢依据出生后几小时到一周易发病；突然剧烈腹泻，排黄色液状粪便，迅速脱水死亡，死亡率较高；急性卡他性胃肠炎，胃内有酸臭的凝乳块等症状可做出初步诊断。确诊必须进行病原分离鉴定。

(二)仔猪白痢

仔猪白痢(white scour of piglets)是指由致病性大肠杆菌所引起2～4周龄仔猪的一种急性肠道传染病，以急性卡他性胃肠炎和排灰白色、腥臭、糊状稀粪为特征。本病的发病率较高，而死亡率却低。

1. 病原和发病机理

仔猪白痢的病原至今仍未确定，但从病猪分离到的大肠埃希氏菌的血清型多与仔猪黄痢一致，引起仔猪黄痢的ETEC同样可以引起仔猪白痢的发生。另外，患过黄痢的仔猪一般不再发生白痢，许多大肠杆菌菌苗能同时保护黄痢和白痢的感染。因此推测，仔猪白痢的病原至少有一部分与仔猪黄痢的病原是相同的，但两者在流行病学和临床症状上仍有较大的差异。造成这种差异的原因，一是仔猪白痢还有其他血清型的ETEC；二是半月龄仔猪体内母源抗体已降至很低，而仔猪的自动免疫系统尚未发育成熟，因此，仔猪的免疫力相对较低。另外，仔猪生长过程中需要大量营养，而母乳量在产后半个月时已大大降低，特别是当母猪营养不良或罹患疾病时更影响乳汁质量与数量。因此，10日龄以后的仔猪营养缺乏，特别是许多微量元素严重不足时，导致仔猪肠道内不仅没有建立起稳定的微生态环境，还造成了微生态失调，从而为致病菌株入侵、定居、繁殖创造了条件而易发生白痢。不良环境、气候反常、母猪饲养不当亦是本病的诱因。

仔猪白痢腹泻的机理基本同仔猪黄痢，亦主要是ETEC所产的黏附素、肠毒素作用的结果。肠毒素引起肠黏膜细胞Cl^-、Na^+、HCO_3^-及水分分泌增强，吸收减弱，导致肠腔内水及电解质大量蓄积并刺激肠壁蠕动增强而引起腹泻。未被消化的食糜中的大量脂肪被向后推移与肠腔内的碱性离子(Ca^{2+}、Mg^{2+}、Na^+、K^+)结合，形成灰白色的脂肪酸皂化物而使粪便变为灰白色。

另外，ETEC所产生的内毒素和机体的过敏反应，在仔猪黄痢的发生发展中也起了重要作用。试验证明，给仔猪注射内毒素60～90 min后，仔猪开始发热，局部白细胞增多，血糖降低，血压下降，外周血管扩张，血管通透性增高，静脉回流减少，并导致弥漫性血管内凝血而发生休克。仔猪出生前在子宫内以及产后通过吮食初乳获得特异性抗体，或通过肠道中的大肠埃希氏菌的影响而连续不断地产生这种抗体，使机体致敏。以后如果再感染相应的大肠杆菌，在肠道内繁殖，形成大量抗原，并作用于致敏的机体就会发生过敏反应，引起呼吸困难、咳嗽，里急后重，使肠道消化和吸收机能障碍，影响仔猪生长发育。

2. 病理变化

（1）眼观病变　尸体消瘦、脱水，皮肤苍白，肛门周围、尾根和腹部常黏着灰白色带腥臭的稀粪。主要病变位于胃和小肠前部，胃内有未消化的凝乳块，幽门部黏膜充血、瘀血，表面附有黏液；肠壁菲薄，肠黏膜有卡他性炎症变化，易剥脱，肠腔内容物稀薄、黏性，常混有气体，有腥臭气味；肠系膜淋巴结轻度肿胀；心脏、肝脏、肾脏变性。

（2）镜检病变　小肠绒毛上皮细胞高度肿胀，部分坏死脱落，固有层血管扩张充血，中性粒细胞和巨噬细胞浸润。部分肠管绒毛萎缩。肠黏膜上皮细胞之上常见大肠埃希氏菌附着。实质器官无变化或轻度变性，有时可继发肺炎。

3. 病理诊断

仔猪白痢依据流行特点10～30日龄易发病，发病率高，死亡率低；突然腹泻，排出腥臭的乳白色或灰白色的浆状或糊状粪便；尸体苍白、脱水、消瘦；轻度的急性卡他性胃肠炎，胃内有凝乳块等症状可做出初步诊断。确诊必须进行病原分离鉴定。

仔猪白痢的主要症状是仔猪的腹泻，要注意与仔猪副伤寒、仔猪红痢、猪痢疾、猪传染性胃肠炎、猪流行性腹泻、猪轮状病毒病、仔猪球虫病、猪小袋虫病以及仔猪消化不良等病相区别。

（三）猪水肿病

猪水肿病（edema disease of pigs，ED）是指由某些溶血性大肠杆菌所引起断奶仔猪的一种毒血症。其临床特征是突然发病，病程短促，头部和胃壁等处出现水肿，共济失调、惊厥和麻痹等。本病发病率低，但致死率高。

1. 病原和发病机理

目前研究认为，本病的病原主要是产类志贺毒素大肠埃希氏菌（SLTEC），又称产Vero细胞毒素大肠埃希氏菌（VTEC）。SLTEC有两类主要的毒力因子，一个是黏附素（F18），另一个是致水肿病2型类志贺毒素（SLT-2e或SLT-2V）。前者有助于细菌在猪肠黏膜上黏着、定居并繁殖，而后者系一种蛋白质性细胞毒素，亦称水肿因子。该毒素的作用有二，一是阻断细胞内蛋白质合成，导致组织变性坏死；二是对血管具有毒性作用，引起血管内皮细胞损伤，改变血管通透性，使血液中的液体成分渗入组织间而导致水肿，红细胞大量漏出引起出血。

带菌母猪和患病仔猪是主要的传染源，其分泌物污染周围环境，SLTEC经口腔进入体内。进入体内的SLTEC以其黏附素（F18）黏附于小肠黏膜上皮细胞，定居并繁殖。SLTEC产生的SLT-2e进入上皮细胞内阻断蛋白质合成，导致上皮细胞坏死和炎症的发生。SLT-2e被肠道吸收后进入血液，可在不同组织器官内造成血管内皮细胞损伤，改变血管通透性，导致水肿的发生。猪水肿病常常出现典型的神经症状，这是脑水肿所致，而非毒素直接对神经细胞作用的结果。ED后期因肠道血管严重损伤，可发生胃贲门部、回肠和结肠出血，并发生血痢。

2. 病理变化

（1）眼观病变　死于ED的猪大多营养状况良好，特征病变是胃壁、结肠肠系膜、眼睑和面部以及颌下淋巴结水肿。胃内常充盈食物，黏膜潮红，有时出血，胃贲门区及胃底部因水肿而明显增厚，严重时可延伸到黏膜下层，致使黏膜层与肌层分离，水肿区厚度可从几乎看不见到2 cm以上，水肿液呈胶冻状淡黄色。水肿还可扩展到食道部和整个胃底部。肠系膜的水肿主要发生于结肠袢，呈透明的胶冻状。大结肠和盲肠也见同样的水肿。

(2)镜检病变　胃肠水肿部黏膜、黏膜下层以及头部皮下明显增宽，富含浆液。水肿液常含大量蛋白、少量红细胞、巨噬细胞和嗜酸性粒细胞。水肿部组织血管扩张充血，有少量嗜酸性粒细胞、淋巴细胞浸润。脑部常有水肿和软化灶，软化灶中神经细胞变性坏死，神经纤维排列紊乱。脑血管周围间隙增宽，富含水肿液。脑组织巨噬细胞浸润，胶质细胞增生，并有嗜神经现象。猪水肿病的另一个特征性变化是小动脉及微动脉或全动脉炎。动脉炎可见于全身组织，以水肿部位组织的动脉最严重，病程长者表现更加明显。初期，动脉管内皮细胞变性肿胀和坏死，进而发展到中膜平滑肌细胞的变性坏死，血管壁及其周围有巨噬细胞和嗜酸性粒细胞浸润。心、肝、肺及其他脏器则是呈不同程度的变性、坏死和水肿的变化。

3. 病理诊断

仔猪水肿病依据断奶仔猪易发，突然发病，病程短促，有神经症状，发病率低，死亡率高；头部、胃壁、肠壁及肠系膜明显水肿，严重时，水肿可波及脑部、颈部、腹下部、肺、淋巴结及各腔体等症状可做出初步诊断。确诊必须进行病原分离鉴定。

仔猪水肿病的神经症状要与猪瘟、伪狂犬病、李氏杆菌病和食盐中毒相区别。

二、禽大肠杆菌病

禽大肠杆菌病是由致病性大肠杆菌所引起禽类急性或慢性细菌性传染病的总称，包括急性败血症、气囊炎、肝周炎、心包炎、卵黄性腹膜炎、输卵管炎、滑膜炎、眼炎、关节炎、脐炎、肉芽肿以及肺炎等，最常见的是急性败血症和卵黄性腹膜炎。上述各型可以单独发生，亦可混合发生或与其他疾病合并发生，因此，造成禽大肠杆菌病的临床症状及病理变化复杂多样。

（一）病原和发病机理

禽大肠杆菌病的病原体主要是败血性大肠埃希氏菌（SEPEC）中对禽敏感的某些血清型菌株，常见的血清型是 O_1、O_2、O_{35} 和 O_{78}，我国已报道的对禽类有致病性的大肠埃希氏菌血清型有 70 多种。关于 SEPEC 的致病力，目前尚无一致的结论。但多数学者认为，禽大肠杆菌病是 SEPEC 的多种毒力因子综合作用的结果，这些毒力因子包括黏附素、内毒素、外毒素、大肠杆菌素和外膜蛋白（outer membrane protein, OMP）等。

病禽和隐性感染禽为主要传染源，其排泄物、分泌物污染饮水、饲料及周围环境。致病菌经呼吸道、消化道、交配、人工授精等途径进入易感禽体中，也可由种蛋垂直感染，但呼吸道则是主要感染途径。经呼吸道进入机体的致病菌在 OMP 的辅助下，以其菌毛黏附在呼吸道黏膜上皮细胞上定植并繁殖，进而进入上皮细胞并引起上皮细胞的变性坏死。与此同时，致病菌还在 OMP 的协助下通过血管屏障进入血液，形成菌血症。进入血液中的致病菌又在 OMP 的抗吞噬、抗补体、抗血清杀菌的作用下，逃避了机体的免疫屏障，随血流选择性地进入靶器官定居和繁殖。致病菌产生的外毒素和菌体裂解后释放出的内毒素、大肠杆菌素共同对靶细胞进行毒害作用，引起细胞变性坏死、血管通透性增高及炎症的发生，进而发展为败血症。

大量的研究和实践证明，禽大肠杆菌病的发生，除去病原菌本身的毒力因子作用外，凡是令禽对大肠埃希氏菌敏感的诸多因素（预置因素）也是导致本病发生的极其重要的环节。当鸡群中存在鸡毒支原体感染、传染性支气管炎、新城疫、低致病性禽流感、传染性法氏囊病、葡萄球菌病时，常伴发或继发大肠杆菌感染。此外，皮肤及黏膜的损伤、营养物质缺乏、有毒物质毒害、体内正常菌群失调、环境卫生恶劣以及通风不良、密度过大、应激、环境卫生较差、饲料营养不全及某些疫苗的免疫接种等都可促使本病的发生。

（二）病理变化

因致病性大肠杆菌的毒力、机体状态的不同，禽大肠杆菌病的病理变化亦不相同。

1. 急性败血症

病鸡可能无临床表现或表现不明显而突然死亡，但有时可见病鸡精神沉郁、羽毛松乱、食欲减退或废绝、很快死亡。该型病禽的发病率和病死率都较高。

死亡病鸡的肉眼病变主要有纤维素性心包炎、纤维素性肝周炎和纤维素性气囊炎。

心包炎表现为心包积液，心包膜浑浊、增厚，或者内有渗出物与心外膜粘连；镜检，心肌纤维发生溶解或断裂，有的可见小化脓灶。心肌纤维间的小结节为肉芽肿样结构，中心是坏死细胞，坏死区的外周有单核细胞和异嗜性粒细胞浸润，上皮样细胞增多；外周是肉芽组织形成的包膜。

肝周炎表现为肝脏肿大，表面有纤维素性渗出物，或者整个肝脏被纤维素性薄膜所包裹（附图 2-10）。

气囊炎表现为气囊浑浊，有纤维素性渗出物，或纤维素性渗出物充斥于腹腔内肠道和脏器间，气囊壁增厚；镜检，气囊壁水肿，异嗜性粒细胞浸润或局灶性坏死；有多量的纤维素性渗出物和干酪样物，成纤维细胞增生。

鸭大肠杆菌性败血症常常发生在雏鸭中，特征病变为胸腔、腹腔以及气囊表面覆盖有湿润、颗粒状或凝乳状的渗出物，厚薄不一，有特殊臭味；肝脏肿大，有大片的胆汁浸染；脾脏瘀血、肿大，暗红色。

2. 鸡胚与幼雏的早期死亡

种蛋蛋壳被大肠杆菌污染，或产蛋母鸡患有大肠杆菌性输卵管炎或卵巢炎时，病原菌进入蛋内，致使鸡胚在孵出前，或孵化后期，或出壳前死亡。死亡胚胎的卵黄不吸收，呈黄绿色、黏稠状，或干酪样；有的呈黄棕色的液体状。出壳后死亡的病雏卵黄吸收不全，呈黄绿色或干酪样。病程较长的，常伴有心包炎。

3. 生殖器官感染

患病母鸡卵泡膜充血，卵泡变形，局部或整个卵泡红褐色或黑褐色，有的变硬，有的卵黄变稀，有的卵泡破裂。输卵管感染时剖检可见输卵管充血、出血，内有多量渗出物，或积有干酪样团块。该型病禽常常于发病几个月后死亡，不死者也极少产蛋。公鸡表现为睾丸充血，交媾器充血、肿胀。

4. 卵黄性腹膜炎

卵黄性腹膜炎多由输卵管炎或卵巢炎发展而来。当输卵管发炎时，炎性产物常使输卵管伞部粘连或因发炎而肿胀，漏斗部的喇叭口在排卵时不能正常打开，卵泡不能正常进入输卵管而跌入腹腔内引发腹膜炎。另外，变性坏死的卵泡亦可脱落于腹腔中并破裂而引发腹膜炎。剖检可见，患鸡胸腹腔中充满了淡黄色腥臭的液体和凝固变性的卵黄块（附图 2-11）。各脏器浆膜显著充血、瘀血及出血，肠道和脏器相互粘连。

5. 脐炎

幼雏脐部受感染时，多见于蛋内或刚出壳后的感染。不死的鸡胚，出壳后活力差，病雏表现脐炎，脐带口充血、瘀血和炎性水肿；脐环多不能完全封闭，常有卵黄凝块堵塞，卵黄囊膜菲薄。腹部膨胀，卵黄吸收不良，俗称“大脐病”。局部皮下胶样浸润，或有多量的黏性物，或是出血性分泌物。病灶近处腹膜水肿，紫红色，或呈坏死性炎。有的病例腹部胀大，泄殖腔红肿，粪便呈黄绿色或灰白色。多数病雏在2～3 d内转为毒血症或败血症死亡。病程在4 d以上的病雏常有心包炎和生长不良。

镜检，卵黄囊壁水肿，炎性细胞(如异嗜性粒细胞和巨噬细胞)增多，有多量的炎性细胞碎片以及细菌团块。

6. 全眼球炎病

患大肠杆菌性全眼球炎的病鸡，鸡眼睑肿胀、流泪，眼睛灰白色，角膜浑浊，眼前房积脓，常因全眼球炎而羞明甚至失明(附图2-12)。镜检，前眼房液中有纤维素性渗出物，单核细胞、巨噬细胞和异嗜性粒细胞浸润；脉络膜充血，视网膜严重破坏。

7. 肉芽肿

肉芽肿又称Hyarre氏病，为慢性大肠杆菌病，多为败血症的后遗症，常发生于成鸡。其特征是常在肝、十二指肠、盲肠、肠系膜等处出现结节性肉芽肿，严重者在脾、心、肝脏等处也出现。肉芽肿多为粟粒大至玉米粒大，黄白色或灰白色，切面略呈放射状或轮层状，有弹性，中央多为灰黄色干酪样坏死物。光镜下可见结节中心，由大量细胞坏死物构成，其外围环绕一层由上皮样细胞、淋巴细胞和少量巨噬细胞形成的肉芽组织，最外层为纤维组织包囊，其间有异嗜性粒细胞浸润。

8. 足垫肿

常见幼雏和较大的雏鸡感染发病，表现为关节肿胀和跛行。关节囊内有红棕色、黏稠样的积液。足垫肿大、隆起，有溃疡面或黑褐色较硬的痂皮。

9. 大肠杆菌性脑病

一些血清型的大肠埃希氏菌可突破鸡血脑屏障进入脑内，引发脑炎。该病可单独由大肠埃希氏菌引起，亦可在支原体病、传染性鼻炎和传染性支气管炎等病的基础上继发大肠埃希氏菌感染而发生。患鸡多有神经症状。病变主要集中在脑部，可见脑膜增厚，脑膜及脑实质血管扩张充血，蛛网膜下腔及脑室液体增多。光镜下可见神经细胞肿大变性，有的坏死崩解。胶质细胞增生，有卫星现象和嗜神经元现象，淋巴细胞浸润，从脑组织中可分离到大肠埃希氏菌。

10. 肿头综合征

肿头综合征主要发生在4～6周龄的肉鸡，一般认为是由致病性大肠杆菌与冠状病毒共同引起。临床特征是颜面皮下组织显著肿胀。有人从肿头综合征病鸡的病变组织分离出大肠杆菌。鸭也可表现肿头综合征。

(三)病理诊断

根据以下症状可做出初步诊断：病尸泛发性出血，浆液性纤维素性心包炎、胸腹膜炎、气囊炎、肝周炎，坏死性肝炎、心肌炎；母鸡的卵巢炎、输卵管炎、卵黄性腹膜炎；公鸡的睾丸炎；成鸡的慢性肉芽肿；鸡胚及雏鸡的早期死亡。确诊时必须作细菌分离培养鉴定。

禽大肠杆菌性气囊炎要与鸡败血支原体病、鸭传染性浆膜炎相区别，这三种禽病往往都有纤维素性的气囊炎、心包炎和肝周炎病变。鸡的大肠杆菌病气囊炎型的气囊纤维素性炎与鸡败血支原体病和鸭传染性浆膜炎相比，前者较为湿润，而后两者的气囊炎病变较为干燥。

鸡大肠杆菌性卵黄性腹膜炎要与鸡白痢相区别。成年鸡白痢的卵泡有典型的变性、变形和变色，偶有病变的卵泡破裂后引起卵黄性腹膜炎；同群发病公鸡的睾丸发生坏死或极度萎缩。

第六节 结核病

结核病(tuberculosis)是由分枝杆菌所引起的多种动物和人共患的慢性传染病。本病的临床特征是病程缓慢、渐进性消瘦、咳嗽、衰竭,并在多种组织器官中形成特征性肉芽肿、干酪样坏死和钙化的结节性病灶。结核分枝杆菌分为人型、牛型和禽型等,自然条件下这三型结核分枝杆菌在人、畜、禽之间可以互相感染,形成不同的病变。由于本病在人、畜之间相互感染,故在公共卫生方面特别受到重视。艾滋病与结核病的联合协同作用和结核杆菌的多重耐药性增强,使结核病对全球健康问题构成严重的威胁。

一、病原和发病机理

本病的病原是分枝杆菌属(*Mycobacterium*)中的结核分枝杆菌(*M. tuberculosis*)、牛分枝杆菌(*M. bovis*)和禽分枝杆菌(*M. avium*)。该菌形态平直或微弯,大小为(0.2～0.6) μm×(1.0～10) μm,有时分支,呈丝状,不产生鞭毛、芽孢或荚膜。该菌革兰氏染色阳性,能抵抗3%盐酸酒精的脱色作用,故称为抗酸菌。结核杆菌的特性为需氧性、抗酸性、生长慢、存活长、对外界抵抗力强。结核分枝杆菌是人和非人灵长类动物结核病的病原,偶可感染犬。牛分枝杆菌可引起牛和其他动物(如绵羊、山羊、犬、猫、马、猪、鹦鹉等)的结核病,也可通过牛奶导致人发生感染。禽分枝杆菌可引起家畜和野鸟发生结核病,也可造成猪感染。由结核分枝杆菌、牛分枝杆菌和禽分枝杆菌引起的疾病称为结核病,其他分枝杆菌引起的疾病称为分枝杆菌病(mycobacteriosis)。

病畜和带菌动物是本病的传染源。呼吸道是主要传播途径,容易经空气以飞沫甚至气溶胶的形式传播,此外经消化道、损伤的皮肤、黏膜也可感染。

分枝杆菌侵入机体后,与巨噬细胞相遇,易被吞噬或将被带入局部的淋巴管和组织,并在侵入的组织或淋巴结处形成原发性病灶,细菌被滞留并在该处形成结核结节。当机体抵抗力强时,此局部的原发性病灶局限化,长期甚至终生不扩散。如果机体抵抗力弱,疾病进一步发展,则细菌经淋巴管向其他一些淋巴结扩散,形成继发性病灶。如果疾病继续发展,细菌进入血流,散布全身,则引起其他组织器官的结核病灶或全身性结核。

结核杆菌主要通过呼吸道侵入肺泡,被巨噬细胞吞噬,但不被消化降解,相反在其内繁殖,形成病灶,产生干酪样坏死。坏死灶被吞噬细胞、T 细胞与 B 细胞等包围,形成结核结节。肺内巨噬细胞大量分泌白介素-1(IL-1)、白介素-6(IL-6)和肿瘤坏死因子(TNF-a),使淋巴细胞和单核细胞聚集到结核杆菌入侵部位,形成结核肉芽肿,限制并杀灭结核杆菌。T 细胞有识别特异性抗原的受体。$CD4^+$ T 细胞促进免疫反应,在淋巴因子作用下分化为 Th1 和 Th2 细胞亚群。Th1 细胞亚群促进巨噬细胞的功能和免疫保护力。白介素-12 可诱导 Th1 细胞亚群的免疫作用,刺激 T 细胞分化为 Th1 细胞亚群,增加 γ-干扰素的分泌,激活巨噬细胞抑制或杀灭结核杆菌的能力。

结核杆菌为胞内寄生菌,既不产生外毒素,也没有内毒素,其致病原因尚不清楚。一般认为主要是本菌在机体组织中大量繁殖后,其菌体成分(如脂质、蛋白质、多糖)和代谢产物对机体的直接损害作用以及由菌体蛋白刺激而引起的变态反应所致。机体的抗结核作用主要是细胞免疫,并通过致敏淋巴细胞和被激活的单核细胞互相协作完成。体液免疫的抗菌作用在结核免疫中是次要的。结核免疫的另一个特点是传染性免疫和传染性变态反应同时存在。传染性免疫是指只有结核杆菌在体内存在时,才能刺激机体产生抗结核的特异性免疫力,故又叫作带菌免疫。若菌体和抗原消失后,免疫力也随之消失。机体初次被结核杆菌感染后,机体被致敏,当再次接触菌体抗原时,机体反应性大大提高,炎性反应较强烈,这种变态反应是在结核感染过程中出现的,所以叫传染性变态反应。由于机体对结核杆菌的免疫反应和变态反应同时产生,相伴存在,故可用结核杆菌素做变态反应来检查机体对结核杆菌有无免疫力,或有无感染和带菌现象。

在结核病灶,由巨噬细胞、上皮样细胞和多核巨细胞构成的界限清楚的细胞群称为结核性肉芽肿(granuloma),其形成有两个重要因素:一是抗感染免疫中形成的致敏 T 细胞不能完全清除病原及其抗原性物质所致,而这点又与分枝杆菌在细胞内寄生有密切关系;二是肉芽肿的形成与单核细胞大量进入炎灶相关,而单核细胞的迁移显然是趋化因子 IL-8、MCP-1 分泌增多的结果。

结核病可分初次感染和二次感染。二次感染多发生于成年动物,可能是外源性的(再感染),也可能是内源性的(复发)。二次感染的特点是由于特异性免疫作用而使病变只局限于某个器官。结核杆菌侵入机体局部组织后,引起细胞增生或渗出性炎,表现为增生性结核结节和渗出性结节,这两种炎症类型在实际病例中常混合发生,且以某一种为主。

二、结核病的基本病理变化

结核病的病理变化与动物的免疫力及变态反应性、结核杆菌入侵的数量及其毒力密切相关。其病变过程复杂,通常形成具有特异结构的结核结节,基本病理变化分为渗出性病变、增生性病变和变质性病变。

1. 渗出性病变

渗出性病变表现为充血、水肿与白细胞浸润。早期渗出性病变中有中性粒细胞,以后逐渐被单核细胞及淋巴细胞取代。在大单核细胞内可见到吞入的结核杆菌。渗出性病变通常出现在结核性炎的早期或病灶恶化时,亦可见于浆膜结核。

2. 增生性病变

增生为主的病变开始时可有一短暂的渗出阶段。当大单核细胞吞噬并消化了结核杆菌后,菌的磷脂成分使大单核细胞形态变大而扁平,类似上皮细胞,称上皮样细胞。多个上皮样细胞胞浆融合、核不融合,或一个上皮样细胞核分裂、胞浆不分裂,从而形成多核巨细胞,即朗罕氏细胞(langhans's cell);后者可将结核杆菌的抗原信息传递给淋巴细胞。由上皮样细胞、朗罕氏细胞形成特殊肉芽组织,在其外围常有较多的淋巴细胞和少量成纤维细胞,形成典型的结核结节,称为结核性肉芽肿,为结核病的特征性病变(附图 2-13),"结核"也因此得名。结核结节中通常不易找到结核杆菌。增生为主的病变多发生在菌量较少、机体细胞介导免疫占优势、机体抵抗力强、病变恢复阶段。

3. 变质为主的病变(干酪样坏死)

变质为主的病变常发生在渗出或增生性病变的基础上。若机体抵抗力降低、菌量过多、变态反应强烈,渗出性病变中结核杆菌战胜巨噬细胞后不断繁殖,使细胞浑浊肿胀后,发生脂肪变性,直至细胞溶解碎裂坏死。炎症细胞死后释放蛋白溶解酶,使组织溶解坏死,形成凝固性坏死。因含多量脂质使病灶在肉眼观察下呈黄灰色,质松而脆,状似奶酪,故名干酪样坏死(附图 2-14)。镜检可见均质红染、无结构、颗粒状的坏死组织,其中有数量不等的蓝染的细胞核碎片。

上述三种病变可同时存在于一个肺部甚至一个病灶中，但通常有一种是主要的。例如在渗出性及增生性病变的中央，可出现少量干酪样坏死；而变质为主的病变，常同时伴有程度不同的渗出与结核结节的形成。

三、各种动物的结核病

(一)牛结核病

牛结核病(bovine tuberculosis)主要是由牛型结核分枝杆菌(*Mycobacterium bovis*)所引起的一种人畜共患的慢性消耗性传染病。世界动物卫生组织(OIE)将其列为B类动物疫病，我国将其列为二类动物疫病。其特征为病牛逐渐消瘦，在组织器官内形成结核性肉芽肿(即结核结节)和干酪样坏死。牛对结核病极为敏感，舍饲奶牛尤为多见，黄牛、水牛也较易感染。本病多为散发或地方性流行。重症排菌的牛和人是主要传染源，其排泄与分泌物中的结核杆菌可污染生活环境。其感染主要经过呼吸道(飞沫或气溶胶)和消化道(被污染的乳汁、饲料、饮水)，在短期内感染同群其他牛。持续下去，将使同群牛全部受感染。通过野禽可污染牧场和饲料，使牛感染禽型结核，呈现无病灶反应(结核杆菌素反应阳性)牛。根据病变的发生、发展，牛结核病可以分为原发性结核病和继发性结核病。

1. 原发性结核病

当机体抵抗力低下时，结核杆菌经呼吸道或消化道侵入机体，首先在肺和肺淋巴结或肠与肠淋巴结形成原发性结核病变。结核杆菌对肺脏有亲嗜性，主要与该菌生长需要氧有关。

病变最多发的部位是肺及其附属淋巴结和纵隔淋巴结，其次是肠系膜淋巴结、头颈部淋巴结。肺脏的原发性结核病变多发生在通气较好的膈叶钝圆部，胸膜直下方，其大小限于一个至几个肺小叶，病变部硬实，呈结节状隆起。结节中心呈黄白色干酪样坏死，其周边呈明显的炎性水肿。消化道的原发性结核病变一般多发生于扁桃体或小肠后段黏膜。肠结核可发生于任何肠段，但以回盲部最常见，典型的肠结核溃疡多呈环形，其长轴与肠腔长轴垂直，当溃疡愈合后因瘢痕收缩而致肠腔狭窄；增生型病变特点是肠壁大量结核性肉芽组织的形成和纤维组织显著增生致使肠壁高度肥厚，肠腔狭窄。

发生原发性结核病时，如果机体的抵抗力强，则很快于病灶周围增生大量特异性和非特异性结缔组织，将其包围、机化或干酪样坏死灶发生钙化而痊愈；如果机体的抵抗力弱，则原发病灶内的细菌很快侵入血液而使疾病早期全身化，主要在肺脏形成许多粟粒大、半透明、密集的结核结节，此时病牛临床表现为急剧消瘦、呼吸困难等症状，常导致急性败血症而死亡。如果原发病灶形成后，在早期没有全身扩散，但也未痊愈，则表现在相当长的时期内，间断地有少量细菌进入血液，继而在各器官形成大小不同和不同发展阶段的结核结节，这种情况称为慢性全身粟粒性结核病。

2. 继发性结核病

继发性结核病主要指原发性病灶痊愈后，再次感染结核杆菌而形成的病变或原发性结核病灶形成后并未痊愈，但由于机体逐渐形成一定的免疫力，使原发性病灶局限化而处于相对静止状态，以后当机体的免疫功能低下时，病灶内残存的细菌又通过淋巴或血液蔓延而扩增至全身各组织器官，此称为晚期全身化。呈现晚期全身化的病例，病变复杂多样，有的表现病理过程在慢性基础上呈急性发作，导致以结核败血症或结核性肺炎的形式死亡；多数情况下在病牛的肺脏、淋巴结、胸膜腔浆膜、乳腺、子宫、肝和脾等部位形成慢性特异性结核病变。

(1)肺结核　肺结核是牛结核病的基本表现形式,可分为通过支气管扩散而形成的肺结核和通过血液扩散形成的肺结核。肺结核时病初食欲、反刍无明显变化,常发生短而干的咳嗽;随着病情的发展,咳嗽逐渐加重、频繁,表现痛苦状,并有黏液性鼻涕,呼吸次数增加,严重时张口喘气。病情恶化时可见病牛体温升高(达 40℃以上),呈弛张热或呈稽留热,呼吸更加困难,最后可因心力衰竭而死亡。

剖检肺部有针尖大至鸡蛋大、形态不整、周边呈炎性水肿的黄白色坚硬结节,结节中心干酪样坏死或钙化。在病程稍久或机体抵抗力增强的情况下,干酪样坏死灶可继发钙化,其周边出现结缔组织增生而形成薄层包膜。

镜检,初期可以看到肺泡内有浆液和纤维渗出,其中混有数量不等的巨噬细胞、中性粒细胞以及脱落的肺泡上皮;有的坏死组织溶解排出后,局部形成空洞。

当原发病灶通过血液扩散时,形成粟粒性结核病,它可以出现于全身各个器官,也可以单独发生于肺脏,眼观结节均匀分布、大小基本一致、圆形,突出于肺脏表面或向切面突出。增生性结节中央呈黄白色干酪样坏死,钙化时呈灰白色坚实结节,外围有结缔组织包绕;渗出性结节中央呈灰黄色坏死,其周边具有红色炎性反应带。

(2)淋巴结结核　淋巴结结核多发生于病牛的体表,可见局部硬肿变形,有时有破溃,形成不易愈合的溃疡,常见于肩前、股前、腹股沟、颌下、咽及颈淋巴结等。常见的有两种类型,即增生性淋巴结炎和干酪性淋巴结炎。增生性淋巴结炎时见淋巴结显著肿大,但无干酪样坏死;而干酪性淋巴结炎时,淋巴结可肿大 10～20 倍,这是因为在干酪样坏死物的周围出现特殊肉芽组织和普通肉芽组织,这些肉芽组织又可进一步发展为干酪样坏死,坏死之外又形成新的特殊肉芽组织和普通肉芽组织。

镜检可见有上皮样细胞和多核巨噬细胞呈结节状增生,中心呈均质红染的凝固性坏死。渗出性淋巴结结核多发生于机体抵抗力低下的情况下,多见于肺、纵膈和肠系膜淋巴结,镜检可见淋巴组织内有大量浆液和纤维蛋白渗出,淋巴组织内的网状细胞急性肿胀,随后发生广泛坏死而呈干酪样。

(3)浆膜结核　浆膜结核多见于胸膜、腹膜、心外膜、大网膜和膈,尤其以腹膜多见。其病变有两种表现形式:一种是"珍珠病"(peal disease),为增生性浆膜结核,其病变特点是在浆膜形成许多有黄豆大至鸡蛋大的结节,结节密布或结节以一细长蒂连接于浆膜,结节表面有一厚层包膜,光滑而有光泽。另一种是干酪样浆膜炎,首先表现急性浆液性、纤维素性浆膜炎,使浆膜水肿增厚,随后迅速发生干酪样坏死,致使浆膜厚达数厘米以上。心外膜和心包膜发生浆膜结核时,结核性肉芽组织大量增生,发生粘连,形成盔甲心。镜检可见大量上皮细胞和多核巨噬细胞增生。

(4)肠结核　肠结核多见于犊牛,表现为消化不良、食欲不振、下痢与便秘交替。继而发展为顽固性下痢,迅速消瘦。当波及肝、肠系膜淋巴结等腹腔器官组织时,直肠检查可以辨认。通常将肠的原发性结核性溃疡、结核性淋巴管炎和肠系膜淋巴结炎称为肠结核原发综合征。

(5)乳房结核　乳房结核主要形成增生性或渗出性结核病变,病牛乳房淋巴结肿大,常在后方乳腺区发生结核。乳房表面呈现大小不等、凹凸不平的硬结,乳房硬肿,乳量减少,乳汁稀薄,混有脓块,严重者泌乳停止。

此外,结核病变还可见于骨骼、母畜卵巢、公畜睾丸、肌肉和眼等部位。

（二）禽结核病

禽结核病是由禽分枝杆菌所引起的一种慢性接触性传染病。禽分枝杆菌为多型性菌体，有时呈杆状、球状或链球状等。各种家禽均可感染，但以鸡最敏感，不同年龄的家禽均可感染。本病潜伏期很长，病情发展很慢，早期感染看不到明显的症状。待病情进一步发展，可见到病鸡不活泼、易疲劳、精神沉郁。虽然食欲正常，但病鸡出现明显的进行性的体重减轻。剖检可见在肝、脾、肠等脏器形成大小不一的结核性肉芽肿，一般为圆形，如粟粒大到黄豆粒大，或形成集合结节，外观颜色为灰白色或灰黄色。有的病鸡关节肿胀，切开后可见其内充满干酪样物质。镜检病灶可见以多核巨细胞构成的特异性结核结节。

（三）猪结核病

猪结核病的病原有人结核分枝杆菌、牛分枝杆菌和禽分枝杆菌，但最多见的为牛分枝杆菌和禽分枝杆菌。病原一般经扁桃体和消化道的肠黏膜侵入机体。本病为在临床上呈慢性经过的传染病。病猪外观消瘦，结膜苍白。病变常发部位为咽、颈部淋巴结（尤其是颌下淋巴结）和肠系膜淋巴结以及肺脏、肝脏、脾脏、肾脏等器官。结核病变有结节性增生和弥漫性增生两种形式。

结节性增生主要表现为粟粒大至高粱米大，切面呈灰黄色干酪样坏死或钙化的病灶；弥漫性增生淋巴结呈急性肿大而坚实，切面呈灰白色而无明显的干酪样坏死变化。此外，在心脏的心耳和心室外膜、肠系膜、膈、肋胸膜也可以发生大小不一的淡黄色结节或呈扁平隆起的肉芽肿病灶，其切面均可见干酪样坏死变化。镜检结核病灶，主要以上皮样细胞和多核巨细胞增生为主，病灶中心部的干酪样坏死钙化和外周纤维组织包膜形成都不明显。

（四）羊结核病

绵羊和山羊虽对牛结核杆菌具有易感性，但是发病极为少见。一般在肺脏形成原发病灶，有豌豆大，中心呈干酪样坏死；少数在小肠后段形成原发性溃疡灶。发病早期扩散可形成急性粟粒性结核，晚期扩散可在肺、肝、脾等器官形成核桃大、具包裹和中心呈干酪样坏死的结核结节。此外还可以在乳腺形成局灶性干酪样坏死灶。

四、病理诊断

1. 初步诊断

在动物群中有发生进行性消瘦、咳嗽、慢性乳房炎、顽固性下痢、体表淋巴结慢性肿胀等临床症状，病理变化有干酪样坏死或结核结节时，可做出初步诊断。

2. 确诊

通过病理组织学检查表现为特异性结核结节，不难做出诊断。结核菌素变态反应试验是结核病诊断的标准方法。但由于动物个体不同、结核杆菌菌型不同等原因，结核菌素变态反应试验尚不能检出全部结核病动物，可能会出现非特异性反应，因此还必须做微生物学检验。可采取病料（病灶、痰、尿、粪便、乳及其他分泌液）做抹片镜检，分离培养和实验动物接种，再结合流行病学、临床症状、病理变化等检查方法进行综合判断，这样才能做出可靠、准确的诊断。

第七节 链球菌病

链球菌病(streptococcosis)是由链球菌所引起的多种人畜共患病的总称,临床上常呈现败血症及各种化脓性感染,人以猩红热、扁桃体炎为多见。

链球菌(*Streptococcus*)为一大类化脓性球菌,革兰氏阳性,呈链状排列,在自然界分布极为广泛,分为致病性和非致病性两大类。致病性链球菌科引起人和动物的化脓性疾病,如乳腺炎、败血症、马腺疫和人的猩红热等。《伯杰氏鉴定细菌学手册》第 9 版中将其分为化脓链球菌、口腔链球菌、厌氧链球菌和其他链球菌 4 个组,共 38 个种。链球菌按溶血能力分为 α 型溶血链球菌(草绿色链球菌)、β 型溶血链球菌和 γ 型链球菌。根据兰斯菲尔德(Lancefield)血清学分类,将链球菌分为 A～V(中间缺 I 和 J 群)共 20 个血清群。一些致病性的链球菌可产生许多毒素和酶,如溶血素、杀白细胞素、透明质酸酶、蛋白酶、链激酶、脱氧核糖核酸酶和核糖核酸酶等。

致病性链球菌引起的常见疾病有猪链球菌病、羊链球菌病、禽链球菌病、马腺疫、牛链球菌性乳腺炎、水貂链球菌病、兔链球菌病等。

一、猪链球菌病

猪链球菌病可由多种链球菌引起,多见于幼猪和育成猪,常呈地方性流行。本病临床主要表现为败血型和淋巴结脓肿型。

1. 病原和发病机理

本病的病原多为 C 群的兽疫链球菌(*S. zooepidemicus*)、类马链球菌(*S. equisimilis*)、D 群的猪链球菌(*S. suis*)以及 E、R、S、T 和 L 群的链球菌。感染人的猪链球菌有 2 型、1 型和 14 型,尤以 2 型为常见,也是最常被分离到的猪链球菌型别,其他两个型别仅有个案报道。对我国江苏和四川省人感染猪链球菌病暴发期间分离到的菌株进行多位点序列分型,证实均为序列 7 型(MLST 7 型)。2 型猪链球菌主要是 R 群,1 型猪链球菌主要是 S 群。

病猪、病愈带菌猪和健康猪都可带菌,当猪互相接触时,可通过口、鼻、皮肤伤口传染。猪链球菌的自然感染部位是猪的上呼吸道(特别是扁桃体和鼻腔)、生殖道和消化道。细菌从鼻咽等处很快通过黏膜和组织屏障进入淋巴和血液,进而随血流播散到全身,造成菌血症,然后大量繁殖定居,并产生毒素和酶,如溶血素和透明质酸酶、杀白细胞素等,引起毒血症和败血症。有人研究 2 型菌引起脑膜炎的发病机理,认为可能是细菌从扁桃体进入血液,被单核细胞吞噬,通过脉络膜运送到脑脊液内,激发单核细胞或巨噬细胞产生细胞素,导致从血液到脑脊液内的炎性浸润。对于猪链球菌引起的肺炎,有人认为是由于菌血症时,直接感染了肺泡或由单核细胞将细菌运送到肺泡所致。对于猪链球菌是否能通过呼吸道,借助气溶胶由病猪而感染人仍有待深入研究。

2. 病理变化

(1)眼观病变

• 急性败血型:尸僵完全,耳尖、体躯的下部和股内侧皮肤有紫红斑或暗红色出血点。血液暗红,凝固不良。全身淋巴结有不同程度的肿大、充血或出血。鼻黏膜充血出血,喉头和气管充血，气管中有大量泡沫，肺充血、瘀血、水肿，肺脏实质中有散在的黄白色粟粒大化脓灶。有些病例发生纤维素性胸膜肺炎，肺脏胸膜粘连，肺实变(附图 2-15)。心包积淡黄色液体，呈浆液性或浆液纤维素性炎。心内膜有出血斑点，心外膜出血，有时呈纤维素性心包炎。腹腔中有少量淡黄色积液，部分病例有纤维素性腹膜炎。脾肿大，呈暗红，柔软，切面色黑红，结构模糊。肾呈不同程度的充血和变性。胃和小肠黏膜有不同程度的充血或出血。脑膜充血，有时出血。关节肿大，关节囊内有胶样液体或纤维素性脓性物。

• 脑膜脑炎型：全身淋巴结有不同程度的肿大，并呈现充血或出血。心包增厚，心包膜有不同程度的纤维素性炎，有的甚至出现明显的纤维素性胸膜炎。腹腔也有不同程度的纤维素性腹膜炎。脑膜充血、出血，少数脑膜下充满积液，脑切面可见到有小点出血，脊髓也有类似变化。其他脏器病变不规律，与败血症变化相似。部分病例有多发性关节炎，呈现关节肿大，关节囊内有黄色胶样液体。部分猪的头、颈、背部皮下出现水肿，有的胃壁、肠系膜及胆囊壁也呈现水肿。

• 关节炎型：由前两型转来，或者从发病起即呈现关节炎。表现为一肢或几肢关节肿胀，关节周围肿胀，滑膜血管扩张、充血，出现纤维素性浆膜炎，滑膜液增多而浑浊，严重者关节软骨坏死，关节周围组织有多发性化脓灶。

• 淋巴结脓肿型：颌下和头、颈部淋巴结多见。患病淋巴结肿大，病变为一侧性或两侧性。肿大的淋巴结可变软、化脓，甚至皮肤坏死，破溃而流出脓汁，色淡绿。脓肿可钙化或机化，破溃排脓的淋巴结可由肉芽组织增生而愈合。

(2)镜检病变　败血症型链球菌病，脾脏呈急性脾炎，被膜炎性水肿，脾小梁结缔组织疏松，脾髓的淋巴小结萎缩，中央动脉的内皮细胞肿胀、增生与脱落，管壁疏松，周围淋巴细胞减少，并出现退行性变，或有中性粒细胞浸润。脾红髓内鞘动脉壁的网状细胞增生，静脉窦充血、出血，血窦内皮细胞肿胀、增生与活化。肝脏呈急性实质性肝炎，肝细胞颗粒变性、水疱变性或脂肪变性，肝脏小叶间结缔组织、叶间血管壁及胆管壁可见纤维素样变，肝窦扩张，有时可见窦内及血管内细胞溶解，枯否氏细胞肿胀、脱落并吞噬有含铁血黄素。肾脏肾小管上皮变性、坏死，肾小球毛细血管袢的内皮细胞轻度肿胀、增生和中性粒细胞浸润，出现明显的急性肾小球肾炎的病变。心脏可见心肌纤维浑浊肿胀。心外膜炎性水肿，间质细胞变性及脱落，血管充血，在心外膜上常见有纤维素、白细胞附着。肌纤维有颗粒变性、水疱变性、断裂与坏死等病变。肺膜与小叶间质因炎性水肿而显著增宽，其小血管充血，淋巴管中因淋巴瘀滞，或因纤维素与炎性细胞等栓塞而显著扩张。在肺膜上常附着大量的纤维素和炎性白细胞。肺泡壁增厚，肺泡腔内可见浆液、脱落的肺泡上皮、中性粒细胞、淋巴细胞、红细胞以及纤维素等。大脑蛛网膜及软膜内血管充血、出血与血栓形成，脑膜显著增厚。在脑膜炎较严重的病例，可以见到灰质浅表层有中性粒细胞浸润，甚至出现小化脓灶。随病情的发展，在灰质深层与白质中的小血管和毛细血管亦发生充血、出血，血管周围间隙扩张，并可见由中性粒细胞与单核细胞等围绕而呈现“管套”现象。灰质中神经细胞呈急性肿胀、空泡变性、坏死等变化。个别病例脑软膜下大量出血。大脑、延脑和小脑的实质可见灶状出血。淋巴结萎缩，生发中心细胞稀疏，髓质出血，淋巴细胞增生，有时髓质内见有大量嗜酸性粒细胞浸润。

3. 病理诊断

(1)初步诊断　根据败血症、关节炎、神经症状和脓肿等病理变化，结合临床症状和流行特点，可做出初步诊断。

(2)确诊　取病料直接涂片，美蓝染色或革兰氏染色镜检，发现有革兰氏阳性、单个或成对或呈短链的球菌可确诊；也可作细菌的分离，进行生化、血清分型和PCR鉴定。

二、羊链球菌病

羊链球菌病是一种急性败血型传染病，主要见于绵羊，山羊也易感染，多呈地方性流行或散发性流行。本病以发热、颌下淋巴结和咽喉部肿胀、大叶性肺炎、各脏器出血、胆囊肿大为特征。

1. 病原和发病机理

本病的病原主要是C群的兽疫链球菌(*S. zooepidemicus*)，有荚膜，在血液、脏器等病料中多呈双球状排列，也可单个菌体存在，还可见到3～5个菌体相连的短链，不形成芽孢，无运动性，需氧或兼性厌氧。

病羊和带菌羊是本病的主要传染源。病菌通常存在于病羊的各个脏器以及各种分泌物和排泄物中，而以鼻液、气管分泌物和肺脏含量为高。自然感染主要是通过呼吸道途径，也可通过损伤的皮肤、黏膜等传播。病菌侵入机体后，首先破坏局部淋巴组织屏障，然后随血流播散到全身，并大量繁殖，造成菌血症。病菌产生大量的毒素和酶，如溶血素、杀白细胞素和透明质酸酶等，这些毒素可引起病羊红细胞溶解，杀伤白细胞，损伤间质组织和血管壁的结构，使细菌在组织内不断扩散繁殖，机体防御功能瓦解，体温升高。病羊因喉头肿胀而呼吸困难，继而缺氧和发生败血症，最终导致死亡。

2. 病理变化

(1)眼观病变　主要是败血症变化，尸僵不显著，各脏器的黏膜或浆膜有出血点。全身淋巴结，尤其是颌下淋巴结、肺门淋巴结以及肝、胰、胃、肠的淋巴结显著肿大、出血，切面外翻，有滑腻感。舌的后部、后鼻孔附近、咽部和喉头黏膜明显水肿，致后鼻孔和咽喉部狭窄。肺水肿、气肿、小叶间间质增宽，支气管和小支气管中充满白色泡沫样液体。肺实质出血、肝变，呈大叶性肺炎，肺常与胸壁轻度粘连。胸腔、腹腔和心包腔液体增多，并混有少量絮状纤维素。肝肿大，色灰黄，胆囊胀大2～4倍，胆汁外渗。肾脏质地变脆、变软，有贫血性梗死区。脾肿大、质软、色紫红、出血，脑沟变浅，脑回变平。

肺炎型(常见于羔羊)，病程1～2周，病变特征为浆液纤维素性胸膜肺炎，后期有化脓灶与机化灶，同时可见血管炎、淋巴管炎和淋巴栓形成。

(2)镜检病变　淋巴结被膜与小梁炎性水肿，血管充血、出血与血栓形成。淋巴管扩张与淋巴栓形成，结缔组织与平滑肌纤维变性、坏死与溶解。淋巴小结先被大量中性粒细胞浸润，进而发生脓性溶解乃至空洞灶形成。空洞灶中有大量PAS染色阳性与甲苯胺蓝染色成异染反应的细菌荚膜多糖物质、浆液和细胞碎屑，同时残留少量淋巴细胞和脓细胞。脾的变化与淋巴结相似，即白髓先发生脓性溶解，然后局部充满细胞荚膜脓性物质、浆液和细胞碎屑。红髓静脉窦充血、出血与血栓形成，窦内皮肿胀、脱落，窦内与脾索内有较多中性粒细胞、巨噬细胞和淋巴细胞。红髓中尚有大小不一的化脓灶和出血坏死灶。大小脑与脊髓软膜充血、出血与血栓形成。血管内皮细胞肿胀、增生、脱落。管壁疏松或呈纤维素样变，管壁内外均有中性粒细胞、单核细胞与淋巴细胞浸润，脑膜水肿，炎性细胞浸润，故明显增厚。脑实质血管充血、出血与微血栓形成，血管外周隙扩张，管周还可形成中性粒细胞、淋巴细胞和巨噬细胞“管套”。神经细胞变性、坏死，胶质细胞增生并出现“卫星化”，有些胶质细胞坏死、崩解。也可见微化脓灶。肝除肝细胞变性外，主要病变位于汇管区或小叶间。这些区域的结缔组织溶解、松散，甚至形成空隙或空腔，其中含有大量细菌荚膜多糖物质、浆液和中性粒细胞等。上述所有组织的水肿、坏死部和巨噬细胞浆中均可用革兰氏染色显示大量溶血性链球菌。

3. 病理诊断

（1）初步诊断　根据咽喉部肿胀、淋巴结肿大、肺水肿或大叶性肺炎、胆囊胀大、胸腹腔和心包腔液体增多，以及败血症等特征性病理变化，可做出初步诊断。

（2）确诊　取发病动物的心血、肝、肺、脾涂片，美蓝染色或革兰氏染色镜检可见到链球菌即可确诊。将以上细菌接种血液琼脂培养基为β型溶血环，也可进行动物接种试验。

三、牛链球菌性乳腺炎

牛链球菌性乳腺炎是由链球菌所引起的牛的急性或慢性乳腺炎，主要见于奶牛。

1. 病原和发病机理

牛链球菌性乳腺炎的病原主要有无乳链球菌（*S. agalactiae*）、停乳链球菌（*S. dysgalactiae*）和乳房链球菌（*S. uberis*）。这3种链球菌的形态较为相似，无乳链球菌常呈长链；停乳链球菌形成中等长度的链；乳房链球菌的链较短，有时成对排列，不形成荚膜。无乳链球菌还可引起羊的乳腺炎，停乳链球菌可致羔羊发生关节炎。

本病主要在挤乳过程中传播，污染挤奶机或挤奶工的手。无乳链球菌是高度接触性传染性的专性乳腺寄生菌，可定植于乳腺上皮表面，引发亚临床乳腺炎。在健康的乳牛皮肤、乳头及乳房内也存在乳房链球菌。大多数的无乳链球菌可产生溶血素及透明质酸酶。

2. 病理变化

（1）眼观病变

• 急性弥漫性乳腺炎：可由链球菌、葡萄球菌、大肠杆菌的混合感染而发病。眼观见发炎的乳腺肿大、坚硬，病部皮肤紧张、发红。浆液性乳腺炎时，则见乳腺切面湿润，有光泽，色稍苍白，乳腺小叶呈灰黄色。镜检见乳腺腔内有少量白细胞和脱落的腺上皮细胞，小叶及腺间结缔组织明显水肿；卡他性乳腺炎时，则见切面较干燥，由于乳腺小叶肿大而使切面呈淡黄色颗粒状，挤压时有浑浊的液体流出。

• 慢性弥漫性乳腺炎：常由无乳链球菌引起。乳区病变部肿大，硬度增加，切面呈白色或灰白色，乳池和乳管扩张，黏膜充血，腔内有浆液性或黏液性分泌物。乳腺间质充血、水肿，间质增生，病变乳腺显著缩小与硬化。

（2）镜检病变

• 急性弥漫性乳腺炎：镜检可见腺泡内有较多的白细胞和剥脱的腺上皮细胞，间质明显水肿，并有白细胞和巨噬细胞浸润；出血性乳腺炎时，则见乳腺切面呈光滑的暗红色。镜检见腺上皮脱落，并有间质血管瘀血和血栓形成，间质中有红细胞集聚，腺泡内有红细胞，个别的腺泡内有纤维素渗出物。在以上各种渗出性炎症中，乳管内都可看到白色或黄色的凝栓样物，乳池黏膜充血、出血和肿胀，黏膜上皮损伤，并有纤维素及脓汁渗出。重症乳腺炎时乳腺淋巴结常肿大，切面呈灰白色脑髓样。

• 慢性弥漫性乳腺炎：镜检见乳管内充满脱落的上皮细胞、炎性细胞及乳汁的凝栓。病变部炎性细胞浸润，成纤维细胞显著增生，腺泡缩小。间质炎性水肿及中性粒细胞和单核细胞浸润，乳管周围结缔组织显著增生。镜检乳汁，体细胞数明显增多，体细胞的主要部分是中性粒细胞。

3. 病理诊断

根据症状、乳中体细胞检查和病理变化，可做出初步诊断。确诊需进行细菌学检查。

第八节 李氏杆菌病

李氏杆菌病(listeriosis)又名旋转病，是由单核细胞增生性李氏杆菌所引起的人、畜及野生动物共患的一种散发性传染病。家畜和人患本病主要表现为脑膜脑炎、败血症、结膜炎和流产，家禽和啮齿类则表现为肝炎和心肌炎，有的还可出现单核细胞增多。

本病的易感动物范围较广泛，多为散发性，少数发病但死亡率较高。自然发病在家畜中以绵羊、猪、家兔报道较多，牛、山羊次之，马、犬、猫很少；在家禽中以火鸡、鹅较多，鸭较少；许多野禽、野兽、啮齿动物，特别是鼠类也易感，常为本病病原菌在自然界中的贮存宿主；人也可感染发病；鱼、甲壳类均能自然感染。

本病广泛分布于世界各地，最早发生于冰岛。由于本菌可在发酵不完全、pH 达 5.5 以上的青贮饲料中大量繁殖，动物食用此饲料后易发病，故又称为“青贮病”。近年来，我国多个省份相继报道发生本病，集中发生在羊、牛、猪等动物。

目前，李氏杆菌作为人的一种主要食物源性病原菌，已被世界卫生组织列入食品四大病原污染菌之一。

一、病原和发病机理

李氏杆菌(*Listeria monocytogenes*)为革兰氏阳性小杆菌，在抹片中呈单个分散或成对排成“V”字形、“Y”字形，有时互相并列为栅栏状，不形成荚膜和芽孢，菌体周围有鞭毛，能运动。本菌有菌体抗原(O 抗原)和鞭毛抗原(H 抗原)，已报道 O 抗原有 15 种(Ⅰ～ⅩⅤ)，H 抗原有 4 种(A～D)，有 7 个血清型和 12 个亚型。牛羊以Ⅰ型和 4B 型较为常见，猪、禽、啮齿类则多为Ⅰ型。细菌在 22℃和 37℃下能良好生长，pH 5.0 以下缺乏耐受，pH 5.0 以上才能繁殖，pH 9.6 仍能生长。本菌在土壤、粪便、青贮饲料、干草内能长期存活，对热的耐受性较大多数无芽孢杆菌强，常规巴氏消毒法不能将其值杀死，60℃经 30～40 min 才能杀死。

患病和带菌动物是本病的传染源，污染的饲料、饮水是主要的传播媒介，吸血昆虫起媒介作用。冬季缺乏青饲料，天气骤变，有内寄生虫或沙门氏菌感染均可为本病的诱因。

李氏杆菌的自然感染可通过消化道、呼吸道、眼结膜及皮肤损伤等途径侵入机体，首先在入侵部位的上皮细胞内增殖，并破坏局部细胞，继而突破机体的防御屏障入血引发菌血症，并寄居于吞噬细胞内，被带到机体各部位。本菌可产生类似溶血素的外毒素，可使血液中单核细胞增多(反刍动物、马中性粒细胞增多)，也可使内脏器官组织发生小坏死灶。如果病原菌随血流突破血脑屏障入脑组织，则可引发脑膜脑炎。若病原菌由污染的饲料经受损伤的口腔黏膜侵入，继而进入三叉神经，沿神经鞘至轴突上达三叉神经根，侵入延髓，则最终引起脑膜脑炎。本菌还能通过胎盘进入胎儿肝脏，在此增生、繁殖，造成胎儿死亡。

二、病理变化

各种动物的李氏杆菌病剖检通常缺乏较特殊的肉眼病变。但由于动物的种类、感染菌种以及动物抵抗力的不同，其病变也有各自的特征。以下将分别阐述羊、牛、猪、禽、兔李氏杆菌病的病理变化。

1. 绵羊和山羊李氏杆菌病

(1)眼观病变　神经症状的病羊脑膜水肿，毛细血管充血呈树枝状，脑脊液较正常为多，稍浑浊；大脑、小脑脑沟变浅，脑回稍宽，切面湿润，水肿，可见散在小米粒大、灰白色病灶及针尖大小的出血点；脑干，特别是脑桥、延脑和脊髓质度较软，有细小化脓及坏死灶。肝脏被膜稍紧张，色泽淡黄，切面可见有不规则、小米粒大的灰白色病灶。肺脏稍肿大，在心叶、尖叶、膈叶切面均有散在的灰红色、灰白色点状病灶，挤压时，略有少许淡红色液体流出。心包液增多，稍浑浊，在心外膜表面可见有多量淡黄色絮状的纤维素附着，易剥离；冠状沟有针尖大小的出血点，心耳、心室肌有散在灰白色针尖大小的病灶。淋巴结肿大，被膜紧张，切面稍隆起，较湿润，并有大小不等、数量不一的灰黄色或灰白色病灶。

(2)镜检病变　脑膜、脑桥、延脑、脊髓的血管扩张、充血，脑膜下有数量不等的单核细胞、中性粒细胞浸润；脑实质水肿，有散在的局灶性小化脓灶，坏死灶中神经细胞消失，被中性粒细胞、单核细胞和增生的胶质细胞取代；有的病例在脑组织血管周围形成以单核细胞、中性粒细胞为主的血管套现象；有的脑组织毛细血管充血、出血较明显；有的脑组织局部神经细胞变性、坏死，形成以胶质细胞、单核细胞、中性粒细胞组成的结节。肝细胞肿大，发生颗粒变性；有的肝细胞核溶解、消失而呈局灶性坏死，较大的坏死区域被单核细胞、中性粒细胞取代；有的在汇管区的小叶间动脉、小叶间静脉及小叶间胆管周围有数量不等的单核细胞、中性粒细胞浸润，形成血管套现象。肺泡壁毛细血管扩张、充血，肺泡腔内有多量浆液及炎性细胞浸润；各级支气管黏膜上皮细胞变性、坏死、脱落，有的黏膜上皮增生、化生，支气管腔中有多量单核细胞、中性粒细胞、脱落的黏膜上皮细胞及炎性渗出物交织在一起；有的肺组织可见局灶性坏死，主要由单核细胞、中性粒细胞、成纤维细胞取代。心外膜间皮细胞肿胀、脱落，有浆液、纤维素渗出，其中交织有多量单核细胞、中性粒细胞、淋巴细胞；心外膜下及心肌间毛细血管扩张、充血、出血，心肌细胞发生不同程度的变性、坏死，部分肌纤维断裂，肌细胞核溶解，被炎性细胞及增生的纤维细胞所取代。淋巴结被膜下淋巴窦扩张，有多量浆液及少量纤维素渗出物，皮质、髓质区分界不清，淋巴小结的生发中心不规则，有的呈块状淡红色坏死区，有的被较多量单核细胞、中性粒细胞、巨噬细胞所占据；髓质区水肿，毛细血管扩张、充血，并有多量单核细胞、中性粒细胞、巨噬细胞增生。肾小球体积增大，细胞增多，肾球囊腔狭小，内有丝状纤维素；肾小管上皮细胞肿大，表现颗粒变性，部分肾小管上皮细胞发生坏死；肾间质血管扩张、充血，并有数量不等的单核细胞、中性粒细胞浸润。

2. 猪李氏杆菌病

(1)眼观病变　皮肤苍白，腹下、腹内侧有弥漫性瘀斑和瘀点，多数淋巴结呈不同程度的出血、肿胀，切面多汁。肝、脾肿大，肝脏有坏死灶，肾肿大，皮质部有少量出血点。流产母畜可见子宫内膜炎变化，心肌和肝脏有坏死灶和广泛性坏死。有神经症状的病猪可见脑膜血管充血，呈树枝状，脑回沟内有胶冻样淡黄色渗出物，脑脊液增多，稍浑浊，脑干变软并有细小的化脓灶，脑软膜瘀血，延脑断面有灰黄色变色部分。

(2)镜检病变　脑炎病例的脏器在显微镜下无特殊变化，只是在延脑、脑桥、小脑髓质、大脑脚、颈部脊髓上部有中性粒细胞、单核细胞和淋巴细胞等组成的细胞浸润灶，和由圆核细胞组成的血管周围性细胞浸润和神经胶质细胞浸润等。败血症病例以各脏器充血、出血变化为特征，尤以肝脏形成小的坏死灶、病灶内星状细胞异常肿大和细胞内有李氏杆菌增殖为特征。

3. 牛李氏杆菌病

脑膜水肿，毛细血管扩张、充血，脑脊液浑浊、增量，脑组织中有米粒大小、灰白色病灶；肝脏肿大，表面及切面有散在的灰白色坏死灶；脾稍肿大，表面附着纤维素；妊娠母畜流产后，子宫内膜及胎盘血管扩张充血、出血，并可见广泛性坏死灶。其他病变基本同绵羊。败血症病例以各器官的充血、出血变化为主要特征，尤以肝脏形成小坏死灶、病灶内星状细胞异常肿大和细胞质内有李氏杆菌增殖为主要特征。

4. 兔李氏杆菌病

(1)急性型　皮下水肿，颈部和肠系膜淋巴结肿大；心包腔、腹腔有积液；肝、脾、心脏表面有多量针尖大小灰白色病灶，心外膜上有点状出血；肺水肿、瘀血伴有暗红色病灶；眼结膜潮红。

(2)亚急性型　病变与急性型基本相同，但脾、淋巴结的肿大较急型性明显，子宫黏膜充血、出血，子宫腔内积有暗红色液体。

(3)慢性型　脾、肝表面、切面有较明显的灰白色、粟粒大小的坏死灶；浆膜腔和心外膜有条状出血斑；脾肿质脆，切面隆起，结构模糊；孕兔子宫内积有多量脓性渗出物，子宫壁脆弱易碎，肌层增厚2～3倍，子宫内膜充血，有粟粒大坏死灶，粗糙无光，子宫腔内有时可见木乃伊化的胎儿和污秽的组织碎片。

有神经症状的病兔，脑膜和脑可见充血、炎症和水肿变化，脑干变软，有细小化脓灶，血管周围有单核细胞浸润。

5. 禽李氏杆菌病

脑膜下及脑组织内血管扩张、充血；肝脏呈土黄色，并有黄白色坏死点及深紫色瘀斑，质脆易碎，软如海绵；表现为心包炎，心包腔内有多量积液，心肌内有点状坏死灶；脾肿大呈黑红色；腺胃和肠黏膜发生卡他性或纤维素性炎症。

三、病理诊断

1. 初步诊断

依据流行病学、脑膜脑炎的神经症状，以及孕畜流产，血液中单核细胞增多，发热，脑膜充血、水肿，肝脏有灰白色小坏死灶等症状，可做出初步诊断。

2. 确诊

对临床怀疑为李氏杆菌病时必须依靠细菌学检查。可采取患畜的血液涂片，肝、脾、脑组织，流产胎儿的内脏、子宫、阴道分泌物等触片，镜检如发现有呈“V”形或“Y”形排列的革兰氏阳性小杆菌即可确诊，必要时可进行细菌分离培养及动物接种试验。也可用李氏杆菌Ⅰ、Ⅱ、Ⅴ3种O抗原作凝集反应，凝集滴度大于1∶320时可认为是特异性反应。此外也可用免疫荧光试验、补体结合反应、间接血凝试验、ELISA、PCR等进行诊断。

3. 鉴别诊断

在尸体剖检过程中，本病应注意与羊脑包虫病、仔猪伪狂犬病、牛散发性脑脊髓炎等相区别。

(1)羊脑包虫病　急性死亡的羊除脑膜炎和脑炎病变外，还可见到六钩蚴在脑膜中移行时留下的弯曲伤痕。慢性期的病例则可在脑或脊髓的不同部位发现1个或数个大小不等的囊状多头蚴；在病变或虫体相接的颅骨处，骨质松软、变薄，甚至穿孔，致使皮肤向表面隆起；病灶周围脑组织或较远部位发炎，有时可见萎缩变性或钙化的多头蚴。

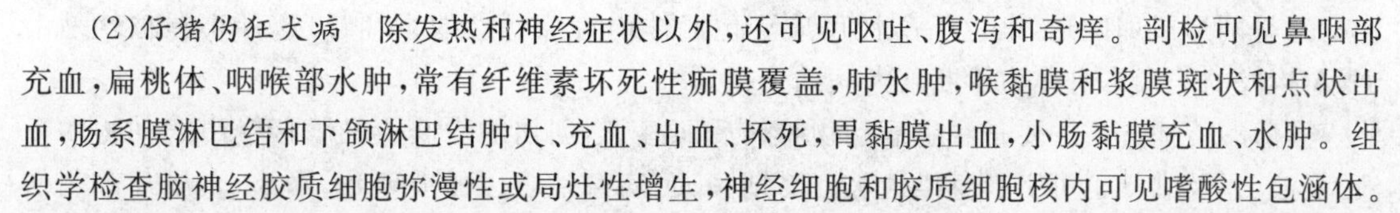

(2)仔猪伪狂犬病 除发热和神经症状以外，还可见呕吐、腹泻和奇痒。剖检可见鼻咽部充血，扁桃体、咽喉部水肿，常有纤维素坏死性痂膜覆盖，肺水肿，喉黏膜和浆膜斑状和点状出血，肠系膜淋巴结和下颌淋巴结肿大、充血、出血、坏死，胃黏膜出血，小肠黏膜充血、水肿。组织学检查脑神经胶质细胞弥漫性或局灶性增生，神经细胞和胶质细胞核内可见嗜酸性包涵体。

(3)牛散发性脑脊髓炎 纤维素性胸膜炎和腹膜炎，脑外观正常，组织学检查为弥漫性脑膜炎。

第九节 狂犬病

狂犬病(rabies)俗称疯狗病，又名恐水病(hydrophobia)，是由狂犬病病毒所引起的人畜共患的急性接触性传染病。狂犬病临床上以狂躁、恐水为主要特征，人和多种动物均可感染发病，死亡率很高。

人主要是被患病或带毒动物咬伤后感染，一旦被感染，如不及时采取有效防治措施，可导致严重的中枢神经系统疾病，且病死率极高。狂犬病是一种世界性的人畜共患传染病。近几年来，亚洲已成为全球狂犬病流行最为严重的地区。世界动物卫生组织(OIE)和我国农业部将狂犬病分别列为B类和二类动物疫病。

狂犬病潜伏期长，病程短，致死率高。20世纪70年代末到80年代初，我国狂犬病一直处高发水平，1981年狂犬病发病数高达7 028例。自20世纪80年代中期起，我国狂犬病疫情逐步得到有效控制。但跨入21世纪后，疫情重新出现连续快速增长的趋势，发病和死亡人数不断增多。我国狂犬病的发病与死亡数仅次于印度，列全球第二位，这说明我国狂犬病的防治形势仍然很艰巨。

一、病原和发病机理

狂犬病病毒(*Rabies virus*)是属于弹状病毒科(*Rhabdoviridae*)、狂犬病病毒属(*Lyssavirus*)的一种RNA病毒，病毒粒子呈子弹形或试管状，大小为180 nm×(75～80) nm，由3个同心层构成的囊膜和被其包围着的核蛋白衣壳构成。囊膜的最外层包含着由糖蛋白构成的纤突(spikes)，此突起具有抗原性，能刺激机体产生中和抗体。过去认为狂犬病病毒在抗原性上是一致的，但近年来单克隆抗体研究证明并非如此，因而可解释一些应用疫苗失败的原因。

目前认为狂犬病病毒属包含7个类型病毒。狂犬病病毒几乎可感染包括人类在内的所有温血动物。其主要宿主有鼬属动物(臭鼬、鼬鼠、白鼬和貂鼠)、犬科动物(狗、狼和豺)、浣熊属(浣熊)、Vivveridae(猫鼬和海岛猫鼬)以及翼手目(蝙蝠)。野生动物(狼、狐狸、鼬鼠、蝙蝠等)、家养动物(犬、猫、家畜等)与人构成了狂犬病病毒的传播环节。野生动物可长期隐匿病毒，是自然界中传播狂犬病病毒的贮存宿主。受病毒感染的野生动物猛烈地攻击人、犬和其他牲畜，病犬又是人和家畜的主要传染源。病毒对酸、碱、酚、福尔马林、升汞等消毒药物敏感。1%～2%肥皂水、43%～70%酒精、丙酮、乙醚都能使之灭活，70℃ 15 min、100℃ 2 min及紫外线和X线均能杀灭本病毒。

病毒在动物体内主要存在于中枢神经组织、唾液腺和唾液内，在唾液腺和中枢神经组织(尤其在海马角、大脑皮层、小脑等)细胞浆内形成狂犬病特异的包涵体——内基氏小体(Negri body)，呈圆形或卵圆形，染色呈酸性反应。包涵体内有嗜碱性的小颗粒，这种小颗粒就是由RNA构成的病毒本身作为诊断狂犬病的依据。

本病的传播方式主要是经患病动物咬伤后而感染，创伤的皮肤或黏膜接触患病动物的唾液、血液、尿及乳汁也可引起感染。被狂暴期病犬、病畜啃咬过的玻璃片、木片、金属片等刺伤也能感染发病。已证明本病还可经呼吸道和消化道感染。已有因吸入蝙蝠群聚居穴中的空气而引起感染的报告。病兽的唾液中含有大量病毒，病毒经咬伤部位进入易感动物的皮肤和皮下组织，于伤口的横纹肌肌梭感受器神经纤维处聚集繁殖，以后再侵入附近的末梢神经。从局部伤口至侵入周围神经的间隔时间一般为3 d以内，也有认为病毒在入侵处可停留2周之久，甚或更长。病毒沿周围神经的轴索浆向心性扩散，其速度约3 mm/h。到达背根神经节后，病毒即在其内大量繁殖，然后侵入脊髓和整个中枢神经系统，主要侵犯脑和小脑等处的神经元。增殖的病毒自中枢神经系统向周围神经离心性扩散，侵入各组织与器官，其中尤以唾液神经核、舌咽神经核和舌下神经核受损，临床上可出现恐水、呼吸困难、吞咽困难等症状。唾液分泌和出汗增多乃交感神经受刺激所致。一般在感染初期，由于神经细胞受到病毒的刺激作用，使患病动物出现兴奋、神经紊乱和反射兴奋性增高；当延髓受到损害时，则引起发热、多尿和糖尿；后期由于神经细胞的严重变性而引起麻痹症状。当呼吸中枢麻痹时，可导致患病动物迅速死亡。

疾病的潜伏期依动物的易感性、被咬伤部位离中枢神经系统的距离远近和病毒的毒力不同而长短不一，短者几天，长者可达数年或更久，一般为2～8周。人受感染后并非全部发病，被狂犬咬伤者约25%、被狂狼咬伤者约65%发病。咬伤部位愈接近头部、颈部，则发病率愈高；手部被咬伤发病也较多。损伤愈多、愈深广，则发病率愈高。

二、病理变化

1. 眼观病变

患犬可见尸体消瘦，被毛粗乱，胃内空虚无饲料，但常常可发现种种异物，如破布、沙石、玻璃、塑料以及瓦片、金属、毛发等。因采食坚硬或锐利的物体，口腔、食管和胃黏膜可发生充血、出血，或有破损。有时异物存留于口内、牙缝、食管中。肠内除偶见异物外，一般无明显改变。剖检颅腔可发现脑膜血管扩张、充血或出血、水肿，脑实质也见有出血灶。

患猫常无明显的病理变化。患牛尸体稍见消瘦，被毛粗乱，偶见体表或口腔有出血和破损，但瘤胃常常鼓气，颈伸直。患猪可见卡他性或出血性鼻炎和喉炎，支气管和肺瘀血、出血或有水肿；胃底和肠黏膜大片出血；脑膜瘀血、出血，或有水肿。

2. 镜检病变

狂犬病病犬最主要的病变集中在中枢神经系统和外周神经系统，其他器官组织常无明显病变。镜检可见脑膜和脑实质血管扩张、充血和出血，有的病例还见水肿。脑和脊髓出现非化脓性脑炎变化，表现为神经元变性与坏死，胶质细胞弥漫性或灶状增生形成胶质细胞结节，称狂犬病结节或巴贝氏(Babe's)结节，小血管周围淋巴细胞呈管套样浸润，出现噬神经细胞作用。此外，最具诊断意义的是在神经细胞的胞浆内出现包涵体，即内基氏小体。这种小体嗜酸性着染，呈圆形和类圆形，大小差异很大，3～20 μm，由微细颗粒组成。中心有嗜碱性小颗粒，出现于树突中和核的周围，小颗粒周围常有明显的亮环。内基氏小体在患体最多见的部位为大脑海马回的锥体细胞，也见于小脑浦金野细胞(附图2-16)以及脊神经节和交感神经节等部位的神经细胞的胞浆中，其数量可以是1个，也可以是多个，并且不仅见于一两个神经细胞。

内基氏小体的检出具有确切的诊断意义，但未检出内基氏小体者，也不能简单排除狂犬病，犬阳性检出率70%～90%。

患猫在大脑海马回和小脑组织中可检出内基氏小体，检出率约75%。患牛大脑海马回和小脑组织等部位可检出内基氏小体，但多数研究者认为在小脑浦金野细胞中检出率最高。在患猪的脑组织中内基氏小体检出率较低。

三、病理诊断

1. 初步诊断

根据患病动物烦躁、攻击、癫狂、吞咽困难、抽搐以致神志不清和昏迷等症状，结合被咬伤史，可做出初步诊断。

2. 确诊

狂犬病的诊断要根据剖检结果和中枢神经系统的组织学检查，同时还要考虑特征性临床症状。凡是在剖检时怀疑为狂犬病的所有病例，都必须取脑组织块或者整个头部组织送往实验室。作为组织学检查，应从大脑半球皮层、海马回、小脑和延髓切取组织块。送往实验室之前，可以把组织浸入10%的福尔马林水溶液中固定或者冰盒中冷藏保存。对仍有怀疑的病例，可进行其他实验室检查。

(1)病理组织学检查　取大脑海马或小脑作触片，用Sellar氏法染色镜检，内基氏小体染成樱红色，神经细胞为蓝紫色，组织细胞为深蓝色。当触片结果为阴性时，可将脑组织作病理切片，用HE染色镜检，内基氏小体呈红褐色。

(2)免疫荧光检查　本检查法是一种迅速而特异性强的诊断方法。将本病高免血清的γ-球蛋白提纯，用异硫氰荧光素标记，制成荧光抗体，生前可采取患者和病畜的皮肤切片、舌乳头、肺细胞、肾细胞及角膜压片等，用荧光抗体染色；死后或扑杀的犬可取脑组织或唾液腺制成触片或冰冻切片，用荧光抗体染色，然后在荧光显微镜下观察，胞浆内出现黄绿色荧光颗粒者即为阳性。

(3)动物接种法　取疑似患病动物脑组织制成10%脑组织混悬液或乳剂，接种于30日龄的小鼠脑内，如有狂犬病病毒，则在接种后1～2周内小鼠出现麻痹症状与脑膜脑炎变化。于接种后3 d扑杀小鼠，取脑作触片或切片，用荧光抗体法检查有无内基氏小体。本方法准确率高，但耗时较长。

此外还可用细胞培养物感染试验和中和抗体测定等进行诊断。

3. 鉴别诊断

应与犬肝炎、犬瘟热等病区别。犬肝炎的包涵体是核内包涵体，主要在毛细血管内皮细胞、网状内皮系统和肝细胞内出现；而狂犬病的包涵体从未出现在细胞核内。犬瘟热包涵体主要出现于呼吸道、膀胱、肾盂、胆囊、胆管等器官黏膜上皮细胞的胞浆和胞核内。在脑组织内，犬瘟热的包涵体易从神经胶质细胞中找到，特别是在大圆形星状细胞及小胶质细胞的核内找到，而在神经元内很少见到。

第十节 布鲁氏菌病

布鲁氏菌病(brucellosis)是由布鲁氏菌所引起的人、畜共患的慢性传染病，主要感染牛、羊、猪和人类。自20世纪90年代初，本病在国内外都出现了回升势头。它主要引起人的波状热和慢性感染，引起家畜流产、不孕、关节炎、睾丸炎、巨噬细胞系统增生和肉芽肿形成等，目前尚无根治方法。此病广泛分布于世界各地，给畜牧业和人类的健康带来严重危害。世界动物卫生组织将本病列为B类传染病，我国农业部列为二类疫病。

一、病原和发病机理

本病的病原菌属于布鲁氏菌属(*Brucella*)，根据抗原的变化和主要宿主把布鲁氏菌属的细菌分成7个种：马耳他布鲁氏菌-羊布鲁氏菌(*Br. melitensis*)；猪种布鲁氏菌(*Br. suis*)；流产布鲁氏菌-牛布鲁氏菌(*Br. abortus*)；犬种布鲁氏菌(*Br. canis*)；绵羊种布鲁氏菌(*Br. ovis*)；森林鼠种布鲁氏菌(*Br. neotomae*)；海洋哺乳动物布鲁氏菌种(*Br. maris*)。牛、羊、猪、犬分别对相应同种布鲁氏菌最为敏感或为其天然宿主，在多数动物之间可发生交叉感染，其中牛、羊、猪和海洋哺乳动物布鲁氏菌均可感染人。

布鲁氏菌属是一组微小球杆状细菌，细胞内寄生，革兰氏阴性，无芽孢。采用特殊的柯兹罗夫斯基染色法，布鲁氏菌被染成红色，而其他菌染成绿色或蓝色。布鲁氏菌常呈单个排列，极少数呈两个相连或呈短杆状，没有鞭毛，不形成芽孢。该菌在自然条件下生活能力较强，在土壤、粪便、奶中能存活25 d，阳光直射、漂白粉、石灰乳、苛性钠等可有效杀灭本菌。

本病的传染源是病畜及带菌动物，主要是受感染的妊娠母畜，在流产或分娩时将大量布鲁氏菌随着羊水和胎衣排出。流产后的阴道分泌物和乳汁中都含有布鲁氏菌。布鲁氏菌感染的睾丸炎，精囊中也有布鲁氏菌存在。本病的传染途径是食入、接触和吸入，主要传播途径是消化道，即通过污染的饲料与饮水经口感染，也可经皮肤、结膜、交配感染。吸血昆虫也可传播本病。动物的易感性随性成熟的年龄接近而增高。

布鲁氏菌属的7个不同种的布鲁氏菌均可引起感染，各种家畜布鲁氏菌病的发病机理极为相似。布鲁氏菌感染宿主细胞与其他细胞内寄生菌一样，也需经过4步，即黏附、侵入、定植、传播。本菌主要通过黏膜上皮侵入，由巨噬细胞吞噬而到达淋巴结。病原菌在淋巴结巨噬细胞中繁殖，引起增生性淋巴结炎。之后，病原菌可突破淋巴结屏障进入血液，引起菌血症，并引起体温升高。与此同时，病菌通过血流散播于身体其他器官，如在脾脏、肝脏、骨髓、乳腺、性器官、淋巴结、关节、腱鞘、滑液囊等部位驻留、扩散和增殖，从而引起不同程度的病理变化和炎症。

布鲁氏菌对妊娠子宫内膜、胎盘和胎儿有特殊的亲和性。流产布鲁氏菌侵入子宫后，在妊娠子宫胎盘滋养层上皮细胞大量繁殖，引起胎盘化脓和坏死性病变，使胎儿发育不良，甚至死亡。胎盘炎使胎儿胎盘与母体胎盘分离，导致流产。有病变的胎盘，其坏死组织因机化而形成肉芽组织，使胎儿胎盘与母体胎盘之间紧密地结合起来，这是流产后胎盘常滞留不下的原因。如果子宫炎症长期持续或当卵巢被侵害时，则造成流产后的不妊症。这种现象常见于绵羊、山羊。愈后的子宫有的能再妊娠，此时乳腺组织或淋巴结中的病原菌可再经血管侵入子宫，可能引起再流产。有的动物在感染后可获得程度不同的免疫力，这种再流产则少见，多次流产更是少见。

驻留于妊娠母猪胎儿和胎衣中的病原菌，由于各个胎儿的胎衣互不相连，不一定所有的胎衣都被侵染。在受感染的胎衣、胎儿病理损害也不以相等的速度发生变化，因而妊娠的结局也不一致。

马感染布鲁氏菌后，出现菌血症和轻微热反应，往往不被察觉。本菌对马的嗜好组织主要是滑液囊、腱鞘、项韧带与肌腱组织，可引起非化脓性炎症或者无明显变化。如果这些组织受到伤害，就给布鲁氏菌的繁殖创造了条件，会引发局部或全身症状。

巨噬细胞内的吞噬体能迅速酸化，使布鲁氏菌在其内存活和繁殖，因此巨噬细胞内的吞噬体对布鲁氏菌有保护作用，最终使布鲁氏菌达到一定数量而向其他宿主细胞扩散。布鲁氏菌在宿主体内数量的增长是由于它们具有逃避巨噬细胞杀伤作用的能力。例如，布鲁氏菌不仅能抵抗吞噬过程中中性粒细胞的杀伤作用，而且还能在巨噬细胞内繁殖。此外，布鲁氏菌在巨噬细胞内存活被认为是慢性感染反应的建立，是细菌逃逸宿主防御因子(如补体和抗体)的一种细胞内寄生的机制。

二、病理变化

各种动物的布鲁氏菌病有相似的病理变化，但由于动物的种类、感染菌种以及动物抵抗力的不同，其病变也有各自的特征。以下将分别阐述羊、牛、猪布鲁氏菌病的病理变化。

1. 眼观病变

(1)羊布鲁氏菌病　羊布鲁氏菌病通常为隐性感染，眼观病变不明显；重症病例在淋巴结、肺脏、肝脏、肾脏等器官出现结节性病变。

妊娠母羊感染在子宫和胎盘出现化脓-坏死性炎。淋巴结呈不同程度肿大，质地硬实，切面灰白色，皮质增宽，呈增生性淋巴结炎。肺脏多见布鲁氏菌性增生性结节，结节的中心为一坏死灶，某些急性病例还可见到新形成的渗出性结节。有时可见支气管性肺炎。肾脏最多见的病变是慢性间质性肾炎和布鲁氏菌性结节，肾脏表面和切面出现灰白色、大小不等的病灶。肝脏偶尔可见小的增生性结节。间质性心肌炎。乳腺可见局灶性间质性炎，之后发展为实质性乳腺炎。脾脏眼观一般不易见到明显的病理变化。重症病例可以发生浆液-化脓性关节炎和滑液囊炎。

(2)牛布鲁氏菌病　非妊娠母牛一般呈隐性感染。病变多表现为在一些组织器官形成布鲁氏菌性结节性病灶。病变最常见于乳腺及其淋巴结，其次是全身的其他淋巴结，再次是脾脏、骨髓和肝脏，而肾脏、子宫和卵巢等很少受侵。

流产布鲁氏菌对妊娠子宫有特殊的亲和性，在妊娠子宫可出现明显的病变。妊娠子宫表现为坏死性-化脓性炎，子宫内膜与绒毛膜的绒毛之间有污灰色或污黄色无臭的胶样渗出物，绒毛膜充血呈污红色或紫红色，表面覆盖黄色坏死物和污灰色的脓性物质，脐带中也有清亮的水肿液渗出。流产胎儿主要是败血症的病理变化，浆膜、皮下和肌肉出血，肺脏出现支气管肺炎或间质性肺炎。乳腺表现为间质性乳腺炎，也可继发乳腺萎缩和硬化。

重症例肺脏肿胀变硬实，表面有纤维素附着。输卵管肿胀变粗，黏膜肥厚，有些部位出现结节状增厚，切开后见有囊腔形成，其中充满淡黄色液体。卵巢常与子宫浆膜及子宫韧带同时发生炎症变化，初期表现为浆液-纤维素性炎，以后卵巢出现增生性炎并发生硬化，有时也可出现卵巢囊肿。

慢性重症病例也可发生关节炎、腱鞘炎和滑液囊炎。在腕关节、肘关节、跗关节和股关节尤为多见。初以浆液-纤维素性炎为主，有时表现为化脓性炎。关节腔内的渗出物被结缔组织机化后可引起关节愈着和变形。

公牛常发生睾丸炎、副睾炎和精囊炎。睾丸显著肿大，质地变硬，切面出现灰白色或灰黄色的坏死灶或化脓灶；病情严重时，坏死灶不断扩大并相互融合，进而招致全睾丸的坏死，使睾丸成为一坏死块，其外周由增厚的被膜包裹；有时坏死组织可液化形成脓液；鞘膜发生炎性肿胀,鞘膜腔扩张,其中充满带有血液的纤维素性化脓性渗出物,鞘膜表面有纤维素和脓性物质沉着。副睾的变化与睾丸的病变基本相同,有时在附睾内可见形成精子性肉芽肿。

(3)猪布鲁氏菌病　患布鲁氏菌病的妊娠母猪的病理变化和牛、羊的病变基本相同。主要引起子宫内膜及胎盘的化脓性-坏死性炎、死胎和流产。由于猪的各胎儿的胎衣互不相连,不同的胎儿在不同的时间受到感染,胎儿死亡的时间并不一致,甚至有的不被感染。因此,流产或正产时可以看到不同状态的胎儿,有的因早期死亡而干尸化,有的处于死亡初期,也有的胎儿发育正常。

子宫黏膜上出现多发性黄白色、高粱米大小向黏膜面隆起的结节性病变,即表现为子宫粟粒性布鲁氏菌病。结节质地硬实,切开见少量干酪样物质,小结节多时可相互融合为不规则的斑块,从而使子宫壁增厚,子宫腔变窄。公猪感染布鲁氏菌后睾丸最易受侵,患畜的睾丸发生化脓-坏死性炎,其表现与牛布鲁氏菌病时的相似。除睾丸外,副睾、精囊、前列腺与尿道球腺等都可以发生相同性质的炎症。猪布鲁氏菌病的关节炎表现类似牛布鲁氏菌病关节炎,但化脓过程更为明显,常引起关节周围软骨组织形成脓肿,脓肿破溃后出现瘘管。关节炎多见于四肢的大关节,也见于腰椎关节,当腰荐部椎体或椎间软骨发生化脓性炎时,炎症可侵入椎孔并波及脊髓,引起化脓性脊髓炎或椎旁脓肿。此外,在肾脏、肝脏、肺脏,脾脏与皮下结缔组织内也较常出现脓肿和布鲁氏菌性结节性病变。

2. 镜检病变

(1)淋巴结　发病早期以淋巴细胞增生为主,可见淋巴小结增大,生发中心明显。随着病程发展,淋巴细胞增生进一步明显,淋巴小结数量增多,排列为2～3层。在淋巴细胞增生的同时,也见网状细胞增生,增生的网状细胞体积变大,胞浆丰富,聚积在淋巴窦内,这些增生的细胞体积可进一步增大,且相互融合形成上皮样细胞,有时还可出现多核巨细胞。上皮样细胞和多核巨细胞大量增生可占据大部分淋巴窦,甚至扩展到淋巴组织。当病原菌大量增殖而病情加剧时,增生细胞结节的中央常发生坏死,其外围有上皮样细胞和多核巨细胞包绕,再外围为普通肉芽组织和淋巴细胞,即形成布鲁氏菌性增生结节。如果病原被清除后,特殊肉芽组织可逐渐纤维化或被增生的淋巴组织取代。

(2)肺脏　布鲁氏菌性增生性结节中心为一坏死灶,其中见大量崩解的中性粒细胞,其外围为特殊性肉芽组织和普通肉芽组织,其中有较多的淋巴细胞。急性发作的病例,开始结节中有少量中性粒细胞浸润,随着疾病的发展局部组织和浸润的细胞坏死、崩解,形成坏死灶,其周围组织出现充血、出血,浆液渗出和中性粒细胞浸润。

(3)脾脏　白髓淋巴细胞增生,形成明显的淋巴滤泡。在红髓与白髓中有时也能见到上皮样细胞增生形成的增生性结节。

(4)肾脏　间质有淋巴细胞和不同程度的上皮样细胞增生,增生明显时,出现上皮样细胞增生结节。病变部分的肾组织由于增生结节的压迫发生萎缩或消失,在机体抵抗力下降时,结节中央部分可发生坏死。急性发作的病例,可出现急性肾小球性肾炎。

(5)肝脏　肝细胞变性、坏死崩解,形成坏死灶,其中可见浸润的淋巴细胞及中性粒细胞。疾病好转时,结节中巨噬细胞增生,坏死组织被吸收,在局部形成小增生性病灶。

(6)心脏　间质中有不同数量的淋巴细胞增生。病程较长时,还有成纤维细胞增生,病灶部分心肌纤维萎缩消失,最后瘢痕化。

(7)乳腺　乳腺间质有淋巴细胞和浆细胞的浸润和增生,病程较长时则有结缔组织增生,病灶部位腺泡逐渐被增生的细胞取代。

(8)子宫　可见子宫黏膜水肿，腺体增长，腺腔内充满脱落的上皮细胞和崩解的中性粒细胞及组织坏死崩解产物等。在腺体周围和血管外膜部可以见到淋巴细胞大量增殖，并有布鲁氏菌所致的上皮样细胞结节和增生性结节。在绒毛膜上皮细胞含有大量病原菌，有的可游离于渗出液中呈短杆状。

(9)睾丸　多数曲精小管的精原细胞和精母细胞坏死崩解，管腔内充满崩解脱落的各类细胞，其原有结构消失。当有多量中性粒渗出崩解时，可形成大小不等的脓肿，其周围见淋巴细胞和巨噬细胞增生，有时出现上样细胞增生形成的增生性结节。在附睾内可见形成精子性肉芽肿。

三、病理诊断

1. 初步诊断

依据流行病学资料，结合流产、妊娠子宫和胎膜发生化脓性坏死性炎、胎儿的病理损伤、睾丸炎、关节炎及淋巴结、肝、肾、脾等器官形成特征性肉芽肿等症状，可做出初步诊断。

2. 确诊

对临床上怀疑为布鲁氏菌病的患畜采集流产胎衣、绒毛膜水肿液、肝、脾、淋巴结、胎儿胃内容物等组织，制成抹片，用柯兹罗夫斯基染色法染色，镜检。如果发现有红色球杆状小杆菌，而其他菌为蓝色，即可确诊。或进行细菌的分离培养，进行菌落特征检查和单价特异性抗血清凝集试验可确诊布鲁氏菌。也可用豚鼠进行动物试验，分离培养布鲁氏菌。

此外，虎红平板凝集试验、乳牛布鲁氏菌病全乳环状试验、试管凝集试验、补体结合试验等均可用于布鲁氏菌病的血清学检查。

3. 鉴别诊断

本病的特点主要是发生流产，因此应注意与发生流产的疫病相区别，如弯曲杆菌病、乙型脑炎、附红细胞体病、沙门氏菌病、钩端螺旋体病、蓝耳病、衣原体病及弓形体病等。鉴别诊断的主要方法是结合临床症状和病理剖检进行病原的分离鉴定和特异性抗体的检出等。

第十一节　禽流感

禽流感(avian influenza，AI)即禽流行性感冒，是由A型流感病毒所引起的禽类感染的综合征。该病主要发生于多种家禽及野生鸟类，以急性败血性死亡到无症状带毒等多病征为特点；人及其他哺乳动物也可感染发病。禽流感病毒不仅会给养禽、畜牧业带来灾难性的破坏，而且对公共健康也构成了严重威胁。

根据致病力的不同，AI可分为高致病性禽流感(HPAI)和低致病性禽流感(LPAI)。HPAI过去又称真性鸡瘟或欧洲鸡瘟，可引起鸡群较严重的全身性、出血性、败血性症状，死亡率达100%，被国际兽疫局确定为A类传染病，我国农业部将其列为一类动物疫病。LPAI可引起鸡轻度的呼吸道症状、消化道症状，产蛋鸡产蛋率明显下降，死亡率较低，但存在范围非常广泛。2004年以来，高致病性禽流感在东亚及东南亚暴发，并进一步在全球蔓延，造成了巨大经济损失，并引起人的感染和死亡。

一、病原和发病机理

禽流感病毒(*Avian influenza virus*,AIV)属A型流感病毒,为多型性丝状病毒,常为球型,直径为80～120 nm。病毒由囊膜和核衣壳构成。囊膜由纤突、双层类脂质和基质蛋白构成。纤突是在囊膜表面呈放射状排列的突起,长度为12～14 nm。这种表面纤突可分为两类:一类呈杆状,由血凝素分子的三聚体构成;另一类呈蘑菇状,由神经氨酸酶分子的四聚体构成。两种纤突在囊膜上的比例为75:20。基质蛋白是病毒粒子内的主要蛋白成分,其形成的基质膜紧贴在类脂双层的内面,包围着核衣壳,是维持病毒形态的结构蛋白。禽流感病毒基因组为单股负链8节段RNA组成,分别编码血凝素(HA)、神经氨酸酶(NA)、膜基质蛋白(M_1和M_2)、核蛋白(N)、非结构蛋白(NS_1和NS_2),聚合酶PA、PB_1和PB_2。

HA在病毒感染中起重要的作用。血凝素与细胞表面病毒的特异性受体结合是导致病毒感染的先决条件,是疫苗的主要抗原成分。NA的重要功能为清除呼吸道细胞上的唾液酸而帮助病毒侵入上呼吸道细胞,同时还可以帮助子代病毒粒子脱离感染细胞而得以释放,还是病毒的另一类重要的表面抗原。根据HA及NA抗原性的差异,A型流感病毒HA分为15个亚型,NA分为9个亚型。流感病毒抗原性变异的频率很高,不同的HA亚型和NA亚型若发生重组又可产生新的禽流感病毒株。以抗原漂移和抗原转变两种形式产生的流感病毒变异株,可以导致流感的暴发和流行。抗原漂移是由编码HA和NA蛋白的基因发生突变所引起的,导致抗原的小幅度变异,不产生新的亚型,属于量变,没有质的变化。而抗原转变是在细胞感染两种不同的流感病毒时,病毒基因组的特定片段发生重组,有可能产生256种遗传学上不同的子代病毒。现普遍认为抗原漂移和抗原转变是世界上历次发生人类及家禽流感大流行的主要机制。其中HA基因是变异最大的基因,禽流感病毒的抗原性和致病性在很大程度上取决于该基因的变异情况。

禽流感病毒表面HA蛋白必须首先裂解为HA_1和HA_2两个亚单位,然后方可侵入宿主细胞。H_5和H_7高致病性禽流感病毒由于HA裂解位点存在连续多个碱性氨基酸,可被机体大部分组织细胞内广泛存在的蛋白酶裂解,病毒侵入肺、心、脑、肝、脾、肾、胰等组织器官,并进行复制,引起宿主细胞凋亡及严重的急性组织损伤和炎症反应。H_9亚型等低致病性禽流感病毒裂解位点一般仅有1～2个碱性氨基酸,只能为呼吸道或消化道内存在的类胰蛋白酶裂解,一般表现为呼吸道或消化道局限性感染症状,并导致条件性病原的继发感染;H_9亚型低致病性禽流感病毒还可诱发蛋鸡生殖系统的感染,导致产蛋率严重下降;上呼吸道某些病原菌的混合感染可释放促进HA裂解的蛋白酶,增强低致病力禽流感病毒的致病性,加剧临床症状并增加死亡率。消化道内和呼吸道内增殖的病毒不断地随粪便或分泌液排出,在外界环境中有很强的抵抗力并存活相当长的时期,并通过污染水源、饲料或鸡舍内设施而呈水平传播感染。毒血症阶段,产蛋禽所产出的蛋携带病毒,通过垂直感染途径,使病毒进一步扩散。

二、病理变化

由于禽流感病毒致病力、感染年龄、继发感染、饲养管理的不同,病禽生前临床症状和病理变化有明显差异。高致病性禽流感潜伏期短,通常为1～3 d,病程为1～2 d。发病后体温迅速升高达43.3～43.4℃。病鸡表现为头、颈部水肿、发绀,发病率和死亡率可达100%。低致病性禽流感病毒感染鸡或火鸡后出现厌食、沉郁、窦炎、呼吸障碍,产蛋率及蛋品质下降,发病率高，死亡率低或中等，这取决于是否有严重的继发感染。

1. 眼观变化

(1)高致病性禽流感　最急性病程常无明显眼观病变。急性死亡的鸡，眼睑、头部水肿。鸡冠、肉髯极度肿胀，出血、发绀、坏死(附图 2-17)；脚鳞出现紫红色出血斑(附图 2-18)；头、颈及胸部皮下组织胶冻样浸润、充血、出血，腿部、胸部肌肉出血；喉头、气管充血、出血，气管、支气管有大量黏液；肺瘀血、出血；腺胃乳头、腺胃黏膜、肌胃角质膜下有出血点或出血斑(附图 2-19)；胰腺表面有针头至芝麻大灰白色坏死点；肝脏、脾脏肿胀出血，部分病鸡可见有白色小坏死点；十二指肠、回肠充血、出血；肾脏瘀血、出血；输卵管的中部可见乳白色分泌物或凝块(附图 2-20)；卵泡充血、出血、萎缩、破裂，有的可见卵黄性腹膜炎(附图 2-21)；胸腺、法氏囊不同程度萎缩；心外膜点状出血，部分鸡心脏可见白色条纹状坏死；脑膜充血、水肿；气囊、腹腔、输卵管表面被覆纤维素性渗出物，也常见纤维素性心包炎。

(2)低致病性禽流感　H_9亚型等低致病性禽流感病毒感染时，多数病禽的病变特点为气管、窦、气囊和结膜的轻度到中度的炎症；肝、脾、肾肿大、瘀血、坏死，胰腺有白色坏死灶；腺胃黏膜呈卡他性或出血性卡他性炎，表面附有黏液，黏膜肿胀或乳头出血，部分肠道出血；脑充血、出血；产蛋鸡可出现“卵黄性腹膜炎”和输卵管卡他性、出血性、纤维素性炎，腔内常见乳白色凝卵样渗出物，黏膜充血、水肿或出血，后期有的输卵管萎缩。

2. 镜检病变

(1)高致病性禽流感　组织学变化以充血、出血、变性、坏死和血管周围形成淋巴细胞管套为特征。心肌纤维间隙扩张、出血，肌纤维坏死、溶解，淋巴样细胞浸润，结缔组织增生，呈典型的病毒性心肌炎征象；胰腺血管扩张充血，腺泡上皮细胞变性、坏死、溶解，坏死灶内腺泡结构模糊，属于典型的坏死性胰腺炎；肝脏血窦扩张瘀血，肝细胞肿胀、颗粒变性、坏死、溶解，汇管区附近淋巴细胞增生，呈现急性病毒性肝炎的变化；肾脏发生急性肾小球肾炎、肾小管变性坏死和间质性肾炎；大脑出现坏死性、非化脓性脑炎变化，脑膜水肿，血管周围管套，胶质细胞增生，神经元变性、坏死；脾脏发生坏死性脾炎，红髓与白髓充血、出血，脾小体淋巴细胞大量坏死、缺失，脾脏正常结构消失；胸腺充血、出血，淋巴细胞严重坏死、崩解、缺失，网状上皮细胞增生，胸腺萎缩，皮质减少、髓质增生；法氏囊间质瘀血，淋巴小结内淋巴细胞变性、坏死、崩解；肺脏主要表现为出血性、卡他性和支气管间质性肺炎的变化，三级支气管和呼吸毛细管有大量红细胞和大量含蛋白的渗出液，肺间质瘀血、水肿，部分呼吸毛细管代偿性扩张形成肺气肿，肺支气管旁及肺间质淋巴样细胞增生。

(2)低致病性禽流感　肝、肾、脾变性坏死，肾损伤严重，肾小管上皮的大量坏死、崩解以及管型形成。肺瘀血、水肿，心肌、腿肌、肠管等出血。产蛋鸡卵巢出现退行性变化并累及输卵管。脑膜充血，病毒性脑炎。

三、病理诊断

1. 初步诊断

当发生地方流行性暴发时，结合流行病学、临床症状及病理学观察可做出初步诊断。在任何情况下，只要见到易感动物急性发病死亡或不明原因死亡；脚鳞出血；鸡冠出血或发绀，头部和面部水肿；鸭、鹅等水禽可见神经和腹泻症状，有时可见角膜炎症，甚至失明；产蛋突然下降，结合多器官出血和坏死即可做出初步诊断，同时应立即报告疫情，并采集病料送指定的实验室诊断。大多数情况下因本病临床症状不一,经常并发细菌感染或混合性病毒感染,并且与禽的许多疾病表现相似,必须根据病毒分离鉴定与血清学试验结果方可做出确诊。

2. 确诊

禽流感的确诊必须是在初步诊断的基础上,能证明病毒抗原或核酸的存在。抗体的检测也具有重要的诊断意义,但该方法很难将进行过免疫接种的动物与自然感染的动物相区分。病原检测在国家参考实验室进行,可用反转录-聚合酶链反应(RT-PCR)、通用荧光反转录-聚合酶链反应、神经氨酸酶抑制(NI)试验、动物试验及血凝素基因裂解位点的氨基酸序列测定等方法进行检测,结果为阳性。未免疫禽 H_5 或 H_7 的血凝抑制(HI)效价达到 2^4 及以上或禽流感琼脂免疫扩散试验(AGID)为阳性者可确诊。

3. 鉴别诊断

禽流感与新城疫、禽霍乱、小鹅瘟的病理变化有相似之处,应注意鉴别。

(1)禽流感与新城疫的鉴别　两者的鉴别诊断参见表 2-2。

表 2-2　新城疫与禽流感的鉴别诊断

项目	急性新城疫	低致病性禽流感	高致病性禽流感
临床特征	①发病死亡率较高 ②一开始就排绿色稀粪 ③中后期有明显的神经症状	①发病急,传播快 ②肿头、肿眼、流泪较多见 ③高发病率、低死亡率 ④一开始排白色稀粪	①发病急、传播快,发病率和死亡率高 ②冠与肉垂出血、坏死 ③脚鳞充血、出血
皮肤及皮下		头颈部皮下胶冻样水肿	①颈部、腿部皮肤常见出血 ②多处皮下出血性水肿
消化道	腺胃有锥状突起的坏死灶和环状出血,腺胃黏膜幽门区和贲门区出血更明显。肠黏膜有规律的大溃疡灶和无规律的小溃疡坏死灶	腺胃乳头出血,十二指肠斑点状出血	①腺胃乳头及十二指肠黏膜出血 ②胰腺灶状坏死
呼吸及心脏	上呼吸道卡他性、出血性卡他性炎症	①上呼吸道炎更明显 ②肺炎水肿暗红色实变 ③气囊炎、心包炎	①肺暗红色实变,黄白色坏死灶 ②心外膜出血,心肌坏死灶
肾		肾变性肿胀尿酸盐沉积	肾变性肿胀、坏死灶
生殖	输卵管炎,而且充血、出血	输卵管内见到白色或淡黄色的脓性渗出物或豆腐渣样的干酪样物质,可出现卵黄性腹膜炎	卵泡出血坏死更明显,可出现卵黄性腹膜炎

(2)禽流感与传染性法氏囊病的鉴别　鸡传染性法氏囊病主要发生于 3～8 周龄的幼鸡,而禽流感可发生于任何年龄的家禽。两者均可见胸部和腿部肌肉出血,但传染性法氏囊病感染初期法氏囊表面有胶冻样渗出物,颜色由白色变为乳白色、乳黄色后或暗紫色,中后期肿大 2～3 倍,出血,呈紫葡萄样,后期萎缩;高致病性禽流感则表现为全身出血和多器官坏死变化,法氏囊病有不同程度萎缩。

(3)禽流感与禽霍乱的鉴别　最急性和急性禽霍乱发病率和死亡率也很高。病鸡除了鸡冠、肉髯发紫外,个别也有头部水肿现象,剖检可见败血症变化及内脏器官出血变化,并且鸡、鸭鹅都可感染发病,与高致病禽流感相似。但禽霍乱多发生于成年禽类,剖检特征性病变在肝脏，表现为肝肿胀，呈棕黄色，散在大量针尖大至粟粒大、黄白色坏死点，腺胃乳头上一般见不到出血现象，这是与高致病性禽流感的主要区别所在。禽霍乱取肝脾血做涂片镜检可见两极着色的短粗杆菌，且抗生素药物治疗有效。

(4)禽流感与鸭病毒性肝炎的鉴别　鸭病毒性肝炎死亡率很高，也可见头颈部肿大和广泛的血管损伤，与高致病性禽流感相似。但鸭病毒性肝炎流行时，成年鸭发病和死亡较重，1月同龄以下的小鸭发病较少，鸡、鹅不发病。剖检病变主要在消化道；口腔、喉头覆盖淡黄色假膜，刮落后可露出现红色不规则的浅溃疡；食道黏膜有条纹状的假膜、溃疡或出血点；泄殖腔黏膜有出血和溃疡。

(5)禽流感与小鹅瘟的鉴别　小鹅瘟发病率和死亡率可高达100%，但仅发生于雏鹅和雏番鹅，其他禽类不感染。病理剖检为小肠发生急性卡他性和纤维素性坏死性肠炎，表现在小肠黏膜坏死与大量渗出物凝固在一起，形成套管状栓塞，质地坚硬如香肠状。

（郑明学）

猪传染病病理诊断

第一节 猪 瘟

猪瘟(swine fever)是由猪瘟病毒所引起猪的急性、热性、高度接触性传染病,早期称为猪霍乱、烂肠瘟,在欧洲被称为古典猪瘟(classical swine fever,CSF)。最急性病例表现为突然抽搐,倒地即死;急性病例多数在发热后 4~7 d 死亡,呈败血症病变;亚急性及慢性病例常继发细菌感染,如继发沙门氏菌伴发纤维素性坏死性肠炎,称肠型猪瘟;继发巴氏杆菌则伴发肺炎,称胸型猪瘟。

猪瘟最早于 1885 年由 Salmon 和 Smith 确认为一种独立疾病,自 1903 年确定病原为病毒以来,世界各养猪国家均先后报道有本病发生和流行。猪瘟目前仍是威胁我国养猪业最重要的传染病之一,给养猪业和畜产品的国际贸易带来严重影响,我国农业部将其列为一类动物疫病,是国际检疫的重要对象。

一、病原和发病机理

猪瘟病毒属黄病毒科、瘟病毒属,为有囊膜的单股 RNA 病毒,病毒粒子大小为 34~50 nm,是一种泛嗜性病毒,分布于感染猪的各组织器官。本病毒除猪外,其他动物均不易感。不同品种、年龄、性别的猪对猪瘟病毒的易感性差别不大。

急性病例潜伏期 1~4 d,个别病例延至 21 d。猪瘟病毒主要经由口、鼻接触感染,病毒首先侵入口腔扁桃体,继而侵入局部淋巴结,24 h 出现于血液,48 h 后可分布于全身各组织器官。扁桃体为病毒最早侵犯的组织,猪瘟病毒首先在扁桃体隐窝上皮细胞内增殖后,随淋巴循环而感染局部淋巴结并进行第二次增殖,继而进入血液循环中,造成初期的病毒血症。随着病毒血症的形成,猪瘟病毒在各组织器官中进行感染与增殖,引起持续性病毒血症。以免疫荧光染色法检查,血液、脾脏及各淋巴组织中有较高滴度的猪瘟病毒。病毒早期主要存在于扁桃体隐窝黏膜上皮细胞、巨噬细胞、小血管内皮细胞、血液白细胞、血小板和淋巴组织;中期存在于消化道黏膜上皮细胞、胰腺及唾液腺上皮细胞和肾上腺皮质;后期侵入中枢神经及全身结缔组织。

猪瘟病毒进入血液后,侵害并造成毛细血管和小动脉内皮细胞坏死。同时,血管壁内维生素 C 及黏多糖酸含量减少,使血管壁渗透性增高,血小板生成抑制并被破坏,以致凝血因子活性降低和 DIC 的形成,引起广泛性渗出性出血,这种全身性斑点状出血是急性猪瘟的特征性病变。由于病毒侵害淋巴组织、白细胞、单核巨噬细胞系统,从而造成了免疫组织器官的实质细胞广泛性坏死及免疫抑制,以及随之而来的继发感染;由于中枢神经受到侵害,所以可见病毒性脑炎病变,表现神经症状。

二、病理变化

依据病猪有无混合感染，可将猪瘟分为单纯性猪瘟和混合感染性猪瘟。单纯性猪瘟根据病程长短又分为最急性型、急性型和慢性型，混合感染性猪瘟则根据临床症状和病变特点又分为胸型猪瘟、肠型猪瘟和混合型猪瘟。猪瘟也常根据临床症状与病理变化是否典型分为典型猪瘟和非典型猪瘟。

1. 眼观病变

(1)最急性型　见于易感猪的超急性病例，眼观病变不明显，浆膜、黏膜和肾表面仅有极少数点状出血，淋巴结轻度肿胀、潮红。

(2)急性型　见于易感猪群的典型猪瘟病例，呈出血性败血症病变。以全身皮肤、黏膜、浆膜和实质器官见大小不等的出血斑点为特征。

• 皮肤：皮肤充血、出血，主要见于颈部、腹部、腹股沟部和四肢的内侧(附图 3-1)，出血部位的皮肤常继发坏死，而成为黑褐色的干涸痂皮，皮下组织及肌肉内也可见到出血。

• 泌尿系统：肾表面和切面有针尖大出血点，膀胱及输尿管黏膜斑点状出血(附图 3-2、附图 3-3)。

• 消化道：胃、肠黏膜呈出血性卡他性炎症，以胃底部黏膜出血最为常见(附图 3-4)；回盲瓣、结肠、盲肠常见溃疡(附图 3-5)；胆囊黏膜有时见溃疡、出血点或纤维素性炎(附图 3-6)。

• 呼吸系统：喉头和会厌软骨常有不同程度的出血(附图 3-7)；肺有时出血或表现为卡他性出血性肺炎。

• 免疫器官：扁桃体肿大、充血、出血，有时见大小不等溃疡灶(附图 3-8)；脾不肿大，边缘常见粟粒大到黄豆大、数目不一的暗红色出血性梗死灶(附图 3-9)；全身淋巴结表现不同程度的出血性淋巴结炎，淋巴结暗红色肿大，切面红白相间，呈大理石样，出血严重者整个淋巴结紫黑色似血肿(附图 3-10)。

• 脑：软脑膜充血、出血。

此外，心、肝、肾实质器官均见不同程度变性肿胀病变。

(3)慢性型　多见于免疫猪群所发生的非典型猪瘟，病程较长，败血症性病变轻微，少见全身出血，出血一般多发生于肾和淋巴结。胸腺萎缩，因慢性肾小球肾炎和肾小管病变肾通常显著肿大，大肠黏膜常见播散性溃疡病灶(附图 3-11)。大多数的断奶病猪在肋骨与肋软骨联合处的骺线明显增厚(骨化线)，主要是由于这些病猪体内钙、磷代谢紊乱妨碍骨化而引起。

(4)胸型猪瘟　与合并感染巴氏杆菌有关，除见猪瘟所固有的病变外，还有纤维素性肺炎病变，病程一般为急性或亚急性。

(5)肠型猪瘟　与合并感染沙门氏菌有关，一般呈慢性经过，大肠出现固膜性肠炎为其主要病变。肠型猪瘟有两种类型变化：一种是作为猪瘟所特有的局灶性固膜性肠炎，病灶似附着于黏膜的纽扣(扣状肿)(附图 3-12)；另一种是弥漫性固膜性肠炎(附图 3-13)。

(6)混合型猪瘟　同时合并感染巴氏杆菌和沙门氏菌。具有上述胸型和肠型的病变。

2. 镜检病变

发生猪瘟时，下列各器官的组织学变化具有一定的证病意义。

• 血管病变与广泛性出血：肾、皮肤、淋巴结等组织的毛细血管或小动脉的内皮细胞肿胀，细胞核浓染，有时出现核分裂并向管腔突出，胞浆常有不同程度的空泡变性，有时核破裂或内皮细胞脱落；血管壁肿胀，发生透明变性；因血管病变而造成广泛性渗出性出血。

• 淋巴结：全身淋巴结均表现浆液性或出血坏死性淋巴结炎，前者只见淋巴组织充血水肿（附图 3-14）；后者淋巴组织弥漫性坏死，坏死淋巴细胞核崩解破碎或溶解消失（附图 3-15），并见不同程度的出血，有的只见髓窦和小梁周围出血，严重者淋巴组织被红细胞淹没。

• 扁桃体：黏膜上皮细胞变性、坏死、脱落，上皮下及隐窝周围淋巴组织水肿、坏死、出血（附图 3-16）。

• 脾：脾淋巴滤泡的中央动脉壁发生透明变性，管腔狭窄或闭塞，脾脏淋巴细胞坏死、崩解、出血（附图 3-17）。

• 肾：猪瘟急性感染时，表现为急性出血性肾小球肾炎。肾小球肿大，毛细血管内皮细胞肿胀、变性、坏死，肾小球囊内积有红细胞（附图 3-18），肾小管上皮细胞颗粒变性、脂肪变性或透明滴状变等，髓质部充血、出血。

• 脑：大多数病例的脑组织发生广泛性的非化脓性脑炎，其中延脑、中脑、脑桥和丘脑最为明显，可见血管周围的淋巴细胞管套、神经元变性坏死、神经胶质细胞形成的卫星现象、噬神经现象和结节状增生（附图 3-19）。

• 骨髓：骨髓主要表现淋巴网状细胞增生，大量巨核细胞变性，未成熟的巨核细胞增多，原巨核细胞再生。红细胞、髓细胞和血小板的生成均受到抑制。

三、病理诊断

根据典型猪瘟的特征病变不难做出病理学诊断，主要依据全身广泛性出血，淋巴结大理石样出血，肾、膀胱、喉头、胃肠黏膜等点状出血，脾出血性梗死灶，胆囊黏膜点状出血、溃疡，非化脓性脑炎病变。慢性猪瘟则主要依据结肠黏膜扣状肿，胸腺萎缩，断奶猪的肋骨与肋软骨联合处增生，病毒性脑炎及肾小球性肾炎的镜检病变。

猪瘟病毒感染后导致机体免疫抑制，特别容易继发其他疾病，在剖检时还应注意与以下疾病相鉴别。

(1)猪副伤寒　本病多发生于 2～3 月龄的猪，而猪瘟无年龄差别，本病全身出血性变化尤其是肾出血并不明显；脾无出血性梗死灶；其盲肠和结肠虽也发生纤维素性坏死性肠炎，但多半呈弥漫性而不是扣状肿样变化。

(2)猪巴氏杆菌病(猪肺疫)　与胸型猪瘟十分相似而难以区别，但本病急性型常有咽喉部皮下急性炎性水肿而表现极度呼吸困难；用心血和内脏直接涂片镜检，可见两极着色的巴氏杆菌；具有明显的纤维素性胸膜肺炎，但不发生脾出血性梗死灶和肠黏膜扣状肿病变。

(3)猪丹毒　急性型和亚急性型猪丹毒病猪的皮肤常出现压之褪色的充血性红斑或特征性方形或菱形疹块；脾呈鲜红色，其白髓周围出现出血性“红晕”；不发生猪瘟特有的肠道病变，用肾、脾触片镜检，可检出纤细的猪丹毒杆菌。

(4)猪弓形体病　临床显示高度的呼吸困难，皮肤呈弥漫性红紫；全身淋巴结特别是肠系膜淋巴结呈串珠状肿大，切面常发生出血和坏死；肝可见黄白色坏死灶；肺常见间质性肺炎和间质水肿。最后确诊有赖于肺、淋巴结、肝直接涂片，或肺、淋巴结组织匀浆离心沉淀物涂片检出虫体。

本病还应与急性链球菌病、蓝耳病、附红细胞体病等猪高热性疾病相区别，详见表 3-1。

表 3-1　猪高热性疾病的病理鉴别诊断要点

疾病	急性猪瘟	急性副伤寒	急性猪肺疫	急性猪丹毒	急性链球菌病	急性弓形虫病	蓝耳病	附红细胞体病
体表检查	皮肤斑点状出血	紫红色瘀血(斑)	咽喉部红肿	鲜红色充血斑或弥漫性充血(大红袍)	瘀血斑或点状出血(似猪瘟)	紫红色瘀血斑或斑点状出血(似猪瘟)	体表发红,耳、嘴及四肢末端发紫	体表发红、发紫或贫血、黄疸
淋巴结	全身淋巴结出血性炎,呈大理石样变或似血肿	肠系膜淋巴结红肿或有出血点	颈部淋巴结浆液出血性淋巴结炎	全身淋巴结浆液出血性炎	内脏淋巴结浆液出血性炎,化脓性炎	肠系膜及全身淋巴结切面有黄白色坏死灶	颈部、肺部等淋巴结暗红色炎性肿大	腹股沟等淋巴结暗红色炎性肿大
脾	边缘出血性梗死灶	紫红色炎性脾肿		稍肿,呈樱桃红色	炎性脾肿,纤维素性包膜炎	炎性脾肿,有出血点和坏死灶		炎性脾肿,有出血丘疹
泌尿系统	肾色淡肿大,点状出血,膀胱黏膜点状出血	肾表面及膀胱黏膜有时见斑点状出血		肾暗红色瘀血、斑点状出血	肾斑点状出血或坏死灶	有白色坏死点	肾斑点状出血	膀胱积尿棕黄色或褐色,肾变性肿胀
消化系统	胃肠出血,大肠溃疡呈扣状肿,胆囊出血、溃疡	肝有坏死点,大肠黏膜固膜性炎呈糠麸状		胃、十二指肠黏膜充血潮红	肝有点状出血或坏死,胃充血出血	肝点状坏死、出血,大肠溃疡		肝变性肿大,胆囊肿大含有浓稠胆汁
呼吸系统	喉头、肺、胸膜、心外膜点状出血		胸膜肺炎,心包炎	肺瘀血、水肿	化脓性支气管肺炎	间质性肺炎,有灰白色坏死点	全肺急性间质性肺炎,肺肿大实变	常见胸水、心包积液,心、肺黄疸
其他	镜检病毒性脑炎	镜检肝副伤寒结节	颈部皮下出血水肿	脾白髓周围出血	关节炎、化脓性脑膜炎	镜检弓形虫,非化脓性脑炎	急性间质性肺炎、病毒性脑炎	溶血、血涂片镜检病原体和红细胞病变

第二节　猪繁殖与呼吸综合征

猪繁殖与呼吸综合征(porcine reproductive and respiratory syndrome,PRRS)是由猪繁殖与呼吸综合征病毒所引起的一种猪繁殖和呼吸障碍性传染病。1987 年美国首先报道了该病,其特征为怀孕晚期母猪流产、死胎和弱胎明显增加,仔猪出生率降低,母猪再发情推迟,断奶仔猪有较高的发病死亡率。仔猪及生长猪发病主要表现急性间质性肺炎,高度呼吸困难,耳、四肢末端及体表发紫,故称蓝耳病,有一定的死亡率。我国于 1996 年发现本病,很快波及全国各地。自 2006 年下半年开始,中国暴发了始称“高热病”的猪病疫情,不同年龄的猪均可感染发病,且患病猪群的发病率和病死率极高,在一些地区的猪场,发病率接近 100%,病死率在 30%～50%,甚至部分猪场的病死率可达 80%以上。2007 年 1 月最终确定本病病原为变异猪蓝耳病病毒,并定名为高致病性猪蓝耳病。高致病性猪蓝耳病病猪除有急性间质性肺炎外,全身呈败血症病变,高致病性猪蓝耳病毒株在我国已成为优势毒株。通过疫苗免疫,虽然少见大面积暴发流行,病变也有些非典型化,但本病已广为散播,猪群带毒率高,是当前最严重的猪传染性疾病,正严重危害我国养猪业的健康发展。我国农业部将其列为一类动物疫病。

一、病原和发病机理

猪繁殖与呼吸障碍综合征病毒(PRRSV)属于动脉炎病毒,呈球形,有囊膜,直径25～30 nm,无血凝活性,有严格的宿主专一性,嗜好巨噬细胞,尤其是肺泡壁巨噬细胞。PRRSV可分两种类型:第一型,欧洲株;第二型,北美株,包括高致病性蓝耳病病毒(HP-PRRSV)中国株(高热病)。PRRSV首先和肺泡壁巨噬细胞的受体结合,然后经内吞作用进入细胞,引起急性间质性肺炎及淋巴结炎。病毒的增殖有抗体依赖性增强作用(ADE),即在亚中和抗体水平存在的情况下,能增强PRRSV对巨噬细胞的感染能力。pH和温度对本病毒的稳定性影响比较大,在pH小于6.0或大于7.6的条件下,其感染力降低95%。本病毒对氯仿等有机溶剂敏感,对常用化学消毒剂的抵抗力不强。

病猪和带毒猪是本病的主要传染源,感染的猪可经口、血液、粪便或尿液排毒。与病猪接触经呼吸道感染,或经摄食、交配及垂直传播。病毒感染可引起间质性肺炎、坏死性脐带动脉炎、子宫内膜炎及子宫肌炎、病毒性脑炎,主要表现为流产、死胎、呼吸障碍及免疫抑制。高致病性变异毒株可导致包括淋巴组织在内的全身各组织器官的广泛性损伤,除间质性肺炎、流产死胎外,还呈急性败血症病变,致使患病猪群发病率、死亡率显著升高。因病毒严重侵害单核细胞/巨噬细胞及淋巴细胞,从而造成免疫抑制,极易发生继发性感染。

二、病理变化

1. 眼观病变

(1)低致病性(经典)蓝耳病　外观发病仔猪及生长猪多见耳、吻突、四肢末端、阴门等发绀(附图3-20);双眼肿胀发红或发紫,结膜炎。

肺呈急性间质性肺炎病变,两侧肺显著增大,暗红色,不塌陷,质度硬实,切面结构致密,称为“橡皮肺”(附图3-21)。胸腔常见积液。

颈部、肺部等部位的淋巴结呈暗红色中度或重度肿大。

妊娠晚期发生流产、早产,产死胎、弱仔或木乃伊胎(图3-1),流产母猪可见卡他性子宫内膜炎。

图3-1　猪蓝耳病—母猪流产、死胎(刘思当)

(2)高致病性猪蓝耳病　外观发病猪全身发红,结膜潮红,临死前耳、唇发绀(附图3-22)。常见后躯无力、不能站立或摇摆、抽搐等神经症状。

• 肺:全肺呈急性间质性肺炎病变,两侧肺显著增大,暗红色,质度硬实,切面结构致密,称为“橡皮肺”(附图3-23);胸腔常见积液。

• 淋巴结:全身淋巴结充血、水肿,切面外翻呈浆液性淋巴结炎病变,病情严重的病例常见出血性炎症,颈部、肺部和肠系膜淋巴结尤其严重(附图3-24)。

• 脾脏:个别病猪见脾边缘或表面出现红色梗死灶。

• 肾脏:呈土黄色,表面可见针尖至小米粒大出血点。

• 皮下、扁桃体、心脏、膀胱、肝脏和肠道:均可见出血点和出血斑。

• 胃、肠：黏膜呈卡他性或出血性卡他性炎症，其中以胃底部黏膜最为明显。

• 脑：脑膜充血，脑水肿。

2. 镜检病变

(1)低致病性蓝耳病

• 肺：见急性间质性肺炎病变，肺泡壁因水肿和淋巴细胞、单核细胞浸润显著增厚，小叶间质、支气管及血管周围大量淋巴细胞和单核细胞浸润(附图 3-25)。免疫组化检查，肺泡壁浸润的单核细胞呈 PRRSV 阳性反应。当有细菌继发感染时兼有浆液性、浆液纤维素性或化脓性肺炎。

• 子宫：可见轻度到中度的子宫内膜炎和子宫肌炎。黏膜固有层许多淋巴细胞、浆细胞浸润，血管内皮细胞变性坏死，血管周围常见水肿、淋巴细胞围管性浸润。

• 淋巴结：颈部、肺门及支气管淋巴结表现浆液性、出血性淋巴结炎。

• 脑：表现轻度的以“袖套现象”、胶质细胞增生、神经元变性坏死为特征的病毒性脑炎病变(附图 3-26)。

(2)高致病性猪蓝耳病

• 肺、子宫：病变基本同低致病性蓝耳病，病变程度可能更加严重(附图 3-27)。

• 淋巴结：全身淋巴结均表现浆液性、出血性或坏死性淋巴结炎。

• 脾：淋巴组织表现不同程度的出血、坏死。

• 扁桃体：隐窝充满坏死组织，淋巴组织表现不同程度的坏死病变。

• 脑：表现更加明显的病毒性脑炎病变。

• 肾：表现变质性出血性炎症，肾小管上皮细胞变性坏死。

• 心脏、肝脏：实质细胞变性坏死，间质出血性、浆液性炎症。

• 胃肠：一般表现卡他性或出血性卡他性炎症，固有层有大量淋巴细胞浸润。

三、病理诊断

根据流行病学、外观病症、剖检病变和镜检变化可以做出初步诊断。确诊应进一步进行病毒分子生物学诊断或实验室病毒分离鉴定。以呼吸道症状为特征的猪病很多，应注意鉴别诊断，详见表 3-2。

表 3-2　猪呼吸道疾病鉴别诊断

疾病	低致病性蓝耳病	高致病性猪蓝耳病	猪流感	气喘病	胸膜肺炎	副猪嗜血杆菌病	猪肺疫	萎缩性鼻炎
体表检查	耳、四肢末端发绀，流产、死胎	全身皮肤发红，耳发紫，流产，高死亡率	传播快、病急，高热，结膜炎、流鼻液	病程长，气喘、咳嗽、无明显发热	急性呈败血症，慢性似气喘病，1～3 月龄猪多发	中烧，呼吸困难，关节肿，跛行	散发、发热，急性病例颈部肿胀	喘、流鼻液或血液，鼻梁塌陷，上颌变形
呼吸系统	急性间质性肺炎，常见胸腔积液	急性间质性肺炎，常见胸腔积液	支气管肺炎及间质性肺炎，病区肺萎陷紫红色	局灶性慢性间质性肺炎，常见肺胸粘连	纤维素性、坏死及出血肺炎，纤维素性胸膜炎	浆液纤维素性胸膜炎、心包炎、肺炎	纤维素性肺炎，常见化脓灶和坏死灶	鼻黏膜卡他性出血性炎，鼻甲骨坏死
淋巴结	颈部、肺相关淋巴结浆液性或出血性炎	全身淋巴结浆液性、出血性及坏死性炎	颈部肺相关淋巴结浆液、出血性淋巴结炎	肺相关淋巴结慢性增生性炎	肺相关淋巴结浆液出血性炎	肺相关淋巴结浆液性炎	颈部、肺部等淋巴结浆液、出血性炎	

续表 3-2

疾病	低致病性蓝耳病	高致病性猪蓝耳病	猪流感	气喘病	胸膜肺炎	副猪嗜血杆菌病	猪肺疫	萎缩性鼻炎
脾		有的见边缘出血性梗死						
泌尿生殖	子宫内膜炎，脐带炎	肾表面常见斑点状出血；子宫内膜炎，脐带炎					肾有白色坏死点	
消化系统		肝有坏死点，胃肠黏膜出血性卡他性炎症					肝点状坏死、出血，大肠溃疡	
其他	镜检轻度病毒性脑炎	镜检重度病毒性脑炎，广泛性淋巴组织坏死					浆液纤维素性腹膜炎、脑膜炎、关节炎	颈部皮下胶冻样水肿

第三节 猪水疱病

猪水疱病（swine vesicular disease，SVD）是由猪的肠道病毒所引起的急性传染病，以蹄部皮肤发生水疱为主要特征，口部、鼻端和腹部乳头周围也偶见水疱发生。猪水疱病是一种需要报告的猪病毒性疾病，被 OIE 定为 A 类疾病，我国农业部将其列为一类动物疫病。猪水疱病在 1966 年首次发现于意大利，以后在欧洲和亚洲国家均有发生，1971 年在我国香港地区暴发。本病主要流行于猪只高度集中和调运频繁的地区和猪场，传播快，猪群密度愈大，发病率也愈高。已经证实猪水疱病病毒可以感染人并发生轻度流感样症状、脑膜炎或全身性疾病（包括腹痛和肌肉痛及虚弱）。

一、病原和发病机理

猪水疱病病毒（*swine vesicular disease virus*，SVDV）属于小核糖核酸病毒科、肠道病毒属，由裸露二十面立体对称的衣壳和含单股 RNA 的核芯组成。该病毒粒子为正多边形或近球形，直径 28～30 nm，在血清学上与人的柯萨奇 B5（Coxsackie B5）病毒有共同抗原关系。现已证明 SVDV 为柯萨奇 B5 病毒的变异株。

病毒可以通过多种途径进入猪体内。最敏感的感染途径是通过损伤的皮肤或破溃的黏膜。病毒在感染的初始部位增殖后，通过淋巴管传播至血流，发展为病毒血症。病毒主要存在于病猪的水疱液和水疱皮中，肌肉和内脏也含病毒，但含量很低。接触感染试验证明，本病的潜伏期为 3～5 d，长的达 7～8 d，虽无临床症状，但体内已有病毒。接触感染 24 h 病毒出现在鼻黏膜，48 h 出现在咽和直肠，72 h 出现在血液，96 h 病毒血症达高峰，120 h 出现初期水疱。然而，蹄部皮肤是病毒主要嗜好部位，病毒进入表皮细胞浆内，脱去衣壳，并以 RNA 为模板进行大量复制和组装。病毒在细胞内复制很快，使细胞物质代谢障碍并导致胞浆内细胞器和微细结构破坏。细胞能量不足和氧化不全产物积聚导致细胞内液积留和外液渗入，形成镜下可见的水疱变性。随着溶酶体的破坏和水解酶的释放造成胞浆蛋白溶解，使整个细胞变成一个水疱，许多水疱变性的细胞破裂，从而形成了肉眼可见的大水疱。SVD 的临床症状与猪的FMD、水疱性口炎(VS)和水疱疹(VES)相同。

二、病理变化

1. 眼观病变

本病眼观病变主要出现在蹄部，约有 10%的病猪口腔、鼻端等亦见有病变。病变部皮肤最初为苍白色，在蹄冠上侧呈白色带状，在蹄冠上的白带变成隆起的水疱(附图 3-28)。蹄踵部形成大水疱并可扩展到整个蹄底和副蹄。在皮薄处初形成的水疱清亮半透明，皮厚处水疱则呈白色。随病情发展，水疱逐渐扩大，充满半透明的液体，之后变成浑浊淡黄色。1～2 d 后易受摩擦部位的水疱破裂，形成浅溃疡。溃疡底面呈红色，边缘不整。此时病猪剧烈疼痛，发生跛行。严重病例常常见环绕蹄冠的皮肤与蹄壳之间裂开，致使蹄壳脱落。溃疡面经数日形成痂皮而趋向恢复，蹄病变较口部病变恢复慢。

猪水疱病蹄部水疱一般较大，破溃后剥脱的上皮可原样保留很久而成为本病特点。如水疱小，破溃前很难看到，则对可疑猪需仰卧保定，蹄部用水洗后检查。

口部水疱通常比蹄部出现晚，鼻端、鼻盘上可见大小约 1 cm 水疱(附图 3-29)，少数也在鼻腔内出现，唇及齿龈出现较少，且多半是小水疱，舌面水疱极少见。皮肤损伤一般经 10～15 d 愈合而康复，如无其他并发感染，并不引起死亡。

内脏器官除局部淋巴结有出血和偶见心内膜有条纹状出血外，通常无明显可见的眼观病变。

2. 镜检病变

蹄部皮肤开始表现为鳞状上皮细胞(包括毛囊上皮细胞)发生空泡变性、坏死，形成小水疱，小水疱进一步融合成大水疱。棘细胞排列松散，细胞间桥比正常清晰，以后细胞相互分离，并发生浓缩和坏死。水疱进一步破裂形成浅溃疡，表面棘细胞及颗粒细胞发生凝固性坏死，变成均质无结构物质，附在溃疡表面，溃疡底部有炎症反应。真皮乳头层充血、出血、水肿和血管周围有淋巴细胞、单核细胞、浆细胞及少数嗜酸性粒细胞浸润。

除皮肤病变外，猪水疱病病毒也能侵袭黏膜组织。病猪的肾盂及膀胱黏膜上皮细胞发生水疱变性，膀胱黏膜下水肿，小血管充血。胆囊黏膜可见炎症变化，病变严重时黏膜浅层发生凝固性坏死和形成溃疡，表面有少量纤维素性渗出物覆盖，坏死区下方固有层炎性水肿，有多量淋巴细胞、单核细胞及浆细胞浸润。

心、肝、肾等实质器官发生程度不同的实质变性。

有人用中国香港株病毒和英国株病毒人工感染仔猪，发现均可引起中枢神经系统的显微病变，主要在间脑、中脑、后脑等部位血管周围出现淋巴细胞性“管套”，神经胶质细胞局灶性和弥漫性增生，脑膜内也有淋巴细胞浸润。

三、病理诊断

猪水疱病病理变化虽然明显，但与口蹄疫、猪水疱性口炎及水疱疹病毒感染都有许多相似之处，故对疾病确诊有一定困难。所以发生本病时，应根据流行病学、临床症状、病理变化、动物宿主范围、血清学及病毒检测等进行综合诊断。猪水疱病类鉴别诊断见口蹄疫。

第四节 猪圆环病毒病

猪圆环病毒病(porcine circovirus disease,PCVD)是由猪圆环病毒Ⅱ型(*Porcine circovirus* Ⅱ,PCV2)为主要病原,单独、继发或混合感染其他病原微生物所引起的一系列疾病的总称。PCVD有多种病型,主要有断奶仔猪多系统衰竭综合征(postweaning multisystemic wasting syndrome,PMWS)、猪皮炎及肾病综合征(porcine dermatitis and nephropathy syndrome, PDNS)、猪增生性坏死性肺炎、猪呼吸综合征、母猪繁殖障碍、传染性先天性震颤等。其中最重要的是PMWS,其主要临床特征为患猪进行性消瘦或生长迟缓,有消化道症状和呼吸困难症状等,近年来给养猪业发达的国家造成了相当大的经济损失,已成为危害养猪生产的主要疾病之一。

一、病原和发病机理

猪的圆环病毒(*Porcine circovirus*,PCV)属圆环病毒科、圆环病毒属,即小环状病毒属.本病毒是动物病毒中最小的一种病毒,其直径为14~25 nm,呈二十面体对称,无囊膜,基因组为单股环状DNA病毒。目前已知PCV有PCV1和PCV2两个血清型,PCV1来源于PK-15细胞,为非致病性PCV。

PCV2的主要易感动物是猪,但据Tischer等报道,在人、牛和鼠血清中也存在能与PCV2发生群特异性结合的低水平抗体。PCV2经口、呼吸道感染不同日龄的猪,用PCV2人工感染试验猪,其他未接种猪的同居感染率高达100%。少数怀孕母猪感染PCV2后,经胎盘垂直传染给仔猪。感染猪可通过鼻液、粪便等排出病毒,Larochelle等报道PCV2病毒可间隙性地自公猪精液中排出。感染公猪的精液可看作一种潜在的PCV2病毒来源。

(1)PMWS　PCV2从猪的鼻、口腔侵入机体后,主要在机体的单核-巨噬细胞和抗原提呈细胞中复制,少数病毒可在肾小管和支气管的上皮细胞、肝细胞及淋巴细胞中增殖,使淋巴组织(淋巴结、扁桃体、脾)、肝、肾、肺出现以炎性细胞浸润为主要特征的炎性病理变化,淋巴组织萎缩。当各组织器官的病变严重,不能进行代偿与修复时,便可发生PMWS。

PMWS可见于5~16周龄的猪,但最常见于6~8周龄的猪。本病常与集约化生产方式有关,饲养管理不善、环境恶劣、饲养密度过大、应激、不同年龄和不同来源的猪混群等,均可诱发本病。

PMWS临床上表现为多系统进行性功能衰竭,生长发育不良,渐进性消瘦,体重减轻,皮肤与可视黏膜苍白或黄疸,贫血,肌肉萎缩、衰弱无力,呼吸困难、呼吸过速,咳嗽,下痢,中枢神经系统紊乱,体表淋巴结尤其是腹股沟淋巴结肿大。若继发细菌感染,常使PMWS的症状复杂化、严重化。

(2)PDNS　主要因PCV2持续感染猪体而造成免疫复合物沉积,导致系统性的坏死性脉管炎,以及坏死性和纤维蛋白性肾小球肾炎。PDNS通常发生在保育和生长期的猪,在成年猪散发,发病率相对很低,不超过1%。

(3)先天性震颤　其发生主要与母猪在怀孕阶段感染了病毒有关。在出生后第1周,严重的震颤可因不能吃奶而死亡,1周不死的仔猪可以存活下来,多于3周时恢复。震颤为双侧性，当卧下或睡觉时震颤消失，外界刺激（如声音或温度刺激）可引发或加重震颤，有的在整个生长和发育期间都不断发生震颤。

(4)猪呼吸道综合征（porcine respiratory disease complex，PRDC）　临床型PRDC很容易检测出肺中有PCV2，PCV2只能被认为是PRDC的众多病原之一，但PCV2在PRDC复合病原中发挥的具体作用及相对重要性还不是很明确。实际上很难区别PRDC和PMWS，因为这两者的临床表现非常相似或重叠。

(5)母猪繁殖障碍　PCV2目前也被认为是引起繁殖障碍的病因，主要依据是在表现流产和死胎病例中存在大量的PCV2，说明PCV2与母猪繁殖障碍有密切关系。

PCV2常与猪细小病毒（PPV）或猪蓝耳病病毒（PRRSV）混合感染。

二、病理变化

1. 眼观病变

(1)PMWS　病猪生长停滞和消瘦，腹股沟淋巴结肿大，呼吸困难，有腹泻和黄疸的症状。病猪呈严重贫血，尸体营养状况差，皮肤、黏膜苍白，20%的病例有黄疸。

剖检变化主要表现多组织器官的广泛性病理损伤，最显著的变化是全身淋巴结尤其是腹股沟浅淋巴结、肠系膜淋巴结、肺门淋巴结及下颌淋巴结肿大2～5倍（附图3-30、附图3-31），有时可达10倍，切面灰白色、硬实致密。发生细菌二重感染时，淋巴结可见炎症和化脓病变。

所有病例几乎都可以见到间质性肺炎病变，肺脏肿胀、硬实或似橡皮（附图3-32）。肝瘀血、肿大，胆汁瘀滞，因小叶间结缔组织明显增生，肝呈不同程度的花斑状（附图3-33）。肠道黏膜充血、出血。肾肿大，色淡，50%病例的肾被膜下可见白色病灶（白斑肾）（附图3-34）。胰腺萎缩。脾增大，表面见出血丘疹。约有半数猪在胃无腺部黏膜形成溃疡。另外，因继发感染常见浆液、纤维素性胸膜炎、腹膜炎、心包炎和关节炎。

(2)PDNS　在会阴部、四肢、胸腹部及耳朵等处的皮肤上出现圆形或不规则形的红紫色斑点或斑块（附图3-35），有时这些斑块相互融合成条带状，不易消失，其病变性质为皮肤局灶性充血、出血及坏死，肾显著肿大、出血。

(3)先天性震颤　病猪无眼观病变（图3-2）。

2. 镜检病变

(1)PMWS　淋巴结血管扩张充血，淋巴窦扩张充满单核细胞和其他炎性细胞，淋巴窦见大量含铁血黄素巨噬细胞。淋巴结皮质部淋巴细胞大量减少，出现肉芽肿性炎症反应，即有大量单核细胞、多核巨细胞浸润（附图3-36），尤其在扁桃体及肠淋巴集结常见核内和胞浆内嗜碱性包涵体。脾白髓发育不良，少见淋巴滤泡，脾窦内有大量炎性细胞浸润及含铁血黄素巨噬细胞。

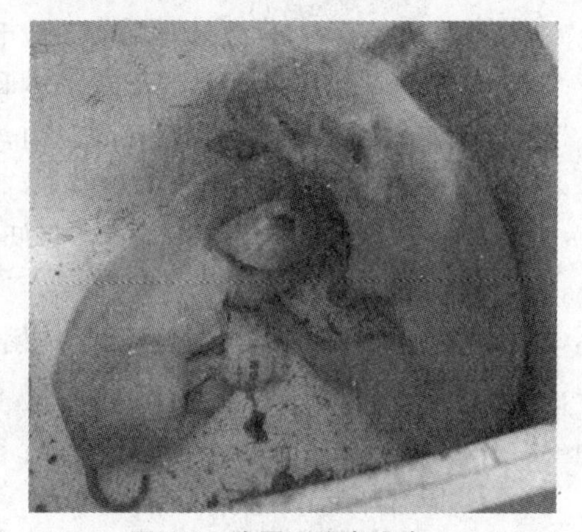

图3-2　猪圆环病毒感染出生仔猪先天性震颤（刘思当）

肺出现典型的间质性及支气管肺炎病变，支气管黏膜上皮细胞增生，管腔内有黏液渗出，Ⅱ型肺泡上皮细胞大量增生，肺泡壁、支气管周围及小叶间可见水肿及大量淋巴细胞浸润，肺泡、肺泡壁、支气管上皮内也可见嗜碱性核内和胞浆内包涵体的细胞。

肝特征性病变是小叶间结缔组织增生(附图 3-37)。胰腺腺泡明显变小。肠绒毛萎缩,黏膜上皮完全脱落,固有层内有大量炎性细胞浸润。

肾间质有以大量淋巴细胞浸润为特征的间质性肾炎(附图 3-38)。

透射电镜观察可见淋巴结、脾组织细胞核内均堆积大量小的无囊膜的圆形病毒粒子,病毒粒子直径为 17～20 nm。

(2)PDNS　镜下病变主要是坏死性脉管炎,以及坏死性和纤维素性肾小球肾炎。

三、病理诊断

根据流行病学、临床症状、眼观和镜检病变可做出初步诊断,确诊需结合病原检测。

第五节　猪传染性胃肠炎

猪传染性胃肠炎(transmissible gastroenteritis of pigs,TGE)是由病毒所引起的一种高度接触性肠道传染病,临床特征为严重腹泻、呕吐和脱水。不同年龄和品种的猪都有易感性,但以 2 周龄以内的仔猪病死率最高,可达 100%;5 周龄以上的猪感染后很少死亡,成年猪几乎没有死亡。

一、病原和发病机理

猪传染性胃肠炎病毒(*Transmissible gastroenteritis virus* of pigs,TGEV)属于冠状病毒,有囊膜,呈圆形、椭圆形等多种形态,直径 80～120 nm。核酸为单股 RNA。完整的 TGEV 包含 4 个结构蛋白:一个表面糖蛋白(S);一个小蛋白(SM);一个完整的膜糖蛋白(M);一个核壳蛋白(N)。S 糖蛋白作为一个完整的复合体在电镜下像"皇冠"。

病猪和带毒猪是主要传染源,最重要的传播途径是消化道。感染以空肠最严重,其次是回肠、十二指肠,病毒主要存在于空肠、十二指肠及回肠的黏膜、肠内容物和肠系膜淋巴结中。病毒进入消化道后首先感染小肠黏膜上皮细胞,感染病毒的柱状上皮细胞很快变性、坏死、脱落,小肠绒毛明显缩短,导致空肠和回肠绒毛显著萎缩。由于上皮层的损伤和肠黏膜表面积减少,导致肠管的消化吸收障碍,肠腔内的钠和乳汁不能被吸收,处于高渗状态,促使组织水分流向肠腔,大量食物和渗出液积留在胃肠内,胃肠道扩张,胃肠壁变薄,临床上出现腹泻、呕吐和脱水,机体电解质失衡,很快发生酸中毒,造成心、肾功能衰竭而死亡。

年龄较大猪的上皮细胞易感性降低,猪的隐窝细胞增殖能力增强,使萎缩绒毛迅速修复,腹泻不明显。

在鼻腔、气管、肺支气管黏膜及扁桃体、颌下淋巴结等处,也能查出病毒。

二、病理变化

1. 眼观病变

死亡乳猪尸体脱水,主要病理变化为急性胃肠炎。

胃:哺乳仔猪的胃常见膨胀,滞留未消化的凝乳块,胃底黏膜充血潮红、出血(附图 3-39)。

小肠：扩张，肠腔内有大量泡沫状液体和黄绿色含有凝乳微粒的糊状物，小肠壁变薄而透明（附图 3-40），用放大镜检查可见空肠绒毛缩短。肠系膜血管充血，肠系膜淋巴结充血水肿（附图 3-41）。

大肠：充血潮红，扩张，含有稀薄液体，并见卡他性炎症。

心、肝、脾、肺、肾无明显眼观变化。

临床病理学检查：白细胞计数早期减少，恢复期增多；中度尿毒症；粪便 pH 酸性。

2. 镜检病变

特征性病变为小肠黏膜上皮细胞纹状缘不规则性缺损、胞浆空泡化、核坏死固缩，上皮细胞脱落。小肠黏膜绒毛萎缩，正常绒毛的高度和隐窝的深度比例一般为 7:1，病猪通常在 1:1 以下，绒毛缩短，融合成微小疣状突起。绒毛数目大大减少。绒毛末端呈鼓槌状膨大或树墩状。绒毛和黏膜固有层充血、水肿、淋巴细胞浸润（附图 3-42）。胃黏膜水肿、充血和白细胞浸润。

肾近曲小管扩张，管腔内见蛋白管型，肾小管上皮细胞透明滴状变。

抗原检查：用免疫荧光抗体或免疫过氧化物酶染色检测小肠上皮细胞中的病毒抗原。采取稀便或小肠内容物，在铜网上负染，可以在电子显微镜下直接观察到冠状病毒。

三、病理诊断

根据流行病学、临床症状、眼观和镜检病变可做出初步诊断，确诊需结合病原检测、感染试验及血清学试验。腹泻类疾病鉴别诊断见表 3-3。

表 3-3　腹泻类疾病鉴别诊断

病名	传染性胃肠炎	流行性腹泻	轮状病毒病	黄痢	白痢	红痢	痢疾	副伤寒
病原	病毒	病毒	病毒	大肠杆菌	大肠杆菌	魏氏梭菌	密螺旋体	沙门氏菌
临床特征	大小猪发病，仔猪病重、死亡率高，水泻、呕吐，传播快，大猪可在短期内康复	和传染性胃肠炎极为相似，但近年来变异毒株致病力显著增强，病情严重	多发于 3～8 周龄仔猪，发病率高，病死率低，病急、呕吐、腹泻	3 日内仔猪发病，发病率、病死率较高，排黄色水样稀粪	10～30 日龄仔猪发病，多为亚急性病程，白色糊状臭稀粪	3 日内仔猪发病，病程急，血痢，病死率高	断奶后仔猪发病，综色或黑色粪便，常呈胶冻状	1～4 月龄发病，灰白或黄绿色恶臭稀粪
病变部位	胃及空肠	胃、肠及其他组织	空肠、回肠	胃及十二指肠	小肠	空肠	结肠、盲肠	结肠、盲肠、肝
病变性质及病变特征	急性卡他性炎。肠壁菲薄，肠腔扩张积液，空肠显著，绒毛萎缩	急性出血性卡他性胃肠炎。近年流行病例常呈败血症病变	急性卡他性炎。与猪传染性胃肠炎相似，但较轻	急性卡他性胃肠炎。有的见有败血症病变	急性卡他性胃肠炎	出血性坏死性炎。肠内容物呈红色，坏死肠段浆膜下有小气泡	卡他性出血性坏死性肠炎。黏膜出血，纤维素渗出及表层坏死	局灶性或弥漫性固膜性肠炎，肝坏死灶

第六节　猪流行性腹泻

猪流行性腹泻（porcine diarrhea，PED）是由猪流行性腹泻病毒（PEDV）所引起的以呕吐、腹泻、脱水为特征的猪传染病，对仔猪具有较高的致死率，是困扰养猪业的一大难题。尤其是

2010年以来，我国各地出现了由高致病性毒株所引起的猪流行性腹泻。该病流行范围广、病情严重，病猪以水样腹泻、呕吐、脱水和新生仔猪高病死率为特征，严重影响了生猪生产，给养猪业造成了巨大的经济损失。

一、病原和发病机理

猪流行性腹泻病毒(PEDV)为冠状病毒科冠状病毒属成员。病毒核酸为线性单股正链RNA，病毒有囊膜，囊膜上的纤突由核心向四周放射呈皇冠状。猪高致病性流行性腹泻病毒可在猪群中持续存在，各种年龄的猪都易感。哺乳仔猪、架子猪和育肥猪的发病率可达100%，母猪的发病率在15%～90%，但仍以哺乳仔猪病情最为严重，5日龄以内仔猪病死率可达90%～100%，育肥猪和成年猪很少发生死亡。本病主要发生在冬季，夏季或春、秋季节也可发生，每年12月份至翌年3月份是本病的高发期。病毒主要侵害胃、肠黏膜的上皮细胞，在各段小肠中，以空肠病变最为严重，免疫组化染色证明，空肠PEDV阳性细胞最多，肠腺上皮细胞中也有阳性细胞，固有层内也存在极少量的阳性细胞，肠系膜淋巴结的巨噬细胞有的也呈阳性反应。病毒使受侵害的黏膜上皮细胞胞浆空泡化，从而造成肠上皮细胞坏死脱落，肠绒毛短缩。

二、病理变化

1. 眼观病变

病猪均表现出不同程度的脱水病变(图3-3)，肠系膜充血，肠系膜淋巴结充血、水肿，胃扩张，充满凝乳样内容物，胃底黏膜充血潮红，或呈弥漫性充血、出血(附图3-43)；小肠膨胀，壁变薄呈半透明状，肠腔内充满黄白色或灰白色黏液样或浆液性内容物(附图3-44)，肠黏膜充血，个别小肠黏膜有出血点；肝、肾变性肿胀，颜色变淡或呈土黄色。

图3-3 猪流行性腹泻—病猪均表现出不同程度的脱水病变(刘思当)

2. 镜检病变

胃黏膜上皮细胞有不同程度的变性、坏死脱落，上皮层未脱落处杯状细胞数量明显增多，分泌亢进；固有层充血、出血、淋巴细胞浸润，腺上皮细胞有不同程度的变性、坏死。

小肠：肠绒毛萎缩变短，绝大多数黏膜上皮细胞坏死脱落，残留的上皮细胞胞核浓缩、破碎，上皮细胞由正常的高柱状变成矮柱状、立方状乃至扁平状，杯状细胞分泌旺盛。固有层充血、出血、水肿，淋巴细胞、巨噬细胞、中性粒细胞浸润，腺体见不同程度的变性、坏死。肠腔内充满黏液及坏死脱落的黏膜组织(附图3-45)。

大肠：大肠黏膜上皮层杯状细胞增多，分泌旺盛，上皮细胞空泡变性，肠腺分泌亢进；部分黏膜上皮细胞脱落，黏膜固有层及黏膜下层充血、水肿、淋巴细胞浸润。

肠系膜淋巴结：血管扩张充血，淋巴窦扩张，淋巴滤泡因水肿造成淋巴细胞稀疏，有的混有一定数量的中性粒细胞和红细胞。

心、肝、肾实质器官：心肌纤维、肝细胞、肾小管上皮细胞多见颗粒变性、空泡变性。

三、病理诊断

根据流行病学、临床症状、眼观和镜检病变可做出初步诊断，确诊需结合病原检测、感染试验及血清学试验。

要与其他主要腹泻类疾病进行鉴别诊断(类症鉴别)。

(1)与猪传染性胃肠炎鉴别　两者在流行病学特点、临床症状、病理变化及病毒粒子形态方面都十分相近，难以区分，只有通过直接免疫荧光、中和试验和间接酶联免疫吸附试验等血清学方法才能区分开。

(2)与猪轮状病毒感染鉴别　一般情况下，猪轮状病毒感染主要发生于8周龄以内的仔猪，虽然也有呕吐，但是没有猪流行性腹泻严重，病死率也相对较低，不见胃底出血。肠内容物、粪便或病毒分离的细胞培养物，电镜检查可见到轮状病毒粒子。

(3)与仔猪红痢鉴别　7日龄以内仔猪发生，而猪流行性腹泻可以在任何年龄的猪中出现症状。仔猪红痢不见呕吐，腹泻为红褐色粪便；病变部位主要为空肠段，一般胃和十二指肠不见病变，空肠可见出血，呈暗红色；肠内容物多为红褐色。

(4)与仔猪黄痢鉴别　仔猪黄痢发生于1周龄以内的仔猪，7日龄以上很少发病，表现为腹泻，粪便呈黄色。仔猪黄痢表现为出生后12 h突然有1～2头发病，以后相继发生腹泻。仔猪黄痢病变部位主要在十二指肠、空肠，肠壁变薄，严重的呈透明状。胃黏膜可见红色出血斑，肠内容物多为黄色。仔猪黄痢可从粪便和肠内容物中分离得到致病性大肠杆菌。

(5)与仔猪白痢鉴别　发病时间不同，仔猪白痢主要发生于10～20日龄的仔猪。粪便的颜色为乳白色、糊状、有特殊腥臭味，不见呕吐。剖检病变主要在胃和小肠的前部，肠壁菲薄透明，不见出血表现。细菌分离鉴定为致病性大肠杆菌。

(6)与猪痢疾鉴别　不同年龄、不同品种的猪均可感染，1.5～3月龄猪最为常见，无明显的季节性，以黏液性和出血性下痢为特征。初期粪便稀软，后有半透明黏液使粪便呈胶冻样。剖检病变主要在大肠，可见结肠、盲肠黏膜肿胀、出血，肠内容物呈酱色或巧克力色，大肠黏膜可见坏死，有黄色或灰色伪膜。显微镜观察可见猪密螺旋体。

(7)与猪增生性肠炎鉴别　急性病例多发生于4～12月龄间的猪，主要表现为排焦黑色粪便或血痢并突然死亡。慢性病例常见于6～20周龄的育肥猪，病死率一般低于5%，下痢呈糊状、棕色或水样，有时混有血液，体重下降，生长缓慢。剖检最常见的病变位于临近回盲瓣的回肠末端区域，可形成不同程度的增生变化，病变部位肠壁增厚、肠管变粗、回肠内层增厚。

第七节　猪轮状病毒病

猪轮状病毒病(porcine rotavirus disease)是由猪轮状病毒(*Rotavirus*，RV)所引起的一种急性肠道传染病，主要发生于仔猪，临床上以厌食、呕吐、下痢为特点，种猪和大猪则以隐形感染为特点。

一、病原和发病机理

轮状病毒属于呼肠孤病毒科、轮状病毒属成员。人和各种动物的轮状病毒在形态上无法区别。本属病毒略呈圆形，双股 RNA 病毒，胞浆内复制，无囊膜。各种动物和人的轮状病毒内衣壳具有共同的抗原，即群特异性抗原，可用补体结合、免疫荧光、免疫扩散和免疫电镜检查出来。轮状病毒可分为 A、B、C、D、E、F 等 6 个群，其中 C 群和 E 群主要感染猪，而 A 群和 B 群也可感染猪。

轮状病毒可引起各种动物感染，从小孩、犊牛、羔羊、马驹分离的轮状病毒可人工感染仔猪，但症状较轻，自然条件下主要由猪轮状病毒引起该病。1～4 周龄仔猪发病率大于 80%，病死率 20% 以下。日龄越小的仔猪，发病率和死亡率越高。患病猪和隐性带毒猪是该病的主要传染源，中猪和大猪为亚临床症状或隐性感染，痊愈仔猪粪便中排毒期可持续 3 周以上，加之病毒对外界环境有顽强的抵抗力，使轮状病毒在猪群中反复感染并长期扎根猪场。轮状病毒主要感染小肠绒毛中部和上部的成熟黏膜上皮细胞，使小肠绒毛变钝、萎缩，引起小肠分泌、吸收功能失调，导致腹泻等症状的发生。病毒可以突破胃肠道屏障进入血液循环，导致病毒血症，从而引起肠道外脏器的病变，如肝细胞和肾小管上皮细胞线粒体损伤。寒冷、潮湿、卫生不良、饲料营养不全和致病性大肠杆菌的侵袭等，均能促进该病的发生。

二、病理变化

1. 眼观病变

本病的特征性病变主要位于胃肠道，其中以小肠的变化最明显，而胃的变化多是由小肠病变所累。胃扩张、膨大，胃内充满凝乳块和乳汁。这是因胃内容物后送障碍所引起的。肠道鼓气，肠内容物为棕黄色水样及黄色凝乳样物，肠壁菲薄半透明(附图 3-46)；有时见小肠发生弥漫性出血，肠内容物淡红色或灰黑色。肠系膜淋巴结充血、肿大，多呈浆液性淋巴结炎变化。实质器官常发生不同程度的变性。

2. 镜检病变

以小肠急性卡他性炎症为特征。空肠及回肠的病变最为明显，其特征为绒毛萎缩而隐窝伸长。健康乳猪的肠绒毛细长，游离端钝圆，上皮细胞层完整呈柱状。而病猪感染后 24～27 h，绒毛明显缩短、变钝，常有融合，黏膜皱襞顶端绒毛萎缩最为严重，上皮细胞由柱状变为立方形或扁平状，胞浆出现空泡变性。随着病情的发展，绒毛黏膜上皮细胞变性、坏死、脱落，黏膜固有层充血、水肿，淋巴细胞、巨噬细胞、中性粒细胞浸润、增生。

三、病理诊断

依据流行特点、临床症状和病变特征，如发生在寒冷季节，病猪多为幼龄仔猪，主要症状为腹泻，剖检以小肠的急性卡他性炎症为特征等，即可做出初步诊断。但是引起腹泻的原因很多，在自然病例中，既有轮状病毒、冠状病毒等病毒的混合感染，又有大肠杆菌、沙门氏菌等细菌的继发感染，从而使诊断工作复杂化。因此，必须通过实验室检查才能确诊。实验室检查的方法是：采取仔猪发病后 24 h 内在粪便，装入青霉素瓶，送实验室做电镜检查或免疫电镜检查。由于它可迅速得出结果，所以成为检查轮状病毒最常用的方法。另外，也可采用取小肠前、中、后各一段，冷冻，供免疫荧光或免疫酶检查。

鉴别诊断：诊断本病应与猪传染性胃肠炎、猪流行性腹泻和大肠杆菌病等进行鉴别。

第八节 猪伪狂犬病

猪伪狂犬病(pseudorabies，PR)是由猪伪狂犬病病毒(*Pseudorabies virus*，PRV)所引起的一种高度接触性传染病。PRV 可引起多种家畜和野生动物感染，以猪和牛最易感。在自然条件下，PRV 还能感染羊、犬、猫、兔、鼠、水貂、狐等动物。实验动物中家兔、豚鼠、小鼠都易感，但以家兔最敏感。猪是本病的主要宿主和传染源，健康猪与病猪、带毒猪直接接触可感染本病。PRV 通常引起妊娠母猪流产、木乃伊胎、死胎和产弱仔；初生仔猪出现神经症状，感染率和死亡率可达 100%；成年猪感染后多耐过，不发病呈隐性感染，造成长期带毒排毒，成为最危险的传染源，严重影响种猪场生产。其他家畜表现为发热、奇痒以及中枢神经系统炎症。本病最早于 1902 年由匈牙利学者 Aujeszky 首先报道，1910 年 Schniedhoffer 证明病毒为本病的病原。本病是危害我国养猪业的重要传染病之一。

一、病原和发病机理

伪狂犬病病毒属疱疹病毒，基因组为线状双股 DNA。伪狂犬病病毒只有一个血清型，但毒株间致病力和所致病理变化存在较大差异。本病毒具有细胞泛嗜性，能在多种原代或传代细胞上增殖，且细胞出现典型的细胞病变(CPE)，产生核内包涵体，其中以兔肾和猪肾细胞最适于病毒增殖。PRV 可侵袭宿主动物的神经系统、上呼吸道、消化系统、淋巴组织等多种组织器官，可造成严重的病理变化及组织损伤。此外，PRV 还具有潜伏感染的特性，能感染且长期潜伏在三叉神经节、小脑及大脑等器官的神经细胞中。虽然病毒潜伏的主要部位在神经系统，但是在非神经部位(如扁桃体、肺)也能形成潜伏感染，尤其是在扁桃体。

猪和鼠类是自然界中病毒的主要贮存宿主，也是其他家畜发病的疫源动物，因此在本病的发生和传播上起重要作用。犬、猫常因食入病鼠、病猪的尸体或内脏经消化道感染。母猪患病后，乳猪可因吮乳而感染。妊娠母猪感染本病后，可通过子宫感染胎儿。牛常因接触猪、鼠而患病，发病后几乎 100%死亡。牛患病后也可感染其他牛和猪。病毒也可感染其他动物如马、绵羊、山羊及各种野生动物。

猪自然感染本病的传播途径是上呼吸道和口腔。病毒侵入体内首先在鼻咽部上皮细胞和扁桃体内复制，人工感染时，病毒则在原发感染部位首先复制，随后经淋巴循环和神经末梢(如嗅神经、三叉神经和舌咽神经)到达嗅球、丘脑、脑桥和相应的神经节，再经神经扩散到大脑各个部位。病毒也可由口、鼻、咽黏膜经呼吸道侵入肺泡。血液中的病毒呈间歇性出现，滴度很低，难于测定，但病毒可经血液到达全身各部，使器官的实质细胞和淋巴组织受到侵害。

像其他疱疹病毒(鸡马立克氏病毒、牛传染性鼻气管炎病毒)一样，PRV 一旦感染就很难从机体内完全清除，从而呈现一种长期潜伏的状态。PRV 主要潜伏于三叉神经节和扁桃体。

病毒血症后，常发生中枢神经系统的炎症，呈现不同程度的神经综合征。神经症状最明显时，中枢神经系统中含毒量最大，但血液中病毒含量则下降甚至消失。脑脊髓发炎后，引起神经特别是舌咽神经麻痹。如果病程较长，则继发呼吸、消化器官的病变。

猪的年龄不同，对疾病的感受性差异很大，其症状也不尽相同。14 日龄以内的仔猪呈急性经过，突然发病，发热、厌食、呕吐、下痢，有的眼球上翻、视力减退、呼吸困难。继而出现神经症状，如发抖、共济失调、间隙性痉挛、抽搐等，于 12～24 h 死亡。3～4 周龄的动物，病初体温升高 41～42℃，沉郁，以后有神经症状，表现为高度不安，兴奋或明显抑郁。部分耐过猪常有后遗症，如偏瘫、发育受阻。2 月龄以上的猪，症状轻微或隐性感染，多在 3～4 d 恢复，也可出现较严重的神经症状。

怀孕母猪表现咳嗽、发热、沉郁，常见流产、死胎、木乃伊胎、弱仔(图 3-4)和无乳。弱仔猪于 1～2 d 内出现呕吐、腹泻以及神经症状(图 3-5)，24～36 h 死亡。猪伪狂犬病的另一发病特点是种猪不孕症，感染母猪屡配不孕，返情率增高；感染公猪睾丸肿胀、萎缩，丧失种用能力。

图 3-4　猪伪狂犬病流产、死胎(刘思当)

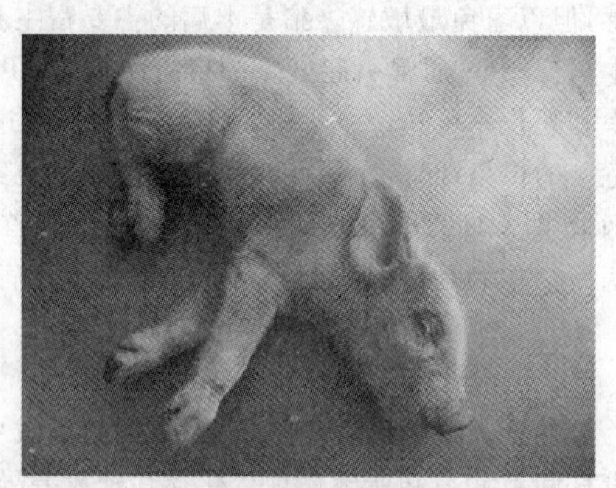

图 3-5　猪伪狂犬病—弱仔猪出现呕吐、腹泻以及神经症状(刘思当)

二、病理变化

1. 眼观病变

因猪年龄和病程不同，其病理变化差异较大。流产胎儿和 2 周龄内仔猪，剖检可见败血症变化。肾、脾、心肌、胸膜及上呼吸道黏膜有出血点，肺充血、炎症，支气管淋巴结与肠系膜淋巴结呈浆液性或出血性炎，眼睑水肿，胃、小肠黏膜呈浆液性、卡他性或出血性炎症，脑膜充血、水肿，脑脊液明显增多。在肝、脾、咽喉黏膜、肺、肾与肾上腺、淋巴结常见多少不等的坏死灶，坏死灶灰黄色、粟粒或帽针头大(附图 3-47、附图 3-48)。

在 3～4 周龄的仔猪，其病理变化和上述幼龄仔猪相似，但各器官的坏死灶较少见。常有灶状支气管肺炎和浆液卡他性胃肠炎。

2 月龄以上的猪，可见固膜性咽喉炎、浆液性鼻炎以及扁桃体的坏死性炎症(附图 3-49)。肺有支气管肺炎灶，有时伴发肺坏疽。

流产母猪可见轻度子宫内膜炎、畸形胎儿、木乃伊胎及骨质不全的腐败胎。

2. 镜检病变

中枢神经系统：发生弥散性非化脓性脑膜脑炎及神经节炎，有明显的血管套及胶质细胞增生，神经元和胶质细胞坏死。

肝脏：肝实质内常见大量大小不等且分界明显的坏死灶，多位于中央静脉周围。

脾脏：在淋巴组织内有许多分界清晰的坏死灶。

淋巴结：在淋巴组织内见有核破碎的坏死灶，中性粒细胞浸润，网状细胞增生。

扁桃体：上皮细胞变性坏死，上皮下有淋巴细胞、单核细胞浸润。

肾脏：肾小管上皮细胞变性坏死，肾小球内和肾间质内出血。

器官组织的坏死灶内细胞坏死崩解，有中性粒细胞、巨噬细胞和淋巴细胞浸润。在鼻咽黏膜上皮细胞、脾及淋巴结的淋巴细胞内可见核内嗜酸性包涵体，在大脑皮层和皮层下白质神经元、星状胶质细胞和少突胶质细胞内可见核内包涵体。

三、病理诊断

根据临床症状、流行病学、病理变化等综合分析，可做出初步诊断。弥漫性非化脓性脑膜脑脊髓炎和神经节炎，大脑神经元与胶质细胞、鼻咽黏膜上皮细胞、淋巴结网状细胞等有核内包涵体，幼龄仔猪的败血症病变及肝、脾、淋巴结、肾、咽等部位的坏死灶，为该病的特征病变。

必要时可进行动物试验和实验室检查：对可疑病例取脑组织1份，加9份肉汤培养基或生理盐水制成混悬液，置于4℃冰箱12～24 h，离心后取上清液接种家兔，皮下或肌肉注射0.5～1 mL/只。接种后20～36 h，注射局部出现剧痒并不断啃咬。最后病兔因四肢麻痹而死亡。组织检查时见典型的非化脓性脑膜脑脊髓炎即可确诊。

如将上述混悬液接种于地鼠肾细胞，则于接种后24 h出现融合固缩和变性病变。染色后可在病变细胞内发现核内包涵体。

取自然病例的脑或扁桃体做触片或冰冻切片，用直接免疫荧光抗体试验，常可于神经节细胞的胞浆及核内产生荧光，几小时即可获得可靠结果。

本病应与有神经症状的李氏杆菌病、猪脑脊髓炎、狂犬病等相区别。

母猪患病还应与流行性乙型脑炎、细小病毒病、蓝耳病、布氏杆菌病、猪瘟等繁殖障碍性疾病相区别。猪繁殖障碍性疾病鉴别诊断见表3-4。

表3-4　猪繁殖障碍性疾病鉴别诊断

疾病	伪狂犬病	流行性乙型脑炎	细小病毒病	蓝耳病	猪瘟	布氏杆菌病
临床特征	①哺乳及离乳仔猪发病，体温升高，呼吸困难、流涎、神经症状，病死率可达100%；②母猪流产，流产胎儿大小较一致，无畸形胎	①季节性发病；②有的小猪有脑炎症状；③流产胎儿大小不等，多为木乃伊胎、脑水肿；④公猪睾丸炎	①无症状病猪；②猪流产只见于头胎，死胎大小不一，木乃伊胎、畸形胎	①部分患病仔猪、母猪呼吸困难，蓝耳；②母猪流产，死胎，木乃伊胎	有的母猪发热，早产，弱仔有神经症状，拉稀，死亡	①母猪流产、死胎，无木乃伊胎；②公猪睾丸肿胀
特征病变	病仔猪及死胎有病毒性脑炎，肝、脾、肾有灰白色坏死点，肺水肿、出血，核内红染包涵体	①公猪睾丸炎；②流产母猪子宫出血性卡他性炎；③病仔、死胎脑水肿、脑炎	死胎脑血管周围有外膜细胞、组织细胞、浆细胞构成的细胞套	①病猪急性间质性肺炎；②病毒性脑炎	死胎或发病仔猪见猪瘟病变	①流产母猪子宫有小脓肿；②公猪睾丸小脓肿

第九节　猪细小病毒病

猪细小病毒病(porcine parvovirus infection，PPI)是由猪细小病毒(*Porcine parvovirus*，PPV)所引起的猪繁殖障碍性疾病。该病主要表现为胚胎和胎儿的感染和死亡，特别是初产母猪发生死胎、畸形胎、木乃伊胎、弱仔及屡配不孕等，但母猪本身无明显的症状。

一、病原和发病机理

PPV 为单股 DNA 病毒，病毒粒子呈立体对称，有 2～3 种衣壳蛋白，无囊膜，直径约 20 nm，世界各地广泛分布，但血清型单一，很少发生变异。传染源主要是感染本病的公猪和母猪，猪是唯一的易感动物，病毒通过胎盘传给胎儿，引起胎儿病变和死亡。母猪在怀孕期的前 30～40 d 最易感染，孕期不同时间感染分别会造成死胎、流产、木乃伊胎、产弱仔猪和母猪久配不孕等不同症状，感染 PPV 的公、母猪可由粪、尿及其他分泌物排毒。死亡、软化、木乃伊化的胎儿或产出的仔猪组织中带有病毒，又可成为本病的重要传染源。出生后感染的仔猪不表现临床症状，但可通过各种途径排出病毒。

20 世纪 90 年代初，由 Clark 等首次报道了一种与 PPV 感染有关的断奶后仔猪多系统衰竭综合征(PMWS)，在患病仔猪体内曾分离出 PCV2 和 PPV。当用 PCV2 和 PPV 同时接种仔猪，可产生 PMWS 典型症状，故认为这是一种与 PPV 有关的多种病毒混合感染的仔猪疾病，表现为肺、肝、肾等全身多个器官的衰竭。

二、病理变化

1. 眼观病变

感染母猪无明显肉眼病变或只见子宫内膜轻微炎症。感染母猪主要表现繁殖障碍，在怀孕 30～50 d 感染时，主要是产木乃伊胎(图 3-6)，怀孕 50～60 d 感染时主要产死胎，怀孕 70 d 感染时常出现流产，怀孕 70 d 之后感染，母猪多能正常生产。

图 3-6　细小病毒病流产死胎(刘思当)

受感染母猪产出的胎儿表现不同程度的发育障碍和生长不良，可见胎儿充血、水肿、出血、体腔积液、脱水等病变。胎儿死亡后逐渐变成黑色，体液被吸收后，呈“木乃伊”状。

2. 镜检病变

感染母猪子宫黏膜上皮细胞坏死脱落，固有层有局灶性或弥散性单核细胞浸润。

死产仔猪多种组织、器官(如肝、肾)广泛性细胞坏死、炎症反应，并可见核内包涵体。大脑灰质、白质和软脑膜血管周围有浆细胞和淋巴细胞形成的血管套，这种非化脓性脑膜脑炎病变通常被认为是本病的特征性病变。

三、病理诊断

如果初产母猪发生流产、死胎、胎儿发育异常等繁殖障碍性疾病，而母猪无明显的临床症状，应首先考虑猪细小病毒病。但确诊还需依靠实验室诊断。一般用小于 70 日龄的木乃伊胎儿，通过荧光抗体检测病毒抗原。也可取母猪血清或 70 日龄以上感染胎儿的心血或组织浸出液检测本病毒的体液抗体，可用血凝抑制试验、酶联免疫吸附试验、琼脂扩散试验和补体结合试验等血清学方法。

第十节　猪流行性乙型脑炎

猪流行性乙型脑炎(swine type B epidemic encephalitis)又称日本脑炎(Japanese encephalitis,JE),是由日本脑炎病毒(*Japanese encephalitis virus*,JEV)所引起的一种人畜共患的蚊传急性传染病,也是一种自然疫源性疾病。本病最初发生于日本,为了与当地冬季流行的甲型脑炎(encephalitis A)相区别,定名为流行性乙型脑炎。猪流行性乙型脑炎通常发生于4～6月龄仔猪,发病率、死亡率均高。仔猪发病突然,稽留热,精神萎靡,嗜睡,不愿活动。有时病猪出现后肢麻痹。怀孕母猪流产率高,表现为早产、死产或弱产。公猪睾丸肿大,多呈一侧性,有时为对称性睾丸炎。

一、病原和发病机理

日本脑炎病毒(JEV)是黄病毒科(Flaviviridae)、黄病毒属(*Flavivirus*)的一种嗜神经病毒。JEV呈球形,单股正链RNA,在细胞浆内复制,于胞浆小泡内成熟。JEV适宜于鸡胚、鸡胚成纤维细胞、仓鼠肾细胞、猪肾传代细胞等多种细胞,引起细胞病变和空斑形成。

猪流行性乙型脑炎主要由蚊虫叮咬而感染,怀孕母猪在病毒血症阶段可通过胎盘使胎儿感染。在自然界中,JEV在三带喙库蚊(至少还有另外7种蚊媒)—猪、水鸟—三带喙库蚊中循环传代。在一些新疫区,野猪、牛、绵羊、山羊、马、野生反刍动物、蛇、野生鸟(苍鹭、白鹭)以及蝙蝠可作为JEV的替代储毒宿主,病毒可在这些动物体内越冬,这些动物多呈隐性感染。人、马、猪对JEV最为敏感,实验动物中猴、大鼠、小鼠对JEV较为敏感。

JEV侵入机体后,在血管内皮细胞和淋巴结、肝、脾等器官的单核-巨噬细胞内复制,然后进入血液,引起病毒血症。此时病毒可随血流到达中枢神经系统,损伤血脑屏障,在脑实质内复制,引起神经系统的病变和症状。病程的发展也可停留在病毒血症阶段而不损伤中枢神经系统,仅引起隐性感染。机体感染病毒后是否发病与病毒的致病力、感染量以及机体抵抗力有关。①老疫区的家畜因体内存在保护性中和抗体、补体结合抗体以及血凝抑制抗体,故多半呈隐性感染或散发;新疫区或进入老疫区的幼畜因体内缺乏特异性保护抗体,故发病率高,甚至呈流行性暴发。② JE的发病还与免疫损伤有关。特异性IgM抗体与病毒抗原结合,沉积于脑实质和血管内皮细胞,激活补体,产生免疫损伤。由此引起血管壁破坏,产生附壁血栓和大量炎性细胞渗出,形成血管管套,后者发生小血管和微血管节段性坏死。血管的炎性变化可导致局部瘀血和血栓形成,血液循环障碍导致局部缺氧,以致发生脑坏死及软化灶形成。

二、病理变化

1. 眼观病变

尸体剖检通常缺乏特征性眼观病变,仅见脑脊髓液增加,呈无色或淡黄色,有时浑浊,软脑膜充血,脑实质内有点状出血。

发病公猪常发生一侧性睾丸肿大,也有两侧性的,睾丸鞘膜腔内积聚大量黏液性渗出物,附睾边缘、鞘膜脏层出现结缔组织性增厚,睾丸实质充血、出血,质地变硬,切面出现大小不等的坏死灶。慢性病例睾丸萎缩、变小、变硬,切开时阴囊与睾丸粘连,睾丸实质大部分纤维化。

流产母猪子宫内膜附有黏稠的分泌物，黏膜显著充血、水肿，并有散在性出血点。

显著的病变主要集中在怀孕母猪感染后所产的死胎与弱胎。死胎大小不均，呈黑褐色或木乃伊化。弱仔猪因脑水肿而头面部肿大，皮下弥漫性水肿或胶样浸润。胸腔、腹腔积液，浆膜点状出血。肝、脾、肾灶状坏死。全身淋巴结肿大、充血、出血，肺瘀血、水肿。蛛网膜、软脑膜以及脊髓硬膜均见充血，并有散在性点状出血(附图 3-50)。中枢神经某些区域发育不全，尤其是脑积水的仔猪，其大脑皮质变薄，小脑发育不全。

2. 镜检病变

各日龄病猪脑组织均有非化脓性脑炎病变，表现为血管周围有单核细胞、淋巴细胞、浆细胞浸润的袖套现象，神经元变性，神经胶质细胞增生以及以室管膜炎为特征的非化脓性脑炎。此外，也可见肝、肾、心等实质器官变性坏死。

公猪睾丸炎表现为曲细精管上皮细胞肿胀、脱落、溶解，间质充血、出血、水肿以及单核细胞浸润。病程稍长时，曲细精管上皮细胞变性、坏死加重，曲细精管缺乏上皮细胞或管腔被细胞碎屑堵塞。有些曲细精管失去管状结构而融合为片状坏死。慢性病变的睾丸坏死区被纤维组织替代，形成大小不等的疤痕，使睾丸硬化。

流产母猪见子宫黏膜因充血、水肿而增厚，上皮排列紊乱、残缺不全，腺腔充满脱落的上皮细胞，间质内有单核细胞浸润。

三、病理诊断

猪流行性乙型脑炎可依据临床症状、流行病学、病理变化做出初步诊断，确诊必须进行病毒分离与鉴定。猪 JE 与猪捷申病相似，鉴别诊断可依据病毒分离和鉴定来确定。在成年猪，本病还应与能导致母猪流产、死产和公猪睾丸炎的其他疾病(如伪狂犬病、布鲁氏杆菌病)相区别。

第十一节　猪　痘

猪痘(swinepox)是由痘病毒所引起的一种急性、热性传染病。其特征是在患部皮肤和黏膜发生痘疹病变，即红斑、丘疹、水疱、脓疱和结痂。本病主要侵犯仔猪及生长猪。

一、病原和发病机理

痘病毒是一种较大的双股 DNA 病毒，呈砖形或卵圆形，有囊膜，是大型病毒，大小约 300 nm×250 nm×200 nm。各种动物的痘病毒属于不同的属，猪痘属复合性的痘病，一种是只感染猪的猪痘病毒所引起，另一种是能使多种动物感染的痘苗病毒所致。猪痘病毒只能使猪发病，只能在猪源组织(猪肾、睾丸、胎猪肺、胎猪脑)细胞内增殖。在猪肾细胞内培养，4～5 代后使细胞发生致病变作用，并在细胞核内产生空泡和胞浆内包涵体。痘苗病毒能使猪和其他多种动物感染，能在鸡胚绒毛尿囊膜中和牛、绵羊胚胎细胞内增殖，在胞浆内形成包涵体。

猪痘主要由血虱、蚊、蝇等吸血昆虫传播，皮肤创伤也有助于感染。本病也可经消化道、呼吸道及胎盘感染。病毒有抵抗力，能在感染动物的痂皮中持久存在。痘病毒对皮肤和黏膜上皮细胞具有特殊的亲和力，病毒侵入机体后，先在网状内皮系统增殖，而后进入血液(病毒血症)，扩散全身，在表皮和黏膜上皮细胞内增殖，引起痘疹。经静脉内接种猪痘病毒后第 3 天病毒在表皮细胞内复制，第 5 天出现丘疹，第 7 天进入水疱期，第 11 天表皮坏死，第 13 天坏死组织大部分脱落、上皮细胞开始再生，第 21 天上皮组织完全修复。

二、病理变化

1. 眼观病变

痘疹主要位于鼻、眼睑、腹下及四肢内侧皮肤，偶尔在背部占优势，在严重感染时可能全身化。初为红色斑疹，接着转为直径 1～3 cm 圆形丘疹，乳白色，周围有红晕(附图 3-51)，通常转变为脐状脓肿而无明显的水疱期，以后丘疹坏死结痂，痂皮脱落后留下白斑。病变偶可侵犯口腔、咽、食管、胃、气管与支气管黏膜，呼吸及消化道黏膜也可见痘疹病变。

2. 镜检病变

组织学变化与痘疹的一般发展规律相同，增生的棘细胞虽发生水疱变性，但只有极少数细胞破裂形成小空隙，不形成明显的水疱。嗜伊红的胞浆包涵体呈圆形或卵圆形，可大如细胞核，但极短暂，陈旧的病变中少见。在痘病的后期，常见上皮细胞坏死，真皮和表皮下层出现中性粒细胞和巨噬细胞的浸润。将水疱液制成抹片或将痂皮作超薄切片，以磷钨酸负染后作电镜检查，可见到痘病毒粒子。

三、病理诊断

在同一时期内，较多的仔猪先后发病；在发病猪群中，常可见到猪体皮肤上有明显的痘疹变化，根据这些病症可以初步诊断。取有病变的皮肤，做成组织切片，可见表皮棘细胞中有典型的胞浆内包涵体。

根据本病的眼观及镜检病变不难做出病理学诊断，但要注意与皮肤过敏性皮炎、蚊虫叮咬、皮肤结节状病变相区别。

第十二节 副猪嗜血杆菌病

副猪嗜血杆菌病(*Haemophilus parasuis* disease)也写作猪副嗜血杆菌病，又称多发性纤维素性浆膜炎和关节炎，也称格拉泽氏病(Glasser's disease)，是由猪副嗜血杆菌(*Haemophilus parasuis*，HPS)所引起的。随着世界养猪业的发展，规模化饲养技术的应用和饲养密度的提高，以及导致呼吸道综合征的多种致病因素的存在，尤其是在中国蓝耳病、圆环病毒病广泛流行，使本病日趋流行，危害日渐严重。副猪嗜血杆菌病主要发生于保育阶段的仔猪，发病率一般在 10%～15%。本病治愈率较低，严重时死亡率可达 50%。病变包括多发性浆膜炎、多发性关节炎、肺炎、胸膜炎、心包炎、脑膜炎，因此本病又称为猪的多发性浆膜炎和关节炎。

一、病原和发病机理

副猪嗜血杆菌病的病原为 HPS，属革兰氏阴性短小杆菌，形态多变，有 15 个以上血清型，其中血清型 5、4、13 最为常见(占 70%以上)。该菌生长时严格需要烟酰胺腺嘌呤二核苷酸(NAD 或 V 因子)，一般条件下难以分离和培养，尤其是抗生素治疗过的病猪样品，因而给本病的诊断带来困难。

HPS 致病因子很多，包括脂多糖、荚膜多糖、外膜蛋白、转铁结合蛋白、神经氨酸酶等。该菌是猪上呼吸道的常在菌，能从健康动物的鼻腔、鼻分泌物、气管和扁桃体中分离得到。副猪嗜血杆菌只感染猪，有很强的宿主特异性。病菌寄居于感染猪的呼吸道，在应激情况下各年龄猪群都易发病，饲养环境不良、断奶、转群、混群或运输是常见诱因。

本病的主要传播途径是通过空气、猪与猪之间的接触或通过污染排泄物。病猪和带菌猪是本病的主要传染源，细菌在环境中广泛存在。本病常与猪蓝耳病病毒、圆环病毒、猪流感病毒和猪呼吸道冠状病毒所引起的病毒病及支原体病并发。

二、病理变化

1. 眼观病变

外观耳稍发紫，眼结膜发绀，眼睑皮下水肿，腕关节、跗关节肿大，有波动感。

尸体剖检可见多发性纤维素性或浆液纤维素性浆膜炎和关节炎，主要表现为胸膜炎、腹膜炎、脑膜炎、心包炎、关节炎。心包腔、胸腔、腹腔、关节腔多见纤维素性或浆液纤维素性渗出物，常见胸水、腹水与关节腔积液。

肺肿胀，暗红色实变，质地变实，气管内有白色泡沫状液体，肺表面有纤维素性附着物，常见肺与胸膜粘连(附图 3-52)。

心包内有黄色积液，心包膜增厚粗糙，心包上有大量纤维素附着，心包膜与心外膜粘连，心包与胸膜粘连(附图 3-53)。

腹腔内各脏器(包括肝、脾、肠管)与肠系膜表面附有灰白色纤维素性膜，常导致内脏器官间或脏器与腹膜粘连(附图 3-54)。

全身淋巴结呈浆液性或出血性淋巴结炎，淋巴结肿大，暗红色，切面红白相间呈大理石样。

腕关节、跗关节腔内渗出大量黄白色纤维素性液体，皮下水肿。

慢性病例最特殊的病理变化是纤维性化脓性支气管肺炎，兼有纤维性胸膜炎。

2. 镜检病变

可见各期纤维素性肺炎和纤维素性化脓性脑膜炎病变。

三、病理诊断

根据本病特有的临床表现、眼观和镜检病理变化，可做出初步诊断。确诊需从鼻、支气管分泌物或肺病料中进行细菌学检测。

在病理变化上，副猪嗜血杆菌病与猪传染性胸膜肺炎和猪巴氏杆菌病相似，另外，在临床病例检测中发现猪传染性胸膜肺炎常继发副猪嗜血杆菌病，故应注意鉴别。本病的多发性浆膜炎、多发性关节炎、纤维素性化脓性脑膜炎具有证病意义。

第十三节　猪丹毒

猪丹毒(swine erysipelas, SE)是由猪丹毒杆菌(swine erysipelas bacillus)所引起猪的急性、亚急性和慢性型传染病，急性型呈败血症病变，亚急性型在皮肤上出现紫红色疹块，慢性则主要发生心内膜炎和关节炎。本病呈世界性分布，在我国曾一度少见，但近年来我国许多猪场由于放松了对本病的免疫预防，致使本病又有抬头之势。本病一年四季均可发生，夏季多发，常呈地方性流行或散发。猪丹毒杆菌主要侵害3～6月龄的育肥猪，禽类、牛和羊等动物偶亦发生，人也可感染此病，称为类丹毒。

一、病原和发病机理

猪丹毒杆菌无运动性，不产生芽孢，无荚膜，无抗酸性，易被普通染料着色，革兰氏阳性，在琼脂培养基上能形成浅灰色、半透明、非溶血性的菌落。动物组织内的细菌可存活数月。本菌可通过猪采食污染的食物和饮水经消化道感染，也可通过损伤的皮肤感染，带菌猪抵抗力下降时发生自身感染。细菌易通过腭扁桃体或消化道壁上的淋巴组织进入体内，但引起疾病的机制还不十分清楚。一些事实表明，神经氨酸酶是此菌的一种致病因子。这种酶特异性裂解神经氨酸（体细胞表面的一种反应性黏多糖）的α-糖苷键，引起各器官（如滑膜组织）的毛细血管和小静脉的内皮细胞损伤，壁通透性增高，导致出血和弥漫性血管内凝血，故机体发生休克与死亡。因病原菌侵害皮下小动脉，小动脉和毛细血管发生炎性充血而形成皮肤疹块，其后该处小静脉和毛细血管瘀血，并可形成透明血栓而发生梗死。

二、病理变化

1. 眼观病变

（1）急性猪丹毒　呈败血症病变。皮肤发生局灶性或弥漫性充血，特别是耳、颈、胸、背、腹、腋部、股内侧等部位出现大片暗红色区（大红袍）或红色斑点，指压退色，病程稍长出现水疱或黑色痂皮。全身浆膜散布出血点，浆膜腔内常见浆液纤维素性渗出物。淋巴结呈浆液出血性炎。肺瘀血、水肿。胃及十二指肠常出现卡他性或出血性炎症，黏膜充血潮红。脾因充血、出血呈樱桃红色，切面白髓周围有红晕。肾瘀血，肿大呈紫红色，被膜易剥离，肾表面有暗红色出血点。

（2）亚急性猪丹毒　呈皮肤疹块型病变。在颈部、胸侧、背部、腹侧、四肢等皮肤出现方块形、菱形或圆形疹块，稍凸起于皮肤表面，大小不一，从几个到数十个不等。皮肤疹块直径多为1～4 cm，开始色苍白（血管痉挛收缩），以后色鲜红或紫红（血管扩张、充血），或边缘红、中间白（血栓形成发生梗死），表面常有小水疱，水疱破裂后形成褐色痂皮。

（3）慢性猪丹毒　局部发生慢性炎症病变，主要表现急性浆液纤维素性或慢性增生性关节炎，病变主要见于跗关节、膝关节、肘关节、腕关节，关节腔含有大量的浆液性血样滑液，稍浑浊。关节囊发生纤维性增厚，滑膜出现不同程度的充血和增生，滑膜上有绒毛样物伸入关节腔。最后关节纤维化而僵硬，炎症关节周围的淋巴结通常肿大和水肿。二尖瓣多发生菜花样疣状心内膜炎，此病变也偶见于主动脉瓣、三尖瓣和肺动脉瓣。常于颈、背、臀、体侧、耳与尾部皮肤发生局灶性皮肤坏死。皮肤坏死区呈暗褐色或黑色痂块，脱落形成大片疤痕组织。

2. 镜检病变

（1）急性猪丹毒　胃肠黏膜层毛细血管和静脉内皮细胞变性、坏死，在血管周围有淋巴细胞浸润。皮肤乳头层血管充血，并含有微血栓和细菌，或由于循环障碍而出现局部坏死区。心、肾、肺、肝、脾、脑、骨骼肌和滑膜出现血管内皮细胞变性、坏死，管腔内常有血栓形成。淋巴结常呈急性浆液性淋巴结炎变化，伴有充血、出血，毛细血管常见透明血栓。肾常见出血性肾小球肾炎变化。心肌纤维发生颗粒变性或灶状凝固性坏死。

（2）亚急性猪丹毒　皮肤疹块镜下为皮下小动脉炎及继发血栓形成，血管周围炎性水肿、中性粒细胞浸润和胶原纤维肿胀或崩解。表皮细胞呈水疱变性、坏死等变化。

(3)慢性猪丹毒　非化脓性关节炎,炎性渗出细胞主要是淋巴细胞和单核细胞,无中性粒细胞,故属非化脓性炎症。关节囊滑膜细胞及周围结缔组织呈绒毛状增生。滑膜内膜下结缔组织明显增生,淋巴细胞和巨噬细胞浸润,形成炎性组织的绒毛垫,是慢性 SE 的典型病变。随着病变的逐渐发展,纤维结缔组织的增生更为严重,有纤维素沉积和脓性渗出物。疣状心内膜炎是瓣膜血栓形成、坏死和机化反复进行的结果。

三、病理诊断

根据上述眼观及镜检病变,结合流行病学特点及临床症状,常可做出初步诊断。确诊必须作病原分离或血清学试验。

鉴别诊断:在病变部位和病变形态上败血症型猪丹毒与急性猪瘟非常相似,应注意鉴别诊断。急性猪瘟皮肤常散发斑点状出血、典型的出血性淋巴结炎、脾边缘出血性梗死灶、肾色淡表面点状出血、胃肠道黏膜出血及病毒性脑炎均不同于急性猪丹毒。

第十四节　猪附红细胞体病

猪附红细胞体病(eperythrozoonosis)是由猪附红细胞体寄生于红细胞和血浆而引起的人畜共患的传染性疾病。

猪附红细胞体病的临床特征是高热、急性贫血、黄疸和全身皮肤发红。1928 年 Schilling 和 Dinger 分别在啮齿类动物查到球状附红细胞体后,1934 年 Naitz 等从南非绵羊上发现此病。猪附红细胞体病 1950 年首次发现于美国(Splitter,1950),以后见于多数养猪国家。1972 年以后,我国各地均有报道。

一、病原和发病机理

目前国际上较广泛采用《伯杰细菌鉴定手册》的分类方法,将猪附红细胞体(*Eperythrozoon suis*)列为立克次氏体目,无形体科,附红细胞体属。Harold Neimark 等(2001)根据 16SrRNA 基因序列以及对这些序列的种系分析比较认为附红细胞体与支原体属关系非常密切,并建议将猪附红细胞体分类到支原体属,并暂时命名为准血猪支原体。猪附红细胞体呈环形、球形、月牙形等多种形态,虫体平均直径 0.2～2.6 μm,大小不等,革兰氏染色阴性,姬姆萨染色呈淡红色或紫红色,瑞氏染色呈蓝紫色。附红细胞体多数附着在红细胞表面,少数游离在血浆中,显微镜下可以看到病原体运动。血液涂片经瑞氏染色,在高倍显微镜下可以看到红细胞表面附着的病原体,像淡紫色的宝石镶嵌着一颗颗闪闪发亮的珍珠一样。附红细胞体在红细胞内进行二分裂萌芽法增殖。

附红细胞体对干燥和化学药品的抵抗力很低,但耐低温,在 5℃能保存 15 d,在加 15% 甘油的血液中,于−79℃条件下可保存 80 d。

附红细胞体可以通过吸吮血液和含有血液的物质(舔舐伤口、打斗流血、血液污染的尿液)直接传播,或通过吸血昆虫(疥螨、虱子等)、污染的针头和器械(断尾、打耳号、阉割器械)间接传播。交配中公猪将染血的精液留在阴道内感染母猪,感染母猪可以垂直感染仔猪。

在清洁条件下，饲养正常的健康猪人工感染不能发生急性疾病，宿主防御功能健全，血液中数量较少的附红细胞体和宿主之间保持平衡。脾切除的猪人工感染可发病，潜伏期平均 7 d（3～20 d）。

在猪群中只有受到强烈应激（如并群争斗、断奶、阉割、免疫、分娩、拥挤、天气恶劣、换圈、换饲料、慢性病等）的猪才会出现明显的临床症状。

附红细胞体病急性阶段引起贫血的机理主要有两方面。一方面是病原的直接破坏。附红细胞体对红细胞直接附着引起红细胞变形、溶血，这些红细胞会被脾清除，大量红细胞被破坏，引起贫血。另一方面是附红细胞体可以引起凝集素介导的自身免疫溶血性贫血。因为附红细胞体使红细胞膜改变，可以暴露隐蔽的抗原或使原有抗原变化。因此，当附红细胞体附着红细胞膜以后，机体自身免疫系统产生抗体（M-型冷凝集素）并攻击被感染的红细胞。

急性期出血：由于红细胞被感染后激活了血管内凝血系统，血栓数量增多，消耗性凝血的持续作用使凝血因子大量消耗，凝血时间延长，从而发生出血。

另外，急性附红体感染引起严重的酸中毒和低血糖症也是引起病症的重要因素。

二、病理变化

1. 眼观病变

皮肤充血，全身皮肤发红，初期指压退色（红皮病）（附图 3-55）；后期耳、颈、腹下、两大腿后侧及四肢下端等处皮肤常呈弥漫性出血，有紫红色斑块，指压不退色。体表毛细血管内发生微血栓，因此耳廓、尾部、四肢末端明显发绀。如果是持续感染，耳廓边缘甚至大部分耳廓发生坏死。

突然死亡的病猪口、鼻、肛门流血。急性感染猪皮肤发红、苍白或黄疸。结膜潮红后贫血。尿液黄色或棕黄色。粪便黄色稀薄，最后粪便带血和脱落的肠黏膜。

慢性病例皮肤或黏膜苍白或黄白。有些病例巩膜发黄，全身皮肤黄染（附图 3-56）。尿液黄色。大便干燥，颜色加深，带黑褐色或鲜红色血液。有些病猪全身皮肤干裂，脱皮，耳背破溃，耳边卷缩。

急性感染母猪偶有乳房和阴唇水肿，产仔后奶量少，缺乏母性行为。

慢性感染的母猪呈现衰弱，黏膜苍白及黄染，流产、死胎。流产胎儿全身发红，流产母猪不发情或发情屡配不孕。

血液稀薄呈樱红色，水样，不易凝固。胸腔、腹腔及心包黄色积液。黏膜、浆膜、脂肪、内脏器官等不同程度黄染。

肝：变性肿大，呈棕黄色，胆囊充满胶样或颗粒状黏稠胆汁，肝门淋巴结肿胀。

脾：肿胀呈暗红色，变软，表面有米粒大突起的出血丘疹。

淋巴结：颌下、腹股沟、肺门淋巴结呈暗红色肿胀。

肺：瘀血、出血、间质水肿，主动脉管黄色。

心：外膜有出血点，心冠脂肪黄染。

肾：体积肿胀，土黄色，肾盂黄色，膀胱尿液深黄色或棕红色（附图 3-57）。

小肠：有时见出血点。

血液学临床检查：发热期病猪的血液稀薄，水样，对血管壁的黏附力差。抗凝血冷却到室温倒出以后，试管壁遗留微凝血，血液加热到 37℃时这个现象消失。这是附红细胞体病特有的现象。

红细胞数目、血红蛋白浓度和红细胞容积比下降，血浆呈轻微的黄疸色彩等现象。

2. 镜检病变

血液病原体检查：血液涂片直接镜检或经染色后镜检，高倍镜下可见红细胞边缘有颗粒附着，附着的数目不一，少则3～5个，多则15～20个，附有病原体的红细胞体积缩小、变形（附图3-58）。也可以看到单个附红细胞体。治疗以后，未成熟的红细胞、网织红细胞增多。

心、肝、肾等实质器官：变性坏死，小胆管内有含铁血黄素沉着，肝窦内多见含铁血黄素巨噬细胞。

脾：急性炎性脾肿，见较多含铁血黄素巨噬细胞。

淋巴结：发生浆液、出血性淋巴结炎，中性粒细胞浸润。

三、病理诊断

根据病史、临床症状、大体病变和镜下病变及血液学检查可以做出较为准确的诊断。注意和猪瘟、蓝耳病等其他高热病区别。

第十五节 猪气喘病

猪气喘病（swine enzootic pneumonia）又称为猪喘气病、猪地方流行性肺炎、猪支原体肺炎或猪霉形体肺炎。本病是由猪肺炎霉形体所引起猪的一种经呼吸道传染的、极其常见的、主要呈慢性经过的接触性传染病。病猪主要表现咳嗽、气喘和呼吸困难，多呈慢性经过。病理变化为间质性肺炎、融合性支气管肺炎和肺气肿。

一、病原和发病机理

猪肺炎霉形体（mycoplasmal pneumonia of swine）无细胞壁，形态多样，呈球形、椭圆形、环形、丝状或两极形等，可通过孔径300 nm的滤器。该菌不易着色，可用姬姆萨染色法或瑞氏染色法染色。猪肺炎霉形体可在无细胞的人工培养基上生长，但其生长条件比其他已知的霉形体严格。

本病的自然感染病例仅见于猪，其他动物未见发病。不同年龄、性别和品种的猪均能感染。在新疫区暴发的初期，母猪，尤其是怀孕后期的母猪，发病往往呈急性经过，症状较重，死亡率也较高；而在流行后期或老疫区则以哺乳仔猪和断奶仔猪多发，病死率较高，而母猪和成年猪则多呈慢性和隐性感染。病猪及隐性感染猪常常是本病的传染源。寒冷、多雨、潮湿或气候骤变、较差的饲养管理和卫生条件等会促进本病的发生。

猪肺炎霉形体一般存在于患猪的呼吸道、肺组织、支气管淋巴结和纵隔淋巴结中，因此，可通过病猪咳嗽、喘气和打喷嚏而将大量的病原体随渗出物、分泌物等喷射出来，形成飞沫，悬浮于空中被健康猪吸入而感染。所以，本病当健康猪与病猪直接接触时最易感染和流行。

经呼吸道侵入的猪肺炎霉形体主要积聚在支气管和细支气管黏膜的表面，使黏膜上皮细胞的纤毛受损。随后病原体通过细支气管黏膜进入黏膜层的淋巴间隙，首先引起支气管周围炎，并同时蔓延到与支气管并行的血管，进一步引起血管周围炎。以后病原体沿淋巴管继续蔓延至支气管周围的肺组织，引起肺泡壁的炎症反应，淋巴细胞、巨噬细胞浸润增生。炎症还波及支气管淋巴结、肺门淋巴结和纵隔淋巴结。通常呼吸道的条件性病原菌会继发感染，使肺炎复杂化，病情加重。多杀性巴氏杆菌是主要的继发性感染菌，此外，化脓棒状杆菌、链球菌、葡萄球菌及肺炎球菌等也是常见的继发性感染菌。

由猪肺炎霉形体引起的肺炎的性质为间质性肺炎、肺气肿以及支气管和肺泡的浆液卡他性炎症。如无继发感染，肺炎灶可逐渐消失，疾病可逐渐痊愈，但是在大多数情况下病变不易修复，呈慢性病理过程。

在临床上，本病最突出的症状为咳嗽和气喘。本病的发生发展过程中，因患猪长期患有肺气肿和肺炎而使心脏负荷，尤其是右心负荷大大加重，最后导致心力衰竭而死亡。

二、病理变化

1. 眼观病变

病变主要局限于肺及所属淋巴结，根据肺炎病程的长短和有无继发感染将其分为 3 型，即急性型、慢性型和继发感染型。

(1)急性型　外观腹下、胸前、颌下皮肤轻度发绀。肺明显气肿，高度肿大，被膜紧张，几乎充满整个胸腔，肺表面常见有肋骨压痕，肺呈淡红色或灰白色；切面湿润，按压时可从气管断面流出浑浊的液体或混有血液的泡沫性液体，肺间质有气肿和水肿。在两侧尖叶、心叶和中间叶及膈叶前缘均见散在的小叶性肺炎灶，炎灶呈暗红色或淡灰红色，半透明状，颜色和质地很像胰腺，故称胰腺样变。随着病程的发展，炎灶可相互融合扩大。

肺门淋巴结、支气管淋巴结及纵隔淋巴结稍肿大，有光泽，切面湿润，呈灰白色，质地硬实。

(2)慢性型　肺肿大，呈明显的肺气肿，在两侧肺的尖叶、心叶、中间叶及膈叶的前下部出现对称的较大面积的融合性肺炎实变区。实变区肺组织呈暗红色、灰红色或灰白色，病灶湿润，略呈透明状，犹如胰腺组织，与正常肺组织界限明显(附图 3-59)。有些病程较长、病情较重的病例，其肺炎区可蔓延至大部分肺组织，类似大叶性肺炎的灰色肝变期景象，有的病例肺组织纤维化。

肺门淋巴结、支气管淋巴结及纵隔淋巴结显著肿大，可达正常的几倍，切面稍微隆突，灰白色、湿润、有光泽，称淋巴结髓样肿胀。

(3)继发感染型　除见霉形体肺炎的变化外，还可见化脓性肺炎、干酪样坏死灶、纤维素性肺炎、肺胸膜粘连等病变。有时，甚至可见浆液-纤维素性心包炎等。肺门淋巴结、支气管淋巴结及纵隔淋巴结也可因继发感染而出现相应的炎症变化。

2. 镜检病变

间质性肺炎为本病的特征病变，不同病例的病变范围及病变程度具有显著差异。急性病例在细支气管和小血管的周围出现大量的淋巴细胞浸润、增生，形成多层淋巴细胞环绕的“管套”，在有些细支气管周围甚至形成淋巴滤泡样结构(附图 3-60)。此时，肺泡通常无炎症变化。除上述间质性肺炎的表现外，还可见广泛的肺气肿和肺水肿。慢性病例中，支气管及血管周围均有大量淋巴细胞浸润，并常见增生的淋巴滤泡。肺泡间隔明显增厚，有淋巴细胞、巨噬细胞浸润。对于病程较长的病例，通常肺泡内有大量淋巴细胞、浆细胞浸润，肺泡壁往往被破坏，界限不清，若肺泡腔内的渗出物被机化，则肺组织纤维化而失去原有的结构。继发细菌感染时，肺炎组织中肺泡壁毛细血管扩张、充血，肺泡腔内有大量渗出的中性粒细胞、浆液和纤维素；有些区域渗出的中性粒细胞和局部坏死崩解的肺组织共同形成脓肿。有时支气管腔内也可发生化脓性炎症，形成小脓肿。

肺所属淋巴结为免疫增生性淋巴结炎，表现为淋巴小结数量增多，体积增大，生发中心扩大，淋巴窦扩张，充满多量渗出液，髓质淋巴组织增生。

心脏(尤其是右心室)有程度不同的扩张，心肌变性。肝、肾均有程度不等的实质变性和瘀血等变化。

三、病理诊断

通常根据流行病学、临床症状和病理变化的特点可以做出诊断，但需要与以下有肺炎表现的疾病相区别。

(1)猪流感　各种年龄的猪均可发病，一般多见于寒冷季节，为急性热性传染病，传播快且病程短。病畜上呼吸道及眼结膜呈明显的急性卡他性炎，尤其在支气管的急性卡他性坏死性炎症时可导致支气管被炎性渗出物阻塞而发生散在性小叶分布的紫红色肺萎陷灶，在肺炎区间散在不规则的气肿区。

(2)猪蓝耳病　为急性热性传染病，传播快且病程短，高致病性蓝耳病的死亡率较高，呈败血症病变，全肺发生急性弥漫性间质性肺炎。母猪流产，发病仔猪耳、体表及四肢末端发紫，镜检有病毒性脑炎的表现。

(3)猪巴氏杆菌病　急性病例病猪体温可升高达41℃，表现为败血症病变、纤维素性胸膜炎和浆液出血性淋巴结炎；慢性病例主要表现为纤维素性肺炎或胸膜肺炎。可从病料中分离出巴氏杆菌。

第十六节　猪传染性胸膜肺炎

猪传染性胸膜肺炎(porcine contagious pleuropneumonia)又称猪接触传染性胸膜肺炎，是由胸膜肺炎放线杆菌(*Actinobacillus pleuropneumoniae*，APP)所引起的猪的一种呼吸系统传染病。本病以急性出血性纤维素性胸膜肺炎和慢性纤维素性坏死性胸膜肺炎为特征。急性病例死亡率高，而慢性病例则可耐过不死，但难以治愈，往往无饲养价值。猪传染性胸膜肺炎是一种世界性疾病，广泛分布于全世界所有养猪国家(欧洲、北美、南美、亚洲、澳大利亚等)，给集约化养猪业造成巨大的经济损失。特别是近十几年来本病的流行呈上升趋势，被国际公认为危害现代养猪业的重要疫病之一。

一、病原和发病机理

胸膜肺炎放线杆菌为革兰氏阴性两极着色的多形态小球杆菌。主要毒力因子包括荚膜多糖、脂多糖、外膜蛋白、黏附素和溶血外毒素等，其中溶血外毒素和细菌内毒素是本病的主要致病因子。该菌对肺泡上皮细胞有很强的亲嗜性，这种亲嗜性有利于细菌的毒素进入使其损伤，毒素还能杀灭宿主肺巨噬细胞并损害红细胞，成为导致肺病损的主要原因。病菌主要存在于病猪的呼吸道、鼻液和肺组织中，急性病例的整个呼吸道黏膜含菌量大，可随痰、鼻液和飞沫扩散传播，因此在大群集约化饲养条件下，拥挤和通风不良加速了本病的传播。慢性病例携带的病原主要存在于肺及扁桃体，一般猪场和猪群之间的传播多因引进或混入带菌猪所致。猪胸膜肺炎的发生与 APP 的感染剂量有关，低剂量仅可导致血清阳转，而不表现临床症状。较高水平的剂量则可引起致死性感染。通常各种年龄的猪对本病都有易感性，但 1～3 月龄的仔猪最易感染。重症病例常常见于育肥晚期，死亡率可达 20%～100%。

通常根据病程长短可将其分为最急性型、急性型和慢性型。最急性型常常无明显症状而突然死亡。急性型常体温升高（可高达 42℃或更高），呼吸急促，严重的呼吸困难，使病猪常常站立或呈犬坐姿势，张口伸舌，如不及时治疗可在 1～2 d 内死亡。慢性型病例多半由急性转变而来，体温一般不高，常有咳嗽和食欲减少等症状，4～5 d 后可缓慢恢复，但猪生长迟缓。

二、病理变化

1. 眼观病变

(1)最急性型　患猪流出血色鼻液，在气管和支气管内充满红色泡沫样黏性分泌物。肺表现水肿、充血、出血，由于肺间质水肿，淋巴管则明显扩张。通常肺炎病变多位于肺的前下部。在靠近肺门的主支气管周围，往往可见边缘不规则的出血性实变区或坏死区。

(2)急性型　肺炎多表现为两侧性，常常发生于尖叶、心叶和膈叶的一部分。肺炎区呈紫红色，质地硬实，切面结构致密，轮廓清晰，肺间质明显增宽，其中蓄积血色胶样液体，并可见明显的纤维素性胸膜炎（附图 3-61）。此外，因结缔组织增生常使病变部肺与肋胸膜发生纤维性粘连。

(3)慢性型　肺可见大块干酪样坏死灶，或见含有坏死碎屑的空洞。肺炎灶还常因化脓菌的感染而转变为脓肿。慢性病例常于膈叶见到大小不等、有厚层结缔组织包绕的结节性病变，肺与胸壁或心包常因结缔组织增生而发生粘连。

2. 镜检病变

最急性型主要表现为纤维素性肺炎的早期（充血水肿期）病变（附图 3-62），并见出血和血管内有纤维素性血栓形成；急性型主要表现为纤维素性肺炎的中期（红色及灰色肝变期）病变（附图 3-63）和纤维素性胸膜炎；慢性型主要表现为纤维素性肺炎的后期（消散吸收期）病变，并见化脓、坏死等继发病变。

三、病理诊断

根据本病特有的眼观和镜检病理变化，结合其发生突然、传播迅速、高热和严重的呼吸困难、死亡率高及某些药物治疗有效的临床特点，可做出初步诊断。确诊需从鼻、支气管分泌物或肺病料中进行细菌学检测。

本病在病理变化上，应注意与猪气喘病、猪巴氏杆菌病等有肺炎或胸膜肺炎病变的疾病相区别。

(1)急性猪巴氏杆菌病　有明显的咽喉部皮下水肿，全身出血性素质；肺虽有纤维素性胸膜肺炎病变，但没有剧烈的浆液出血性肺炎。

(2)猪蓝耳病　母猪流产，病猪表现急性间质性肺炎及病毒性脑炎。

(3)猪气喘病　多表现慢性经过，临床上主要表现气喘、咳嗽；肺炎主要表现在肺的前叶，呈慢性淋巴细胞性间质性肺炎。

(4)副猪嗜血杆菌病　病变范围更加广泛，有浆液性纤维素性心包炎、胸膜炎、腹膜炎，以及关节炎和纤维素性化脓性脑膜炎。

第十七节 猪传染性萎缩性鼻炎

猪传染性萎缩性鼻炎(swine infectious atrophic rhinitis, AR)是由支气管败血波氏杆菌或/和产毒素多杀性巴氏杆菌所引起猪的一种慢性呼吸道传染病。其特征为鼻炎,颜面部变形,鼻甲骨尤其是鼻甲骨下卷曲发生萎缩和生长迟缓。临诊症状表现为打喷嚏、流鼻血、颜面变形、鼻部歪斜和生长迟滞,猪的饲料转化率降低,给集约化养猪业造成巨大的经济损失。本病常发生于2~5月龄的猪,现在几乎遍及世界养猪业发达的地区。随着中国规模化养猪业的快速兴起,本病将严重危害我国养猪业的健康发展。除猪外,牛、马、羊、犬和鸡等畜禽及人也能感染本病而发生慢性鼻炎和化脓性支气管肺炎。

一、病原和发病机理

AR的病原菌主要有2个,支气管败血波氏杆菌和产毒素性多杀巴氏杆菌。应激诱发因素在本病的发生中也具有重要作用。此外,继发感染的细菌常见的有其他血清型的多杀性巴氏杆菌、嗜血杆菌和绿脓杆菌等,这些细菌可加重本病的发生流行。

支气管败血波氏杆菌不论在动物鼻腔内还是在培养基上均易发生变异,有3个菌相。其中病原性强的菌相是Ⅰ相菌。它有荚膜,呈球形或球杆状,具有表面K抗原和强坏死毒素(类内毒素)。Ⅰ相菌由于抗体的作用或在不适当的培养条件下,可向毒力较弱的Ⅱ、Ⅲ相菌变异。引起猪传染性萎缩性鼻炎的多杀性巴氏杆菌绝大多数属于D型,能产生一种耐热的外毒素,毒力较强,用此毒素接种猪,可复制出典型的猪萎缩性鼻炎;少数属于A型,多为弱毒株。两者的致病特点有所不同,支气管败血波氏杆菌仅对幼龄的猪感染,有致病变作用,而成年猪感染只产生轻微病变或不产生病变,成为无症状的带菌者,起到了传染源的作用;产毒素的多杀性巴氏杆菌感染各种年龄猪,都能引起鼻甲骨萎缩病变,实验已经证明其毒素非鼻腔途径接种也能引起萎缩性鼻炎的病变。支气管败血波氏杆菌的预先感染,猪舍中空气污浊(如氨气浓度过高),以及其他病原(如真菌等)都能加重多杀性巴氏杆菌的致病变作用。

本病的主要传染源是病猪和带菌猪,主要的传播方式是通过飞沫传播。当支气管败血波氏杆菌通过呼吸侵入机体后,首先黏附于鼻腔黏膜上皮细胞的纤毛、微绒毛及上皮细胞的表面,增殖形成微小的菌落,破坏局部的纤毛或上皮,同时支气管败血波氏杆菌的Ⅰ相菌可产生凝集素、溶血因子、组织胺致敏因子以及坏死毒素等,引起鼻黏膜发炎。如果鼻黏膜的急性炎症继续发展,则常有部分黏膜上皮受损、脱落,鼻黏膜的屏障作用遭到破坏。于是,细菌及其毒素很快大量地进入黏膜下组织,对深部的组织及骨组织呈现出明显的损伤性破坏。细菌的代谢产物弥散进入鼻甲骨组织,引起一系列的病变和症状。在此基础上,多杀性巴氏杆菌毒素源性菌株感染,后者产生的毒素使鼻甲骨黏膜上皮细胞增生,黏液腺萎缩,软骨溶解和间质细胞增生,形成本病的特征病变。

此外,由于鼻腔黏膜感染支气管败血波氏杆菌而引起的鼻面部神经、血管变化所造成的营养障碍;加之其他细菌合并感染;病猪鼻腔局部免疫机能不健全;不清洁的饲养环境;猪舍寒冷、潮湿、换气不良以及应激性刺激等使鼻腔黏膜抵抗力降低等因素,均能促使本病病情恶化,导致特征性的萎缩性鼻炎发生。

二、病理变化

1. 眼观病变

为了详细检查患猪鼻腔、鼻甲骨及其邻近组织，沿两侧第一、二对前臼齿间的连线锯成横断面，然后观察鼻甲骨的形状和鼻中隔的变化。也可以沿头部正中线纵锯，再利用剪刀把下鼻甲骨的侧连接剪断，取下鼻甲骨，从不同的水平作横断面观察。本病的早期病变为鼻黏膜发生卡他性炎，鼻腔蓄积多量渗出物，先为透明浆液，以后变成黏脓性，常混有血液，黏膜面水肿，其中前部黏膜肿胀增厚，后部隐窝和筛骨小室内含有一些黏稠的脓性渗出物，或是不见渗出物而黏膜呈苍白和干燥。随着疾病的发展，鼻甲骨逐渐发生萎缩，经常发生的部位是下鼻甲骨的下卷曲。严重的病例下鼻甲骨的上卷曲和筛骨也可受到侵害，以至两侧下鼻甲骨的上、下卷曲全部萎缩消失，鼻中隔弯曲，鼻腔变为一个鼻道。严重的病例仅留下小块黏膜皱褶附着在鼻腔的外侧壁上，鼻腔四周的骨骼变薄。由于鼻部骨骼及鼻甲骨萎缩，故导致病猪的面部或头部变形。

2. 镜检病变

在急性卡他性鼻炎阶段，通常表现鼻腔黏膜上皮细胞的纤毛减少，纤毛间隙扩大，杯状细胞增多。随即黏膜的上皮细胞显示增殖和化生，即假复层柱状纤毛上皮化生为复层上皮，杯状细胞消失。有时鼻黏膜出现灶状溃疡或鳞状细胞化生。在病的早期黏膜层许多腺体含有大量浓稠的黏液或坏死的崩解物，到后期常因炎症病变的压迫而致腺管阻塞，其中许多腺体发生囊肿样变，黏膜固有层纤维化。

鼻甲骨仅在疾病早期见到较多的破骨细胞，而在陈旧的病灶中，破骨细胞则稀少或完全缺乏，骨基质通常显示变性，骨细胞变性、坏死减少，骨陷窝扩大，骨质变的疏松。骨髓腔在病的初期呈现充血、水肿，依病程发展则见多量成纤维细胞增生。在进行性病变中，成骨细胞可大量演化为纤维细胞，从而导致本应骨化的鼻甲骨变为纤维性组织。

传染性萎缩性鼻炎除鼻腔的病变外，还常伴发支气管肺炎。

三、病理诊断

根据典型病例出现的歪鼻子、塌鼻子和短鼻子的特征性临床症状，剖检时发现不同程度的鼻炎、鼻甲骨萎缩，即可做出初步诊断。确诊需进一步做实验室诊断。

本病易与以下几种疾病混淆，应注意鉴别。

(1)传染性坏死性鼻炎　本病是由坏死杆菌所致，主要发生于外伤之后，可导致鼻腔的软组织及骨组织坏死，有腐臭并形成溃烂或瘘管。同时，在猪的颈部、胸侧或臀部等处的皮肤常出现丘疹、溃疡和结痂；有时还伴发坏死性口炎，唇、舌、齿龈及颊黏膜发生溃疡，其上附有坏死组织，这些变化与萎缩性鼻炎是不同的。

(2)猪传染性鼻炎　是由绿脓杆菌所引起的，表现为出血性化脓性鼻炎症状。病猪体温升高，食欲废绝；如果病原菌侵入中枢神经，则出现神经症状，往往死亡。剖检时，见鼻腔、鼻窦黏膜，嗅神经及视神经鞘，甚至脑膜发生出血，而萎缩性鼻炎则无此变化。

(3)猪包涵体鼻炎　由细胞巨化病毒所引起，主要侵害2～3周龄的仔猪，病初表现为打喷嚏、吸气困难，流少量浆液黏液性鼻漏；病程延长易继发感染而流卡他性化脓性鼻漏。但本病不发生鼻甲骨萎缩病变。组织学特点是在鼻黏膜固有层的腺体及其导管的所有巨化上皮细胞核内出现大的嗜碱性包涵体。

第十八节　弓形体病

弓形体病(toxoplasmosis)又称弓形虫病，是由弓形虫所引起的人畜共患的原虫病。1908年法国学者 Nicolle 及 Manceaux 在北非突尼斯的一种啮齿动物刚地梳趾鼠的肝、脾单核细胞中发现该病原体，因其滋养体呈弓形，故命名为刚地弓形虫，简称弓形虫。本病流行广泛，遍布世界，在家畜和野生动物中广泛存在，给人类健康和畜牧业发展带来很大威胁。

到目前为止，已证实有 45 种哺乳动物(包括人类)、70 种鸟类及 5 种冷血动物携带有弓形虫。其中以牛、羊、猪、兔、犬、猫和鸡的弓形虫病显得尤为重要，它不仅危及这些畜禽的生产和健康，而且还是引起人类感染的主要传染源。尤其是猫作为终末宿主，对人类更具威胁性。

猪弓形虫病遍及世界各地。1977 年 7 月，我国上海 24 个猪场的 10～50 kg 的猪几乎 100%发病，病死率达 64%，随后全国各地相继报道有本病发生。目前猪弓形虫病已成为危害我国养猪业最严重的猪病之一。本病多发生于夏秋季节(5～10 月)，呈暴发和散发性急性感染，但多数为隐性感染。本病主要危害仔猪和架子猪，成年猪较少发生，病猪在临床上表现高热、呼吸困难、共济失调、腹泻、体表发紫等。

一、病原和发病机理

弓形虫(*Toxoplasma*)属于球虫目，弓形虫科，在其生活史中有 5 种形态：即滋养体(trophozoite)、包囊(cyst)、裂殖体(schizont)、配子体(gametocyst)和卵囊(oocyst)。前两种出现于中间宿主(牛、羊、猪、犬、兔等)和终末宿主(猫)体内的无性生殖期，可造成全身感染。后三者出现于终末宿主(猫或猫科动物)体内，造成肠黏膜的局部感染。

滋养体呈香蕉形或半月形，大小为(2～4)μm×(4～7)μm，经姬氏或瑞氏染色胞浆呈蓝色，胞核呈紫红色，位于虫体中央。在急性期，滋养体常散在于腹腔渗出液或血流中，单个或成对排列。细胞内寄生的滋养体反复进行内双芽增殖，形成内含数个至数十个由宿主细胞膜包绕的虫体集合体，称假包囊(pseudocyst)。假包囊中的滋养体又称为速殖子(tachyzoite)，寄生于细胞内的滋养体呈梭形。在慢性病例，由于宿主机体产生免疫力，大部分滋养体和假包囊被歼灭。残存于组织内的虫体，则借虫体自身分泌物形成具有较厚囊膜的包囊，直径 5～100 μm，内含数个至数千个圆形或椭圆形虫体。囊内的滋养体称缓殖子，包囊可长期在组织内生存，在一定条件下可破裂，缓殖子进入新的细胞。当猫吞食了动物体内滋养体、假包囊、包囊以后，虫体在猫体内形成裂殖体、裂殖子，如此反复若干次后，产生雄性与雌性配子体，雌雄交合，产生合子，形成卵囊，随猫粪便排出。

经消化道感染是本病最主要的感染途径。摄食卵囊或采食带虫动物的肉、内脏及乳、蛋中的滋养体、假包囊或包囊都能引起感染。怀孕母猪感染本病后，虫体可通过胎盘使胎儿感染。滋养体也可经受损伤的黏膜、皮肤进入动物体内。

弓形虫为细胞内寄生的原虫，对寄生的细胞无明显的选择性。除哺乳动物的无核红细胞外，凡有核的细胞都能被其寄生。受其感染的细胞有明显的损伤性变化，全身性淋巴循环障碍与体液循环障碍也是促使细胞损伤的主要因素之一。感染初期，由于机体缺乏相应抗体或致敏淋巴细胞，虫体在宿主体内大量繁殖，进入血液，引起虫血症，随血流播散到全身，寄生于机体各组织内。因寄生部位不同而表现出不同的病变，造成复杂的临床症状。在虫体的机械性损伤及其毒性产物的影响下，组织、细胞遭受破坏，出现坏死灶、出血点和炎性变化。在大量虫体的侵袭下，往往引起死亡。有时随着机体免疫力的产生，血液中的虫体很快消失，组织内的虫体也可大部分被歼灭，仅有部分虫体以包囊形式潜藏于脑、眼、骨骼肌、子宫壁内，偶尔在肠壁、肝、肺、脾的病灶内也可发现虫体。此时病程则由急性经过转变为慢性。包囊是虫体的一种休止型，一般不激起周围组织发生炎症反应。

二、病理变化

1. 眼观病变

随着病程发展，耳、鼻、后肢股内侧和下腹部皮肤出现紫红色瘀血斑或间有出血点，常见白色泡沫状鼻液。

剖检浆膜腔常有多量橙黄色清亮的渗出液，以胸腔及心包腔尤为显著。

喉头、气管充血，充满白色泡沫状液体。肺膨隆，紫红色，表面湿润闪光，被膜下与小叶间质显著炎性水肿(附图 3-64)。肺被膜下可见针尖到粟粒大的灰白色坏死灶，切面流出较多泡沫状液体。

全身淋巴结有大小不等的出血点和灰白色的坏死点，尤以腹股沟、肝门与肺门淋巴结和肠系膜淋巴结最为显著，淋巴结周围胶冻样水肿(附图 3-65)。

肝肿大、色变淡、质脆易碎，表面散在出血点与针尖大到粟粒大的灰黄色或灰白色坏死灶。

脾脏在病的早期显著肿胀，暗红色，被膜下见有少量小出血点，散在小坏死灶。后期萎缩。

肾脏部分病例在被膜下可见散在灰白色小坏死灶。膀胱黏膜见针尖大出血点。

胃底部充血或有出血及浅表溃疡。肠黏膜充血并有少量出血点，后段肠管常见豆粒大小溃疡。

脑脊髓膜充血，或见出血，脑脊液增量。

2. 镜检病变

肺：因炎性水肿致被膜下与小叶间质显著增厚，细支气管和终末细支气管管腔内有炎性渗出物，黏膜下层及外膜由于大量的炎性细胞和浆液浸润而显著增厚，并呈“管套”现象。浸润的炎性细胞主要是淋巴细胞、巨噬细胞、嗜酸性粒细胞及中性粒细胞。在病变部位可见单个或多个弓形虫虫体位于巨噬细胞胞浆内或游离于组织中。与细支气管并行的小动脉亦有类似的“管套”现象。肺泡壁由于毛细血管充血、水肿与炎性细胞浸润而增厚，肺泡上皮细胞肿胀和增生，数个或成团的滋养体在巨噬细胞胞浆内形成“假包囊”。肺泡腔内有数量不同的浆液、少量纤维素、炎性细胞及脱落的肺泡上皮细胞。在渗出液与脱落上皮细胞中还可见到虫体。部分病例在一至数个肺泡范围内，因肺泡壁的组织坏死，腔内渗出的细胞崩解，坏死组织与纤维蛋白等融合成结构模糊的小坏死灶。

肝：多在肝小叶周边有一至数个小的坏死灶，灶内肝细胞凝固坏死、碎裂或溶解。病灶周围易见虫体(附图 3-66)。有的病灶因肝细胞的溶解消失而呈出血性坏死灶。病程较长者可见坏死灶内巨噬细胞增生与炎性细胞浸润而呈现的结节性病灶。此外，肝细胞普遍发生颗粒变性与脂肪变性，窦状隙充血，枯否氏细胞肿胀，炎性细胞弥漫性浸润。多数病例可见肝小叶间质有炎性细胞浸润与水肿，病程较长的则有成纤维细胞与小叶间胆管增生。

脾：白髓的中央动脉周围淋巴细胞凝固性坏死，淋巴细胞显著减少，中央动脉的内皮细胞及平滑肌肿胀，管腔变窄。红髓的网状细胞肿胀、增生，静脉窦充血、出血。红髓亦可见大小和形状不等的坏死灶。被膜与小梁水肿，平滑肌水疱变性。

心：心肌纤维颗粒变性，少数病例间质水肿与淋巴细胞浸润。

肾：部分病例可见肾小球膨大，毛细血管内皮细胞及肾小球囊上皮细胞肿胀、增生，并有少量嗜酸性粒细胞和淋巴细胞等浸润。肾小管上皮细胞变性或坏死，管腔中可见管型。

胃：黏膜上皮细胞坏死、剥落，固有层充血、水肿以及淋巴细胞、嗜酸性粒细胞、单核细胞等浸润。黏膜下层有浆液浸润。

小肠：黏膜上皮细胞变性与剥落，固有层及黏膜下层炎性水肿，集合淋巴滤泡肿大，淋巴细胞坏死。

淋巴结：常见坏死性淋巴结炎，特别是以肝门和肺门淋巴结的损伤最显著。坏死组织多见于淋巴窦附近，常成片甚至几乎波及整个淋巴结，以致残存的淋巴滤泡似孤岛状，周围为结构模糊的坏死或栓塞。

大脑：脑软膜血管充血，并因浆液、单核细胞、淋巴细胞及中性粒细胞等浸润而显著增厚。灰质毛细血管充血或出血，血管周围间隙扩张，多数病例血管内皮细胞肿胀、增生，管壁及周围有一至数层淋巴细胞浸润(附图 3-67)。神经元变性，小胶质细胞呈弥漫性或局灶性增生，并见噬神经元现象或卫星现象。多数病例在灰质深层可见到小坏死灶，灶内有游离的弓形虫滋养体或在神经元内形成“假包囊”。白质的病变较轻，有充血、水肿及胶质细胞增生。

小脑：软脑膜病变与大脑相同，实质的损害则较轻。

三、病理诊断

根据本病的肺水肿，特别是小叶间胶样水肿，浆膜腔积液，淋巴结灶状坏死，肺、肝、脾、肾等器官黄白色坏死灶，病原学检查发现滋养体、假包囊、包囊等弓形虫体，不难做出病理学诊断。

本病临床症状和病理变化易与猪瘟、猪副伤寒、猪丹毒、猪繁殖-呼吸综合征（蓝耳病）、2 型链球菌病等高热性疾病相混淆，应注意鉴别。

(1)急性猪瘟　猪瘟皮肤常散发斑点状出血，全身淋巴结呈严重的出血性淋巴结炎，脾边缘出血性梗死灶，肾表面常有明显的点状出血。而无猪弓形虫病的肺水肿，浆膜腔积液，淋巴结灶状坏死，肺、肝、脾、肾等器官黄白色坏死灶，弓形虫检查为阴性。

(2)急性副伤寒　很少像弓形虫病呈急性暴发性大批发病，病程长，死亡率较弓形虫病低，皮肤缺乏紫红色斑点，无严重的肺水肿病变，无淋巴结坏死灶病变，无非化脓性脑炎病变，弓形虫检查阴性。

(3)急性猪丹毒　皮肤有充血性红斑，无坏死性淋巴结炎，无间质性肺炎，肝、肾、脾不见坏死灶，无非化脓性脑炎，弓形虫检查为阴性。

(4)猪繁殖与呼吸综合征　肺病变与弓形虫病相似，但病变只局限于肺，一般不见肺水肿，只是硬实的急性间质性肺炎，部分病猪有蓝耳病症，弓形虫检查为阴性。

(5)2 型链球菌病　急性炎性脾肿及纤维素脾被膜炎、淋巴结急性浆液性或出血性炎症、各浆膜浆液纤维素性炎症及斑点状出血、中枢神经为化脓性脑脊髓(膜)炎及四肢关节浆液纤维素性炎是该病的特征病变。

（刘思当）

禽传染病病理诊断

第一节 鸡新城疫

鸡新城疫(newcastle disease,ND)又称亚洲鸡瘟,是由副黏病毒所引起的一种主要侵害鸡和火鸡的急性、高度接触性和毁灭性的疾病。本病临床上表现为呼吸困难、下痢、神经症状、黏膜和浆膜出血,常呈败血症经过。因为致病毒株不同,病程、临床症状可表现出显著差异。本病1926年在英国的新城被发现故而得名,1935年在我国很多地区流行。ND传播迅速,死亡率很高,是严重危害养禽业的重大疫病之一,我国农业部将其列为一类动物疫病。

目前常见的有典型新城疫和非典型新城疫两种。当非免疫鸡群或严重免疫失败鸡群受到速发嗜内脏型和嗜肺脑型毒株攻击时,可引起典型新城疫暴发,发病率和死亡率可达90%以上。鸡群突然发病,病初体温升高达43℃左右,食欲减退或废绝。随后出现甩头,张口呼吸,气管内水疱音,结膜炎,精神委顿,嗜睡,嗉囊内积有液体和气体,口腔内有黏液,倒提病鸡可从口中流出酸臭液体。病鸡拉稀,粪便呈黄绿色。体温升高,食欲废绝,鸡冠和肉髯发紫。后期可见震颤、转圈、眼和翅膀麻痹,头颈扭转,仰头呈观星状以及跛行等神经症状。面部肿胀也是本型的一个特征。产蛋鸡迅速减蛋,软壳蛋数量增多,很快绝产。

非典型ND是鸡群在具备一定免疫水平时遭受强毒攻击而发生的一种特殊表现形式,其主要特点是:多发生于有一定抗体水平的免疫鸡群;病情比较缓和,发病率和死亡率都不高;临床表现以呼吸道症状为主,病鸡张口呼吸,有"呼噜"声,咳嗽,口流黏液,排黄绿色稀粪,继而出现歪头、扭脖或呈仰面观星状等神经症状;成年鸡产蛋量突然下降5%~12%,严重者可达50%以上,并出现畸形蛋、软壳蛋和糙皮蛋。

一、病原和发病机理

鸡新城疫病毒(*Newcastle disease virus*,NDV)属于副黏病毒科腮腺炎病毒属,核酸为单链RNA。成熟的病毒粒子呈球形,直径为120~300 nm,由螺旋形对称盘绕的核衣壳和囊膜组成。囊膜表面有放射状排列的纤突,含有刺激宿主产生血凝抑制和病毒中和抗体的抗原成分。

NDV在室温条件下可存活1周左右,在56℃存活30~90 min,4℃可存活1年,−20℃可存活10年以上。一般消毒药均对NDV有杀灭作用。病毒具有血凝素,可与红细胞表面受体结合,引起红细胞凝集。分离的毒株,毒力大小各异,一般分为3种类型,即低毒力型、中毒力型和强毒力型。毒株对不同组织表现出亲嗜性,常见嗜内脏型和嗜肺脑型。大多数高强毒株常常是嗜内脏型。各病毒株的抗原性在血清学上虽然有些不同,但在交互免疫保护试验上未能证明有不同的毒型。

NDV可感染50个鸟目中27个目240种以上的禽类，但主要发生在鸡和火鸡。鸡是NDV最适合的实验动物和自然宿主。不同年龄的鸡易感性也有差异，幼雏和中雏易感性最高，2年以上的鸡较低。珍珠鸡、雉鸡及野鸡也有易感性。鸽、鹌鹑、鹦鹉、麻雀、乌鸦、喜鹊、孔雀、天鹅以及人也可感染NDV。水禽对本病有抵抗力。

不同年龄、品种和性别的鸡均能感染本病，但幼雏的发病率和死亡率明显高于大龄鸡。纯种鸡比杂交鸡易感，死亡率也高。某些土种鸡和观赏鸟(如虎皮鹦鹉)对本病具有相当抵抗力，常呈隐性或慢性感染，成为重要的病毒携带者和散播者。

本病的主要传染源是病鸡和带毒鸡的粪便及口腔黏液。被病毒污染的饲料、饮水和尘土经消化道、呼吸道或结膜传染易感鸡是主要的传播方式。空气传播，人、器械、车辆、饲料、垫料、种蛋、幼雏、昆虫、鼠类的机械携带，以及带毒鸽、麻雀的传播对本病都具有重要的流行病学意义。

本病一年四季均可发生，以冬春寒冷季节较易流行，这取决于不同季节中新鸡的数量、鸡只流动情况和适宜病毒存活及传播的外界条件。

侵入机体的NDV，迅速进入血液循环系统并播散全身，引起败血性的病理过程。受侵害显著的是消化系统、循环系统、巨噬细胞系统、淋巴组织和神经系统。病变使消化系统停止吸收营养物质，由于炎性渗出物大量出现，导致水分和蛋白质的大量丧失，并因炎性产物和组织坏死产物被吸收造成自身中毒。循环系统病变使器官充血、出血、水肿、血栓形成，引起失血、失水、缺氧和中毒。巨噬细胞系统和淋巴组织的损害引起机体免疫力下降。神经系统病变引起精神委顿、嗜睡、共济失调和肢体麻痹等症状，并可通过传导途径，影响各系统的机能与代谢，引起相应的形态结构改变。

二、病理变化

1. 眼观病变

(1)*典型新城疫*　口腔、咽喉部蓄积黏液，嗉囊内有酸臭、浑浊的液体，多处黏膜和浆膜出血，有时黏膜有米粒大黄白色坏死灶。腺胃黏膜表面附有黏液，乳头肿胀、出血，挤压有多量黏液从乳头溢出(附图4-1)，尤其是腺胃前部-食道移行部、腺胃后部-肌胃移行部出血更明显。肌胃角质膜下，黏膜皱襞有条纹状充血、出血。整个肠道有急性卡他性炎症或出血性卡他性炎症。肠道淋巴滤泡的肿大出血和溃疡是新城疫的突出特征之一，可见肠道出血病变主要分布于：十二指肠起始部；十二指肠后段向前2～3 cm处；小肠游离部前半部第一段下1/3处；小肠游离部前半部第二段上1/3处；梅尼厄氏憩室(卵黄蒂)附近处；小肠游离部后半部第一段中间部分；回肠中部(两盲肠夹合部)；盲肠扁桃体，在左右回盲口各一处，枣核样隆起并出血坏死(附图4-2)。卵巢坏死、出血，卵泡破裂引起卵黄性腹膜炎(附图4-3)。肝脏变化不明显，仅见轻度充血肿胀，色彩斑驳，被膜下偶见针尖大小的坏死灶。胰腺、脾脏、腔上囊、肾上腺、甲状腺、卵巢及睾丸等均见不同程度的充血、出血、变性和坏死的变化。心外膜、腹腔脂肪点状出血，心、肺、肾、脑膜、子宫均见充血、出血和水肿的变化。

(2)*非典型新城疫*　剖检可见消化道、呼吸道、生殖道黏膜发生卡他性炎症，黏膜充血，分泌多量黏液。十二指肠末端、空肠卵黄遗迹后段、回肠起始部淋巴滤泡处黏膜肿胀、充血，盲肠扁桃体、直肠黏膜出血。少见腺胃乳头出血等典型病变。

2. 镜检病变

腺胃黏膜上皮细胞发生黏液变性、脱落与坏死，固有层充血和出血，淋巴细胞和异嗜性粒细胞浸润，肌胃固有层局灶性的浆液渗出和淋巴细胞浸润，腺管上皮细胞受压迫而呈扁平形。肠内溃疡处肠壁深部的淋巴滤泡坏死、出血。脾、胸腺均可见淋巴细胞坏死崩解。常见病毒性脑炎及脑膜脑炎的变化，病变多出现在延脑、小脑及脊髓，有时出现在大脑。病变部脑膜血管扩张充血、浆液渗出及淋巴细胞浸润，有时见脑组织广泛性水肿。病程延长时，可见脑实质中神经细胞变性、坏死，胶质细胞增生，血管周围淋巴细胞、巨噬细胞浸润，并形成“血管套”。肝细胞变性肿胀，肝实质内可见到微小的由肝细胞坏死崩解所形成的坏死灶。全身各处血管扩张充血和出血，血管内皮细胞变性、肿胀或坏死，部分小动脉和小静脉壁变性水肿，毛细血管常有透明血栓。

电镜观察发现，肝、肾、脑等组织以空泡变性为主，细胞中线粒体肿胀，内质网扩张，核染色质凝集、边移，并在肾脏上皮细胞内看到病毒样颗粒。

三、病理诊断

根据本病流行特征、症状及剖检变化，典型新城疫一般可做出诊断；非典型新城疫确诊较困难，因此强调必须采用多种诊断手段。最可靠的诊断是病毒的分离和鉴定，分离病毒只在患病初期或在急性病程中易于成功。对慢性病例可通过检查特异性抗体（如红细胞凝集试验和红细胞凝集抑制试验）来间接诊断本病。

本病应注意与表现急性败血症变化的禽流感、禽霍乱等病相区别。急性鸡新城疫与禽流感的区别见第二章第十一节禽流感。急性鸡新城疫的最突出特点在于消化道从口腔到泄殖腔黏膜都有出血，腺胃有锥状突起的坏死灶和环状出血，肠黏膜有规律的大溃疡灶和无规律的小溃疡坏死灶；而禽霍乱则对鸭最易感，肺脏病变明显，肝脏有散在灰白色坏死灶，一般无神经症状。

第二节 鸡传染性喉气管炎

鸡传染性喉气管炎（infectious laryngotracheitis，ILT）是由疱疹病毒所引起的一种急性呼吸道传染病，可分为喉气管型和结膜型。喉气管型特征是呼吸困难，抬头伸颈，并发出响亮的喘鸣声；咳嗽或摇头时，咳出血痰，血痰常附着于墙壁、水槽、食槽或鸡笼上；喉头周围有泡沫状液体，喉头出血。若喉头被血液或纤维蛋白凝块堵塞，病鸡会窒息死亡，死亡鸡的鸡冠及肉髯呈暗紫色，死亡鸡体况较好，死亡时多呈仰卧姿势。结膜型特征为眼结膜炎，眼结膜红肿，1～2 d后流眼泪，眼分泌物从浆液性到脓性，最后导致眼盲，眶下窦肿胀。产蛋鸡产蛋率下降，畸形蛋增多。典型病变为出血性喉气管炎。病毒存在于病鸡气管组织和渗出物中，通过直接接触或间接接触经呼吸道传播给健康鸡群。康复鸡可带毒1年以上，以14周龄以上的鸡最易感。本病发病率90%～100%，死亡率10%～20%。本病的病程较短，通常4～10 d。迁延日久病例可长期带毒，但症状与病变不明显，而成为鸡场的隐患，对产蛋有较大影响。

一、病原和发病机理

传染性喉气管炎病毒（*Infectious laryngotracheitis virus*，ILTV）是疱疹病毒科（*Herpetoviridae*）疱疹病毒属（*Herpesvirus*）的一个成员。该病毒在分类学上被确定为疱疹病毒Ⅰ型（*gallid herpesvirus* Ⅰ）。病毒粒子呈球形，为二十面体立体对称，核衣壳由162个壳粒组成，在细胞内呈散在或结晶状排列。中心部分由双股 DNA 所组成，外有囊膜，完整的病毒粒子直径为 195～250 nm。该病毒只有一个血清型，但有强毒株和弱毒株之分。

病毒对外界环境因素的抵抗力中等，55℃下 10～15 min，直射阳光 7 h，普通消毒剂（如 3%来苏儿、1%火碱）12 min 都可将病毒杀死。病禽尸体内的病毒存活时间较长，在－18℃条件下能存活 7 个月以上。冻干后，－60～－20℃条件下能长期存活。经乙醚处理 24 h 后，即失去了传染性。

鸡是 ILTV 的主要自然宿主。虽然本病可感染所有年龄的鸡，但多数特征性症状见于成年鸡。病毒增殖局限于气管组织，很少形成毒血症。火鸡具有年龄抵抗性。人工感染的鸭能表现出亚临床症状和血清转阳现象，但欧掠鸟、麻雀、乌鸦、野鸽、鸭、鸽及珍珠鸡对 ILTV 似乎有抗性。病毒的自然入侵门户是上呼吸道和眼。摄食也可能是一种病毒传播方式，但消化道感染必须是消化时病毒暴露于鼻上皮细胞。被污染的饲料、饮水和用具均可传染本病。目前还未证实 ILTV 能够存在于蛋的内部或外表而经蛋传播。

病毒主要存在于病鸡的气管及其渗出物中，肝、脾和血液中较少见。病毒入侵机体后，在喉头和气管黏膜的上皮细胞中大量繁殖，产生毒素，引起黏膜发炎和一部分上皮细胞中核内包涵体的形成。由病毒所致的黏膜发炎，常因继发细菌感染而恶化，导致血管壁通透性增高，固有层和黏膜下层有大量浆液渗出和淋巴细胞与浆细胞浸润，因此黏膜上皮分离、坏死和脱落。动物急剧咳嗽的机械作用可引起血管破裂，因而在喉气管黏膜上形成混有血液的纤维素假膜，引起呼吸困难或窒息而亡；有的咽喉发炎造成吞食困难，最终衰竭而亡。

二、病理变化

1. 眼观病变

(1)喉气管型　最具特征性的病变在喉头和气管。在喉和气管内有卡他性或卡他出血性渗出物，渗出物呈血凝块状堵塞喉和气管。或在喉头和气管内存有纤维素性的干酪样物质，呈灰黄色附着于喉头周围，很容易从黏膜剥脱，堵塞喉腔，特别是堵塞喉裂部（附图 4-4）。干酪样物从黏膜脱落后，黏膜急剧充血，轻度增厚，散在点状或斑状出血，气管上部气管环出血。

鼻腔和眶下窦黏膜也发生卡他性或纤维素性炎。黏膜充血、肿胀，散布小点状出血。有些病鸡的鼻腔渗出物中带有血凝块或呈纤维素性干酪样物。

产蛋鸡卵巢异常，出现卵泡变软、变形、出血等。

(2)结膜型　此型多呈地方流行性，常发生于 30～40 日龄的雏鸡。病理变化以眼结膜炎和眶下窦炎为主要特征。有的病例单独侵害眼结膜，少数则与喉、气管病变合并发生。结膜病变主要呈浆液性结膜炎，表现为结膜充血、水肿，有时有点状出血。有些病鸡的眼睑，特别是下眼睑发生水肿，而有的则发生纤维素性结膜炎，角膜溃疡。

2. 镜检病变

显微镜下的病变随病程的不同而异。电镜研究表明，细胞病变最早出现于病毒衣壳形成期间的上皮细胞核中，病毒衣壳通过核膜出芽而获得脂质囊膜，并在胞浆空泡中聚集成团。光镜所观察到的早期细胞病变——细胞浊肿与胞浆中颗粒聚集成的大团块有关。

病变早期，气管黏膜的杯状细胞消失，炎性细胞浸润。随病毒感染的进行，细胞肿胀，纤毛丧失并出现水肿。感染后 3 d 在呼吸道和眼结膜的上皮细胞内出现核内包涵体。气管黏膜上皮细胞可形成合胞体，黏膜上皮细胞以及含有核内包涵体的合体细胞坏死、脱落，在上皮细胞特别是脱落的上皮细胞内,可见核内有嗜酸性或嗜碱性包涵体(附图4-5)。核内包涵体一般只在感染早期(1～5 d)存在,随上皮细胞的坏死和脱落而消失。核内包涵体多集合在一起,具有包涵体的上皮细胞的核膜浓染,核仁靠近核膜,中央为粉红色的腊肠形或圆形的包涵体,包涵体周围形成空白。2～3 d后,淋巴细胞、组织细胞和浆细胞移至黏膜和黏膜下层。然后,细胞崩解和脱落,黏膜表面覆盖一层基底细胞或无任何上皮细胞覆盖,固有层的血管伸入管腔。由于表皮细胞严重崩解和脱落,引起毛细血管暴露和破裂出血,在喉、气管出现特征性重剧卡他性炎和纤维素性出血性炎。

三、病理诊断

本病典型病例可根据呼吸困难,咳出带血的黏液,喉头和气管内出血和糜烂,再结合流行特点做出诊断;非典型病例可进行病毒分离、包涵体检查及血清学试验(琼扩、斑点免疫吸附试验)来确诊本病。

本病在鉴别诊断上,应注意同传染性支气管炎、新城疫、白喉型禽痘及慢性呼吸道病的区别。上述几种疾病虽均有呼吸困难症状,但是传染性喉气管炎无神经症状和下痢,全身黏膜和浆膜无明显出血,其病变主要集中在喉、气管;传染性支气管炎多发生于雏鸡,呼吸音低,病变多在气管下部;新城疫死亡率高,全身病变明显,剖检后病变较典型;慢性呼吸道病传播较慢,呼吸啰音,消瘦,气囊变化明显。

第三节　鸡传染性支气管炎

传染性支气管炎(infectious bronchitis,IB)是鸡的一种急性、高度接触性呼吸道传染病。本病以咳嗽、喷嚏,雏鸡流鼻液,产蛋鸡产蛋量减少和产畸形蛋,呼吸道黏膜呈浆液性、卡他性炎症为特征。本病只感染鸡,其他家禽不感染,以4周龄以内的雏鸡和产蛋鸡发病较多。

近年来我国肾病变型鸡传染性支气管炎严重流行,造成了严重的经济损失。

本病的高度传染性及病毒的多种血清型使得免疫预防复杂化和预防成本增加。鸡感染本病后,可引起鸡的增重和饲料报酬降低。混合感染引发气囊炎使鸡在生产过程中被淘汰,引起产蛋数量和品质下降。因此本病具有重要经济意义。

本病常见的类型有呼吸型、肾型、肠型、腺胃型和变异型等。

(1)呼吸型　最早发现于美国,由Schalk(1931年)首次报道。多发生于5周龄内雏鸡,常突然表现呼吸症状,主要影响生产性能。蛋种鸡群发病主要表现为产蛋下降,出现软壳蛋、畸形蛋或粗壳蛋,蛋白稀薄如水样,蛋白与蛋黄分离,以及蛋膜黏壳等。由Mass分离株引起。

(2)肾病变型　Winterfield(1962年)首次报道肾型IB,以肾病变为主而呼吸道症状轻微。发病日龄集中在25～30日龄,常见病鸡粪便稀薄,含白色尿酸盐成分明显增多,泄殖腔周围常被粪便污染,病鸡食欲减退,渴欲增加,精神不振,羽毛粗乱,死亡率10%～30%不等。多由Holte、Gray和T株引起。

(3)胃肠型　EI-Houadfi和Jorle(1985年)在摩洛哥分离出一株IBV肠型变种并命名为G型毒株。该毒株除引起气管、肾脏和生殖道病变外,对肠道有较强的亲和力,造成肠道损伤。我国尚未见此方面的报道。

(4)腺胃型　本病病程较长,临床症状不典型,呈渐进性消瘦,单独发病,死亡率不高,主要发病日龄为35～90日龄。发病率为30%～50%,死亡率30%左右。使用传统疫苗和肾传支疫苗无效。本病的病因复杂,临床复制本病困难,病因尚有争论。

(5)变异型　本病可危害雏鸡和成鸡,临床与呼吸型相似。传统疫苗(H120、H52、MA5)无效。具体表现为产蛋突然下降,幅度为10%～30%,持续时间10～30 d,同时软壳蛋、小蛋、褪色蛋增多,而饮欲、食欲、粪便较好。

一、病原和发病机理

传染性支气管炎病毒(*Infectious bronchitis virus*)属于冠状病毒科(*Coronaviridae*)冠状病毒属的病毒。该病毒具有多形性,但多数呈圆形,大小80～120 nm。该病毒有囊膜,表面有杆状纤突,长约20 nm。病毒粒子含有3种病毒特异性蛋白,即衣壳蛋白(N)、膜蛋白(M)和纤突蛋白(S)。S蛋白位于病毒粒子表面,是由等摩尔的S1和S2两部分组成,其中S1为形成突起的主要部分。S1糖蛋白能诱导机体产生特异性中和抗体、血凝抑制抗体,其与病毒的组织嗜性有关。由于S1基因易通过点突变、插入、缺失和基因重组等途径发生变异,从而产生新的血清型病毒,所以传染性支气管炎病毒血清型较多。目前报道过的至少有27个不同的血清型,常见的有Massachussetts、Connecticat、Iowa97、Iowa609、Hotle、JMK、Clark333、SE17、Florida、Arkanass99和Australian"T"等。

本病仅发生于鸡,其他家禽均不感染。各种年龄的鸡都可发病,但雏鸡最为严重,死亡率也高,一般以40日龄以内的鸡多发。病毒主要通过空气传播,但有人认为通过其他媒介传递的可能性也存在,如受到污染的饲料、水和垫草等。呼吸道是主要的感染途径,病毒主要在呼吸道黏膜上皮细胞内增殖,同时也可以在泌尿生殖道、腔上囊等组织中增殖,而且停留时间更长。本病潜伏期为1～7 d,平均3 d。

本病一年四季均能发生,但以冬春季节多发,过热、严寒、鸡群拥挤、通风不良以及维生素、矿物质和其他饲料供应不足或配合不当等均会使鸡的感受性增强。通常不论分离株来自何种组织,都可使鸡气管组织产生特征性炎症变化。由于病鸡气管、支气管发炎,有时伴发肺炎,所以表现为呼吸困难,尤其在支气管有干酪样物质形成栓塞时,病鸡多因窒息或衰竭而死亡。肾毒株可引起间质性肾炎与肾小管内尿酸盐大量沉积,显示存在着不同的发病学环节。肾机能障碍时,病鸡常因中毒和失水而死亡。当饲料中蛋白质含量过高、钙增多、维生素A缺乏、食盐增多时,均可诱发本病的肾变型。

二、病理变化

1. 眼观病变

(1)呼吸型　主要病变见于气管、支气管、鼻腔、肺等呼吸器官,表现为气管环充血、出血,管腔中有黄色或黑黄色栓塞物(附图4-6)。幼雏鼻腔、鼻窦黏膜充血,鼻腔中有黏稠分泌物,肺脏水肿或出血。患鸡输卵管发育受阻,变细、变短或成囊状(附图4-7、附图4-8)。产蛋鸡的卵泡变形,甚至破裂。

(2)肾型　患肾型传染性支气管炎时,可引起肾脏肿大,呈苍白色,肾小管充满尿酸盐结晶,扩张,外形呈白色网格状,俗称"花斑肾"(附图4-9)。严重的病例在心包和腹腔脏器表面均可见白色的尿酸盐沉着。有时还可见法氏囊黏膜充血、出血,囊腔内积有黄色胶冻状物;肠黏膜呈卡他性炎变化，全身皮肤和肌肉发绀，肌肉失水。

(3)病毒变异型　其特征性变化表现为胸深肌组织苍白，呈胶冻样水肿，胴体外观湿润，卵巢、输卵管黏膜充血，气管环充血、出血。

2. 镜检病变

呼吸道的主要病变是黏膜上皮增生和空泡形成，黏膜和黏膜下层充血、水肿，同时炎区内有多量淋巴细胞浸润，气管腔内可见含散在细胞成分的渗出物。

输卵管黏膜柱状上皮变为立方形和变性，部分纤毛脱落，黏膜细胞减少，子宫部的壳腺细胞变形，固有层和小管间质中可见淋巴细胞浸润。

肾脏病变主要为间质性肾炎。可见肾小管上皮细胞颗粒变性、空泡化及肾小管上皮脱落，在急性期还可见间质中有大量异嗜性细胞浸润。髓质中肾小管病变最明显。不仅能看到局灶性坏死，而且也能观察到肾小管上皮的再生趋势。在康复期，炎性细胞逐渐变成淋巴细胞和浆细胞。在某些病例，退行性病变持续存在引起某个肾区或整个肾区严重萎缩。患尿石症时，与萎缩肾脏相连的输尿管扩张并有尿酸盐结晶。

三、病理诊断

本病的早期诊断比较困难，当发展到一定阶段时，可根据雏鸡多发病，发病率高，鸡群中传播速度快，其他家禽不发病等流行特点；临床表现咳嗽、喷嚏、流鼻涕、气管啰音和产蛋减少等症状；浆液卡他性支气管炎，产蛋母鸡卵黄性腹膜炎与卵泡变形，肾炎-肾病综合征等病变做出初诊。

本病在鉴别诊断上应注意与新城疫、鸡传染性喉气管炎及传染性鼻炎相区别。鸡新城疫时一般发病较本病严重，在雏鸡常可见到神经症状，并且在蛋鸡引起的产蛋下降比 IB 幅度更大。鸡传染性喉气管炎的呼吸道症状和病变比 IB 严重，且炎症呼吸道上部严重，但在鸡群中的传播速度较慢。传染性鼻炎的病鸡常见面部肿胀，这在 IB 是很少见到的。肾型传染性支气管炎常与痛风相混淆，痛风时一般无呼吸道症状，无传染性，且多与饲料配合不当有关，通过对饲料中蛋白的分析、钙磷分析即可确定。产蛋下降综合征(EDS)引起的产蛋量下降及蛋壳质量问题与传染性支气管炎相似，但并不影响鸡蛋内部质量。

第四节　鸡传染性法氏囊病

传染性法氏囊病(infectious bursal disease, IBD)是由鸡传染性法氏囊病病毒所引起的幼鸡的急性传染病，以侵害体液免疫中枢——法氏囊淋巴组织为特征，又是一种免疫抑制病。本病的临床特征是发病突然，病程短，呈尖峰式死亡曲线，病鸡腹泻、精神沉郁，并有不同程度的死亡。本病的病理特征为法氏囊肿大出血、坏死和萎缩，以及胸肌和腿肌明显出血。病毒对外界环境抵抗力很强，环境一旦被病毒污染可长期传播本病。

在易感鸡群中，本病往往突然发生，早期症状之一是自啄泄殖腔。发病后，病鸡下痢，排浅白色或淡绿色稀粪，腹泻物中常含有尿酸盐，肛门周围的羽毛被粪污染。随着病程的发展，饮、食欲减退，并逐渐消瘦、畏寒，颈部躯干震颤，步态不稳，行走摇摆，精神委顿，头下垂，眼睑闭合，羽毛无光泽，蓬松脱水，眼窝凹陷，最后极度衰竭而死。5～7 d 死亡达到高峰，以后开始下降。病程一般为 5～7 d，长的可达 21 d。

一、病原和发病机理

鸡传染性法氏囊病病毒(*Infectious bursal disease virus*，IBDV)属于双RNA病毒科(*Birnaviridae*)禽双股双节RNA病毒属(*Avibirnavirus*)。IBDV有两种不同大小的颗粒，大颗粒约60 nm，小颗粒约20 nm，均为20面体立体对称结构。病毒粒子无囊膜，仅由核酸和衣壳组成。核酸为双股双节段RNA，衣壳是由一层32个壳粒按5∶3∶2对称形式排列构成。

IBDV的自然宿主仅为雏鸡和火鸡。从鸡分离的IBDV只感染鸡，感染火鸡不发病，但能引起抗体产生。同样，从火鸡分离的病毒仅能使火鸡感染，而不感染鸡。不同品种的鸡均有易感性。IBD母源抗体阴性的鸡可于1周龄内感染发病，有母源抗体的鸡多在母源抗体下降至较低水平时感染发病。3～6周龄的鸡最易感。也有15周龄以上鸡发病的报道。本病全年均可发生，无明显季节性。

病鸡粪便中含有大量病毒，病鸡是主要传染源。鸡可通过直接接触和污染了IBDV的饲料、饮水、垫料、尘埃、用具、车辆、人员、衣物等间接传播，老鼠和甲虫等也可间接传播。有人从蚊子体内分离出一株病毒，被认为是一株IBDV自然弱毒，由此说明媒介昆虫可能参与本病的传播。本病毒不仅可通过消化道和呼吸道感染，还可通过污染了病毒的蛋壳传播，但未有证据表明可经卵传播。另外，经眼结膜也可感染。

传染性法氏囊病毒是一种高度嗜淋巴组织性病毒，感染后主要侵害淋巴组织(法氏囊、胸腺、脾脏、盲肠扁桃体)并引起淋巴组织的变性、坏死和炎性反应。病毒侵入宿主后，先在肠道巨噬细胞和淋巴细胞中增殖，再随血流扩散至肝脏和法氏囊，并在法氏囊定居和繁殖，然后随血流扩散至全身，出现第2次病毒血症。病毒的靶细胞主要是法氏囊中带有表面免疫球蛋白M(SIgM)的B淋巴细胞，感染鸡因B淋巴细胞被大量破坏而使鸡的体液免疫反应能力下降。因此，幼鸡感染此病毒时，对免疫接种产生的免疫反应低，尤其是对新城疫疫苗的接种是这样。重症鸡的肾脏病变是由于病毒引起还是为发热、失水诱发尚不明确，但这是造成死亡的原因之一。本病的潜伏期短，感染后2～3 d出现临床症状。

本病一般发病率高(可达100%)而死亡率不高(多为5%左右，也可达20%～30%)，卫生条件差而伴发其他疾病时死亡率可升至40%以上，在雏鸡甚至可达80%以上。

本病的另一流行病学特点是发生本病的鸡场常常出现新城疫、马立克氏病等疫苗接种的免疫失败，这种免疫抑制现象常使发病率和死亡率急剧上升。IBD产生的免疫抑制程度随感染鸡的日龄不同而异，初生雏鸡感染IBDV最为严重，可使法氏囊发生坏死性的不可逆病变；1周龄后或IBD母源抗体消失后而感染IBDV的鸡，其影响有所减轻。

二、病理变化

1. 眼观病变

法氏囊是病毒的主要靶器官，感染后2～3 d法氏囊出现肿大，有时出血带有淡黄色的胶冻样渗出液，感染后7～10 d法氏囊萎缩。变异毒株引起的法氏囊肿大和胶冻样黄色渗出液不明显，只引起法氏囊萎缩。超强毒株引起法氏囊严重的出血、瘀血，呈“紫葡萄样”外观(附图4-10)。受感染的法氏囊常有坏死灶，有时在黏膜表面有点状出血或瘀血性出血，偶尔见弥漫性出血(附图4-11)。脾脏可能轻度肿大，表面有弥散性灰白色的小点状坏死灶。肾脏肿大、苍白，有尿酸盐沉积。病死鸡呈现脱水、胸肌发暗，股部和胸肌常有出血斑、点(附图4-12)，肠道内黏液增加，偶尔在前胃和肌胃的结合部黏膜有出血点。

2. 镜检病变

病变主要表现在淋巴组织，如法氏囊、胸腺、脾脏和盲肠扁桃体，但以法氏囊的病变最严重。感染初期(1～2 d)可见法氏囊黏膜上皮细胞变性、脱落，并见部分淋巴滤泡的髓质区出现以核浓缩为特征的淋巴细胞变性、坏死，且有一定数量的异嗜性白细胞浸润及红细胞渗出(附图 4-13)。随着病程的发展，大多数淋巴滤泡的淋巴细胞坏死、崩解、出血，异嗜性白细胞浸润(附图 4-14)。重症病例淋巴滤泡内淋巴细胞坏死消失、空泡化(附图 4-15)。在多数病变滤泡的髓质区，网状内皮细胞增生，并形成腺管状结构。滤泡间充血、出血，异嗜性白细胞浸润。后期(7～10 d)法氏囊实质严重萎缩，淋巴滤泡消失，残留淋巴滤泡内几乎不见淋巴细胞，只见增生的网状内皮细胞，滤泡间结缔组织大量增生。黏膜上皮细胞大量增殖，皱褶样内陷。重症病例的淋巴滤泡因坏死或空腔化而不能恢复，轻症病例的淋巴滤泡可以部分恢复。新形成的淋巴滤泡体积增大，淋巴细胞密集在滤泡边缘。

胸腺淋巴细胞坏死、崩解，并见异嗜性粒细胞、红细胞浸润，但损害没有法氏囊那么广泛，并且能迅速恢复。感染早期的脾脏和盲肠扁桃体的淋巴组织内有细胞反应，与胸腺中的病变相似。肾脏的组织学病变是非特异性的，可能是病鸡严重脱水所造成的。所见病变为间质单核细胞浸润，肾小管扩张，上皮细胞变性，个别坏死，管腔内有异嗜性白细胞浸润和由均质物组成的大管型，肾组织常见尿酸盐沉积。

电镜观察：雏鸡感染后 1～2 d，法氏囊淋巴细胞的核染色质边集，核膜溶解或破裂，染色质外逸。胞浆中出现一种与周围胞质界限分明的、由均质样基质构成的、近似圆形的包涵体，有的淋巴细胞胞浆内出现晶格状排列的病毒包涵体。3～7 d，淋巴细胞和巨噬细胞的胞浆内见大量晶格状排列的病毒颗粒，崩解的坏死组织内含有病毒包涵体、病毒颗粒及次级溶酶体。9～10 d，淋巴细胞数量明显减少，残留的淋巴细胞线粒体极度肿胀，嵴溶解消失，内质网高度扩张，胞浆内可见脂质体及散在病毒颗粒。

三、病理诊断

根据传染性法氏囊病的流行病学特征、典型症状，以及胸、腿部肌肉条纹状出血，法氏囊炎症病变，肾脏变性肿胀等典型病变可做出初步诊断，确诊必须做病理组织学及病原学诊断。

本病的确诊必须排除鸡新城疫、鸡传染性支气管炎、磺胺药中毒或霉菌毒素中毒、马立克氏病及淋巴白血病。

(1)鸡新城疫　腺胃、肌胃的出血及法氏囊的坏死都和 IBD 有些相似，但各种年龄的鸡均发病，全身有明显的出血，消化道黏膜有溃疡，还有非化脓性脑炎。

(2)鸡传染性支气管炎　肾型传支的肾脏病变与某些死于 IBD 的鸡相似，但无坏死性法氏囊炎。

(3)磺胺药中毒或霉菌毒素中毒　可引起出血性综合征，肌肉等处出血严重，但发病年龄不限，无法氏囊肿大、坏死变化。

(4)马立克氏病　法氏囊的病变表现为间质有成熟程度不同的淋巴样细胞与组织细胞增生，而不是淋巴细胞的大量坏死；其他器官、外周神经、皮肤、眼等部位也常有肿瘤。

第五节 鸡减蛋综合征

鸡减蛋综合征(egg drop syndrome,EDS-76)是由禽腺病毒所引起的一种病毒性传染病。感染鸡群无明显临床症状,通常是26～36周龄产蛋鸡突然出现群体性产蛋下降,产蛋率比正常下降20%～30%,甚至达50%。与此同时,产出软壳蛋、薄壳蛋、无壳蛋、小蛋,蛋体畸形,蛋壳表面粗糙,如白灰、灰黄粉样,褐壳蛋则色素消失,颜色变浅,蛋白水样,蛋黄色淡,或蛋白中混有血液、异物等。异常蛋可占产蛋的15%或以上,蛋的破损率增高。自1976年荷兰学者Van Eck首次报道后,本病在世界范围内已经成为产蛋损失的主要原因。

一、病原和发病机理

EDS-76病原是腺病毒属(*Aviadenovirus*)禽腺病毒Ⅲ群的病毒,其结构为一种无囊膜的双股DNA病毒,粒子大小为76～80 nm。病毒颗粒呈正二十面体,衣壳有12个顶、30个棱、252个壳微粒,其中240个六聚体、12个五聚体分别位于二十面体的顶角上。EDS-76病毒含红细胞凝集素,能凝集鸡、鸭、鹅的红细胞,故可用于血凝试验及血凝抑制试验。血凝抑制试验具有较高的特异性,可用于检测鸡的特异性抗体。其他禽腺病毒主要是凝集哺乳动物红细胞,这与EDS-76病毒不同。

已知的病毒血清型仅一个,但是用限制性核酸内切酶试验分析,可将大量的病毒分离物分为3种基因型:第一种可引起经典的EDS,许多国家均有发生;第二种分离自英国的鸭;第三种分离自澳大利亚的鸡。

EDS-76病毒的主要易感动物是鸡,其自然宿主是鸭或野鸭。鸭感染后虽不发病,但长期带毒,带毒率可达85%以上。据报道,在家鸭、家鹅、俄罗斯鹅和白鹭、加拿大鹅和凫、海鸥、猫头鹰、鹳、天鹅、北京鸭、珠鸡中广泛存在EDS-76抗体。

不同品系的鸡对EDS-76病毒的易感性有差异。26～35周龄的所有品系的鸡都易感染本病毒,尤其是产褐壳蛋的肉用种鸡和种母鸡最易感,产白壳蛋的母鸡患病率较低。任何年龄的肉鸡、蛋鸡均可感染本病毒。

EDS-76既可水平传播,又可垂直传播。垂直感染的鸡群,病毒在初生雏鸡体内处于潜伏状态,雏鸡不表现任何临床症状,血清中也查不出抗体。随着蛋鸡开产,病毒开始活动,血清才转为阳性。当鸡达到28～32周龄,即接近产蛋高峰期时,病毒增殖到极盛期,极易暴发本病。被感染鸡可通过种蛋和种公鸡的精液传递。有人从鸡的输卵管、泄殖腔、粪便、咽黏膜、白细胞、肠内容物等分离到EDS-76病毒。可见,病毒可通过这些途径向外排毒,污染饲料、饮水、用具,种蛋经水平传播使其他鸡感染。

产异常蛋的原因是由于本病毒具有嗜输卵管性,使患鸡输卵管各部产生病变,导致其功能异常所致。其病变的好发部位为输卵管的子宫部和漏斗部,尤以子宫部病变出现率最高,荧光抗体的定位也证明本病毒在输卵管子宫部增殖良好并引起该部黏膜上皮细胞变性、分泌颗粒减少、消失以及脱落,固有层腺体萎缩、腺腔扩张。由此导致与蛋壳形成有关的钙离子转运障碍和卟啉色素形成降低,同时造成输卵管内的pH明显降低(健康鸡输卵管漏斗部和峡部黏膜pH为6.5±0.3,而患EDS-76的鸡此处pH则为6.0±0.3),致使由壳腺所分泌的碳酸钙溶解，从而影响蛋壳的钙盐沉着。另外，本病毒还可使卵白蛋白变性。

二、病理变化

1. 眼观病变

本病常缺乏明显的病理变化，在自然发生的病例中，仅能见部分病鸡卵巢静止不发育和输卵管萎缩。少数病例可见子宫水肿，腔内有白色渗出物或干酪样物，卵泡有变性和出血现象。人工感染时可见脾充血肿大，偶见子宫内有薄膜包裹的卵黄和少量水样蛋清。

2. 镜检病变

本病主要表现为输卵管子宫腺体水肿，单核细胞浸润，黏膜上皮细胞变性、坏死，子宫黏膜及输卵管固有层出现浆细胞、淋巴细胞和异嗜粒细胞浸润，输卵管上皮细胞核内有包涵体，核仁、核染色质偏向核膜一侧，包涵体染色有的呈嗜酸性，有的呈嗜碱性。具有证病意义的病变是子宫部黏膜固有层的腺体萎缩，黏膜下的小血管周围有多量淋巴细胞、浆细胞和巨噬细胞浸润，同时还可见由淋巴细胞形成的新的淋巴小结。

电镜下，可见卵巢中分泌激素的细胞大大减少，细胞器也减少，多数核皱缩、异常；输卵管分泌细胞的分泌颗粒减少，甚至形成空洞，蛋白分泌部的分泌细胞线粒体肿胀明显。

三、病理诊断

多种因素可造成密集饲养的鸡群发生产蛋下降，因此，在诊断时应注意综合分析和判断。EDS-76 可根据发病特点、症状、病理变化做出初步诊断，确诊则有赖于从患鸡粪便、白细胞及输卵管上皮细胞中分离出 EDS 腺病毒和用血凝抑制试验检测患鸡的特异性抗体。

在鉴别诊断上，本病必须与鸡新城疫、传染性喉气管炎、传染性脑脊髓炎及钙、磷缺乏症等引起的产蛋下降相区别。

第六节　鸡马立克氏病

鸡马立克氏病(Marek's disease，MD)是由疱疹病毒所引起的、高度传染性的肿瘤性疾病。其特征是病鸡的外周神经、性腺、虹膜、各种脏器、肌肉和皮肤等部位的淋巴组织增生形成多形态淋巴细胞瘤。按其本质，MD 是一种恶性淋巴瘤(malignant lymphomatosis)，主要侵害 3～5 月龄的鸡，死亡率可为 5.3%～80%不等。本病依据临床症状和病变发生的主要部位可分为 4 种类型：神经型(古典型)、内脏型(急性型)、眼型和皮肤型，有时可以混合发生。

(1)神经型　是最常见的一型。因受损的神经不同表现的症状有所不同。主要侵害外周神经，侵害坐骨神经最为常见。当坐骨神经受损时，病鸡一条腿或双腿发生麻痹，表现为一肢向前、一肢向后的特征性劈叉姿势。当臂神经受害时，病鸡一侧或两侧翅膀下垂。支配颈部肌肉的神经受损时，引起扭头、仰头现象。颈部迷走神经受损时，嗉囊麻痹、扩张，失声，呼吸困难。腹部神经受损时，常表现为腹泻。

(2)内脏型　多呈急性暴发，常见于幼龄鸡群，开始以大批鸡精神委顿为主要特征，几天后部分病鸡出现共济失调，随后出现单侧或双侧肢体麻痹。部分病鸡死前无特征性临床症状，很多病鸡表现脱水、消瘦和昏迷。发病率高，死亡率可达 60%以上。

(3)眼型　出现于单眼或双眼视力减退或消失。虹膜失去正常色素，呈同心环状或斑点状以至弥漫的灰白色，俗称“灰眼病”或“鸡白眼”；瞳孔边缘不整齐，到严重阶段瞳孔只剩下一个针头大的小孔。

(4)皮肤型　此型一般缺乏明显的临床症状，往往在宰后拔毛时发现羽毛囊增大，形成淡白色小结节或瘤状物。此种病变常见于大腿部、颈部及躯干背面生长粗大羽毛的部位。

一、病原和发病机理

马立克氏病病毒(*Marek's disease virus*，MDV)属于细胞结合性疱疹病毒 B 群。病毒可在多种上皮组织中复制。病毒有 2 种存在形式，即裸体粒子(核衣壳)和有囊膜的完整病毒粒子。鸡感染本病毒后，主要以核衣壳形式存在于大多数器官组织，但在羽毛囊角化层中的病毒则多数是有囊膜的完整病毒粒子。有囊膜的完整病毒粒子具有非细胞结合性，可脱离细胞而存在，对外界环境抵抗力强，在本病的传播方面起重要作用。病毒随着脱落的皮屑和羽毛、唾液和鼻分泌物排出体外，浓聚于鸡舍灰尘和垫料中。因此，污染的鸡舍灰尘和垫料以气源性散播方式经呼吸道感染是本病的主要传播途径。本病亦可经消化道和皮肤侵入体内。已证明马立克氏病病毒不能通过鸡蛋传染。

MDV 的易感动物为鸡和火鸡，另外雉、鸽、鸭、鹅、金丝雀、小鹦鹉、天鹅、鹌鹑和猫头鹰等许多禽种都可观察到类似马立克氏病的病变。鸡感染后的发病情况与鸡龄有关，日龄小往往以周围神经病变为主，年龄大则表现以内脏病变为主的病型。此外也与病毒株的毒力有关，毒力强时，往往引起急性暴发，死亡率也高，通常以内脏器官、皮肤和肌肉发生淋巴细胞性肿瘤为主，周围神经无变化或变化轻微；毒力弱的病毒虽也能引起内脏器官的变化，但发生率不高，而周围神经的变化明显且发生率高。

在自然条件下，病毒通过呼吸道进入鸡肺，在该器官中部分病毒被巨噬细胞吞噬，但多数病毒在肺内获得繁殖。感染病毒后 5~7 d，引起免疫器官(胸腺、法氏囊、脾脏和盲肠扁桃体)发生退行性变化，呈现明显萎缩、坏死和囊肿形成。随后由于瘤细胞的迅速繁衍，被侵害的器官组织内形成一些由瘤细胞组成的肿瘤灶。瘤细胞在各组织器官的恶性生长，导致实质细胞的变性、萎缩或坏死，神经系统发生脑炎、脊髓炎和外周神经的髓鞘变性等变化。

关于这些肿瘤细胞的来源，现已确认大部分来源于胸腺，是由胸腺依赖细胞(T 细胞)转化而来的。还有部分肿瘤细胞可能有多种来源：周围神经的神经膜细胞即雪旺氏细胞增生，分化为淋巴样细胞和成淋巴细胞；内脏器官(如卵巢、肾上腺、肾脏、肝脏、脑脊髓及皮肤等)的肿瘤细胞来源于血管外膜未分化的原始间质组织的淋巴-网状细胞增生。

二、病理变化

1. 眼观病变

(1)神经　病鸡(尤其是神经型马立克氏病鸡)最常见的病变表现在外周神经，如腹腔神经丛、坐骨神经丛、臂神经丛和内脏大神经。受害神经增粗，且粗细不均，呈黄白色或灰白色，横纹消失，有时呈水肿样外观。病变往往只侵害单侧神经，诊断时多与另一侧神经比较。

(2)内脏　内脏器官中以卵巢的受害最为常见，其次为肾、脾、肝、心、肺、胰、肠系膜、腺胃、肠道和肌肉等。在上述器官中长出大小不等的肿瘤团块，呈灰白色，质地坚实而致密，有时肿瘤组织在受害器官中呈弥漫性增生，整个器官变得很大(附图 4-16 至附图 4-18)。胸腺和法氏囊通常发生萎缩。

（3）皮肤　可见有以羽毛囊为中心呈半球状隆起的皮肤肿瘤，其直径可达 3～5 mm 或更大，褪毛后更加明显（附图 4-19）。有些病例可见鳞片状棕色硬痂。

（4）眼　虹膜由黄色褪成灰色，浑浊，瞳孔边缘不齐甚至呈锯齿状，瞳孔也缩小。

2. 镜检病变

鸡马立克氏病的肿瘤性病变，各器官表现形式各不相同，但组织学检查其变化基本相同，特点是淋巴-网状性瘤细胞增生浸润。增生浸润的细胞其形态是多样的，包括大、中、小淋巴细胞，成淋巴细胞，浆细胞，网状细胞及马立克氏病细胞（Marek's disease cell）（即变性的成淋巴细胞）。马立克氏病细胞体积较大，胞浆强嗜碱性、嗜派若宁，常有空泡，核浓染，形状不定，肿瘤细胞中可见核分裂象（附图 4-20）。

（1）神经型　病变可分为 3 型，但在同一病鸡的不同神经不能同时出现不同型的病变。

• Ⅰ型：在神经干或神经丛的神经纤维间有大量多形性淋巴细胞样细胞增生浸润，其中以中、小淋巴细胞为主，并有马立克氏病细胞；有时还可见髓鞘脱失和雪旺氏细胞增生。

• Ⅱ型：镜下所见的变化认为是属于炎性反应，表现为小淋巴细胞和浆细胞在神经纤维间弥漫性浸润。此外常伴发水肿，神经纤维间有数量不等的淡红色无结构的水肿液。此型病变有时也可见髓鞘脱失和雪旺氏细胞增生。

• Ⅲ型：其镜下特征实际上是Ⅱ型的轻型。有极轻微水肿和轻度小淋巴细胞、浆细胞浸润，主要见于无临床症状的病例。

神经型 MD 时，脑和脊髓通常无肉眼可见的病变，而镜检则可发现病毒性脑炎变化，如淋巴细胞性血管套形成、神经胶质细胞灶状和弥漫性增生，血管内皮肿胀或增生等。

（2）内脏型　镜检可见各器官的肿瘤灶均由多形态的淋巴细胞所组成，瘤细胞核分裂象多见，可找到马立克氏病细胞。受侵害的组织可伴有出血、细胞变性或坏死等病变。

（3）眼型　镜检见虹膜有大量多形态淋巴细胞浸润，虹膜色素颗粒减少；眼肌，特别是外直肌和睫状肌也有不同程度的淋巴细胞浸润。

（4）皮肤型　在接近羽毛囊部的小血管周围淋巴瘤性细胞呈团状浸润。真皮内还可见血管有密集的淋巴细胞、浆细胞等细胞增生，也可见马立克氏病细胞，且常见核分裂象。经常伴有表皮细胞的变性和剥脱，大面积增生时，可因真皮脱落而形成溃疡。

三、病理诊断

对典型病例，特别是神经型病例，根据流行特点及剖检内脏病理变化可以诊断，而内脏型鸡马立克氏病与淋巴细胞性白血病（LL）或网状内皮增生症（RE）易混淆，需要鉴别诊断（表 4-1）。

表 4-1　鸡 MD、LL 和 RE 鉴别表

病　名	马立克氏病	淋巴白血病	网状内皮增生症
病原	MDV（疱疹病毒）	LLV（反转录病毒）	REV（反转录病毒）
发病年龄	4 周龄以上	16 周龄以上	4 周龄以上
麻痹或瘫痪	常见	无	少见
死亡率	10%～80%	3%～5%	1%
神经肿瘤	常见	无	少见

续表 4-1

病 名	马立克氏病	淋巴白血病	网状内皮增生症
皮肤肿瘤	常见	少见	少见
法氏囊肿瘤	少见	常见	少见
虹膜浑浊及病变	常见瞳孔边缘不齐，缩小	无	无
肿瘤细胞	形态是多样的，包括大、中、小淋巴细胞、成淋巴细胞、浆细胞、网状细胞及马立克氏病细胞	成淋巴细胞（淋巴母细胞）	原始的大型空泡状细胞

第七节 禽白血病

禽白血病(avian leukemia)或称禽白细胞增生病/肉瘤群(avian leucosis/sarcoma group)，是由禽C型反转录病毒群的病毒所引起的禽类多种肿瘤性疾病的统称，最常见的是淋巴细胞性白血病(lymphoid leukemia，LL)，其次是成红细胞性白血病(erythroblastosis，EB)和成髓细胞性白血病(myeloblastosis，MB)，此外还可引起骨髓细胞瘤(myelocytomatosis，MCT)、结缔组织瘤、上皮肿瘤、内皮肿瘤等。大多数肿瘤侵害造血系统，少数侵害其他组织。

(1)淋巴细胞性白血病　是最常见的一种病型，在14周龄以下的鸡极为少见，至14周龄以后开始发病，在性成熟期发病率最高。病鸡精神委顿，全身衰弱，进行性消瘦和贫血，鸡冠、肉髯苍白，皱缩，偶见发绀。病鸡食欲减退或废绝，腹泻，产蛋停止。腹部常明显膨大，用手按压可摸到肿大的肝脏，最后病鸡衰竭死亡。

(2)成红细胞性白血病　也称红细胞增多症、红细胞性白血病或红细胞骨髓病。此病较LL少见，通常发生于6周龄以上的高产鸡。临床上分为两种病型，即增生型和贫血型。增生型较常见，主要特征是血液中存在大量的成红细胞；贫血型在血液中仅有少量未成熟细胞。两种病型的早期症状为全身衰弱，嗜睡，鸡冠稍苍白或发绀；病鸡消瘦、下痢。病程从12 d到几个月。

(3)成髓细胞性白血病　又称白细胞骨髓增生、骨髓瘤病、成粒细胞增多症和骨髓细胞性白血病等。此型很少自然发生。其临床表现为嗜睡，贫血，消瘦，毛囊出血，病程比成红细胞性白血病长。

(4)骨髓细胞瘤　自然病例极少见，其全身症状与成髓细胞性白血病相似。由于骨髓细胞的生长，病鸡头部、胸部和跗骨异常突起。这些肿瘤很特别地突出于骨的表面，多见于肋骨与肋软骨连接处、胸骨后部、下颌骨以及鼻腔的软骨上。骨髓细胞瘤呈淡黄色，柔软脆弱或呈干酪状，呈弥散或结节状，且多两侧对称。

(5)骨硬化病　在骨干或骨干长骨端区存在均一的或不规则的增厚。晚期病鸡的骨呈特征性的“长靴样”外观。病鸡发育不良，苍白，行走拘谨或跛行。

(6)其他　如肾瘤、肾胚细胞瘤、肝癌和结缔组织瘤等，自然病例均极少见。

一、病原和发病机理

禽白血病病毒属于反转录病毒科甲型反转录病毒属，旧称禽C型反转录病毒群，如禽白血病病毒、禽肉瘤病毒、禽成髓细胞性白血病病毒、禽癌瘤病毒等。本群病毒内部为直径 35～45 nm 的电子密度大的核心，外面是中层膜和外层膜，整个病毒粒子直径 80～120 nm，平均为 90 nm。

禽的甲型反转录病毒有 3 种，一是内源性的，二是外源性能完全复制的，三是外源性复制缺陷型的。内源性禽白血病病毒以原病毒的形式存在于鸡体的基因组，很少表达。外源性禽白血病病毒复制完全，具有 *gag* 基因、*pol* 基因及 *env* 基因，大多数成员无致病性，但小部分鸡终生感染并产生白血病淋巴细胞瘤。某些外源性的白血病病毒从细胞获得肿瘤基因（*v-onc*），从而能导致急性、亚急性肿瘤。某些病毒在获得 *v-onc* 基因的同时失去了某些基因（如 *env*），因此变为复制缺陷型，需要具有 *env* 基因的禽白血病病毒作为其辅助病毒。

本病在自然情况下只有鸡能感染。Rous 肉瘤病毒宿主范围最广，人工接种在野鸡、珍珠鸡、鸽、鹌鹑、火鸡和鹧鸪也可引起肿瘤。不同品种或品系的鸡对病毒感染和肿瘤发生的抵抗力差异很大。母鸡的易感性比公鸡高。本病发生在 18 周龄以上的鸡时，多呈慢性经过，病死率为 5%～6%。

本病的传染源是病鸡和带毒鸡。有病毒血症的母鸡，其整个生殖系统都有病毒繁殖，以输卵管的病毒浓度最高，特别是蛋白分泌部，因此其产出的鸡蛋常带毒，孵出的雏鸡也带毒。这种先天性感染的雏鸡常有免疫耐受现象，它不产生抗肿瘤病毒抗体，长期带毒排毒，成为重要的传染源。后天接触感染的雏鸡带毒排毒现象与接触感染时雏鸡的年龄有很大关系。雏鸡在 2 周龄以内感染这种病毒时，发病率和感染率很高，残存母鸡产下的蛋带毒率也很高。4～8 周龄雏鸡感染本病毒后发病率和死亡率大大降低，其产下的蛋也不带毒。10 周龄以上的鸡感染本病毒后不发病，产下的蛋也不带毒。

在自然条件下，本病主要以垂直方式进行传播，也可水平传播，但比较缓慢，多数情况下接触传播被认为是不重要的。本病的感染虽很广泛，但临床病例的发生率相当低，一般多为散发。饲料中维生素缺乏、内分泌失调等因素均可促进本病的发生。

在某一特定鸡群中，由白血病/肉瘤群病毒所引起的特异肿瘤可出现一种或多种。白血病/肉瘤群病毒基因表达的强启动子可插入宿主基因组的许多位置，并可使其下游的基因表达增强。根据其插入的位置不同，可引起完全不同的肿瘤和致瘤过程，或导致宿主正常生理机能紊乱。有些病毒在某一位点插入的几率比在其他位点高，因此，引起某一特定肿瘤或生理学变化的频率也比引起其他肿瘤或生理紊乱的几率高。

淋巴细胞性白血病病毒侵害的主要靶器官为法氏囊。病毒可使囊内的淋巴细胞转化为肿瘤细胞，后者不断获得增殖，并转移至全身许多器官组织而形成多发性肿瘤，这一过程是本病的基本发病学环节。切除法氏囊或用环磷酰胺进行化学除囊，均可阻止本病的发生，但切除胸腺对本病的发生无影响。免疫荧光研究显示，肿瘤细胞主要为 B 淋巴细胞。

已知存在于成红细胞内的本病病毒含有一种或多种特异性基因，它可阻断成红细胞的进一步分化和成熟，并引起成红细胞的过度繁殖，从而形成成红细胞性白血病。骨髓是成红细胞白血病侵害的最重要器官。肿瘤形成、贫血和出血是本型白血病的临床和病理的主要特征，表现为血液稀薄，色淡，密度和黏稠度下降，凝固缓慢（一般需延至 6～9 min），1 mm^3 血液中的红细胞数减至 120 万个，甚至只有 50 万个；血液中的红细胞 90%～95% 为成红细胞；血红蛋白降为 60～200 g/L。

二、病理变化

1. 淋巴细胞性白血病

(1)眼观病变　肿瘤主要发生于肝、脾、肾、法氏囊,也可侵害心肌、性腺、骨髓、肠系膜和肺。其中肝、脾的肿瘤几乎无一例外地发现于每一病例。肿瘤呈结节形、粟粒状或弥漫形,或者是这些类型的结合,灰白色到淡黄白色,大小不一,切面均匀一致,很少有坏死灶。

(2)镜检病变　所有肿瘤组织都是灶性和多中心性的。肿瘤由成淋巴细胞(淋巴母细胞)组成(附图 4-21),全部处于原始发育阶段。多数瘤细胞的胞浆中含有大量 RNA,故用甲绿派若宁染色阳性(红色),表明细胞是未成熟的或正处于迅速分裂阶段。

电镜观察,有时成淋巴细胞的胞浆膜上有病毒粒子出芽。在感染病毒的成年鸡的心肌曾观察到胞浆内病毒性基质包涵体。

2. 成红细胞性白血病

(1)眼观病变　病鸡表现为全身性贫血,皮下、肌肉和内脏有点状出血。增生型的特征性眼观病变为肝、脾、肾呈弥漫性肿大,呈樱桃红色到暗红色,有的剖面可见灰白色肿瘤结节。骨髓颜色转淡。贫血型病鸡的内脏常萎缩,尤以脾为甚,骨髓色淡呈胶冻样。

(2)镜检病变　肝、脾和骨髓等组织的血窦和毛细血管内有大量的成红细胞堆积及血窦扩张。成红细胞的形态特征为胞体较成熟的红细胞大,细胞形态不规则,表面可有突起,核大而圆,核仁明显,有时见多核仁,胞质嗜碱性着色。电子显微镜下,可于成红细胞中发现病毒粒子,有时还可见病毒粒子从细胞膜上出芽的现象。外周血液红细胞显著减少,血红蛋白量下降。增生型病鸡出现大量的成红细胞,占全部红细胞的 90%～95%。

3. 成髓细胞性白血病

剖检时见骨髓坚实,呈红灰色至灰色。在肝脏偶然也见于其他内脏发生灰色弥散性肿瘤结节。组织学检查见实质器官的血管内外聚积成髓细胞和数量不等的早幼髓细胞。肝小叶及汇管区静脉血管外见成髓细胞广泛增生及浸润灶,实质细胞被瘤细胞所取代。外周血液中常出现大量的成髓细胞,其总数可占全部血细胞的 75%。

三、病理诊断

实际诊断中常根据血液学检查和病理学特征结合病原和抗体的检查来确诊。成红细胞性白血病用外周血液、肝及骨髓涂片,可见大量的成红细胞,肝和骨髓呈樱桃红色。成髓细胞性白血病在血管内外均有成髓细胞积聚,肝呈淡红色,骨髓呈白色。淋巴细胞性白血病应注意与马立克氏病鉴别(详见马立克氏病)。

第八节　禽　痘

禽痘(avian pox)是家禽和鸟类的一种缓慢扩散、接触性传染病,特征是在无毛或少毛的皮肤上出现散在的、结节状的痘疹(皮肤型),或在口腔、咽喉部黏膜出现纤维素性坏死和增生性病灶(白喉型)。

根据病鸡的症状和病变,禽痘可以分为皮肤型、黏膜型和混合型 3 种病型,偶有败血症。

(1)皮肤型鸡痘 一般比较轻微,没有全身性的症状。但在严重病鸡中,尤以幼雏表现出精神萎靡、食欲消失、体重减轻等症状,甚至引起死亡。产蛋鸡则产蛋量显著下降,甚至完全停产。

(2)黏膜型(白喉型)鸡痘 初为鼻炎症状,随着病情的发展,病鸡尤以幼雏呼吸和吞咽障碍,严重时嘴无法闭合。病鸡往往张口呼吸,发出"嘎嘎"的声音。

(3)混合型鸡痘 本型是指皮肤和口腔黏膜同时发生病变,病情严重,死亡率高。

(4)败血型鸡痘 在发病鸡群中,个别鸡无明显的痘疹,只是表现为下痢、消瘦、精神沉郁,逐渐衰竭而死。病禽有时会表现为急性死亡。

一、病原和发病机理

禽痘病毒(*Avipoxvirus*)为痘病毒科(*Poxviridae*)禽痘病毒属(*Avipoxvirus*),这个属的代表种为鸡痘病毒。禽痘病毒科各属成员的形态一致,在感染的上皮和胚绒毛尿囊膜外胚层中,成熟的病毒呈砖形或卵圆形,大小 250 nm×354 nm,其基因组为线状的双股 DNA。病毒可在感染细胞的胞浆中增殖并形成包涵体(Bollinger 氏体),此包涵体内有无数更小的颗粒,称为原质小体,每个原质小体都具有致病性。

本病主要发生于鸡和火鸡,鸽有时也可发生,鸭、鹅的易感性低。各种年龄、性别和品种的鸡都能感染,但以雏鸡和中雏最常发病,雏鸡死亡多。本病一年四季都能发生,以秋、冬两季最易流行,一般在秋季和冬初发生皮肤型鸡痘较多,在冬季则以黏膜型鸡痘为多。病鸡脱落和破散的痘痂是散布病毒的主要形式。它主要通过皮肤或黏膜的伤口感染,不能经健康皮肤感染,亦不能经口感染。库蚊、疟蚊和按蚊等吸血昆虫在传播本病中起着重要的作用。打架、啄毛、交配等造成外伤,鸡群过分拥挤、通风不良,鸡舍阴暗潮湿,体外寄生虫,营养不良,缺乏维生素及饲养管理太差等,均可促使本病的发生和加剧病情。如有传染性鼻炎、慢性呼吸道病等并发感染,可造成大批死亡。

病毒到达皮肤和黏膜后,首先在上皮细胞中繁殖,引起细胞增生并发生空泡变性,产生痘疹结节。由于病毒在上皮细胞内复制可引起血管内膜损伤和血栓形成,从而导致局部缺血而诱发变性和坏死。在结节中,变性的上皮细胞液化,表层上皮细胞角化。随后异嗜性粒细胞从血管渗入真皮。结节与基层分离,干燥结痂而脱落。黏膜的病变常因继发细菌感染而发生化脓和坏死,形成大量含纤维蛋白的覆盖物。鼻孔周围皮肤的损伤可引起鼻液流出,眼睑的病变会引起严重的流泪,有时还会继发细菌感染。

二、病理变化

鸡痘的潜伏期约 4～10 d。

1. 皮肤型鸡痘

(1)眼观病变 特征性病变是在身体无或少毛部位,特别是在鸡冠、肉髯、眼睑和喙角,亦可出现于泄殖腔的周围、翼下、腹部及腿等处,形成小米粒至黄豆粒大痘疹。初期呈灰白色稍隆起的小结节,渐次成为带红色的小丘疹,很快增大如绿豆大痘疹,呈黄色或灰黄色,凹凸不平,呈干硬结节,有时和邻近的痘疹互相融合,形成干燥、粗糙呈棕褐色的大的疣状结节,突出皮肤表面。痂皮可以存留 3～4 周之久,以后逐渐脱落,留下一个平滑的灰白色疤痕。局灶性皮肤表皮及其下层的毛囊上皮增生,形成结节。结节起初表现湿润,后变为干燥,外观呈圆形或不规则形，皮肤变得粗糙，呈灰色或暗棕色。结节干燥前切开切面出血、湿润，结节结痂后易脱落，出现瘢痕。

(2)镜检病变　皮肤痘疹的早期病变为表皮细胞增生和水疱变性，表皮层明显增厚并角化过度。变性表皮细胞的胞浆内可见包涵体，又称 Bollinger 氏体。以后有些水疱变性的细胞可发生崩解，局部形成小水疱，有些则发生坏死；真皮血管充血，其周围有淋巴细胞、巨噬细胞和异嗜性粒细胞浸润。痘疹发生坏死后，其周围形成分界性炎，坏死物腐离，局部缺损经组织再生而修复。

2. 黏膜型鸡痘

(1)眼观病变　病变出现在口腔、鼻、咽、喉、眼或气管黏膜上。于黏膜表面形成稍隆起的白色结节(附图 4-22)，结节迅速增大，常融合成黄色、奶酪样坏死的伪白喉或白喉样膜。此膜不易剥离，若将其剥去可形成出血糜烂或溃疡，炎症蔓延可引起眶下窦肿胀和食管发炎。

(2)镜检病变　镜检病变与皮肤痘疹相似，初期为黏膜上皮的增生和水疱变性，上皮细胞胞浆内可见包涵体，并有小水疱形成；以后病变部常因继发感染而有明显的炎症反应和凝固性坏死，炎性渗出物和坏死组织融合形成一层假膜。坏死可波及整个黏膜层，有的甚至达黏膜下组织。假膜下充血、出血和异嗜性粒细胞浸润都十分明显。

3. 败血型鸡痘

其剖检变化表现为内脏器官萎缩，肠黏膜脱落。若鸡痘病毒整合有网状内皮细胞增殖症病毒，则会继发该病毒感染，可见腺胃肿大及肌胃角质膜糜烂、增厚等腺胃炎病变。

三、病理诊断

根据发病情况，病鸡的冠、肉髯和其他无毛部分的结痂病灶，以及口腔和咽喉部的白喉样假膜，可做出初步诊断。确诊则有赖于实验室检查。

皮肤型鸡痘易与生物素缺乏相混淆。生物素缺乏时，因皮肤出血而形成结痂，其结痂小，而鸡痘结痂较大。

黏膜型鸡痘易与传染性鼻炎相混淆。传染性鼻炎时上下眼睑肿胀明显，用磺胺类药物治疗有效；而黏膜型鸡痘时上下眼睑多黏合在一起，眼肿胀明显，用磺胺类药物治疗无效。

白色念珠菌和毛滴虫的感染与白喉型禽痘引起的口腔黏膜病变相似，但形成的假膜附着程度有很大差异。白色念珠菌、毛滴虫的感染，病变是较松脆的干酪样物，容易剥离，且剥离后不留痕迹。

第九节　禽传染性脑脊髓炎

禽传染性脑脊髓炎(avian encephalomyelitis，AE)，俗称流行性震颤(epidemic tremor)，是一种主要侵害雏鸡的病毒性传染病，以共济失调和头颈震颤为主要特征。

此病主要见于 3 周龄以内的雏鸡。虽然出雏时有较多的弱雏并可能有一些病雏，但有神经症状的病雏大多在 1～2 周龄出现。病雏最初表现为迟钝，继而出现共济失调，表现为雏鸡不愿走动而蹲坐在自身的跗关节上，驱赶时可勉强以跗关节着地走路，走动时摇摆不定，向前猛冲后倒下。或出现一侧或双侧腿麻痹，一侧腿麻痹时，走路跛行；双侧腿麻痹则完全不能站立，双腿呈一前一后的劈叉姿势，或双腿倒向一侧。肌肉震颤大多在出现共济失调之后才发生，在腿、翼尤其是头颈部可见明显的阵发性震颤，频率较高，在病鸡受惊扰（如给水、加料、倒提）时更为明显。部分存活鸡可见一侧或两侧眼的晶状体浑浊或浅蓝色褪色，眼球增大及失明。产蛋鸡感染后，除了一时性产蛋下降外，一般无明显临床症状。

一、病原和发病机理

禽传染性脑脊髓炎病毒（*Avian encephalomyelitis virus*）属于小 RNA 病毒科（*Picornaviridae*）肠道病毒属（*Enterovirus*）。病毒粒子具有六边形轮廓，无囊膜，直径 24～32 nm。

各病毒株对组织的趋向性及致病性虽有不同，但在物理、化学和血清学上都与原型 Van Roekel 毒株无差异。禽传染性脑脊髓炎病毒各毒株大都为嗜肠性，但有些毒株是嗜神经性的，此种病毒株对鸡的致病性则较强。通常野毒株可在易感鸡胚卵黄囊发育，但对鸡胚是非致死性的。

鸡胚适应毒株（Van Roekel）通过非胃肠途径接种，可引起各种年龄鸡出现症状。用 Van Roekel 毒株接种易感鸡胚出现特征性病变，如胚胎萎缩，爪卷曲，肌营养不良、萎缩和脑软化等，接种 3～4 d 后鸡胚脑中可检出病毒，高峰滴度出现于接种后 6～9 d。

自然感染见于鸡、雉、火鸡、鹌鹑、珍珠鸡等，其中鸡对本病最易感。本病各个日龄均可感染，但一般雏禽才有明显症状，具有明显的日龄抵抗性。

在传播方式上本病以垂直传播为主，也能通过接触进行水平传播。产蛋鸡感染后，一般无明显临床症状，但在感染急性期可将病毒排入蛋中，这些蛋虽然大都能孵化出雏鸡，但雏鸡在出壳时或出生后数日内呈现症状。这些被感染的雏鸡粪便中含有大量病毒，可通过接触感染其他雏鸡，造成重大经济损失。本病流行无明显的季节性，一年四季均可发生，以冬春季节稍多。发病及死亡率因鸡群易感鸡的多少、病原的毒力高低及发病的日龄大小而有所不同。雏鸡发病率一般为 40%～60%，死亡率 10%～25%，甚至更高。

病鸡通常不出现明显的病毒血症，但可从脑和脊髓内分离出病毒，其病变也主要集中在中枢神经系统，尤以延脑、小脑和脊髓的病变明显，因此直接破坏了运动反射弧的中枢部分，引起共济失调、震颤和麻痹等症状。

二、病理变化

1. 眼观病变

病鸡唯一可见的肉眼变化是腺胃的肌层有细小的灰白区（由于大量淋巴细胞浸润所致），个别雏鸡可发现小脑水肿。

2. 镜检病变

组织学变化表现为非化脓性脑炎，包括大脑、中脑、小脑、延脑和脊髓神经细胞的变质性变化、血管反应和胶质细胞增生。

变质性变化表现为神经细胞变性和神经组织出现小软化灶。变性的神经细胞肿大、淡染或浓缩，有的出现中央染色质溶解，即胞浆中央部位染色变浅或呈空白区，严重时胞核也淡染或消失，细胞边缘深染且致密。这一变化在中枢神经系统普遍存在，尤以中脑的圆形核、卵圆核中的神经细胞以及延脑和脊髓的大型神经细胞最为明显。一些变性严重的神经细胞和局部神经组织可发生坏死、液化，形成小软化灶。

电镜下病变神经细胞的核内染色质减少、边集；线粒体高度扩张，嵴断裂或消失，甚至整个线粒体崩解；粗面内质网扩张、破裂、溶解，特别在近核处明显，这与光镜所见的中央染色质溶解相吻合；在病变神经细胞的胞浆细胞器崩解消失处见散在或聚集存在的病毒颗粒。

中枢神经出现局灶性毛细血管增生，多处见有小血管充血、水肿以及围管性细胞浸润。浸润的细胞以淋巴细胞为主，也有数量不等的浆细胞和单核巨噬细胞，在血管周围少则散在或一二层，多则几层、十几层，形成管套。

胶质细胞弥漫性增生和局灶性增生。增生的胶质细胞可出现在变性神经细胞周围形成卫星现象，或吞噬坏死的神经细胞形成噬神经元现象，还可由数量多少不等的胶质细胞聚集成胶质细胞结节。此类结节早期主要是具有吞噬能力的小胶质细胞，后期则以星形胶质细胞为主，以修复与填充组织缺损。

此外尚有心肌、肌胃肌层和胰脏淋巴小结的增生、聚集以及腺胃肌肉层淋巴细胞浸润。

三、病理诊断

根据疾病仅发生于3周龄以下的雏鸡，无明显肉眼变化，偶见脑水肿，而以瘫痪和头颈震颤为主要症状，药物防治无效，种鸡曾出现一过性产蛋下降等，即可做出初步诊断。确诊时需进行病毒分离、荧光抗体试验、琼脂扩散试验及酶联免疫吸附试验。

传染性脑脊髓炎在症状上易与新城疫、维生素 B_1 缺乏症、维生素 B_2 缺乏症、维生素 E 和微量元素硒缺乏症、聚醚类抗生素中毒（如马杜拉霉素）、氟中毒等相混淆，应注意鉴别诊断。

鸡新城疫可使雏鸡群出现较高的死亡率，也可能有瘫痪等神经症状，但新城疫常有明显的呼吸道症状；中枢神经系统新城疫观察不到圆形或卵圆形神经核胶质的增生，前胃肌层的淋巴细胞灶和胰腺的淋巴滤泡增多。

由营养障碍所致的脑软化一般比禽脑脊髓炎晚出现2～3周，在组织学方面可引起严重退行性病变，也与AE不相似；且鸡群在补充相应的营养元素后，一般不再出现新的病例，部分轻症的病鸡可以康复。

鸡马立克氏病的发病日龄较AE更晚些，鉴别没有困难。

第十节 鸡传染性鼻炎

鸡传染性鼻炎（infectious coryza, IC）是由副鸡嗜血杆菌所引起的鸡的一种急性上呼吸道传染病。其主要特征为急性卡他性鼻炎、结膜炎、流鼻涕、脸部肿胀和打喷嚏。

鸡传染性鼻炎由 Beach 于1920年首次在美国报道，De Bliech 于1932年分离到病原体，随后在不少国家相继发生。本病目前遍布世界各地，我国也有广泛流行。

本病发病率虽高，但死亡率较低，尤其是在流行的早、中期鸡群很少有死鸡出现。但在鸡群恢复阶段，死淘增加，但不见死亡高峰。这部分死淘鸡多属继发感染所致。一般常见症状为鼻孔先流出清液，以后转为浆液黏性分泌物，有时打喷嚏，颜面肿胀，眼结膜炎，眼睑肿胀。食欲及饮水减少，或有下痢，体重减轻。病鸡精神沉郁，缩头，呆立。仔鸡生长不良，成年母鸡产蛋下降，公鸡肉髯常见肿大。如炎症蔓延至下呼吸道，则呼吸困难，病鸡常摇头欲将呼吸道内的黏液排出，并有啰音。咽喉亦可积有分泌物，最后常窒息而死。

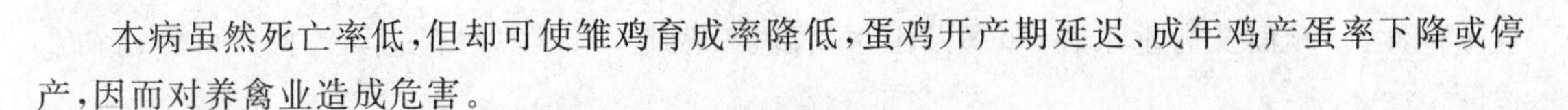

本病虽然死亡率低，但却可使雏鸡育成率降低，蛋鸡开产期延迟、成年鸡产蛋率下降或停产，因而对养禽业造成危害。

一、病原和发病机理

副鸡嗜血杆菌（*Haemophilus gallinarum*）呈多形性，在初分离时为一种革兰氏阴性的小球杆菌，两极染色，不形成芽孢，无荚膜无鞭毛，不能运动。24 h 的培养物，菌体为杆状或球杆状，大小为(0.4～0.8)μm×(1.0～3.0)μm，并有成丝的倾向。培养 48～60 h 后发生退化，出现碎片和不规则的形态，此时将其移到新鲜培养基上可恢复典型的杆状或球杆状状态。

鸡是此菌的自然宿主，本病发生于各种年龄的鸡，老龄鸡感染较为严重。7 日龄的雏鸡，鼻腔内人工接种此菌常可发生本病，而 3～4 日龄的雏鸡则稍有抵抗力。4 周龄至饲养 3 年的鸡易感。人工感染 4～8 周龄小鸡有 90%出现典型的症状。13 周龄和大些的鸡则 100%感染。在较老的鸡中，潜伏期较短，而病程长。雉鸡、珠鸡、鹌鹑偶然也能发病。

病鸡及隐性带菌鸡是传染源，而慢性病鸡及隐性带菌鸡是鸡群中发生本病的重要原因。其传播途径主要以飞沫及尘埃经呼吸道传染，但也可通过污染的饲料和饮水经消化道传染。

本病的发生与一些能使机体抵抗力下降的诱因密切相关。如鸡群拥挤、不同年龄的鸡混群饲养、通风不良、鸡舍闷热、氨气浓度大、鸡舍寒冷潮湿、缺乏维生素 A、受寄生虫侵袭等都能促使鸡群严重发病。鸡群接种禽痘疫苗引起的全身反应，也常常是传染性鼻炎的诱因。本病多发于冬秋两季，这可能与气候和饲养管理条件有关。

二、病理变化

1. 眼观病变

本病最具特征的病理变化是鼻腔、鼻窦和眼结膜的浆液性、卡他性、脓性卡他性炎。病初，患鸡鼻腔和鼻窦黏膜充血、肿胀并有浆液渗出。眼结膜充血、肿胀，眼睑水肿、流泪。继而颜面肿胀，肉垂水肿。随后炎症转化为卡他性炎和化脓性炎，鼻腔、鼻窦黏膜被大量黏液性脓性渗出物覆盖。炎性分泌物不断增加和积蓄，使眶下窦、鼻窦肿胀、隆起。鼻腔中亦因潴留大量黏液性、脓性或干酪样物而堵塞鼻腔，使病鸡出现轻度呼吸困难和不断甩头。结膜囊中充满了黏液性、脓性或干酪样物，造成上下眼睑粘连，结膜炎可进一步蔓延到角膜，导致溃疡性角膜炎、眼内炎和巩膜穿孔，引起失明。若病变波及下呼吸道，则引起相应的炎症，气管及支气管黏膜上常覆盖黏稠的黏液性、脓性渗出物，继而渗出物变为干酪样物而堵塞气道。病鸡有时见气囊炎及支气管性肺炎的变化。本病有时与传染性支气管炎、传染性喉气管炎、败血型支原体病及鸡痘并发感染，造成疾病的复杂化。

2. 镜检变化

鼻腔和鼻窦的主要变化为黏膜和腺上皮脱落、崩解和增生，黏膜固有层水肿和充血，并伴有异嗜性粒细胞和淋巴细胞浸润。下呼吸道受损时，主要呈急性卡他性支气管肺炎，在二级和三级支气管的管腔内充满异嗜性粒细胞及其碎片；肺泡上皮细胞肿大、增生。气囊的卡他性炎症以浆膜细胞肿大、增生为特征，并伴有水肿和异嗜性粒细胞大量浸润。

三、病理诊断

根据本病仅发生于鸡，且发病急、传染快、病程短、很少死亡，病鸡鼻腔、鼻窦及眼结膜的急性卡他性炎，颜面及肉垂水肿，鼻窦及眶下窦肿胀、隆起，鸡群中常有恶臭等特点可做出初步诊断。

本病常有并发感染，在诊断时必须要考虑与其他细菌和病毒混合感染的可能，因此确诊需作细菌分离培养和血清学鉴定。

本病应与慢性呼吸道病、黏膜型鸡痘、禽流感、传染性支气管炎、传染性喉气管炎和维生素A缺乏症等病鉴别诊断。

(1)慢性呼吸道病　发病率低、传播速度慢，肺部有啰音，鼻腔流出泡沫样液体；气囊增厚、浑浊，内有纤维素样或干酪样物。鼻腔、眶下窦及腭裂蓄积多量黏液或干酪样物。但眶下窦少见隆起。

(2)黏膜型鸡痘　呼吸及吞咽困难，口腔及咽喉部黏膜出现痘疹及假膜形成；少毛或无毛处的皮肤上出现痘疹，坏死后有痂皮。但上呼吸道无明显病变。多窒息死亡。

(3)禽流感　有时出现气喘、咳嗽、呼吸困难及下痢。鸡冠有坏死灶，颜面及下颌皮下水肿，呈胶冻样，脚部鳞片出血。全身浆膜、黏膜及内脏严重出血，腺胃乳头出血，胸肌、胸骨内面、心冠脂肪及腹壁脂肪有散在出血点。脾、肾及胰脏见灰黄色小坏死点。心肌出现淡黄色、条纹状坏死，心包增厚。但鼻窦、眶下窦无明显变化。

(4)传染性支气管炎　呼吸时发出异常声音，气管及支气管黏液增多，其黏膜因变性充血而肿胀，并见出血点。肾型病例其肾呈花斑肾，尿酸盐沉积。腺胃肿胀增厚，其黏膜出血并有溃疡。但上呼吸道及眶下窦无明显变化。

(5)传染性喉气管炎　咳出带血的黏液，喉头、气管出血，有多量黏液。喉黏膜部位有纤维素性假膜。鼻腔及鼻窦、眶下窦无明显变化。

(6)维生素A缺乏症　眼睑肿胀、角膜软化或穿孔，眼球凹陷、失明，结膜囊内蓄积干酪样物，口腔、咽、食道黏膜有白色小结节。有时小结节融合成片，形成假膜，有时假膜扩展到嗉囊。眶下窦、鼻窦无明显变化。

第十一节　禽慢性呼吸道病

禽慢性呼吸道病(chronic respiratory disease，CRD)又称禽呼吸道霉形体病，是由鸡败血霉形体感染所引起的鸡和火鸡的一种慢性呼吸道传染病。其病理特征为上呼吸道及其附近窦黏膜发生炎症，并常蔓延到气管和气囊等处。

病鸡先是流稀薄或黏稠鼻液，打喷嚏，鼻孔周围和颈部羽毛常被沾污。其后炎症蔓延到下呼吸道，即出现咳嗽、呼吸困难、呼吸有气管啰音等症状。病鸡食欲不振，体重减轻消瘦。后期，如果鼻腔和眶下窦中蓄积渗出物，则引起眼睑肿胀，眶下窦隆起、发硬，眼部突出如金鱼眼状。眼球受到压迫，发生萎缩、失明，可以侵害一侧眼睛，也可能两侧同时发生。病鸡食欲不振，体重减轻。母鸡常产出软壳蛋，同时产蛋率和孵化率下降，后期常蹲伏一隅，不愿走动。公鸡的症状常较明显。在肉用仔鸡和火鸡可见严重的气囊炎、咳嗽、啰音和生长不良。本病在成年鸡多呈散发，幼鸡群则往往大批流行，特别是冬季最严重。火鸡的症状基本上与鸡相似，常见的症状是窦炎、鼻炎和呼吸困难。

据调查，本病在我国的一些大中型鸡场均有不同程度的发生，感染率达20%～70%，病死率的高低决定于管理条件和有否继发感染，一般达20%～30%。本病的危害还在于使病鸡生长发育不良，胴体降级，成年鸡的产蛋量减少，饲料的利用率下降，同时病原体还能通过隐性感染的种鸡经卵传递给后代，这种垂直传播可造成本病代代相传。

一、病原和发病机理

鸡败血霉形体(*Mycoplasma gallisepticum*，MG)是霉形体属内的致病种。到目前为止，这个种只发现1个血清型，但各个分离株之间的致病性和抗原性存在差异。一般分离株主要侵犯呼吸道，但也有对于火鸡脑有趋向性的，如S6株；有的对火鸡足关节有趋向性，如A514株。鸡败血霉形体具有一般霉形体形态特征，一般呈球形，大小0.25～0.5 μm。革兰氏染色弱阴性，姬姆萨染色效果较好，培养要求比较复杂，培养基中需含有10%～15%的鸡、猪或马血清。菌落微小、光滑、圆形、透明，具有致密突起的中心。

本病主要感染鸡和火鸡，各种年龄的鸡和火鸡都能感染本病，珠鸡、鸽、鸭、鹌鹑、松鸡、野鸡和孔雀也可感染，某些哺乳动物可呈混合型感染。鸡以4～8周龄最易感，火鸡多见于5～16周龄。纯种鸡较杂交鸡严重，成年鸡常为隐性感染。

本病的传播方式有水平传播和垂直传播两种。水平传播是病鸡通过咳嗽、喷嚏或排泄物污染空气，经呼吸道传染，也能通过饲料或水源由消化道传染，也可经交配传播。垂直传播是由隐性或慢性感染的种鸡所产的带菌蛋，可使14～21日龄的胚胎死亡或孵出弱雏，这种弱雏因带病原体又能引起水平传播。

本病在鸡群中流行缓慢，仅在新疫区表现急性经过。当鸡群遭到其他病原体感染或寄生虫侵袭，以及影响鸡体抵抗力降低的应激因素(如预防接种、卫生不良、鸡群过分拥挤、营养不良、气候突变等)时，均可促使本病的发生和流行。带有本病病原体的幼雏，用气雾或滴鼻的途径免疫时，能诱发致病。本病一年四季均可发生，但以寒冷的季节流行较严重。

病原体一旦侵入鸡体后，首先引起鼻腔的炎症，由于黏膜充血和浆液渗出，遂出现流鼻液和打喷嚏。继而因鼻黏膜腺体分泌增强，鼻腔充斥大量黏液。随后炎症部位扩大至鼻邻近组织和眶下窦、气管、支气管、肺和气囊等处。因气管内积存多量炎性渗出物，故而出现呼吸啰音。呼吸道内大量炎性渗出物的蓄积使空气进出受阻和呼吸容量减少，从而出现明显的呼吸困难。本病的潜伏期在人工感染约4～21 d，自然感染可能更长。

二、病理变化

1. 眼观病变

肉眼可见的病变主要是呼吸道炎症和气囊炎。鼻腔、气管、支气管和气囊中有渗出物，气管黏膜常增厚。胸部和腹部气囊的变化明显，早期为气囊膜轻度浑浊、水肿，表面有增生的结节性病灶，外观呈念珠状。随着病情的发展，气囊膜增厚，囊腔中含有大量干酪样渗出物(附图4-23)，有时能见到一定程度的肺炎病变。在严重的慢性病例中，眶下窦黏膜发炎，窦腔中积有浑浊黏液或干酪样渗出物，致使眶下窦肿胀(图4-1)，炎症蔓延到眼睛，往往可见一侧或两侧眼部

图4-1　鸡慢性呼吸道病——眶下窦肿胀，窦内充满干酪样渗出物

肿大，眼球破坏，剥开眼结膜可以挤出灰黄色的干酪样物质。

一般情况下，其他脏器无明显病变。严重者常发生纤维素性或纤维素性化脓性心包炎、肝周炎和气囊炎，此时经常可以分离到大肠杆菌。出现关节症状时，尤其是跗关节、关节周围组织水肿，关节液增多，开始时清亮而后浑浊，最后呈黏稠的奶油状。

2. 镜检病变

呼吸道黏膜增厚，黏膜固有层充血、水肿，单核细胞、淋巴细胞浸润，黏液腺增生，淋巴组织局灶性增生。气管、支气管黏膜表面覆盖有渗出物。气囊发生纤维素性炎症。眼结膜上皮细胞增生，上皮下组织水肿，淋巴细胞、浆细胞显著增生，形成生发中心。

三、病理诊断

根据本病的流行情况、临床症状和病理变化，可做出初步诊断。本病在临床上应注意与鸡的传染性支气管炎、传染性喉气管炎、新城疫、雏鸡曲霉菌病、禽霍乱等相鉴别。火鸡出现窦炎时，要注意与衣原体感染的鉴别诊断。禽霉形体病的确诊或对隐性感染的种禽进行检疫，必须进行病原的分离培养和血清学试验。

第十二节 鸡葡萄球菌病

鸡葡萄球菌病(avian staphylococcosis)是由金黄色葡萄球菌所引起的禽类的一种急性或慢性非接触性细菌性疾病。本病在家禽中很常见，临床特征为脐炎、急性败血症及坏疽性皮炎、气囊炎、心内膜炎、关节炎和滑膜炎。发病幼雏和中雏的病死率很高。

新生雏鸡因感染金黄色葡萄球菌可发生脐炎，在1～2 d内死亡。临床表现为脐孔发炎肿大，腹部膨胀(大肚脐)等，与大肠杆菌所致脐炎相似。

败血症型鸡葡萄球菌病病鸡生前没有特征性临床表现，一般可见病鸡精神沉郁、食欲下降，低头缩颈呆立。病后1～2 d死亡。当病鸡在濒死期或死后可见到鸡体的外部表现，在鸡胸腹部、翅膀内侧皮肤，有的在大腿内侧、头部、下颌部和趾部皮肤，可见皮肤湿润、肿胀、灰黑色，相应部位羽毛潮湿易掉。

成年鸡和肉种鸡的育成阶段多发生关节炎型的鸡葡萄球菌病。本型病鸡多发生于跗关节，关节肿胀，有热痛感，病鸡站立困难，以胸骨着地，行走不便，跛行，喜卧。有的出现趾底肿胀，溃疡结痂；肉垂肿大出血，冠肿胀有溃疡结痂。

发生鸡痘可继发葡萄球性眼炎，导致眼睑肿胀，有炎性分泌物，结膜充血、出血等。

一、病原和发病机理

在葡萄球菌中，唯一对家禽有致病力的是金黄色葡萄球菌(*Staphylococcus aureus*)。典型的致病性金黄色葡萄球菌是革兰氏阳性球菌。在固体培养基上培养的细菌呈葡萄串状排列，在液体培养基中可能呈短链状，培养物超过24 h，革兰氏染色可能呈阴性。在固体培养基上培养24 h，金黄色葡萄球菌形成圆形、光滑的菌落，直径约1～3 mm。金黄色葡萄球菌是需氧菌，兼性厌氧菌，β溶血，凝固酶阳性，能发酵葡萄糖和甘露醇，并能液化明胶。

金黄色葡萄球菌的抗原性复杂，有些菌种的荚膜是由氨基葡萄糖醛酸、氨基甘露糖醛酸、溶菌素、谷氨酸、甘氨酸、丙氨酸等组成;有些菌株含葡糖胺,有的菌种由线状的核酸醇磷壁酸、N-乙酰葡糖胺和 *D*-丙氨酸组成的多糖-A 等组成;细胞壁中含有一种能与免疫球蛋白的 Fc 片段发生非特异性反应的蛋白-A(可能与毒力有关)。其他与致病力和毒力有关的因子包括:透明质酸酶(扩散因子)、脱氧核糖核酸酶、溶纤维蛋白酶、脂酶、蛋白酶、溶血素、杀白细胞素、皮肤坏死素、表皮脱落素以及肠毒素等。

葡萄球菌在健康鸡的羽毛、皮肤、眼睑、结膜、肠道中均有,也是养鸡饲养环境、孵化车间和禽类加工车间的常在微生物。本病发生有如下特点:本病的发生与鸡的品种有明显关系。肉种鸡及白羽产白壳蛋的轻型鸡种易发、高发,而褐羽产褐壳蛋的中型鸡种则很少发生。即使条件相同,后者较前者发病要少得多。肉用仔鸡对本病也较易感。另一特点是本病发生的时间是在鸡 40～80 日龄多发,成年鸡发生较少。另外,地面平养、网上平养较笼养鸡发生得多。

本病发生与外伤有关,凡是能够造成鸡只皮肤、黏膜完整性遭到破坏的因素,如啄伤、网伤、刺种、断啄、带翅号及患鸡痘等,均可成为发病的诱因。此外,饲养管理水平、环境污染程度、饲养密度等因素也是本病发生的诱因。

二、病理变化

1. 眼观病变

(1)败血症型 病死鸡胸腹、翅腿内外部皮肤灰黑色肿胀,羽毛断裂脱落且有恶臭液体渗出,切开皮肤见皮下有数量不等的紫红色液体,皮下组织及肌肉出血、溶血形同红布。有的病死鸡皮肤无明显变化,但局部皮下(胸、腹或大腿内侧)有灰黄色胶冻样水肿液。内脏器官(如肝脏、脾脏及肾脏)可见大小不一的黄白色坏死点,腺胃黏膜有弥漫性出血和坏死。一侧或两侧肺脏呈黑紫色,质度软如稀泥。

(2)关节炎型 见关节肿胀处皮下水肿,关节液增多,关节腔内有白色或黄色絮状物,趾尖坏死、干缩。

(3)雏鸡脐炎 脐孔愈合不良、肿胀、液体渗出,或脐带干枯灰黑色不予脱落呈钉脐状,剖检卵黄吸收不良、液化或呈灰黑色,有时因卵黄破裂而引起卵黄性腹膜炎。

2. 镜检病变

肝细胞变性坏死,枯否氏细胞局灶性增生,也可见到坏死,窦状隙中可见凝血现象。在感染早期,关节滑膜和腱鞘因圆形滑膜细胞增生而呈灶状增厚,以后见明显的异嗜性粒细胞浸润和葡萄球菌团块。

脾脏白髓消失,或滤泡坏死;红髓高度充血,淋巴细胞减少,网状细胞增生并吞噬红细胞,小血管内有凝血。

三、病理诊断

根据发病特点、临床症状、病理变化等情况,可做出初步诊断。确诊需进行金黄色葡萄球菌的实验室分离与鉴定。

第十三节 禽曲霉菌病

禽曲霉菌病(avian aspergillosis)是曲霉菌属真菌所引起多种禽类的真菌病,主要侵害呼吸器官。本病的特征是形成肉芽肿结节，在禽类以肺及气囊发生炎症和小结节为主，故又称曲霉菌性肺炎。

病禽可见呼吸困难、喘气、张口呼吸，精神委顿，常缩头闭眼，流鼻液，食欲减退，口渴增加，消瘦，体温升高，后期表现腹泻。食管黏膜有病变的病例，表现吞咽困难。病程一般在1周左右。禽群发病后如不及时采取措施，死亡率可达50%以上。放养在户外的家禽对曲霉菌的抵抗力很强，几乎能避免传染。

有些雏鸡可发生曲霉菌性眼炎，通常是一侧眼的瞬膜下形成一黄色干酪样小球，致使眼睑鼓起。有些鸡还可见角膜中央形成溃疡。

一、病原和发病机理

一般认为曲霉菌属中的烟曲霉（*Aspergillus fumigatus*）是常见的致病力最强的主要病原，黄曲霉（*A. flavus*）、构巢曲霉（*A. nidulans*）、黑曲霉（*A. niger*）和土曲霉（*A. terreus*）等也有不同程度的致病性。偶尔也可从病灶中分离到青霉菌、白霉菌等。这些霉菌和它们产生的孢子在自然界中分布很广，如稻草、谷物、木屑、发霉的饲料以及墙壁、地面、用具和空气中都可能存在。

曲霉菌的形态特征是分生孢子呈串珠状，在孢子柄膨大端形成烧瓶形的顶囊，囊上呈放射状排列。烟曲霉的菌丝呈圆柱状，色泽由绿色、暗绿色至熏烟色，在沙堡弱氏葡萄糖琼脂培养基上，菌落直径3～4 cm，扁平，最初为白色绒毛状结构，逐渐扩延，迅速变成浅灰色、灰绿色、熏烟色以及黑色。

曲霉菌可引起多种禽类发病，鸡、鸭、鹅、火鸡、鹌鹑、鸽及多种鸟类（水禽、野鸟、动物园的观赏禽等）均有易感性，以幼禽易感性最高，特别是20日龄以内的雏禽呈急性暴发和群发性发生，而成年家禽则常常散发。出壳后的幼雏在进入曲霉菌严重污染的育雏室或装入被污染的装雏器内而感染，48 h后即可开始发病和死亡。4～12日龄是本病流行的最高峰，以后逐渐减少，至1月龄时基本停止。如果饲养管理条件不好，流行和死亡可一直延续到2月龄。

污染的木屑垫料、空气和发霉的饲料是引起本病流行的主要传染源，其中可含有大量烟曲霉菌孢子。曲霉菌的孢子广泛存在于自然界，家禽在污染的环境里带菌率很高。病菌主要是通过呼吸道和消化道传染的。育雏阶段的饲养管理、卫生条件不良是引起本病暴发的主要诱因，育雏室内温差大、通风换气不好、过分拥挤、阴暗潮湿以及营养不良等因素都能促使本病的发生和流行。同样，孵化环境阴暗、潮湿、发霉甚至孵化器发霉等，都可能使种蛋污染，引起胚胎感染，出现死亡或幼雏过早感染发病。

曲霉菌产生的毒素是主要的致病因素。烟曲霉菌的某些菌株可产生烟曲醌（fumigtin）、烟曲霉素（fumigallin）及烟曲酸（fumigactin）等；黑曲霉菌可产生黑曲霉素或畸形素（malformin）；黄曲霉菌可产生黄曲霉毒素。毒素在体内不仅可使肺部产生病变，而且引起肝的损害，以致发生肝硬化和诱发肝癌。烟曲霉素能引起雏鸡脑充血、水肿和软化，产生一系列神经症状。曲霉菌所致的肺病变可能还与变态反应有关。

二、病理变化

肺的病变最为常见，肺充血，切面上流出灰红色泡沫样液体。在胸腹膜、肺脏和气囊形成数量不等、粟粒大至绿豆粒大的结节，结节呈灰白或淡黄色，质地较硬，切面呈同心圆轮层状干酪样。显微镜检查,见结节周边为淋巴细胞、多核巨细胞和成纤维细胞构成的肉芽组织,中央为干酪样坏死区,内含大量的霉菌菌丝。肺有多发性的支气管肺炎病灶和肉芽肿,病灶中可见分节清晰的霉菌菌丝、孢子囊及孢子。

可在气囊、气管、支气管、肺脏及腹膜表面形成大小不一的霉菌斑,菌斑上有灰绿色粒状物或绒球状物。

此外,有时在眼睑内、肝、脾、肾、消化系统乃至神经系统表面也能发现类似的结节或菌斑病变。腺胃胃壁增厚,乳头肿胀。

三、病理诊断

临床上有诊断意义的是由呼吸困难所引起的各种症状,但应注意和其他呼吸道疾病相区别。单凭临床诊断还有困难,所以在鸡场中诊断本病还要依靠流行病学调查,主要是呼吸道感染,不卫生的环境条件,特别是发霉的垫料、饲料和病理剖检(特征是肺和气囊膜有大小不等的结节性病灶,或伴有肺炎)。本病的确切诊断可以采取病禽肺或气囊上的结节病灶,做压片镜检或分离培养鉴定。只要在可疑病禽的病变组织中观察到或分离出曲霉菌,即可确诊为禽曲霉菌病。

第十四节 禽球虫病

球虫病(coccidiosis)是由球虫所引起的常见原虫病。禽球虫病是养禽生产中重要的和常见的且危害十分严重的寄生虫病,它造成的经济损失是惊人的,雏禽的发病率和致死率均较高。病愈的雏禽生长受阻,增重缓慢;成年家禽多为带虫者,但增重和产蛋能力降低。

一、发病机理

球虫病的发生与球虫的毒力、感染量、球虫活力、宿主的敏感性等有关。拥挤、围栏饲喂伴发的高污染率以及饲养密度过大,都可使动物易受感染。

随粪便排出的球虫卵囊,在外界适宜的温度和湿度条件下进行孢子生殖(sporogony),约经 1～2 d 发育成感染性卵囊。这种卵囊被家禽吃了以后在体内进行裂体生殖(无性繁殖)和配子生殖(有性繁殖),即子孢子游离出来,钻入肠上皮细胞内发育成裂殖子、配子、合子。合子周围形成一层被膜,以卵囊形式被排出体外。球虫在机体内进行生命活动的过程中对机体产生的损害作用主要是机械性的损伤和化学作用,即对所寄生细胞的大量破坏以及虫体代谢产物的毒性作用。成熟的孢子化卵囊进入消化道,孢子囊脱出,在胰酶和胆汁共同作用下,子孢子脱囊而出,随食糜到达其特异性寄生部位,钻入肠上皮细胞内发育成为滋养体,经裂殖生殖形成大量的裂殖子破坏肠上皮细胞,导致血管破裂,肠上皮细胞崩解,从而影响肠黏膜的完整性,失去屏障作用,引起消化机能紊乱,营养物质不能吸收,故而出现临床上所见的贫血、消瘦、血痢等症状。感染严重时,由于继发肠道感染,从而引起炎症,以及肠道出血、肠芯和肠壁变薄等病理变化。大量破坏的肠上皮细胞在微生物作用下发生腐败分解,以及虫体死亡、崩解等产生大量有毒物质,被机体吸收后常造成自体中毒,从而在临床上表现为精神委顿、食欲下降、运动失调、昏迷等全身中毒症状,严重者陷于体力衰竭而死亡。

球虫感染对机体的影响主要为绒毛萎缩诱发的吸收障碍，黏膜糜烂与溃疡引起的渗出性肠炎，可诱发贫血、低蛋白血症与脱水。组织损伤和肠道机能的变化可造成各种有害细菌的侵入和繁殖，如产气荚膜梭状芽孢杆菌（可导致坏死性肠炎）或伤寒沙门氏菌的继发感染。

免疫抑制疾病与球虫病并发会导致更严重的疾病。马立克氏病可能干扰机体对球虫免疫力的形成，而传染性法氏囊炎则加剧球虫病的发生。

二、鸡球虫病

鸡球虫病是一种世界性分布的寄生性原虫病，对雏鸡的危害十分严重，可引起贫血、消瘦和血痢等症状，雏鸡发病率最高，死亡率可高达 80%以上。病愈鸡的生长发育受阻，增重和产卵均受到影响。

病鸡精神沉郁，羽毛蓬松，头蜷缩，食欲减退，嗉囊内充满液体，鸡冠和可视黏膜贫血、苍白，逐渐消瘦，病鸡常排红色稀便。若感染柔嫩艾美耳球虫，则开始时粪便为咖啡色，以后变为完全的血粪，如不及时采取措施，致死率可达 50%以上。若多种球虫混合感染，则粪便中带血液，并含有大量脱落的肠黏膜。

（一）病原

病原为原虫中的艾美耳科（Eimeridae）艾美耳属（*Eimeria*）的球虫（coccidia）。世界各国已经记载的鸡球虫种类共有 13 种之多，我国已发现 9 个种。不同种的球虫，在鸡肠道内寄生的部位不一样，其致病力也不相同。柔嫩艾美耳球虫（*E. tenella*）寄生于盲肠，致病力最强；毒害艾美耳球虫（*E. necatrix*）寄生于小肠中 1/3 段和盲肠，致病力强；巨型艾美耳球虫（*E. maxima*）寄生于小肠，以中段为主，有一定的致病作用；堆型艾美耳球虫（*E. acervulina*）寄生于十二指肠及小肠前段，有一定的致病作用，严重感染时引起肠壁增厚和肠道出血等病变，最多见；和缓艾美耳球虫（*E. mitis*）、哈氏艾美耳球虫（*E. hagani*）寄生在小肠前段，致病力较低，可能引起肠黏膜的卡他性炎症；早熟艾美耳球虫（*E. praecox*）寄生在小肠前 1/3 段，致病力低，一般无肉眼可见的病变；布氏艾美耳球虫（*E. brunetti*）寄生于小肠后段，盲肠根部，致病力较强，但少见，能引起肠道点状出血和卡他性炎症；变位艾美耳球虫（*E. mivati*）寄生于小肠、直肠和盲肠，有一定的致病力，轻度感染时肠道的浆膜和黏膜上出现单个的、包含卵囊的斑块，严重感染时可出现散在的或集中的斑点。

各个品种的鸡均有易感性，15～50 日龄的鸡发病率和致死率都较高，成年鸡对球虫有一定的抵抗力。病鸡是主要传染源，凡被带虫鸡污染过的饲料、饮水、土壤和用具等，都有卵囊存在。鸡感染球虫的途径主要是吃了感染性卵囊。人及其衣服、用具等以及某些昆虫都可成为球虫的机械传播者。

饲养管理条件不良，鸡舍潮湿、拥挤，卫生条件恶劣时，最易发病。在潮湿多雨、气温较高的梅雨季节易暴发球虫病。

（二）病理变化

病鸡消瘦，鸡冠与黏膜苍白，内脏变化主要发生在肠管，病变部位和程度与球虫的种别有关。

1. 柔嫩艾美耳球虫病

E. tenella 只侵害盲肠及其附近组织，故也称为盲肠球虫病。急性经过者盲肠显著肿大，肠腔内充满混有血液的内容物，黏膜上散布大小不等的出血灶，表现为急性出血性盲肠炎（附图 4-24），故又称出血性球虫病。盲肠壁由于水肿、细胞浸润和后期出现的疤痕组织而往往高度增厚。

雏鸡感染 *E. tenella* 后，第 2 天第一代裂殖体在盲肠黏膜的上皮内形成，引起上皮轻度损伤与较少的出血，即可见盲肠黏膜充血发生炎症；第 4～7 天是病变最严重并具有特征性的阶段。裂殖子侵入隐窝上皮细胞内，感染的细胞肿胀与丧失微绒毛，并移行到固有膜与黏膜下层。第二代裂殖体引起这些部位组织坏死与出血，表现为中、后段盲肠黏膜深层严重出血，大量黏膜上皮脱落，严重者可见整个黏膜几乎完全脱落，肠腺破坏，其表面被覆大量脱落的变性、坏死的上皮细胞和红细胞。黏膜下层显著充血、水肿及淋巴细胞与嗜伊红粒细胞浸润，并可见到大量不同发育期的球虫（附图 4-25）和细菌团块。小血管壁可以发生纤维素样变，肌层亦有少量淋巴细胞和嗜伊红粒细胞浸润，浆膜下小血管充血或见出血。肠腔常充满由溶解的红细胞、纤维蛋白、卵囊、细菌团块、炎性细胞和坏死脱落的黏膜上皮细胞所组成的肠芯。感染后第 9 天，损伤的盲肠黏膜上皮开始再生，损伤较轻者，再生的黏膜上皮与固有膜可形成正常的绒毛突起；损伤严重者，再生的黏膜上皮呈平坦的一层，不形成绒毛突起。12 d 后，只有很少的配子体和卵囊存在。21 d 后光镜下盲肠基本恢复正常。

2. 毒害艾美耳球虫病

E. necatrix 损害小肠中段，引起严重的出血性卡他性肠炎；慢性型引起小肠结缔组织增生。小肠变粗，为正常的 2 倍以上，肠壁变厚、肿胀，肠上皮细胞被大量破坏而呈现一个一个的凹陷，为球虫寄生处。小肠黏膜上有粟粒大小的出血点和灰白色坏死灶，在浆膜面即可看到（附图 4-26）。肠内有大量血液和干酪样坏死物，小肠长度缩短。

实验感染后第 4 天，小肠黏膜上在裂殖体繁殖的部位出现白色小病灶。第 5～6 天，黏膜严重出血，黏膜上有许多小出血点，肠管显著肿大，管壁增厚呈暗红色。第一代裂殖体与裂殖子感染隐窝上皮细胞，这些感染的细胞移行到固有层内。第二代大裂殖体在黏膜深部形成特征性巢，并引起黏膜出血、坏死与破坏，嗜伊红粒细胞、淋巴细胞与巨噬细胞浸润。这种球虫在小肠黏膜内没有配子体和卵囊，在盲肠上皮层进行配子生殖，只引起盲肠极轻微的组织损伤。

3. 其他球虫病

（1）巨型艾美耳球虫病　*E. maxima* 引起小肠中段（从十二指肠肠袢到卵黄蒂）肠管扩张，肠壁增厚；内容物黏稠，呈淡灰色、淡褐色或淡红色。完全不寄生于直肠和盲肠。本病特点：此种球虫的有性繁殖体主要在绒毛固有层，不侵入黏膜深部和黏膜下层，不会引起肠出血。病灶直径为 0.8～1 mm，灰白色，呈环状，中部充血。病灶形成的原因是因寄生于绒毛固有层内的有性繁殖体压迫固有层内血管，阻碍血流所造成的。其小配子体与卵囊在各种球虫中最大，有诊断价值。

（2）堆型艾美耳球虫病　*E. acervulina* 致病力不强，多侵害十二指肠的前段。卵囊以集团形式在肠黏膜上形成白色斑点或条纹，重症时肠黏膜一片灰白色（附图 4-27）。大量球虫使上皮层破坏，致使绒毛变短、增厚与融合，固有层内淋巴细胞与巨噬细胞增数。镜检可在小肠病变部位的涂片中观察到大量卵囊。从十二指肠浆膜面看到结节状或砂粒样病变或重症的白色梯状病变是该病的特征性病变。

(3)哈氏艾美耳球虫病 *E. hagani* 损害小肠前段，肠壁上出现大头针头大小的出血点，黏膜有严重的出血。

若多种球虫混合感染，则肠管粗大，肠黏膜上有大量的出血点，肠管中有大量的带有脱落的肠上皮细胞的紫黑色血液。

三、鸭球虫病

鸭球虫病(coccidiosis in duck)是由于球虫侵害鸭的小肠而引起的一种以出血性肠炎为主要特征的疾病。本病在鸭群中经常发生，我国北京地区发现的北京鸭球虫病发病率为30%～90%，致死率可达20%～70%。耐过的病鸭生长发育受阻，增重缓慢，对养鸭业危害极大。

急性鸭球虫病多发生于2～3周龄的雏鸭，于感染后第4天出现精神委顿、缩颈、不食、喜卧、渴欲增加等症状；病初拉稀，随后排暗红色或深紫色血便，发病当天或第二、三天发生急性死亡；耐过的病鸭逐渐恢复食欲，死亡停止，但生长受阻，增重缓慢。慢性型一般不显症状，偶见有拉稀，常成为球虫携带者和传染源。

(一)病原

鸭球虫的种类较多，分属于艾美耳科的艾美耳属(*Eimeria*)、泰泽属(*Tyzzeria*)、温扬属(*Wenyonella*)和等孢属(*Isospora*)，多寄生于肠道，少数艾美耳属球虫寄生于肾脏。据报道，鸭球虫中以毁灭泰泽球虫致病力最强，暴发性鸭球虫病多由毁灭泰泽球虫和菲莱氏温扬球虫混合感染所致，其中后者的致病力较弱。

毁灭泰泽球虫(*T. perniciosa*)卵囊呈短椭圆形，浅绿色，大小为(92～132)μm ×(7.2～9.9)μm。该球虫寄生于小肠上皮细胞内，严重感染时，盲肠和直肠也见有虫体。该球虫有两代裂殖生殖，从感染到随粪排出卵囊的最早时间为118 h。

菲莱氏温扬球虫(*W. philiplevinei*)卵囊较大，呈卵圆形，浅蓝绿色，大小为(13.3～22)μm ×(10～12)μm。该球虫寄生于卵黄蒂前后肠段、回肠、盲肠和直肠绒毛的上皮细胞内及固有层中，有三代裂殖生殖。其潜伏期为95 h。

(二)病理变化

毁灭泰泽球虫危害严重，肉眼病变为整个小肠呈泛发性出血性肠炎，尤以卵黄蒂前后范围的病变严重。肠壁肿胀、出血；黏膜上有出血斑或密布针尖大小的出血点，有的见有红白相间的小点，有的黏膜上覆盖一层糠麸状或奶酪状黏液，或有淡红色或深红色胶冻状出血性黏液，但不形成肠芯。组织学病变为肠绒毛上皮细胞广泛崩解脱落，几乎为裂殖体和配子体所取代。宿主细胞核被压挤到一端或消失。肠绒毛固有层充血、出血，组织细胞大量增生，嗜酸性粒细胞浸润。感染后第7天肠道变化已不明显，趋于恢复。

菲莱氏温扬球虫致病性不强，肉眼病变不明显，仅可见回肠后部和直肠轻度充血，偶尔在回肠后部黏膜上见有散在的出血点，直肠黏膜弥漫性充血。

四、鹅球虫病

据报道，引起鹅球虫病(coccidiosis in goose)的球虫有15种，其中以截形艾美耳球虫(*E. rucata*)致病力最强，寄生于肾小管上皮，使肾组织遭到严重破坏。3周至3月龄幼鹅最易感，常呈急性经过，病程 2～3 d，致死率可高达 87%。其他种鹅球虫均寄生于肠道，单独感染时，有些种（如鹅艾美耳球虫 *E. anseris*）可引起严重发病，而另一些种则致病力弱，但混合感染时也会严重致病。

肾球虫病表现为精神不振、翅膀下垂，食欲缺乏、极度衰弱和消瘦，腹泻，粪带白色。重症幼鹅致死率颇高。肠道球虫病呈现出血性肠炎症状，食欲废绝、精神萎靡、腹泻、粪稀或有红色黏液，重者可因衰竭而死亡。

肾球虫病可见肾肿大，呈淡灰黑色或红色，肾组织上有出血斑和针尖大小的灰白色病灶或条纹，内含尿酸盐沉积物和大量卵囊。肾小管肿胀，内含卵囊、崩解的宿主细胞和尿酸盐。肠球虫病可见小肠肿胀，呈现出血性卡他性炎症，尤以小肠中段和下段最为严重。肠内充满稀薄的红褐色液体，肠壁上可能出现大的白色结节或干酪样被覆物，其下有卵囊或裂殖子。严重时，肠黏膜脱落，并与肠内容物融合在一起形成坚实的肠芯。

五、病理诊断

根据临床症状、流行病学、病理变化可做出初步诊断。结合生前用饱和盐水漂浮法或粪便涂片查到球虫卵囊，或死后取肠黏膜触片或刮取肠黏膜涂片查到裂殖体、裂殖子或配子体，即可确诊。

第十五节 组织滴虫病

组织滴虫病（histomoniasis）又名盲肠肝炎或黑头病，是由组织滴虫属的火鸡组织滴虫所引起的一种急性原虫病。本病的特征是盲肠发炎呈一侧或两侧肿大，肝脏有特征性坏死灶。多发于雏火鸡和雏鸡，成年鸡也能感染，但病情较轻；野鸡、孔雀、珠鸡、鹌鹑等有时也能感染。

本病的潜伏期一般为 15～20 d，病鸡精神沉郁，食欲不振，缩头，羽毛松乱。病鸡逐渐消瘦，鸡冠、嘴角、喙、皮肤呈黄色，排黄色或淡绿色粪便，急性感染时可排血便。

一、病原和发病机理

火鸡组织滴虫（*Histomonas meleagridis*）属于组织滴虫属、鞭毛虫纲、单鞭毛科。在盲肠寄生的虫体呈变形虫样，直径为 5～30 μm，虫体细胞外质透明，内质呈颗粒状，核呈泡状，其邻近有一生毛体，由此长出 1～2 根细的鞭毛。组织中的虫体呈圆形或卵圆形，或呈变形虫样，大小为 4～21 μm，无鞭毛。

本病以 2 周龄到 4 月龄的鸡最易感，主要是病鸡排出的粪便污染饲料、饮水、用具和土壤，通过消化道而感染。但此种原虫对外界的抵抗力不强，不能长期存活。如果病鸡同时有异刺线虫寄生时，则此种原虫可侵入鸡异刺线虫体内，并转入其卵内随异刺线虫虫卵排出体外，从而得到保护，即能生存较长时间，成为本病的感染源。当外界条件适宜时，发育为感染性虫卵。鸡吞食了这样的虫卵后，组织滴虫从异刺线虫虫卵内游离出来，钻入盲肠黏膜，在肠道某些细菌的协同作用下，滴虫即在盲肠黏膜内大量繁殖，引起盲肠黏膜发炎、出血、坏死，进而炎症向肠壁深层发展，可涉及肌肉和浆膜，最终使整个盲肠都受到严重损伤。在肠壁寄生的组织滴虫也可进入毛细血管，随门静脉血流进入肝脏，破坏肝细胞而引起肝组织坏死。有时虫体也可达到胰脏，引起胰腺组织发炎及坏死。到疾病末期，由于血液循环障碍，病鸡头部皮肤瘀血而呈蓝紫色或黑色，故有“黑头病”之称。

二、病理变化

1. 眼观病变

本病的特征性病变在盲肠和肝脏。盲肠的病变多发生于一侧，但也有两侧同时受侵害的。剖检时可见盲肠肿大增粗，肠壁增厚变硬，失去伸缩性，形似香肠。肠腔内充满大量干燥、坚硬、干酪样凝固物。如将肠管横切，则可见干酪样凝固物呈同心圆层状结构，其中心为暗红色的凝血块，外围是淡黄色干酪化的渗出物和坏死物。盲肠黏膜有出血、坏死并形成溃疡。

肝脏大小正常或明显肿大，在肝被膜面散在或密发圆形或不规则形、中央稍凹陷、边缘稍隆起、呈黄绿色或黄白色的坏死灶。坏死灶的大小不一，其周边常环绕红晕。有些病例，肝脏散在许多小坏死灶，使肝脏外观呈斑驳状。若坏死灶互相融合，则可形成大片融合性坏死灶。

2. 镜检病变

盲肠最初病变为黏膜充血，异嗜性粒细胞浸润。其后肠黏膜充血、出血、水肿明显，上皮变性、坏死、脱落。固有层和黏膜肌层出现大量淋巴细胞、巨噬细胞和异嗜性粒细胞浸润，同时有许多淡红色（HE 染色）圆形或椭圆形组织滴虫。盲肠内容物红染，可见一些由脱落的上皮、红细胞、粒细胞、纤维素和肠内容物混合而成的团块。在严重病例中，盲肠出现坏死性炎症，黏膜上皮坏死脱落，在坏死区周围和黏膜下层、肌层均可见组织滴虫以及巨噬细胞和淋巴细胞浸润，有些虫体被巨噬细胞吞噬。如病程延长，则肉芽组织增生。

肝脏坏死灶中心部的肝细胞坏死崩解，只见数量不等的核破碎的异嗜性粒细胞，外围区域的肝细胞索排列紊乱，肝细胞多已变性、坏死和崩解，其间见大量组织滴虫和巨噬细胞，并有淋巴细胞浸润，许多巨噬细胞的胞浆内有组织滴虫。有时见多核巨细胞，其胞浆中也可见 2～3 个或更多的组织滴虫，有的虫体已开始崩解。对眼观无坏死灶的肝组织进行镜检时也可能见散在的小坏死灶，局部肝细胞发生坏死和崩解，有的区域已被巨噬细胞、细胞碎屑和组织滴虫所取代。

三、病理诊断

在一般情况下，根据组织滴虫病的特异性肉眼病变和临床症状便可诊断。但在并发有球虫病、沙门氏菌病、曲霉菌病或上消化道毛滴虫病时，必须用实验室方法检查出病原体方可确诊。病原检查的方法是采集盲肠内容物，用加温至 40℃的生理盐水稀释后，做成悬滴标本镜检。如在显微镜前放置一个白热的小灯泡加温，即可在显微镜下见到能活动的火鸡组织滴虫。

第十六节 住白细胞原虫病

鸡住白细胞虫病（leucocytozoonosis）是以由库蠓和蚋传播的住白细胞虫所引起肌肉和内脏器官广泛出血为特点的血液寄生性原虫病，多种家禽和野禽都易感。本病在我国各地均有发生，常呈地方性流行，对雏鸡危害严重，发病率高，症状明显，常引起大批死亡。

卡氏住白细胞原虫病病鸡食欲不振，精神沉郁，流涎、下痢，粪便呈青绿色。病鸡贫血严重，鸡冠和肉垂苍白，有的可在鸡冠上出现圆形出血点，所以本病亦称为“白冠病”。严重者因咯血、出血、呼吸困难而突然死亡，死前口流鲜血。

沙氏住白细胞原虫病的虫体寄生在鸡的血细胞内，使被寄生的宿主细胞呈梭形，故曾被称为梭形血原虫病，常引起患鸡贫血、消瘦、下痢而死亡。沙氏住白细胞原虫仅感染鸡。不同的品种和年龄的鸡都可感染。成年鸡发病率低，症状轻微或不明显，呈带虫者。雏鸡发病率高，症状明显，死亡率高。开始病鸡体温升高，精神委顿，食欲减退，渴欲增加，流口涎，鸡冠苍白，下痢；粪便呈淡黄色，两肢轻瘫，活动困难。病程 1～3 d 以上，严重时死亡。

鸭、鹅是西氏住白细胞原虫的终末宿主，其他禽类则不适宜。其传播者是吸血昆虫——媚姬蚋。雏鸭和小鹅对本病比较敏感，通常呈急性发作，有时在 24 h 内死亡，死亡率可达 35%。成年鸭多呈慢性经过，症状较轻，死亡率较低。本病随宿主的环境和年龄而异。雏鸭发病后症状明显，精神不振，食欲减退或消失，呼吸困难。

一、病原和发病机理

住白细胞原虫属于疟原虫科（Plasmodiidae）、白细胞原虫属（*Leucocytozoon*）。我国已发现鸡有两种住白细胞虫，即卡氏住白细胞原虫（*L. caulleryi*）和沙氏住白细胞原虫（*L. sabrazesi*），其中以卡氏住白细胞原虫的致病力最强，可引起鸡的大批死亡。卡氏住白细胞原虫的发育需要库蠓参与才能完成，可分为 3 个阶段，即裂殖增殖、配子生殖和孢子生殖。其中，裂殖增殖和配子体形成在鸡体内进行，而雌、雄配子体结合和孢子生殖则在蠓体内完成。

在库蠓叮咬鸡体时将体内形成的生殖性子孢子随唾液注入鸡体，进入血管内皮细胞繁殖，形成裂殖体。感染后 9～10 d，裂殖体破裂释放出裂殖子，随血流运输到各个器官，包括心、肝、脾、肺、肾、卵巢、睾丸、肌肉和脑。继续发育到约 14 d，裂殖体成熟破裂，释出大量裂殖子。裂殖子有些被鸡体巨噬细胞吞噬，发育成巨型裂殖体；有些再次进入肝脏发育为肝裂殖体；有些进入红细胞或白细胞，开始配子生殖。配子生殖初期，在血细胞内形成大配子体（雌配子体）和小配子体（雄配子体）。配子生殖后期，大配子体和小配子体分别释出大配子和小配子。

在鸡血液内的雌雄配子体进入库蠓的胃内进行配子生殖，即每个雄性配子体可产生 6 个雄性配子。雄性配子与雌性配子体结合后形成合子，进一步发育为动合子、囊合子。囊合子在蠓胃内进行孢子生殖，形成子孢子。当蠓再吸血时，又将子孢子传入健康的鸡体内，重复上述的发育史。

在鸡体内进行的裂殖生殖和配子生殖过程中，由于众多的血管受破坏和红细胞被摧毁，患鸡临床上可出现严重出血和贫血症候，如从口角流出血液，口腔内有血凝块，内脏和肌肉多部位出血，以及冠与肉髯变为苍白或淡黄色，乃至骨髓变黄等。广泛出血和由此产生的重度缺氧可导致病鸡的死亡。

二、病理变化

1. 眼观病变

（1）卡氏住白细胞原虫病　口流鲜血，口腔内积存血液凝块，鸡冠苍白，血液稀薄。全身皮下出血，肌肉（特别是胸肌和腿部肌肉）散在明显的点状或斑块状出血。肝脏肿大，在肝脏的表面有散在的出血斑点。肾脏周围常有大片出血，严重者大部分或整个肾脏被血凝块覆盖。双侧肺脏充满血液，心脏、脾脏、胰脏、腺胃也有出血。肠黏膜呈弥漫性出血，在肠系膜、体腔脂肪表面、肌肉、肝脏、胰脏的表面有针尖大至粟粒大与周围组织有明显界限的灰白色小结节，这种小结节是住白细胞虫的裂殖体在肌肉或组织内增殖形成的集落，是本病的特征病变。

(2)沙氏住白细胞原虫病　剖检可见全身性出血、消瘦,与卡氏住白细胞原虫病相似。

(3)鸭、鹅住白细胞原虫病　脾肿大,肝肿大和变性。在心和脾带有巨型裂殖体时,可见有泛发性心、脾组织损伤。严重贫血。

2. 镜检病变

内脏和肌肉多处出血。血管内皮细胞肿胀、变性或坏死。血管内可见数量不等的裂殖子。血管周围嗜异粒细胞和淋巴细胞浸润。肉眼所见的灰白色病灶是裂殖体聚集的部位。裂殖体圆形或椭圆形,包膜均质较厚,胞浆充满深蓝色圆点状的裂殖子。裂殖体周围组织坏死,炎症细胞包括上皮样细胞浸润和出血。

三、病理诊断

根据流行病学、临床症状和病理变化可做出初步诊断,结合病原学检查即可确诊。病原学诊断是使用血片检查法,以消毒的注射针头,从家禽的翅下小静脉或禽冠采血 1 滴,涂成薄片,或是制作脏器的触片,再用瑞氏或姬姆萨染色法染色,在显微镜下发现虫体即可做出诊断。

第十七节　鸭　瘟

鸭瘟(duck plague)又名鸭病毒性肠炎(duck virus enteritis),是鸭、鹅和其他雁形目禽类的一种急性败血性传染病。鸭感染发病后,表现为体温升高、脚软、下痢、流泪和部分病鸭头颈部肿大,食道黏膜有小出血点,并有黄褐色假膜覆盖或溃疡,泄殖腔黏膜充血、出血、水肿和坏死。

鸭自然感染的潜伏期 3～5 d。病初体温升高达 43℃以上,高热稽留。病鸭精神委顿,头颈缩起,羽毛松乱,翅膀下垂,两脚麻痹无力,伏坐地上不愿移动,强行驱赶时常以双翅扑地行走,走几步即行倒地。病鸭不愿下水,驱赶入水后也很快挣扎回岸。病鸭食欲明显下降,甚至停食,渴欲增加。

病鸭流泪和眼睑水肿。病初流出浆液性分泌物,使眼睑周围羽毛黏湿,而后变成黏稠或脓样,常造成眼睑粘连、水肿,甚至外翻,眼结膜充血或小点出血,甚至形成小溃疡。病鸭鼻中流出稀薄或黏稠的分泌物,呼吸困难,并发生鼻塞音,叫声嘶哑,部分鸭见有咳嗽。病鸭发生泻痢,排出绿色或灰白色稀粪,肛门周围的羽毛被沾污或结块。肛门肿胀,严重者外翻,翻开肛门可见泄殖腔黏膜充血、水肿、有出血点,严重病鸭的黏膜表面覆盖一层假膜,不易剥离。部分病鸭在疾病明显时期,可见头和颈部发生不同程度的肿胀,触之有波动感,俗称“大头瘟”。

在自然条件下鹅感染鸭瘟的潜伏期为 3～5 d。其临床特征为头颈羽毛松乱,脚软,卧地不愿行走,食欲下降,甚至废绝,渴欲增加;体温升高达 42.5～43℃;两眼流泪,鼻孔有浆液性和黏液性分泌物,下痢,粪便呈乳白色或黄绿色黏液状;肛门水肿。

一、病原和发病机理

鸭瘟的病原是鸭瘟病毒(*Duck plague virus*),属于疱疹病毒科(*Herpesviridae*)疱疹病毒属(*Herpesvirus*)中的滤过性病毒。病毒粒子呈球形,直径为 120～180 nm,有囊膜,病毒核酸型为 DNA。病毒在病鸭体内分散于各种内脏器官、血液、分泌物和排泄物中,其中以肝、肺、脑含毒量最高。本病毒对禽类和哺乳动物的红细胞没有凝集现象,毒株间在毒力上有差异,但免疫原性相似。

在自然条件下，本病主要发生于鸭，对不同年龄、性别和品种的鸭都有易感性。以番鸭、麻鸭易感性较高，北京鸭次之。在人工感染时，小鸭较大鸭易感，自然感染则多见于大鸭，这可能是由于大鸭常放养，有较多机会接触病原而被感染。鹅也能感染发病，但很少形成流行。2周龄内雏鸡可人工感染致病。野鸭和雁也会感染发病。

鸭瘟既可通过病禽与易感禽的接触而直接传染，也可通过与污染环境的接触而间接传染。被污染的水源、鸭舍、用具、饲料、饮水是本病的主要传染媒介。某些野生水禽感染病毒后可成为传播本病的自然疫源和媒介，节肢动物也可能是本病的传染媒介。调运病鸭可造成疫情扩散。

本病一年四季均可发生，但以春、秋季流行较为严重。当鸭瘟传入易感鸭群后，一般3～7 d开始出现零星病鸭，再经3～5 d陆续出现大批病鸭，疾病进入流行发展期和流行盛期。鸭群整个流行过程一般为2～6周。如果鸭群中有免疫鸭或耐过鸭时，可延至2～3个月或更长。

病毒侵入机体后进入上皮细胞和巨噬细胞系统，在其中迅速增殖，使感染细胞崩解、变性和坏死。引起广泛的血管损伤和器官组织的变性、坏死。因而胃肠道有血液积聚，许多组织有点状出血。病毒在感染细胞中形成核内包涵体，它最常见于肝细胞中，也可见于巨噬细胞和肠黏膜上皮细胞中。

二、病理变化

1. 眼观病变

病变的特点是出现急性败血症，全身小血管受损，导致组织出血和体腔积血，尤其消化道黏膜出血和形成假膜或溃疡，淋巴组织和实质器官出血、坏死。

食道与泄殖腔的病变具有特征性。食道黏膜有纵行排列、呈条纹状的黄色假膜覆盖或小点出血，假膜不易剥离，若强行剥离，可留下溃疡瘢痕。泄殖腔黏膜病变与食道相似，即有出血斑点和不易剥离的假膜与溃疡。食道膨大部分与腺胃交界处有一条灰黄色坏死带或出血带，肌胃角质膜下层充血和出血。肠黏膜充血、出血，以直肠和十二指肠最为严重。位于小肠上的4个淋巴环状带出现病变，呈深红色，散在针尖大小的黄色病灶，后期转为深棕色，与黏膜分界明显。

胸腺有大量出血点和黄色病灶区，在其外表或切面均可见到。雏鸭感染时法氏囊充血发红，有针尖样黄色小斑点。到了后期，囊壁变薄，囊腔中充满白色、凝固的渗出物。肝表面和切面上有大小不等的灰黄色或灰白色的坏死点，少数坏死点中间有小出血点，这种病变具有诊断意义。胆囊肿大，充满黏稠的墨绿色胆汁。心外膜和心内膜上有出血斑点，心腔里充满凝固不良的暗红色血液。产蛋母鸭的卵巢滤泡增大，卵泡的形态不整齐，有的皱缩、充血、出血，有的发生破裂而引起卵黄性腹膜炎。

病鸭的皮下组织发生不同程度的炎性水肿，在“大头瘟”典型的病例中，头和颈部皮肤肿胀、紧张，切开时流出淡黄色的透明液体。

鹅感染鸭瘟病毒后的病变与鸭相似，食道黏膜上有散在的坏死灶，溃疡，肝也有坏死点和出血点。

2. 镜检病变

鸭瘟病毒主要损害血管壁，小的血管更明显。血管壁内皮受损，血液成分通过此处浸入周围组织，在血液成分外渗处，可见组织分离，结缔组织略显疏松。

消化道的病变最初为黏膜固有层和黏膜下层的毛细血管损伤和出血，许多出血病灶互相融合成大片的出血区域，在此基础上伴发组织水肿和黏膜坏死以及由纤维素性渗出物形成的假膜。后者覆盖于坏死灶的表面，有假膜生成的部位明显地高于周围无病变的肠黏膜。

在一些肿大的上皮细胞中，细胞破裂释出胞浆后只余下含有核内包涵体的细胞核，肝脏的肝索断裂，细胞分散，一些肝细胞显著肿胀，胞浆呈粗颗粒或团块状，有细胞破裂，只余下细胞核。有以上病变的肝细胞内常见核内包涵体形成。

三、病理诊断

根据流行病学、临床症状和病理变化进行综合分析，一般即可做出初步诊断。必要时进行病毒分离鉴定和中和试验加以确诊。

在鉴别诊断上，要注意与鸭巴氏杆菌病（禽霍乱）相区别。鸭瘟时消化道黏膜出现的假膜性病变是特异性的；而禽霍乱时缺乏消化道黏膜的假膜性病变，头颈不肿胀。禽霍乱以肝脏密布粟粒大小、灰白色或灰黄色坏死点为特征，其坏死点数量多、分布均匀、大小相近等，可与鸭瘟的肝脏坏死病变相区别。禽霍乱病死鸭的心、血或肝抹片，瑞氏染色镜检，可见两极着色的小杆菌，应用磺胺类药物或抗生素治疗有较好疗效。通过以上区别通常可加以鉴别诊断。

第十八节 鸭病毒性肝炎

鸭病毒性肝炎（duck virus hepatitis）是雏鸭的一种传播迅速和高度致死性病毒性传染病，其特征是病程短促，临床表现角弓反张，病变主要为肝脏肿大并有出血斑点。

本病潜伏期短，仅 1～2 d。雏鸭都为突然发病。开始时病鸭表现精神萎靡、缩颈、翅下垂，不能随群走动，眼睛半闭，打瞌睡，共济失调。发病半日到一日，全身性抽搐，身体倒向一侧，两脚痉挛性反复踢蹬，约十几分钟死亡。头向后背，呈角弓反张姿态，故俗称“背脖病”。喙端和爪尖瘀血呈暗紫色，少数病鸭死亡前排黄白色和绿色稀粪。

本病的死亡率因年龄而有较大差异，1 周龄内雏鸭的病死率可达 95%，2～3 周龄的雏鸭病死率不到 30%～70%，4 周龄以上的雏鸭发病率和死亡率都很低。

一、病原和发病机理

病原为鸭肝炎病毒（*Duck hepatitis virus*），病毒大小 20～40 nm，属于小核糖核酸病毒科、肠道病毒属。该病毒不凝集禽和哺乳动物红细胞。病毒有 3 个血清型，即Ⅰ、Ⅱ、Ⅲ型，有明显差异，各型之间无交叉免疫性。此病毒不能与人和犬的病毒性肝炎的康复血清发生中和反应，与鸭乙型肝炎病毒也没有亲缘关系。

自然条件下本病主要发生于 3 周龄以下雏鸭，成年鸭可感染而不发病，但可通过粪便排毒，污染环境而感染易感小鸭。人工感染 1 日龄和 1 周龄的雏火鸡、雏鹅，能够产生本病的症状、病理变化和血清中和抗体，并从雏火鸡肝脏中分离到病毒。

本病的传播主要通过接触病鸭或被污染的人员、工具、饲料、垫料、饮水等，经消化道和呼吸道感染。在野外和舍饲条件下，本病可迅速传给鸭群中的全部易感小鸭，表明它具有极强的传染性。野生水禽可能成为带毒者，鸭舍中的鼠类也可能散播本病毒，病愈鸭仍可通过粪便排毒 1～2 个月。尚无证据表明本病毒可经蛋传递。在出雏机内污染本病毒时，可使雏鸭在出壳后 24 h 内就发生死亡。

本病一年四季均可发生，饲养管理不当、鸭舍内温度过高、密度太大、卫生条件差、缺乏维生素和矿物质等都能促使本病的发生。

鸭肝炎病毒首先侵入咽喉或上呼吸道，以后侵入全身各部位。本病的发病机理比较复杂，除了肝脏受到侵害外，还发生严重的病毒性脑炎，出现角弓反张、倒卧、痉挛等一系列明显的神经症状。另外，还有免疫器官受病毒侵害后发生退行性变化而致免疫功能急剧下降。

二、病理变化

1. 眼观病变

病变主要在肝脏。肝脏肿大，质地柔软，呈淡红色或灰黄色，表面因有出血斑点和坏死灶呈斑驳状。在有些病例，肝坏死灶明显。胆囊肿胀，充满胆汁，胆汁呈褐色、淡黄色或淡绿色。脾脏有时肿大，外观也呈斑驳状。多数病鸭的肾脏发生充血和肿胀，有时皮质有小出血点。胰腺有散在的灰白色坏死灶，偶见出血点。脑膜有时可见血管扩张或有出血。

2. 镜检病变

病理组织学变化特征是肝组织的出血性坏死性炎症变化，急性病例肝组织广泛出血，含铁血黄素沉着。肝细胞颗粒变性和脂肪变性，甚至坏死，坏死灶周围有淋巴细胞浸润。肝细胞及枯否氏细胞内可见包涵体，血管内有微血栓形成。脾淋巴滤泡坏死、网状细胞增生，并伴明显瘀血、出血。肾间质血管充血，其中有微血栓形成。心肌纤维颗粒变性、肿胀。脑膜血管周围水肿并有淋巴细胞性管套形成。神经细胞变性，并有卫星现象、噬神经细胞现象和胶质细胞增生。法氏囊上皮细胞皱缩与脱落，淋巴滤泡萎缩，滤泡髓质坏死、空泡化、间质出血。胰腺灶状坏死与出血，胰管扩张，内有多量蛋白性物质。慢性病变为广泛性胆管增生，不同程度的炎性细胞反应和出血。脾组织呈退行性变性坏死。电镜下肝细胞可见到病毒颗粒。

三、病理诊断

本病发病急，传播迅速，病程短；3 周龄内死亡率高，成年鸭不发病；病鸭有明显的神经症状；肝脏出血性坏死性炎症。根据这些特点可做出初步诊断。

确诊可用病毒分离物接种 1～7 日龄的敏感雏鸭。复制出该病的典型症状与病变，而接种同一日龄的具有鸭病毒性肝炎母源抗体的雏鸭，则有 80%～100% 的保护率，即可确诊。将病鸭肝细胞悬液或血液无菌处理后，接种 9 日龄鸡胚，根据所出现的鸡胚特征性病变也可确诊。也可利用直接荧光技术在自然例病或接种鸭胚的肝脏进行快速准确诊断。病毒的鉴定还可通过进一步做血清中和试验、琼脂扩散试验、对流免疫电泳试验及酶联免疫吸附试验。

鉴别诊断应注意与以下疾病相区别。鸭瘟病例肝脏虽然有出血和坏死灶，但尚有肠道出血、食道和泄殖腔出血和形成伪膜或溃疡。鸭霍乱病例具有特征性的肝肿大、散布针尖大小的坏死点和心外膜出血、十二指肠出血等变化，肝和心血涂片镜检，可见具有两极染色的巴氏杆菌。球虫病亦可使小鸭急性死亡，症状也见有角弓反张，病变出现肠道肿胀、出血与黏膜坏死，肝脏无出血变化，肠内容物涂片镜检，可见有大量裂殖体和裂殖子存在，即可确诊。黄曲霉毒素中毒病例虽有步态不稳、角弓反张等神经症状，但肝内主要为胆管增生，而且增生的胆管向小叶内生长。

第十九节 小 鹅 瘟

小鹅瘟(gosling plague, GP)是由鹅细小病毒所引起的雏鹅与雏番鸭的一种急性或亚急性的高度致死性传染病。病鹅的特征为精神委顿,食欲废绝,严重腹泻和有时出现神经症状;病变特征主要为渗出性肠炎,小肠黏膜表层大片坏死脱落,与渗出物凝成假膜状,形成栓子阻塞肠腔。

雏鹅感染本病时日龄不同,其临床症状、发病率、死亡率和病程长短有较大差异。1 周龄内发病者常呈最急性型,往往无前期症状,一发现即极度衰弱或倒地乱划,不久即死亡。在第 2 周内发生的病例多为急性型,病鹅表现精神委顿,缩头,行走困难,常离群独处,食欲减退,进而废绝,严重腹泻,排出灰白色或黄绿色带有气泡的稀粪;呼吸困难,喙的前端色泽变暗(发绀),眼鼻端有浆液性分泌物,嗉囊有多量气体和液体。病鹅临死前常出现神经症状,头颈扭转、两脚麻痹、全身抽搐,病程 1～2 d。2 周龄以上病例病程稍长,一部分转为亚急性型,以精神委顿、拉稀、消瘦为主要症状,病死率一般在 50%以下。大部分耐过鹅在一段时间内都表现为生长受抑制,羽毛脱落。少数病鹅可以自然康复。成年鹅经人工大剂量接种后也能发病,主要表现为排出黏性稀粪,两脚麻痹,伏地 3～4 d 后死亡或自愈。番鸭的临床症状与鹅相似。

一、病原和发病机理

病原为鹅细小病毒(*Goose parvovirus*),属细小病毒科、细小病毒属。病毒为球形,无囊膜,直径为 20～40 nm,是一种单链 DNA 病毒,对哺乳动物和禽细胞无血凝作用,但能凝集黄牛精子。国内外分离到的毒株抗原性基本相同,而与哺乳动物的细小病毒没有抗原关系。病毒存在于病雏的肠道及其内容物,心血,肝、脾、肾和脑中,首次分离宜用 12～15 胚龄的鹅胚或番鸭胚,一般经 5～7 d 死亡。本病的典型病变为绒毛尿囊膜水肿,胚体全身性充血、出血和水肿,心肌变性呈白色,肝脏出现变性或坏死,呈黄褐色,鹅胚和番鸭胚适应毒可稳定在 3～5 d 致死。胚适应毒能引起鸭胚致死,也可在鹅、鸭胚成纤维细胞上生长,3～5 d 内引起明显细胞病变,经 HE 染色镜检,可见到合胞体和核内嗜酸性包涵体。

本病仅发生于鹅与番鸭,其他禽类均无易感性。本病的发生及其危害程度与日龄密切相关,主要侵害 5～25 日龄的雏鹅与雏番鸭。10 日龄以内发病率和死亡率可达 95%～100%,以后随日龄增大而逐渐减少。1 月龄以上较少发病,成年禽可带毒排毒而不发病。

病雏及带毒成年禽是本病的传染源。在自然情况下,与病禽直接接触或采食被污染的饲料、饮水是本病传播的主要途径。本病毒还可附着于蛋壳上,通过蛋将病毒传给孵化器中易感雏鹅和雏番鸭造成本病的垂直传播。当年留种鹅群的免疫状态对后代雏鹅的发病率和成活率有显著影响。如果种鹅都是经患病后痊愈或经无症状感染而获得了坚强免疫力的,其后代有较强的母源抗体保护,因此可抵抗天然或人工感染而不发生小鹅瘟。如果种鹅群由不同年龄的母鹅组成,而有些年龄段的母鹅未曾免疫,则其后代还会发生不同程度的疾病危害。

小鹅瘟病毒广泛存在于患鹅的血液、肝、脾、脑和其他器官内,并引起这些器官组织的病理损害,尤其是消化道和中枢神经系统更受到严重的破坏和出现相应的症状,这显示小鹅瘟病毒是一种嗜多器官性病毒。病毒在患雏各器官内大量繁殖可造成广泛的组织损伤,引起病毒血症和败血症。另一方面，在几乎所有的病例中，可以观察到机体出现明显的免疫防御性反应，如肝、肾、脾和脑组织中淋巴细胞、单核细胞呈灶状或弥漫性浸润，或聚集于血管周围呈围管现象。

二、病理变化

1. 眼观病变

最急性型病例除肠道有急性卡他性炎症外，其他器官一般无明显病变。

急性病例表现为全身性败血变化。心脏变圆，心房扩张，心壁松弛，心尖周围心肌晦暗无光，颜色苍白。肝脏肿大，呈深紫色或黄红色，胆囊肿大，充满暗绿色胆汁，脾脏和胰腺充血，部分病例有灰白色坏死点。部分病例有腹水。

本病的特征性病变为小肠发生急性卡他性——纤维素性坏死性肠炎，小肠中下段整片肠黏膜坏死脱落，与凝固的纤维素性渗出物形成栓子或包裹在肠内容物表面的假膜，堵塞肠腔，外观极度膨大，质地坚实，状如香肠。剖开栓子，可见中心是深褐色的干燥的肠内容物。有的病例小肠内会形成扁平带状的纤维素性凝固物。

亚急性型更易发现上述特有的变化。一些病鹅的中枢神经系统也有明显变化，脑膜及实质血管充血并有小出血灶。

2. 镜检病变

出现凝栓物的小肠段呈纤维素性坏死性肠炎，栓块主要由坏死脱落的黏膜组织与纤维素性渗出物混合而成。该部肠黏膜的绒毛和肠腺均已破坏消失，仅残留一薄层黏膜固有层，其中有多量淋巴细胞、单核细胞和少量异嗜性粒细胞浸润。肠壁炎症可以深达肌层，可见炎性浸润和平滑肌纤维水疱变性和坏死。未出现凝栓物的小肠段，黏膜的坏死脱落相对较轻，主要呈现急性卡他性炎。大肠一般仅见急性卡他性炎。

心肌纤维明显变性、横纹减少、脂肪浸润和散在的 Cowdry A 型核内包涵体。肝脏突出的病变是肝细胞出现空泡化和脂肪浸润，有时空泡化的肝细胞浆内有嗜伊红类包涵体。脾脏小体萎缩，结果不清，淋巴细胞坏死、核碎裂，淋巴小结内出现小坏死灶。脾窦充血，其内有较多的单核细胞和少量异嗜性粒细胞。还偶见脾脏、法氏囊和胸腺内成淋巴细胞化过程，并伴随肾脏的明显空泡化。

三、病理诊断

根据本病仅引起雏鹅、雏番鸭发病的流行特点，结合严重腹泻与神经症状的出现以及小肠出现特征性的急性卡他性——纤维素性坏死性肠炎的病变可做出初步诊断。本病确诊需经病毒分离鉴定或血清特异性抗体检查。

本病主要注意与下列疾病相区别。鸭瘟特征性病变是在食道和泄殖腔出血和形成伪膜或溃疡，必要时以血清学试验相区别。鹅流感、鹅副伤寒可通过细菌学检查和敏感药物治疗实证来区别。鹅球虫病通过镜检肠内容物和粪便是否发现球虫卵囊相区别。番鸭肠道发生急性卡他性——纤维素性坏死性肠炎是与鸭病毒性肝炎在病变方面的显著区别。

第二十节 雏番鸭细小病毒病

番鸭细小病毒病(Muscovy duck parvovirus infection)俗称“番鸭三周病”，是由番鸭细小病毒所引起雏番鸭的一种急性传染病。其病理变化特征是纤维素性浮膜性肠炎，胰脏呈点状坏死。本病最早于1986年在中国福建发现，随后于1989年在广东也分离到致病毒株。在国外，如日本和法国等也有报道，但多数文献未将本病与番鸭感染小鹅瘟病毒作明确区分。目前，本病已成为危害番鸭群的主要传染病，常引起雏番鸭的大批死亡。

本病的潜伏期一般为4～9 d，病程为2～7 d，病程的长短与发病的日龄密切相关。根据病程长短，可分为急性和亚急性两型。

(1)急性型　主要见于7～14日龄雏番鸭，病雏主要表现为精神委顿、羽毛蓬松、两翅下垂、尾端向下弯曲、两脚无力、懒于走动、厌食、离群；不同程度的腹泻，排出灰白色或淡绿色稀粪，并黏附于肛门周围。部分病雏有流泪痕迹，呼吸困难，喙端发绀，后期常蹲伏，张口呼吸。病程一般为2～4 d，濒死前两脚麻痹，倒地，最后衰竭死亡。

(2)亚急性型　多见于发病日龄较大的雏鸭，主要表现为精神委顿，喜蹲伏，两脚无力，行走缓慢，排黄绿色或灰白色稀粪，并黏附于肛门周围。病程多为5～7 d，病死率低，大部分病鸭会成为僵鸭。

一、病原和发病机理

番鸭细小病毒(*Muscovy duck parvovirus*，MPV)属于细小病毒科、细小病毒属的一个成员。在电镜下病毒呈晶格排列，有实心和空心两种粒子，无囊膜，直径20～24 nm。病毒核酸为单链DNA。

雏番鸭细小病毒病的病原在各种理化特征、生物学特征上基本与小鹅瘟病毒相同，其不同点在于本病病毒初次分离更易适应鸭胚，尤其是番鸭胚，而小鹅瘟病毒在初次分离时更适应于鹅胚。雏番鸭细小病毒只引起雏番鸭发病，不能引起雏鹅发病，而小鹅瘟病毒既可引起小鹅发病，也可引起雏番鸭发病。另外，MPV和GPV存在共同抗原，但也具有一定差异，核酸序列同源性在85%以上。至于MPV是细小病毒科的一个新成员还是由于免疫压力而引起的GPV的一个变异株，还存在一些分歧，有待于进一步验证。

MPV、GPV都是经消化道和呼吸道传播，病禽排泄物污染的饲料、水源、工具和饲养员都是传染源，污染病毒的种蛋是孵坊传播疾病的主要原因之一。

本病主要发生于3周龄以内的雏番鸭，成年番鸭隐性带毒，但近年发病的最大日龄有增大的趋向，临床见有30～40日龄番鸭群发病的情况。除番鸭以外的其他品种鸭未见有类似的疾病。本病易与雏番鸭感染小鹅瘟合并发生，在临床上常难以区别。其发病率为27%～62%，病死率22%～43%，病愈鸭大部分成为僵鸭。本病的发生无季节性，但在冬季和春季气温较低时，其发病率和病死率较高。

二、病理变化

1. 眼观病变

大部分病死鸭肛门周围有稀粪黏附，泄殖腔扩张，外翻。心脏变圆，心壁松弛，尤以左心室病变明显。肝脏稍肿大，胆囊充盈。肾脏和脾脏稍肿大。胰腺肿大，表面散布针尖大灰白色病灶。肠道呈卡他性炎症或黏膜有不同程度的充血和点状出血，尤以十二指肠和直肠后段黏膜为甚，少数病例盲肠黏膜也有点状出血。若继发细菌感染，还会出现腹水、纤维素性肝周炎、心包炎等病变。

2. 镜检病变

心肌纤维间血管充血、出血。肝小叶间血管充血，肝细胞局灶性颗粒变性和脂肪变性。肺内血管充血，大部分肺泡壁增宽、充血及瘀血，肺泡腔狭窄，少数肺泡囊扩张。肾主要表现为肾小管上皮细胞变性，管腔内红染，分泌物积蓄。胰腺腺泡呈散在灶性坏死，在坏死灶中有异嗜性粒细胞、淋巴细胞和单核细胞浸润。神经细胞轻度变性，胶质细胞轻度增生。肠黏膜上1/3的组织脱落，正常的绒毛及肠腺均已被破坏而消失。在固有层内或肠腺之间有大量异嗜粒细胞、淋巴细胞和少量单核细胞增生。

三、病理诊断

根据发病日龄、特征症状与病理变化可做出初步诊断。需要区别雏番鸭感染雏番鸭细小病毒与感染小鹅瘟病毒时，必须对两种病毒做RFLPS-PCR分析或其他分子生物学检测。

两者引起的病变都是以卡他性肠炎和肝、肾、心等实质器官变性为主。在病程较长病例，鹅细小病毒病的病死雏鹅小肠后段常出现整片脱落的上皮细胞渗出物混合凝固而成的长条状或香肠状物；而番鸭细小病毒病多见肠道呈卡他性炎症或黏膜有不同程度的充血和点状出血，少见香肠状物。发病率及死亡率随雏禽日龄、母源抗体的水平等不同而有所差异。

第二十一节 鹅副黏病毒病

鹅副黏病毒病(goose paramyxoviridae infection)是由鹅副黏病毒所引起的鹅的一种以消化道病变为特征的急性传染病。该病是诸多鹅病当中危害较严重的疾病，其特点是不同日龄鹅群都具有易感性，日龄越小易感性越高，传播范围广，发病率和死亡率高，是具有大面积暴发、难以控制的流行性传染病。

不同日龄的自然病例，潜伏期一般在2～6 d，病程一般在1～6 d，人工感染雏鹅一般2～4 d发病，病程1～3 d。病鹅精神不振，羽毛蓬松，常蹲地，食欲减退或废绝，拉稀，体重迅速减轻，种鹅产蛋下降或停止，但饮欲增加，多数病鹅初期拉白色稀粪，其后粪便呈水样，暗红色、黄色或墨绿色；出现症状1～2 d后瘫痪，有些病鹅从呼吸道发出咕咕声，10日龄左右患鹅有张口呼吸、甩头、咳嗽等呼吸道症状。发病后期，有扭头、转圈、劈叉等神经症状，部分鹅头肿大，眼流泪，多数在发病后3～5 d死亡，也有少数急性发病鹅无明显症状而在1～2 d内死亡，甚至有的健康鹅在吃食时突然死亡。

一、病原和发病机理

鹅副黏病毒(*Goose paramyxovirus*，GPMV)为副黏病毒科、副黏病毒亚科、腮腺炎病毒属、禽副黏病毒Ⅰ型中的成员。鹅副黏病毒颗粒为单股负链RNA，病毒粒子有囊膜，病毒颗粒大小不一，形态不正，表面有密集的纤突结构，病毒内部是囊膜包裹着的螺旋对称的核衣壳，平均直径120～260 nm。GPMV核酸含有6组基因，用于编码6种蛋白，其中血凝素-神经氨酸酶(HN)糖蛋白和融合(F)糖蛋白有重要的生物学功能。其中F糖蛋白是决定病毒毒力的主要因素，也是毒株的重要分类依据。

此病毒与新城疫病毒具有共同抗原，两者的核酸同源性在80%～84%，GPMV的毒力相当于 NDV 强毒株。

本病的流行没有明显的季节性，一年四季均可发生。发病率一般在 40%～80%，死亡率为 30%～100%。

不同品种、不同日龄的鹅均有易感性，并随着日龄的增长，发病率和死亡率均下降。鹅源的禽副黏病毒Ⅰ型不但对鹅敏感，对鸡也有高度的致病性。同群的鸡在鹅群发病后 2～3 d 也感染发病，其病变和症状与鹅基本一致，鸡的死亡率可达 80%以上，而同群的鸭未见发病。

病鹅、病鸡是该病的主要传染源。本病主要经呼吸道和消化道进行传播，创伤及交配也可引起感染。由被病鹅污染的空气、饲料、饮水、用具及排泄物、尸体等传播。带毒鹅及携带病毒的人员流动对传播也起到重要作用。

二、病理变化

1. 眼观病变

患鹅脾脏肿大、瘀血，表面和切面上布满大小不一的灰白色坏死灶，粟粒至芝麻大，有的融合成绿豆大小的坏死斑；胰腺肿胀，表面有灰白色坏死斑或融合成大片，色泽比正常苍白，表面光滑，切面均匀；肠道黏膜有出血、坏死、溃疡、结痂等特征病变。

从十二指肠开始，往后肠段病变更严重。十二指肠、空肠、回肠黏膜有散在的或弥漫性大小不一的出血斑点、坏死灶和溃疡灶，粟粒大或融合扩大成大的圆形出血性溃疡灶，表面覆盖淡黄色或灰白色或红褐色纤维素性痂膜，突出于肠壁表面。结肠病变更加严重，黏膜有弥漫性大小不一的溃疡灶，小如芝麻大，大如小蚕豆大，表面为纤维素性结痂；盲肠黏膜有出血斑和纤维素性结痂、溃疡病灶；直肠和泄殖腔黏膜弥漫性结痂病灶更加严重，剥离结痂后呈现出血面或溃疡面；盲肠扁桃体肿大出血或结痂、溃疡。

有些病例在食道下段黏膜见有散在性芝麻大小灰白色或灰白色纤维素性结痂；部分病例腺胃及肌胃黏膜充血、出血；部分病例肝脏肿大、瘀血、质地较硬；胆囊扩张，充满胆汁，病程较长的病例胆囊黏膜有坏死灶；心肌变性，部分病例心包有淡黄色积液；肾脏稍肿大，色淡；有神经症状的病例表现脑充血、出血、水肿；皮肤瘀血，部分病例皮下有胶冻样浸润。

2. 镜检病变

脾脏：脾髓瘀血，实质淋巴组织明显减少，脾小体几乎完全消失，有的区域仅见中央动脉周围残留少许淋巴细胞。坏死灶大小不一，很多融合成片，灶内原有细胞成分溶解消失，成为一片红染的纤维素样物质，其中混有浆液性渗出物。

肠道：病变稍轻的区域为黏膜发生急性卡他性炎症，肠绒毛肿胀，上皮细胞脱落，固有层炎性水肿，肠腺结构破坏。有些区域绒毛发生凝固性坏死。眼观上所见的溃疡病灶，镜下为大片肠黏膜组织连同绒毛结构完全坏死，坏死组织和渗出物融合形成厚层固膜性结痂。

胰腺：灰白色区为腺泡上皮广泛发生变性，其中可见散在的坏死灶，大小不一，灶内腺泡细胞崩解破坏，仅见一些残留的细胞碎屑。

肝脏：肝细胞广泛发生颗粒变性，汇管区和小叶间质小血管周围有淋巴样细胞及网状细胞散在增生或聚集成团块状，显示间质性肝炎景象。有的病鹅肝实质中也出现散在的小坏死灶，灶内肝细胞破坏消失，有淋巴样细胞浸润。

肾脏：均见肾小管上皮严重颗粒变性，部分细胞坏死崩解。少数病例的肾脏组织中也出现小的坏死灶。

心肌：心肌纤维广泛发生颗粒变性，个别病例的心肌纤维萎缩变细，间隙扩大，纤维束间可见到很多心肌纤维发生坏死、崩解断裂成碎片。

三、病理诊断

根据临床症状和病理变化可做出初步的诊断，但要确诊必须进行病毒分离，用 HA-HI、中和试验、保护试验等血清学试验进行鉴定。但 GPMV 在形态上难以与其他禽副黏病毒Ⅰ型区分，在血清学上又有交叉反应性，所以血清学方面尚需建立特异、快速及敏感的诊断方法。

在鉴别诊断上，鹅副黏病毒须与小鹅瘟相区别。鹅副黏病毒消化道的病理变化比较明显，肠道黏膜上皮细胞坏死脱落，渗出的纤维素形成假膜，将肠内容物包裹，阻塞肠腔导致肠道极度膨大，触之有坚实感，与小鹅瘟病的"香肠样"病变极为相似。但鹅副黏病毒形成的肠道"香肠样"膨大部长度比小鹅瘟病形成的要长，通常为 15～20 cm。

（祁克宗）

第五章 兔传染病病理诊断

第一节 兔出血症

兔出血症(rabbit hemorrhagic disease,RHD)又称“兔瘟”、兔病毒性出血热、兔坏死型肝炎、兔出血性肺炎、病毒性猝死病等,是由兔出血症病毒所引起的兔的一种急性、高度接触性、致死性传染病。以呼吸系统出血、实质器官出血性变质性炎症为主要特征。本病自1984年在我国江苏省江阴市首次发现以来,现已蔓延至全国各地。迄今除我国外,亚洲、美洲、非洲及欧洲的许多国家和地区都有本病发生,已成为一个世界性的疫病。OIE将其列为B类传染病,我国农业部将其列为二类传染病。

本病常呈暴发性流行,发病率与病死率极高,严重威胁养兔业的健康发展。各种年龄的兔均可感染发病,以60日龄以上的兔最为易感,成年兔、肥壮兔、怀孕及哺乳母兔死亡率高,哺乳仔兔很少发病死亡。本病具有发病急、病程短、体温高的特点。最急性病例,病兔会突然发病倒地,抽搐、尖叫,数分钟内死亡。急性病例一般为数小时至2 d,体温升高至41℃,委顿、喘气、呼吸困难,食欲废绝,有的出现神经症状,最后抽搐、鸣叫而死。死后四肢僵直、角弓反张、口鼻流泡沫状血液。慢性的可耐过康复。

一、病原和发病机理

本病病原是杯状病毒科(*Caliciviridae*)兔病毒属(*Lagovirus*)的兔出血症病毒(*Rabbit hemorrhagic disease virus*,RHDV),病毒的基因组为正链单股RNA。病兔是主要传染源,病兔通过粪尿、泪液、鼻液、生殖道分泌物向外排出病毒。被病兔粪便、尿、血与尸体污染的器物,均为本病的传播媒介。健康兔可通过消化道、呼吸道、眼结膜以及皮肤外伤而感染。

RHDV的主要靶器官为肝脏,病毒最早出现于肝细胞、枯否氏细胞和血管内皮细胞的核内,病毒在胞核内增殖、聚集,随着病程的发展,核内病毒增殖并通过损伤的核膜向胞浆扩散,干扰细胞代谢,使肝细胞发生变性、坏死或凋亡而引起肝功能衰竭,是病兔急性死亡的主要原因之一。

随着疾病的发展,RHDV由肝细胞、枯否氏细胞和窦壁内皮细胞释放进入血液,发生病毒血症,播散至肾上腺皮质腺上皮细胞、肾曲小管上皮细胞、淋巴细胞、神经胶质细胞、心肌纤维、呼吸道黏膜上皮细胞等。但在疾病的发展过程中,始终以肝细胞和血管内皮细胞的感染强度最大、受损伤程度最剧烈。由于血管内皮细胞的广泛性损伤,引发多数器官、组织出血和弥漫性血管内凝血;肺、肾、心、脑、肾上腺等器官、组织内有大量的微血栓形成。出血的发生除与病毒损伤血管内皮细胞有关外,急性弥漫性血管内凝血、血小板和凝血因子大量消耗、继发性纤溶过程加强等,均使血液凝固性降低。此外,疾病后期大量组织崩解产物进入血液,以及缺氧导致毛细血管壁损伤加剧，也是引起出血的重要因素。病兔严重的全身性出血，重要器官微血栓形成，由此造成的多器官功能障碍也是其急性死亡的重要原因。

二、病理变化

1. 眼观病变

以实质器官瘀血、出血为主要特征。兔尸常呈角弓反张姿态，尸体不消瘦，可视黏膜和皮肤发绀或弥漫性出血。气管黏膜瘀血、出血，严重时呈弥漫性暗红色（红气管）。肺瘀血、水肿、气肿和出血，肺脏体积膨隆呈多色性，肺脏边缘可见多发性小灶状萎陷区。心脏扩张，心肌松弛，心腔内充满暗红色凝固不良的血液。肝脏变性肿大，色黄，晦暗无光泽，质度脆软，有的肝瘀血呈紫红色，并有出血点。脾脏肿大，边缘钝圆，含血量增多，切面白髓形象不清晰。肾肿大呈暗紫色，切面皮质、髓质交界处严重瘀血，表面散在针尖大的出血点。淋巴结肿大、出血，切面多汁，以咽淋巴结、前纵膈淋巴结和肝门淋巴结病变明显。胸腺和肾上腺瘀血、出血、肿大。胃肠多充盈，胃黏膜脱落。小肠黏膜充血、出血。膀胱积尿。睾丸瘀血，质度变软。胃内充满食糜，黏膜表面附着大量黏液，有时见小出血点。浆膜腔见数量不等的浆液-纤维素性渗出物。部分病例脑膜和脑实质发生瘀血、出血。

2. 镜检病变

（1）光镜病变　肝脏呈弥漫性坏死性肝炎的病理变化。肝细胞普遍发生水疱变性、气球样变、坏死或凋亡（嗜酸性变）。发生嗜酸性变时，单个肝细胞胞核破碎或浓缩，以至溶解消失，胞浆嗜伊红浓染，进而浓缩成圆形或类圆形均质的“嗜酸性小体”，后者与周围肝细胞分离。这种嗜酸性小体是肝细胞凋亡的表现形式。高度水疱变性或气球样变的肝细胞也可呈小灶状溶解坏死，局部仅残留网状支架、少量蛋白性物质和网状细胞。部分变性肝细胞内可见均质红染的嗜酸性核内包涵体，多数包涵体充满胞核，与核膜之间有一狭窄的透明环，核膜多残缺不全或已溶解消失，包涵体可游离于胞浆内。凡核内出现包涵体的肝细胞均高度肿大，胞核也肿大。此外，肝窦状隙内皮细胞、枯否氏细胞也发生变性、坏死，窦状隙内微血栓形成，汇管区和肝细胞坏死区有淋巴细胞和单核细胞浸润。肺脏不同程度的瘀血、出血，广泛性微血栓以及小血管内多发性血栓形成。支气管壁淋巴滤泡增大，边缘部见淋巴细胞散在性坏死；气管黏膜固有层严重瘀血、水肿，有时可见出血和少量淋巴细胞浸润；肾小球毛细血管内皮细胞变性、肿胀、脱落，基底膜疏松、增厚，管腔内血液瘀滞和广泛的微血栓形成。有些肾球囊内蓄积浆液及红细胞，呈现浆液渗漏及出血。肾小管上皮细胞见颗粒变性和水疱变性，部分坏死、脱落，有的管腔内充满透明滴状物和絮片状粉红染物质。直细尿管和集合管内有大量管型堵塞；心肌纤维呈颗粒变性、水疱变性，间质毛细血管扩张、瘀血，还可见小灶状出血和微血栓形成；脑膜瘀血，部分病例软脑膜出血。脑实质内毛细血管扩张、瘀血，广泛的微血栓形成及小灶状出血，偶见室管膜炎；脾脏高度充血，多数病例见白髓出血。脾窦壁及脾髓网状纤维发生纤维素样变，结构疏松粉红染；在银染标本上，可见网状纤维疏松，嗜银性减弱，有的断裂。白髓体积缩小，胸腺依赖区淋巴细胞呈散在性坏死。被膜和小梁平滑肌变性，疏松淡染；淋巴结充血、出血及深层皮质区淋巴细胞散在性坏死。髓索和淋巴小结生发中心表现为网状细胞、淋巴细胞坏死和原淋巴细胞、原浆细胞增生。淋巴窦扩张呈窦卡他现象，其中可见大量巨噬细胞吞噬变性、坏死的淋巴细胞和红细胞；胸腺严重瘀血、水肿，多数病例可见出血。皮质部淋巴细胞散在坏死，排列稀疏，可见大量巨噬细胞吞噬变性、坏死的淋巴细胞。皮、髓交界处网状细胞坏死溶解，少量淋巴细胞坏死；肾上腺瘀血，多数病例见小灶状出血。皮质部腺上皮细胞普遍发生水疱变性乃至气球样变，束状带部分细胞发生凝固性坏死；睾丸瘀血、水肿，曲细精管各级生精细胞和支持细胞均呈不同程度的变性，精子变性、坏死；胃肠道黏膜瘀血，个别病例出血。腺上皮黏液分泌亢进，黏膜上皮变性、脱落。

(2)电镜病变　多器官实质细胞(如肝和肾等)均有明显的变化，如核仁裂解，异染色质边集，线粒体肿胀，嵴减少或消失，粗面内质网扩张，空泡化，核糖体自内质网上脱落(脱颗粒)和多聚核糖体失凝集等。此外，在肝、脾、肾、肺、支气管、气管、心脏及血管壁内皮细胞、循环血液的中性粒细胞及淋巴细胞的核内见有大量的病毒颗粒。

三、病理诊断

1. 初步诊断

根据2月龄以上家兔发病快、死亡率高的流行特点，病兔突然发病倒地，抽搐、尖叫、死亡快速的典型临床症状，结合全身出血性败血症和肝脏的弥漫性坏死性炎等典型病理变化可做出初步诊断。

2. 确诊

确诊需进行病原鉴定和血清学检查，如血凝抑制试验、间接或竞争ELISA、RT-PCR试验等。

3. 鉴别诊断

由于兔病毒性出血症常易与急性巴氏杆菌病和魏氏梭菌性肠炎等其他疾病混淆，造成误诊。因此，需加以区别诊断。

兔巴氏杆菌病发病无明显年龄界限，多呈散发性流行，病兔无神经症状，肝脏不肿大，有散在的灰白色坏死灶，肾不肿大，有黏液性、浆液性或脓性鼻炎，1～2 d死亡。

兔魏氏梭菌病以急性腹泻和盲肠浆膜有鲜红色出血斑为特征，在粪便中可查出魏氏梭菌毒素，而兔病毒性出血症无此特征。

第二节　兔水疱性口炎

兔水疱性口炎(rabbit vesicular stomatitis)又名“流涎病”，是由传染性水疱性口炎病毒所引起的一种急性传染病。临床上以口腔黏膜发生水疱性炎症并伴有大量流涎为特征。本病多发生于春秋两季，潜伏期约3～4 d，病兔主要表现为流涎，口腔炎。口腔损伤严重时，体温升高达40～41℃，消化不良，食欲废绝，腹泻，日渐消瘦、衰弱，死亡率常在50%以上。

一、病原和发病机理

水疱性口炎病毒(*Vesicular stomatitis virus*，VSV)属弹状病毒科(*Rhabdoviridae*)、水疱性口炎病毒属(*Vesiculovirus*)。VSV主要感染3月龄内的幼兔，3～6月龄的青年兔及成年兔也有发病。病毒主要存在于病兔口腔黏膜坏死组织和唾液中。

VSV的主要传播途径是消化道。病兔口腔中的分泌物或坏死黏膜内含有大量病毒，当健康兔食入被病毒污染的饲料、饮水等，病毒通过舌、唇和口腔黏膜使家兔感染。特别是在饲养管理不当、饲喂霉变和有刺饲料引起家兔抵抗力降低和口腔黏膜受伤时，更易被感染。据研究，一些昆虫也可带毒，成为该病的传染源。

二、病理变化

发病初期口腔黏膜潮红充血，随后唇、舌和口腔黏膜出现一层白色的小结节和小水疱，不久破溃形成烂斑和溃疡，同时有大量恶臭的唾液顺着口角流出。外生殖器有时可见溃疡性病变。

剖检可见舌、唇和口腔黏膜发炎，形成糜烂和溃疡，咽部有泡沫样口水聚集，唾液腺肿大发红；胃内常有不少黏稠的液体，肠黏膜常有卡他性炎症变化。病兔尸体常十分消瘦。

三、病理诊断

根据多发生于春、秋两季，主要感染 3 月龄内的幼兔的流行特点，临床上出现口腔炎症和大量流涎的特征性症状，结合口腔黏膜、舌和唇黏膜有小水疱和小脓疱等病理变化可做出初步诊断。

确诊应采取病原分离鉴定和血清学实验。

本病与兔痘有相似之处，应加以区别。兔痘以皮肤丘疹、坏死、出血，眼炎及内脏器官有灰白色的小结节病灶等为特征，这些特征易与传染性水疱性口炎相区别。必要时，还可进行病毒学鉴定加以区别。

第三节 葡萄球菌病

兔葡萄球菌病(rabbit staphylococcosis)是由金黄色葡萄球菌所引起的兔的一种传染病。其特征是败血症变化和几乎可以发生于全身任何器官或部位的化脓性炎症。家兔是对葡萄球菌最为敏感的一种动物，各种年龄、不同性别的兔均可感染。一经感染，在抵抗力下降时就会发病。本病分布广泛，世界各地都有发生。

一、病原和发病机理

葡萄球菌属(*Staphylococcus*)的金黄色葡萄球菌(*Staphylococcus aureus*)为革兰氏阳性，广泛分布于自然界，如空气、土壤、水、饲料和用具上，也是人和畜皮肤、呼吸道及消化道黏膜上的正常菌群。各种途径均可使兔发生葡萄球菌感染，如通过损伤的皮肤，甚至汗腺、毛囊进入组织内，常发生毛囊炎、脓疱、坏死性皮炎、脓肿及伤口化脓等，甚至发生败血症或脓毒败血症；经呼吸道传染可引起呼吸道黏膜炎症、肺炎及脓胸；经消化道可引起食物中毒和胃肠炎。本菌通常成为其他传染病继发感染或混合感染的病原。哺乳母兔的乳头口是葡萄球菌进入机体的重要门户。

二、病理变化

1. 仔兔脓毒血症

出生后 2～5 d 的仔兔易发，在胸腹皮下、颈部、颏下及股内侧娇嫩皮肤上多处发生粟粒大、白色的脓疱。多数病兔于 2～5 d 发生败血症死亡。较大的乳兔(10～21 日龄)在皮肤上形成黄豆大或更大的脓疱。剖检可见肺和心有多个白色小脓疱。

2. 脓毒血症

脓肿可发生于体表和体内各个脏器和组织。初红肿、硬结，以后变成波动的脓肿。脓肿数目不等，大小不一，由豌豆大至鸡蛋大。脓肿破裂后，流出白色乳酪状脓液，破口经久不愈。脓汁中的病菌通过兔的其他损伤而扩散，或全身感染形成新的转移性脓肿，最后导致脓毒血症而死亡。剖检时在皮下、内脏、关节、骨髓等处均可见有化脓或脓肿。

3. 仔兔黄尿病(仔兔急性肠炎)

多由吸吮患乳房炎母兔的乳汁引起。发病急，死亡率高，多波及全窝。病兔肛门松弛，排黄色水样便，故又称仔兔“黄尿病”。剖检可见肠尤其小肠黏膜充血、出血，肠腔充满黏液。膀胱极度扩张，积满澄黄尿液。

4. 脚皮炎

兔脚掌皮肤充血、肿胀、脱毛，继而出现脓肿，破溃形成出血性溃疡。

5. 乳房炎

急性乳房炎时，乳房皮温略升高，肿胀呈紫红或蓝紫色；慢性，乳房局部发硬，逐渐增大，形成脓肿，脓汁为乳白色或淡黄色乳脂状。

6. 鼻炎

鼻流出大量浆黏性或黏脓性分泌物，在鼻孔周围结痂，严重的发生呼吸困难。常有并发或继发性肺脓肿、肺炎和胸膜炎。剖检可见，鼻黏膜及鼻窦黏膜充血，内积大量浆液性——脓性分泌物。

三、病理诊断

依据临床症状和病理变化可做出初步诊断，确诊需要进行病原分离鉴定。

第四节 兔支气管败血波氏杆菌病

兔支气管败血波氏杆菌病(bronchiseptic bordetellosis of rabbits)又称兔波氏杆菌病(bordetdiosis in rabbit)，是由支气管败血波氏杆菌所引起兔的一种以慢性鼻炎、化脓性支气管肺炎及咽炎为特征的呼吸道传染病。本病在成年兔发病较少，幼年兔发病率较高并可引起死亡，多发于气温多变的冬春季节。兔群一旦感染本病，很难根除。

一、病因和发病机理

波氏杆菌病的病原为波氏杆菌属(*Bordetella*)的支气管败血波氏杆菌(*Bordetella bronchiseptica*，Bb)，革兰氏阴性小球杆菌。支气管败血波氏杆菌在自然界分布甚广，多种哺乳动物上呼吸道中都有本菌寄生，病兔和带菌兔是本病的主要传染源，主要经空气传播，通过呼吸道感染。当机体受到各种因素影响，如气候骤变、感冒、寄生虫以及灰尘和刺激性气体等，均易诱发本病。

细菌在呼吸道上皮细胞纤毛上定居繁殖，兔在感染后多呈隐性经过。幼兔感染1周左右出现临床症状，10 d左右形成支气管肺炎，血中凝集抗体在12～13 d开始上升，在感染后15～

20 d 明显恶化而死亡。耐过兔进入恢复期后，病变、症状随之减轻，病原菌也随之由肺脏、气管下部、气管上部依次消失，2 个月后大部分动物体内检不出病原菌，但是有一部分感染兔的鼻腔或气管仍有病原菌残存，至感染后 5 个月消失。成年家兔常发生慢性支气管肺炎和卡他性鼻炎。

二、病理变化

1. 眼观病变

病兔身体消瘦，鼻孔排出水样、脓样鼻漏。尸体剖检可见病兔有卡他性鼻炎、化脓性鼻气管炎、化脓性支气管肺炎，极少数病例表现急性败血症病变。鼻腔、气管黏膜充血、水肿，鼻腔内有浆液性、黏液性或黏液脓性分泌物。人工感染的幼兔可见鼻甲骨萎缩。支气管肺炎病灶开始出现于肺门部支气管周围，随后扩展到肺边缘。病变多见于心叶、上叶、中叶，重症病例侵及全肺。病变部稍隆起、坚实，呈暗红色、褐色，进而呈灰黄色。有些病例，肺有脓疱，肝脏表面散在脓疱，脓疱内积有黏稠奶油样乳白色脓汁。若有其他病原微生物混合感染时，则出现化脓性胸膜肺炎。此外全身许多器官亦具明显的病变，如间质性心肌炎、增生性膜性肾小球性肾炎、坏死性脾炎、浆液性淋巴结炎、脑软膜浆液性炎、非化脓性脑炎、气管浆液性炎及器官内的小血管广泛出现透明血栓等。

2. 镜检病变

卡他性鼻炎时，上皮细胞增生和脱落，上皮层中混有异质细胞浸润，上皮细胞核固缩，形成空泡。固有层有异质细胞和淋巴细胞浸润。检查人工感染兔，可见萎缩的鼻甲骨骨轴中骨小梁数量减少、稀疏，成骨变性，成纤维细胞增多。

卡他性气管炎时，上皮细胞和异质细胞轻度变性，固有层充血，慢性病例可见固有层淋巴细胞和浆细胞浸润。肺炎病灶的肺泡内有多核白细胞和少量脱落上皮细胞及渗出液。随后渗出物减少，肺泡壁增厚，支气管、血管周围有多量淋巴细胞簇集。一部分气管上皮增生肥大，出现末梢支气管狭窄。

三、病理诊断

根据流行特点、临床症状和慢性鼻炎、化脓性支气管肺炎及咽炎的病理变化可做出初步诊断。确诊应采取病原分离鉴定和血清学试验。

在本病的定性过程中，必须与下列 3 种兔病相区别。

(1) 兔巴氏杆菌病　多杀性巴氏杆菌病以胸膜炎、胸腔积脓为特征，但很少单独引起肺脓疱。而支气管败血波氏杆菌多呈肺脓疱和胸腔积脓。

(2) 兔葡萄球菌病　葡萄球菌可引起家兔发生鼻炎及肺脏形成脓肿，但比例很小，在临床还能引起家兔发生乳房炎、脚皮炎、仔兔黄尿病及脓毒败血症等。

(3) 兔绿脓杆菌病　病兔除发生败血症外，还可在肺脏和内脏器官形成脓疱，脓液呈淡绿色或褐色，而波氏杆菌病的脓液均呈乳白色或淡白色。

第五节　兔魏氏梭菌病

兔魏氏梭菌病(clostridium welchii disease)又称兔梭菌性下痢，是由 A 型魏氏梭菌及其毒素所引起兔的一种暴发性、发病率和致死率较高的、以消化道症状为主的全身性疾病。本病临床上以急剧腹泻、排出多量水样或血样粪便、脱水死亡、盲肠浆膜出血和胃黏膜出血、溃疡为主要特征。各品种、年龄的兔均有易感性，但以纯种兔和1～3月龄的仔兔发病率高，在冬春季节青饲料缺乏和应激时更易发病。目前该病在我国各地均有发生。

本病主要症状为腹泻，开始为灰褐色软变，很快变为黑绿色水样粪便，肛门附近及后肢被毛被粪便沾染。体温不升高，但精神沉郁、厌食。腹泻当天或次日即死。最急性的常无任何症状而突然死亡。

一、病原和发病机理

本病病原为A型魏氏梭菌（*Clostridium welchii* type A），又称产气荚膜梭菌（*Clostridium perfringens*），属于梭状芽孢杆菌属（*Clostridium*），革兰氏阳性，厌氧，有荚膜。本菌在动物机体或培养基中产生外毒素，对小鼠、兔和其他动物具有毒性。A型魏氏梭菌的芽孢广泛分布于土壤、粪便、污水和劣质面粉中，病兔和带菌兔是本病的主要传染源，消化道是主要传染途径。当病原菌进入消化道或伤口侵入机体后进行繁殖，特别是在肠道正常菌群平衡失调和厌氧状态下，细菌在空肠绒毛上皮组织大量繁殖，并沿基膜繁殖扩散，产生大量的外毒素，使受害肠壁充血、出血或坏死。这种高浓度的毒素改变了肠黏膜的通透性，使电解质和血浆大量渗入肠腔，引起急性腹泻。毒素大量进入血液，导致机体急剧中毒性休克死亡。

二、病理变化

尸体外观脱水，肛门附近和后肢飞节下端被毛染粪。病变最常见于胃和盲肠。剖检腹腔可嗅到特殊腥臭味。胃内充满食物，胃底黏膜脱落，常见有出血或黑色溃疡。小肠、盲肠和结肠充满气体。小肠卡他性炎症，肠壁菲薄透明，充满气体和稀薄内容物。肠系膜淋巴结充血、出血、水肿。盲肠肿大，肠壁松弛，浆膜多处有鲜红出血斑，多数病例的内容物呈黑色或褐色液，并常有气体。盲肠黏膜有出血点或条纹状出血，瓣膜常水肿。肝与肾瘀血、变性、质脆，脾深褐色。膀胱积有茶色尿。心脏表面血管怒张呈树枝状。

三、病理诊断

根据本病多发于1～3月龄幼兔，急剧腹泻和脱水死亡，胃黏膜出血、溃疡和盲肠浆膜出血等可做出初步诊断。确诊需进行病原分离鉴定或血清学检查。

本病与引起以腹泻为主的消化道疾病的球虫病、沙门氏菌病、大肠杆菌病、蜡样芽孢杆菌病、溶血性链球菌病、霉菌病等有相似之处，因此必须加以鉴别。

第六节 兔密螺旋体病

兔密螺旋体病（treponematosis of rabbits）又称兔梅毒病，是由兔梅毒密螺旋体所致的成年家兔和野兔的一种常见的慢性传染病，临床以外生殖器、肛门和颜面等部的皮肤和黏膜发生炎症、结节和溃疡为特征。本病仅发生于家兔与野兔，成年兔发病率很高，少见于幼兔，死亡率极低。本病在世界各地兔群中均有发生。

一、病因和发病机理

本病的病原体是兔梅毒密螺旋体（*Treponema paraluis-cuniculi*），为密螺旋体属（*Treponema*）的成员。病原主要存在于病兔的外生殖器官病灶中，病兔和痊愈带菌兔是主要传染源，交配是主要的传染途径，因此发病多为成年兔，极少见于幼兔。病菌随着黏膜和溃疡分泌液排出体外，污染的垫草、饲料、用具等成为传染媒介，如有局部损伤可增加感染的机会。

病原通过生殖器官、直肠末端或局部损伤的皮肤侵入易感兔，通常在公兔的阴茎、包皮、阴囊与母兔的阴门、肛门以及其他入侵门户内定居、繁殖，经过一段潜伏期后引起皮肤与黏膜的病变，也可经淋巴管转移到局部淋巴结，引起淋巴结炎。病原扩散后，可侵害颚、口唇、颜面、眼睑、耳或其他部位，但病变只局限于皮肤和黏膜，很少引起其他器官的病变。个别病例偶见侵害脊髓，引起局部炎症和坏死灶，导致兔麻痹和死亡。

二、病理变化

最初可见阴茎、包皮、阴囊皮肤以及阴户边缘和肛门四周发红、肿胀，形成黍粒大小结节或水疱，暗视野显微镜下检查，水疱内含有密螺旋体。以后肿胀部因渐有渗出物而变湿润，结成红紫色、棕色的痂皮。剥去痂块，溃疡面凹陷，高低不平，边缘不整齐，易于出血，溃疡周围有不同程度的水肿。有的可在嘴唇、眼睑、鼻和下颌发生小结节和溃疡。慢性病变周围的局部淋巴结肿大，以腹股沟淋巴结、腘淋巴结、下额与颈部淋巴结最为明显。慢性病例表皮糠麸样，干裂呈鳞片状，稍突起。睾丸也会有坏死灶。

组织学检查，病变皮肤明显增厚，出现棘皮症与过度角化，真皮内有大量的单核细胞浸润，间或少量中性粒细胞和浆细胞。表皮溃疡区常有大量中性粒细胞积聚。镀银染色切片，表皮与真皮内可见到多量螺旋体菌。腹股沟和腘淋巴结生发中心增大，含有大量未成熟淋巴细胞，上皮样细胞点状集簇，随病程的发展，上皮样细胞可取代大部分淋巴细胞组织。

三、病理诊断

根据流行特点，临床上以外生殖器、肛门和颜面等部的皮肤和黏膜发生炎症、结节和溃疡可做出初步诊断。确诊需进行病原学或血清学检查。

本病必须与金黄色葡萄球菌所引起的外生殖器官炎及疥螨病相鉴别。

（1）外生殖器官炎　由金黄色葡萄球菌所引起的各种年龄家兔的外生殖器官炎症，表现为怀孕母兔发生流产，仔兔死亡，阴道流出黄白色黏稠脓液。阴户和阴道溃烂，常形成溃疡面，如花柳芽样，或有大小不一的脓疱。死后剖检，脾脏呈草黄色、质脆，膀胱内有大量块状脓液。兔密螺旋体病则除了外生殖器官有类似病变外，其他脏器无肉眼可见的病变。

（2）疥螨病　由疥螨所引起的皮肤损伤，多发生于无毛或少毛的鼻端、口腔周围、足趾以及耳壳内侧和耳尖等部位的皮肤。患部皮肤充血、出血、肥厚、脱毛，有淡黄色渗出物、皮屑和干涸的结痂。严重者常由于消瘦、虚弱而导致死亡。即便严重的疥螨病例，外生殖器皮肤和黏膜也无病理变化。严重时，即使口腔和鼻端周围的皮肤有病变，但耳部的皮肤绝对不会出现病灶。

第七节 兔球虫病

兔球虫病（rabbit coccidiosis ）是由兔球虫所引起的家兔最常见且危害最严重的一种寄生虫病。各品种的家兔都有易感性，4～5 月龄内的幼兔对球虫的抵抗力很弱，其感染率高达 100％，患病后的幼兔死亡率可达 40％～70％，耐过的病兔长期不能康复，生长发育受到严重影响，给养兔业造成巨大的经济损失。兔球虫病流行于世界各地，我国各地均有发生。

本病的病程数日到数周，病初食欲减退，以后废绝，精神沉郁、喜卧，眼、鼻分泌物及唾液增多，体温略升高，贫血，尿黄而浑浊；肝肿大，肝区触痛，有腹水也可见到黄疸。此外尚有痉挛、麻痹等神经症状，终因极度衰竭而死亡。

一、病原和发病机理

兔球虫属艾美耳属（*Eimeria*），据文献记载共有 16 个种，主要有斯氏艾美耳球虫（*Eimeria stiedai*）、穿孔艾美耳球虫（*Eimeria perforans*）、中型艾美耳球虫（*Eimeria media*）、大型艾美耳球虫（*Eimeria magna*）、梨形艾美耳球虫（*Eimeria piriformis*）、无残艾美耳球虫（*Eimeria irresidua*）、盲肠艾美耳球虫（*Eimeria coecicola*）、肠艾美耳球虫（*Eimeria intestinalis*）、小型艾美耳球虫（*Eimeria exigua*）、黄艾美耳球虫（*Eimeria flavescens*）、松林艾美耳球虫（*Eimeria matsubayashii*）、新兔艾美耳球虫（*Eimeria neoleporis*）、长形艾美耳球虫（*Eimeria elongata*）、那格甫尔艾美耳球虫（*Eimeria nagpurensis*）、野兔艾美耳球虫（*Eimeria leporis*）和雕斑艾美耳球虫（*Eimeria sculpa*）。其中，除斯氏艾美耳球虫寄生于胆管上皮细胞外，其余各种都寄生于肠黏膜上皮细胞内，一般为混合感染。

病兔和带虫兔是主要的传染源，本病感染途径是经口食入含有孢子化卵囊的水或饲料。饲养员、工具、苍蝇等也可机械性搬运球虫卵囊而传播本病。营养不良、兔舍卫生条件恶劣是本病发生的诱发因素。

兔球虫发育经过 3 个阶段，即裂殖生殖、配子生殖和孢子生殖。其中除斯氏艾美耳球虫前两个阶段在胆管上皮细胞内发育外，其余种类均在肠上皮细胞内发育。孢子生殖阶段在外界环境中进行。家兔在摄食或饮水时吞下孢子化卵囊，孢子化卵囊在肠道胆汁和胰酶作用下，子孢子逸出，主动钻入肠或胆管上皮细胞内，变为圆形的滋养体，最后发育为裂殖体，内含大量香蕉形裂殖子。如此几代裂体生殖后，大部分裂殖子变为大配子体，之后形成大配子；小部分变为小配子体，并形成小配子。大、小配子结合形成合子。合子周围形成卵囊壁即为卵囊。卵囊随粪便排到外界，在适宜温度和湿度下进行孢子生殖，发育为具感染性的孢子化卵囊。

球虫在胆管和肠上皮大量繁殖、上皮细胞的破坏、虫体代谢产物的毒性以及肠道细菌的综合作用是致病的主要因素。球虫在胆管和肠上皮大量繁殖，造成上皮细胞崩解，从而影响黏膜的完整性，失去屏障作用，引起消化机能紊乱，营养物质不能吸收，出现临床上所见的贫血、消瘦、血痢等症状。感染严重时，由于继发感染，引起炎症以及肠道出血、肠芯和肠壁变薄等病理变化。大量破坏的肠上皮细胞在微生物作用下发生腐败分解，以及虫体死亡、崩解等产生大量有毒物质，被机体吸收后常造成自体中毒，从而在临床上表现为精神委顿、食欲下降、运动失调、昏迷等全身中毒，严重者陷于体力衰竭而死亡。

二、病理变化

球虫病按照球虫的种类和寄生部位的不同可分为肠型、肝型和混合型，临床上多为混合型。病兔尸体消瘦，黏膜苍白，肛门周围污秽。

1. 肝型

有腹水，肝显著肿大，肝表面及实质内散布大小不一、形状不定的灰白或淡黄色脓样结节或条索，在脓样或干酪样内容物中有大量球虫卵囊(附图5-1)。初期胆管呈脱屑性卡他性胆管炎，稍后胆管上皮增生，呈乳头状突起，有时甚至呈腺瘤结构。由于胆管上皮增生与炎性渗出物充积，管腔高度扩大。在慢性病例，胆管壁及肝小叶间有大量结缔组织增生，使肝细胞萎缩，肝脏体积缩小(间质性肝炎)。胆囊黏膜有卡他性炎症，胆汁浓稠，内含许多崩解的上皮细胞。在增生的胆管上皮细胞及管腔内容物中可检出卵囊及各期裂殖体、配子体等。

2. 肠型

因球虫种类不同，肠道病变也有差异。主要表现为肠道充血，十二指肠扩张、肥厚，黏膜发生卡他性出血性炎症，小肠内充满气体和大量黏液，黏膜充血，上有出血点。在慢性病例，肠黏膜呈淡灰色，上有许多小的白色结节，尤其是盲肠蚓突部。采取黏膜上的灰白或黄白色病灶作涂片镜检，可发现大量球虫卵囊。组织切片见肠黏膜上皮细胞坏死脱落，固有层及黏膜下层有炎性细胞浸润。病程较长者，黏膜上皮细胞脱落的部位见上皮细胞再生，并使绒毛体积增大呈长乳头状或复叶状。

3. 混合型

混合型球虫病可见上述两种类型病变。

三、病理诊断

根据尸体外观消瘦、严重贫血的临床症状和肝表面与切面散布淡黄色或灰白色结节，结节切面含有脓样或干酪样物，小肠急性出血性、卡他性肠炎，肠壁显著增厚、可见灰白色结节等病理变化可做出初步诊断。结合生前用饱和盐水漂浮法或粪便涂片查到球虫卵囊，或死后取肠黏膜触片或刮取肠黏膜涂片查到裂殖体、裂殖子或配子体，即可确诊。

第八节 兔螨病

兔螨病(rabbit mites)又称疥癣，俗称“生癞”，是由疥螨科、痒螨科、肉食螨科等五种螨类寄生于家兔体表或表皮内所引起的慢性皮肤病。其临床表现为病兔发生剧痒以及各种类型的皮炎。本病接触感染，传播迅速，可导致患兔死亡，给养兔业造成巨大的经济损失。

一、病原和发病机理

本病病原为疥螨(*Sarcoptes scabiei*)，属于疥螨科(Sarcoptidae)、疥螨属(*Sarcoptes*)。虫体较小，肉眼勉强能见，色淡黄，圆形，背面隆起，腹面扁平。雌螨体长约0.33～0.45 mm，宽约0.25～0.35 mm；雄螨体长约0.2～0.23 mm，宽约0.14～0.19 mm。躯干可分为两部分。前面称为背胸部，有第一和第二对足；后面称为背腹部，有第三和第四对足。虫体背面粗糙，有细横纹、锥突、圆锥形鳞片和刚毛。假头后方有一队粗短的垂直刚毛。背胸上有一块长方形的胸甲。肛门位于背腹部后端的边缘。腹面有4对粗短的足，每对足上均有角质化的支条。雌虫第1、2对足的末端具有短柄的钟形吸盘。第3对足的末端为长刚毛。雌虫的生殖孔位于第1对足后支合并处的后面。雄虫的生殖孔在第4对足之间，围在一个角质化的倒"V"形的构造中。卵呈卵圆形，平均大小为150 μm×100 μm。常见的有兔疥螨（*Sarcoptes scabiei*）、兔背肛螨（*Notoedres cati*）、兔痒螨（*Psoroptid communis*）、兔足螨（*Chorioptes symbiotes*）和寄食姬螯螨（*Cheyletiella parasitivorax*）5种。

螨类的发育均为不完全变态，其发育过程包括卵、幼虫、若虫和成虫4个阶段。

兔疥螨和兔背肛螨均为表皮内寄生，在宿主表皮挖凿隧道，终身寄生。病兔和带螨兔是本病的传染源，主要通过直接接触和用具间接传播，发病有较强的季节性，一般在秋、冬季较为严重。兔痒螨、寄食姬螯螨等寄生于皮肤表面。病兔为本病的传染源，通过接触传播。机体瘦弱、皮肤抵抗力差时容易感染痒螨病。疥螨的口器为咀嚼式，以角质层组织和渗出的淋巴液为食，在隧道进行发育和繁殖。痒螨口器为刺吸式，以吸取皮肤表面渗出液为食。兔足螨寄生于外耳道柔嫩的皮肤上，采食脱落的上皮细胞，如屑皮、痂皮等。

螨的致病作用主要是机械刺激和毒素作用，可致皮肤损伤，引起继发感染，产生应激反应。严重的可导致病兔死亡。

二、病理变化

1. 兔疥螨

本病的病理变化主要在皮肤。先发生于兔的头部、嘴唇四周、鼻端、面部和四肢末梢毛较短的部位，严重时可感染全身。患部皮肤充血，稍肿胀，局部脱毛，出现剧痒。病兔因瘙痒而用嘴啃咬脚部或用前肢搔抓嘴鼻等病部皮肤，使患部因损伤而发生炎症，互相粘连成痂，变硬，脚爪上产生灰白色痂块，严重的出现皮屑和血痂，皮肤变厚、龟裂。病兔迅速消瘦，极易衰竭而死亡。

在虫体的机械性刺激和毒素的作用下，皮肤发炎、发痒，病变部位形成结节及水疱。当水疱破裂后，流出的渗出液与脱落的上皮细胞、被毛及污垢混杂在一起，形成痂皮。随着病情的发展，毛囊及汗腺受到损害，皮肤过度角化，故患部脱毛，皮肤增厚，失去弹性，形成皱褶。光镜下，皮肤因螨虫寄生而不均匀地增生并突出，表现角质化明显。

2. 兔背肛螨

兔背肛螨多寄生于兔的头部、鼻、嘴与耳，也可以蔓延至生殖器。患部皮肤增厚，发生龟裂和黄棕色痂皮。

3. 兔痒螨

兔患病的部位主要在外耳道内，可引起严重的外耳道炎。耵聍分泌过盛，干涸成痂，厚厚地嵌于耳道内如纸卷样，严重时甚至完全堵塞耳道。耳朵由于变重而发生下垂，严重时可引起中耳炎、耳聋。当病变发展到筛骨及脑部时，可引起癫痫发作。

4. 兔足螨

常寄生于头部、外耳道和脚掌下面的皮肤，引起炎症。

5. 寄食姬螯螨

寄食姬螯螨病感染处皮肤先有轻微的痒感，然后出现小红疹，剧痒，随后红疹及痒感渐渐消退而痊愈。有不同程度的脱毛，脱毛部位主要在肩胛部。感染部位有的有浆液渗出和皮肤增厚现象。组织切片中可见到亚急性非化脓性皮炎，有细胞浸润。

三、病理诊断

根据临床症状、发病部位和病理变化做出初步诊断。

取患部边缘上的新鲜痂皮，镜检见虫体可确诊。

第九节　兔豆状囊尾蚴病

兔豆状囊尾蚴病（cysticercosis pisiformis）又名兔囊尾蚴病，是由豆状带绦虫的中绦期——豆状囊尾蚴寄生于兔的肝脏、肠系膜和腹腔内所引起的一种疾病。其他啮齿类动物也可寄生。豆状囊尾蚴因其囊泡形如豌豆而得名。本病的临床表现为消化紊乱和减重，感染量大可引起死亡。本病呈世界性分布。

一、病原和生活史

豆状囊尾蚴（*Cysticercus pisiformis*）是豆状带绦虫（*Taenia pisiformis*）的中绦期。豆状带绦虫寄生于犬科动物小肠内，偶尔也寄生于猫。孕节或虫卵随犬粪排至体外，兔吞食被虫卵污染的饲料或饮水后，虫卵进入兔的消化道，在肝脏和腹腔处发育，约1个月形成囊泡，即为豆状囊尾蚴。

二、症状和病理变化

少量豆状囊尾蚴寄生时，无明显症状。但当侵袭严重时，病兔表现为精神萎靡、嗜睡，幼兔生长迟缓，成年兔腹部膨胀，逐渐消瘦，后期发生腹泻，有时会导致死亡。

尸体消瘦，眼结膜苍白，皮下水肿，有大量淡黄色腹水。剖检可见肝脏、肠系膜、网膜表面及肌肉中有绿豆大至黄豆大、灰白色半透明的囊泡，内含一个白色头节，囊泡常呈葡萄串状。肝脏肿大，色彩不均，肝表面和切面有红色、黄白色条纹状病灶。肠系膜及网膜上有豆状囊尾蚴包囊。常见严重的腹膜炎，腹腔网膜、肝脏、胃肠等器官粘连。

镜检，肝实质有圆形或条状出血区、坏死区和不同切面的幼虫。出血区与坏死区外围有多量嗜酸性粒细胞、中性粒细胞、巨噬细胞、淋巴细胞和上皮样细胞，也常有异物巨细胞，似结核性肉芽肿。后期，肉芽肿外围有大量结缔组织增生，致使局部纤维化。

三、病理诊断

本病由于没有典型的特异性症状，死后剖检时在肝脏及肠系膜上发现豆状囊尾蚴即可确诊。

（古少鹏）

牛、羊传染病病理诊断

第一节 牛病毒性腹泻

牛病毒性腹泻(bovine viral diarrhea, BVD)又称牛病毒性腹泻-黏膜病(bovine viral diarrhea/mucosal disease, BVD/MD),是由牛病毒性腹泻病毒所引起牛的一种传染病。病毒主要侵害消化道黏膜,引起消化道黏膜严重糜烂和溃疡。临床表现以发热、咳嗽、流涎、严重腹泻、消瘦及白细胞减少为特征,尤其病牛腹泻为临床最主要的症状。世界上许多国家有本病发生的报道,尤以欧洲最为严重。我国于1980年首次分离出该病毒,近年亦有流行发生的报道。本病被我国农业部列为三类动物疫病。

一、病原和发病机理

牛病毒性腹泻病毒属黄病毒科(*flaviviridae*)、瘟病毒属(*pestivirus*),为有囊膜的RNA病毒,呈圆形,其大小为40～60 nm,能在胎牛皮肤、肌肉和肾小管上皮细胞中增殖。

病牛和带毒牛是主要传染源。本病的易感动物主要是牛,各种年龄的牛均可感染,但犊牛易感性较高。人工接种可以使绵羊、山羊、羚羊、鹿、仔猪、家兔感染。现已经证明猪可以感染该病原,但无临床症状。

本病通常经消化道感染,病毒侵入机体后,在受侵的黏膜上皮细胞内复制,以后进入血液,通过病毒血症的过程到达其他组织细胞,引起黏膜上皮细胞变性、坏死、炎性产物渗出,以及淋巴组织的淋巴细胞、巨噬细胞坏死与增生等变化。病毒也可经胎盘感染胎儿,导致死胎、流产、胎牛畸形等。

二、病理变化

1. 眼观病变

动物尸体严重脱水和明显消瘦,在齿龈、鄂部、舌面、颊部、咽部黏膜出现形状不规则、大小不等、界限较分明的糜烂和溃疡。食道黏膜常见小的纵行排列的糜烂或溃疡,小病灶可扩大并相互融合为大的糜烂或溃疡灶。瓣胃叶片黏膜、皱胃黏膜也见糜烂或溃疡,并见出血和水肿变化。肠道出现急性卡他性出血性肠炎,甚至发展为纤维素性坏死性肠炎,肠黏膜充血、水肿和出血,肠壁淋巴滤泡肿胀、坏死,形成糜烂或溃疡。鼻和鼻镜黏膜充血、水肿和坏死,形成大小不等、不规则的糜烂或溃疡,外鼻孔和鼻镜黏膜的坏死物和渗出物变干后形成灰褐色结痂覆盖于病灶表面。部分病例胆囊黏膜水肿、出血和糜烂或溃疡。淋巴结呈急性出血性淋巴结炎病变,肠系膜淋巴结病变尤其明显。另外,皮下组织、阴道黏膜、心内外膜等可出血。实质器官发生变质性变化。

2. 镜检病变

消化道黏膜上皮细胞变性、坏死，有的黏膜表面有纤维素渗出，并与坏死的上皮细胞融合呈纤维素性坏死性炎，黏膜固有层充血、水肿，甚至出血，固有层淋巴细胞、浆细胞等炎性细胞浸润和增生。淋巴结、脾脏等淋巴组织的淋巴细胞坏死，淋巴细胞减少，淋巴小结变小。肝细胞变性、坏死，狄氏隙水肿，在汇管区、胆管周围以及肝小叶内见由淋巴细胞和嗜酸性粒细胞组成的细胞性结节，胆管增生、肥大。肾小管上皮细胞也可见一定程度的变性和坏死，有时在肺脏的支气管和血管周围淋巴细胞、巨噬细胞浸润形成管套。发育不全的小脑呈现普金野氏细胞和颗粒层细胞减少，小脑皮质有钙盐沉着及血管周围见有胶质细胞增生。

三、病理诊断

根据双相热型、大量流涎、口腔黏膜充血和溃疡、腹泻、孕牛流产等症状及其病理变化可以做出初步诊断，特别是口腔和食管黏膜上有大小不等的各种形状和直线排列的糜烂和溃疡，具有特征性。确诊需进行病原分离鉴定或血清学检查。

此病应注意与恶性卡他热、蓝舌病等鉴别。恶性卡他热呈散发，其发生通常与绵羊的接触有关，高热、全眼球炎、角膜浑浊、口鼻的炎症和充血较严重，伴有脑炎症状，致死率很高。蓝舌病系蠓传播，发生于蠓滋生的地区和季节，无接触传染性，主要侵害绵羊，牛发病少。蓝舌病口腔病变的特点是黏膜(特别是牙床)的弥漫性坏死，与黏膜病的散在性小糜烂有所不同。

另外，本病还易与水疱性口炎、口蹄疫、副结核病等相混淆，应注意参考有关疾病的特点，加以鉴别。

第二节　牛海绵状脑病

牛海绵状脑病(bovine spongiform encephalopathy，BSE)是由朊病毒(*Prion*)感染所引起牛的一种传染性脑病，俗称疯牛病(mad cow disease)。该病以精神失常、共济失调、感觉过敏为临床特征，以中枢神经系统神经细胞、神经纤维发生空泡变性，脑组织呈海绵样变化为特征性病变。1985 年英国首先发现该病，于 1986 年定名为 BSE。BSE 的组织病理学变化和临床症状与人的库鲁病(Kuru)、克雅氏病(CJD)和羊痒病(scrapie)相似，由于这类疾病被认为与朊病毒有关，因此被统称为朊病毒病。世界动物卫生组织(OIE)确定疯牛病为 B 类疾病，我国农业部规定其为一类动物疫病。

BSE 病牛食欲与体温正常，产奶量降低，体重减轻，主要表现为神经症状：①精神异常，表现为焦虑不安、恐惧、狂暴、恍惚和烦躁不安；②运动障碍，病初表现为共济失调、四肢伸展过度，后肢运动失调、震颤和易跌倒，麻痹，起立困难或不能站立；③感觉异常，对触摸和声音过度敏感，挤奶时奶牛乱蹬乱踢。绝大多数病例都有上述 3 种神经症状，病程数周至数月不等，最后卧地不起而死亡。

一、病原和发病机理

朊病毒是一类具有传染性的纤维样蛋白，对理化因素抵抗力强，常用消毒药、醛类、醇类、非离子型去污剂及紫外线消毒无效。朊病毒对强氧化剂敏感，在 NaOH 溶液中 2 h 以上，134～138℃高温 30 min，可使其失活。朊病毒的主要成分是异常的朊病毒蛋白(PrP^{sc})，在动物细胞内存在正常的朊病毒蛋白(PrP^{c})，PrP^{sc}是PrP^{c}的变构体，PrP^{c}的构象以 α 螺旋为主，而PrP^{sc}的构象以 β 层状折叠为主。PrP^{sc}和PrP^{c}的氨基酸序列完全相同，但由于二者的构象不同，PrP^{sc}不易被蛋白酶分解，具有致病性。

BSE 的传染来源目前公认是精饲料中含有患痒病的反刍动物的下脚料和肉骨粉。其发病无季节性。潜伏期长，2～8 年不等，也有报道可长达几十年。易感动物为牛，通过非胃肠道途径可人工感染牛、绵羊、山羊、猪、长尾猴、水貂和小鼠。BSE 不仅可以在实验室里经脑内接种进行水平传播，还可通过怀孕母牛的胎盘进行垂直传播。1996 年英国政府正式承认吃疯牛病牛肉有可能导致人感染克雅氏病。近年来的实验研究证明，人类的克雅氏病可经过输血感染。

发病牛年龄多在 4～6 岁，大多数病牛是在出生后 1 年内被感染的，犊牛感染 BSE 的危险性是成年牛的 30 倍。这种年龄段的易感性，可能与牛肠道生理变化和免疫机制随年龄增长发生改变有关。

经口感染后病原先集聚在被感染动物的脾脏，然后随淋巴组织扩散而侵入中枢神经系统。机体对朊病毒的感染不产生炎性反应和免疫应答反应。

二、病理变化

牛海绵状脑病病变主要集中于中枢神经系统。

眼观，脑脊液一定程度的增多，其他变化不明显。

镜检，脑干灰质发生对称性变性，在脑干的某些神经核、神经元和神经网中散在分布有大小不等、圆形或卵圆形、边缘整齐的空泡(附图 6-1)。迷走神经背核、三叉神经束核、孤束核、前庭核、红核网状结构等为病变易发部位，在其神经细胞核周围含有界限明显的胞浆内空泡，空泡大小不等，单个或多个，有的空泡明显扩大致使细胞高度肿胀，同时细胞核被挤压于一侧甚至消失，变性细胞体呈气球样。神经纤维分解，也形成许多大小不等的空泡，使病变局部神经组织疏松多孔，呈海绵样结构。此外，在神经细胞内尚见类脂质——脂褐素颗粒沉积，有时还见圆形单个坏死的神经元或噬神经元现象，以及胶质细胞轻度增生。一般在血管周围无炎性细胞浸润。

三、病理诊断

1. 组织病理学

当可疑 BSE 病例被屠宰后，首要的诊断方法是病理组织学检查。这是评价其他方法是否有效的标准。发现可疑病牛的脑组织神经元出现数目减少；脑干两侧灰质神经丛对称性海绵样病变和脑干神经核的神经元空泡化；脑组织中淀粉样核心周围有海绵样变性形成的“花瓣”，组成雏菊花样病理斑的特征性病变时即可诊断为 BSE。

2. 检测细胞膜糖蛋白

痒病相关纤维蛋白(SAF)是 PrP 的衍生物，SAF 能耐受蛋白酶，可从明显自溶的脑组织中分离到 SAF。可用电子显微镜观察 SAF 的特征形状，聚丙烯酰胺凝胶电泳后再进行蛋白印迹检测，可检测变性的 PrP。

3. 动物实验

将发病动物脑或其他组织通过非肠道途径接种于小鼠或其他动物，是目前唯一可行的检测感染性的方法。

4. 免疫组织化学方法

用SAF抗体或PrP多克隆/单克隆抗体对病牛脑组织切片进行免疫组织化学染色，可以检出PrP^{sc}。

第三节　绵羊痒病

绵羊痒病(scrapie)是由朊病毒引起的绵羊的一种慢性致死性脑病。其病变特征是中枢神经的空泡变性，临床特点是共济失调、痉挛、麻痹、衰弱和严重的皮肤瘙痒，病畜100%死亡。本病作为传染性海绵状脑病(transmissible spongiform encephalopathy，TSE)的原型早在1732年就在英格兰发现。1920—1950年曾在英国严重流行，现已广泛分布于欧洲、亚洲和美洲多数养羊业发达国家。1983年我国在从英国引进的边区莱斯特种羊中先后发现5例绵羊痒病，采取严格措施后，于1987年扑灭。世界动物卫生组织(OIE)确定该病为B类疾病，我国农业部规定其为一类动物疫病。

一、病原和发病机理

绵羊痒病的病原是朊病毒，其特性与引起牛海绵状脑病的朊病毒相同。病羊和带毒羊是主要传染源，感染途径多为消化道。成年绵羊和山羊与感染羊同舍饲养可能被感染，在产羔期间更易感染。感染后，朊病毒首先出现在肠道、脾脏、淋巴结、扁桃体，经肠道的淋巴组织逐渐侵入中枢神经，使中枢神经变性。研究发现，羊痒病的易感性与遗传基因有密切关系，自然感染的母羊产的羔羊发病率高，绵羊Sip基因的等位基因是纯合子的羊更易感染。本病的潜伏期长，1.5岁的幼龄羊很少发病，病羊多见于3～5岁的成年羊。

二、病理变化

羊痒病的病变主要集中于中枢神经系统，典型病理变化为中枢神经组织变性及空泡样变化，无炎症反应。

眼观脑脊液有一定程度的增多，其他变化不明显。

镜检见延脑、中脑、丘脑、纹状体等脑干内的神经元发生空泡变性与皱缩。两侧对称性退行性变化，神经细胞的海绵性变性，最终产生空泡，形成海绵样病理变化。即神经元内的空泡呈圆形或椭圆形，界线明显，细胞核被挤压于一侧甚至消失；神经纤维分解形成许多小空泡，局部疏松呈海绵状。星形胶质细胞肥大、增生，呈弥漫性或局灶性增多，在脑干的灰质核团和小脑皮质内更多见。

三、病理诊断

临床症状：显著特点是瘙痒、不安和运动失调，但体温不升高，结合是否由疫区引进种羊或父母有痒病史分析。

组织病理检查和实验室检查：病理变化与其他朊病毒病相同，脑髓及脊髓神经元的细胞质发生变性和空泡化。实验室检查主要是测定病羊血清中的抗痒病因子蛋白抗体，常用ELISA

和 Western 印迹法。也可以用酶标抗 PrP 抗体对患羊脑组织进行免疫组化法诊断。

第四节 羊痘

羊痘(ovine smallpox)是由绵羊痘或山羊痘病毒所引起羊的一种急性传染病,其特征是在皮肤、某些部位的黏膜和内脏器官形成痘疹。羊痘中,以绵羊痘较常见,山羊痘很少发生。绵羊痘是各种家畜痘症中危害最严重的一种热性接触性传染病,被 OIE 列为 A 类动物疫病,我国农业部将其列为一类动物疫病。本病在非洲的赤道以北地区、中东、土耳其、伊朗、阿富汗、巴基斯坦、印度、尼泊尔、孟加拉国、中国部分地区呈地方性流行。最近,本病频繁地传入欧洲南部。所有品种、性别和年龄的绵羊均可感染,尤以细毛美利奴特别易感,本地品种和粗毛羊有一定的抵抗力。成年羊的病死率为 20%～50%,羔羊的症状比较严重,病死率可达 80%～100%。

一、病原和发病机理

羊痘病毒(*Capripox virus*)属痘病毒科(*Poxviridae*)、山羊痘病毒属(*Capripoxvirus*),主要感染绵羊和山羊,其感染途径一般是呼吸道,有时也可通过损伤的皮肤和黏膜感染。病毒进入体内后,侵入局部淋巴组织的单核-巨噬细胞并在其中复制,以后进入血液经病毒血症过程到皮肤、某些黏膜及肺脏、肝脏、肾脏等组织器官。病毒在上皮细胞内进一步复制引起上皮细胞变性、坏死,同时炎性细胞在局部浸润、增生形成痘疹病变。

二、病理变化

1. 眼观病变

皮肤痘疹常见于无毛或少毛部位,如眼睑、鼻翼、阴囊、包皮、乳房、腿内侧和尾腹侧等,重症病例有毛皮肤也可见到痘疹。最初为圆形的红色斑疹,其直径 1～1.5 cm,此期为红斑期;2d 后红斑转变为灰白色,呈隆起于皮肤表面的圆形疹块,质地硬实,周围有红晕,即为丘疹期;随后,痘疹局部表皮和真皮发生坏死,坏死组织与炎性渗出物融合,并干涸形成痂皮,称此期为结痂期。如果病羊存活,痂皮下缺损可经肉芽组织增生和表皮再生而修复。高度敏感病例常发生出血性丘疹,痘疹呈暗红色或黑色,故又称为出血痘(黑痘)。

黏膜痘疹多发生于口腔,特别是唇、舌、瘤胃、网胃和皱胃黏膜,痘疹为大小不一、圆形、灰白色、扁平隆起的结节,发生坏死脱落后局部形成糜烂或溃疡。鼻腔、喉和气管黏膜上也可见类似的灰白色痘疹。肺也可出现痘疹,其表面散在分布着数量不等、圆形的灰白色结节,质地较硬。肾脏被膜下、皮质中散在大小不一的圆形灰白色结节,直径为 1～4 cm,同样性质的结节有时也见于肝脏。

2. 镜检病变

痘疹部位的皮肤上皮细胞变性、坏死,变性严重的上皮细胞胞浆内出现嗜酸性包涵体,真皮充血、水肿,弹力纤维和胶原纤维溶解、断裂,淋巴细胞、单核-巨噬细胞、中性粒细胞浸润,有时在痘疹病灶中出现明显出血。肺脏的肺泡壁上皮细胞增生呈立方形,有的脱落充满肺泡腔,间质淋巴细胞、单核-巨噬细胞增生形成痘疹结节。肝脏、肾脏等组织器官内淋巴细胞呈结节性增生,形成痘疹病变。

山羊痘病变类似于绵羊痘。

三、病理诊断

根据流行病学特点多发于冬末春初，临床特征和病理变化为皮肤和黏膜出现痘疹、丘疹、水疱、脓疱、痂块、斑痕，胃黏膜有痘疹结节或糜烂等可做出初步诊断。

本病应注意与羊传染性脓疱病相区别。后者全身症状不明显，病变多局限于口、唇部，痂垢下肉芽组织增生明显。

第五节 蓝舌病

蓝舌病（bluetongue，BT）是由蓝舌病病毒所引起反刍动物的一种非接触性传染病。其病变特征为口腔、食道、前胃黏膜以及鼻腔黏膜发生糜烂和溃疡，舌严重瘀血呈蓝紫色；蹄冠和蹄叶发炎；骨骼肌和心肌变性与坏死。

绵羊对蓝舌病最敏感，但一般而言，本地品种有较强的抵抗力。山羊和牛也是敏感动物，但极少表现出临床症状或只出现轻度的临床性发病。许多不同种属的野生有蹄动物和小哺乳动物可能也呈隐性感染。非洲转角牛羚、南非黑色大水牛、非洲大羚羊、北美白尾鹿、黑尾鹿或驼鹿、麋鹿、美洲盘羊、叉角羚羊等呈致死性感染。我国农业部将其列为一类动物疫病。

一、病原和发病机理

蓝舌病病毒（*Blue tongue virus*）属呼肠孤病毒科（*Reoviridae*）、环状病毒属（*Orbivirus*），呈球形，无囊膜，已发现 25 个血清型。本病主要通过库蠓属蚊虫叮咬传播，病毒在蚊虫与反刍动物之间交替存在。蚊虫吸食携带病毒或发病动物的血液，在其体内复制后，再叮咬其他动物而引起感染。病毒感染动物后，首先在局部淋巴结内复制，然后经血液到达其他组织器官，口腔、食道、前胃、鼻腔黏膜上皮细胞及蹄部皮肤上皮细胞和小血管内皮细胞等均是本病毒的靶细胞。病毒在感染细胞内复制并导致被感染细胞的变性和坏死，导致局部微血管通透性的改变、小血管内皮细胞肿胀、血管周围组织水肿与出血、管腔内纤维蛋白和血小板性血栓等显微病变，尤其是出现特征性的肺显著水肿和微血栓形成（休克肺）。

二、病理变化

1. 眼观病变

口腔的唇、齿龈、颊部、硬腭、软腭和舌黏膜出现糜烂和溃疡，舌瘀血、水肿呈紫红色，严重时呈紫蓝色，故称为蓝舌病；食道、瘤胃、网胃和瓣胃黏膜也可见糜烂和溃疡，皱胃和小肠可见出血点或出血斑；蹄冠、蹄叉部充血、水肿和出血，在蹄壳内出血点可相互融合形成暗红色垂直的出血条纹；体表淋巴结（尤其头部淋巴结）肿大、出血；肺瘀血、水肿，有时见支气管肺炎，咽喉黏膜水肿、出血；心肌和骨骼肌见出血点或出血斑，并见变性和坏死，坏死的肌肉呈灰白色条索状或斑块状；肝脏、肾脏和脑等瘀血、水肿。

2. 镜检病变

病变部位的皮肤和黏膜上皮细胞水疱变性和坏死，小血管内皮细胞肿胀变性、坏死，炎性细胞浸润；心肌和骨骼肌呈变质性心肌炎和骨骼肌炎，变性坏死的肌纤维肿胀、断裂或溶解，其间充血、水肿及炎性细胞浸润；淋巴结充血、水肿，淋巴细胞坏死；肺泡壁毛细血管充血，肺泡腔内有水肿液和炎性细胞渗出；肺动脉和主动脉中层水肿、出血和炎性细胞浸润，平滑肌细胞变性和坏死。

三、病理诊断

根据病畜发热、口唇肿胀、糜烂、跛行、行动强直、蹄部炎症及流行季节等可做出初步诊断。确诊需进行病原学检查和血清学试验。

牛羊蓝舌病应注意与口疮、羊溃疡性皮炎、牛病毒性腹泻-黏膜病、牛传染性鼻气管炎、牛瘟等的区别。

(1)口疮　幼龄羊发病率较高，一般不呈现全身症状和体温反应；病羊在口唇、鼻端出现丘疹和水疱，破溃后形成疣状厚痂，痂皮下为增生的肉芽组织。

(2)羊溃疡性皮炎　本病仅见局部病变，无全身反应。面部病变常见于上唇、鼻孔外侧，很少蔓延到口腔内部；公羊阴茎、母羊阴户常发生溃疡。

第六节　牛恶性卡他热

牛恶性卡他热(malignant catarrhal fever)又称牛恶性头卡他(malignant head catarrh)或坏疽性鼻卡他，是由疱疹病毒所引起牛的一种急性败血性传染病。其病变特征是呼吸道、消化道黏膜发生急性卡他性或纤维素性坏死性炎，并伴有一定程度的出血；急性膜炎，非化脓性脑炎，坏死性血管炎及各组织器官中单核细胞和淋巴细胞浸润增生。

一、病原和发病机理

牛恶性卡他热的病原是狷羚疱疹病毒，又称牛恶性卡他热病毒(*Malignant catarrh virus*)、角马疱疹病毒，属于疱疹病毒丙型疱疹病毒。病毒具有囊膜，直径175 nm，核衣壳呈二十面体对称。该病毒与细胞高度结合，对外界环境的抵抗力弱，能在牛甲状腺、肾上腺等组织细胞培养物上生长，并产生细胞病变和嗜酸性核内包涵体。

在自然条件下，牛最易感，绵羊、山羊、鹿也可感染。本病的传染源是狷羚和绵羊。绵羊可带毒、排毒，并通过胎盘感染胎儿，牛与带毒绵羊接触可能感染发病。在非洲本病主要通过狷羚和角马传播。本病也可能通过吸血昆虫传播。在牛间一般不发生直接感染。病毒侵入机体后，使受侵组织细胞发生变性、坏死。同时，机体也出现了明显的炎性反应和免疫反应，表现为在组织器官的充血、浆液和纤维素等渗出，炎性细胞浸润，以及在淋巴组织和其他各组织器官中出现大量淋巴细胞和巨噬细胞活化增生等变化。

二、病理变化

1. 眼观病变

皮肤可能出现疱疹和丘疹，病灶区被毛脱落，并伴有液体渗出，在局部形成痂皮。病变多见于角基部、腰部和会阴部，有时出现在蹄冠周围和趾之间，甚至发展为全身性病变。

鼻腔、喉头、气管和支气管等呼吸系统黏膜眼观常呈暗红色，肿胀，表面有渗出物，有时形成纤维素性伪膜。如果病程较长，在黏膜面形成糜烂或溃病。肺脏膨胀，表面湿润，暗红色，切面可流出暗红色血液。

消化道的口腔黏膜呈暗红色，常见出血斑点并形成明显的糜烂和溃疡。食道黏膜、胃黏膜、肠黏膜充血水肿，散在出血点或出血斑，有时形成糜烂或溃疡灶。

眼角膜周边或全部水肿浑浊呈灰蓝色，有的病例可见浅表糜烂，偶见并发虹膜睫状体炎；切开眼球，见房水浑浊，含有絮片状的纤维素。

肝脏肿大，呈黄红色，质地脆弱，在表面和切面常见针头大或米粒大的灰白色病灶。胆囊扩张，常充满胆汁，黏膜见多量出血点和糜烂病变。

肾脏肿大，呈暗红色或黄红色，表面和切面出现灰白色、大小不等的小结节。肾盂和输尿管黏膜有出血点或出血斑。膀胱黏膜充血、出血，有时见糜烂和溃疡。

心肌呈黄红色或灰红色，切面有时见灰白色小病灶。心外膜和心内膜均有较多出血点或出血斑。少数病例的主动脉壁上有多量米粒大灰白色、隆起于内膜表面的硬化结节病灶。

脾脏稍肿或中度肿大，表面有出血点，切面暗红色，结构模糊。

全身淋巴结明显肿大，表面呈暗红色，切面湿润暗红，偶见灰红色或灰白色坏死灶。淋巴结周围水肿呈胶冻样，有时伴有一定程度出血。

脑膜血管扩张充血，有时散在出血点。脑组织较软，脑回变平，脑沟变浅，切面可见少量出血点。脑脊髓液增多，浑浊。

2. 镜检病变

皮肤表皮上皮细胞变性、坏死，并发生崩解，在局部形成小水疱或糜烂；真皮水肿疏松，小血管扩张充血，红细胞渗出，在一些小血管内见血栓形成，血管周围有多量的淋巴细胞、单核细胞和浆细胞浸润和增生。

鼻腔、喉头、气管黏膜固有层小血管扩张充血，红细胞渗出，间质水肿，血管周围淋巴细胞、单核细胞、浆细胞渗出增生；上皮细胞变性、坏死和脱落，肺脏支气管充血、水肿和炎性细胞浸润，肺泡壁血管充血，肺泡腔内有浆液渗出，有时也可见到渗出的红细胞和脱落的上皮细胞。

口腔、食道和前胃黏膜与皮肤的病变相似。真胃和肠黏膜固有层水肿疏松，血管扩张充血，红细胞渗出，以及多量淋巴细胞、单核细胞和浆细胞浸润。

眼结膜充血水肿，上皮细胞部分脱落而使上皮不完整，且上皮变扁。固有层有淋巴细胞、单核细胞和浆细胞的浸润和增生，并有浆液渗出使固有层变疏松。角膜纤维排列疏松、紊乱，结构模糊不清。结膜血管扩张充血，上皮细胞变性，固有层淋巴细胞和单核细胞浸润。

肝细胞出现较明显的脂肪变性和肝小叶内散在小坏死灶，汇管区和小叶间小血管周围有淋巴细胞、单核细胞和少量中性粒细胞的浸润和增生。胆囊上皮细胞变性、坏死，有的脱落，固有层水肿疏松，小血管扩张充血，红细胞渗出，淋巴细胞和单核细胞浸润。

肾小球充血增大，肾小管上皮细胞变性、坏死，间质血管周围有多量淋巴细胞及单核细胞浸润增生。肾盂、输尿管和膀胱黏膜呈急性出血性卡他性炎变化。

心肌纤维发生广泛的急性变性，肌间红细胞渗出形成出血灶，在小血管周围也有多量淋巴细胞、单核细胞的浸润增生。血管壁的胶原纤维发生纤维素样坏死，内皮细胞肿胀。

脾白髓淋巴细胞和网状细胞增生，白髓体积增大；红髓中见较多的含铁细胞，髓索中淋巴细胞和网状细胞增多，并见红细胞渗出；小血管壁受损并发生透明变性。

全身淋巴结皮质部淋巴细胞和网状细胞明显坏死，淋巴小结体积缩小，数量减少，生发中心不明显；在副皮区和髓质的髓索淋巴细胞和网状细胞出现较明显的增生，同时也有坏死变化，髓质窦内充满活化增生和脱落的巨噬细胞；在淋巴结的皮质和髓质均见充血、水肿和出血的变化。

脑组织呈非化脓性脑炎形象。在大脑各叶、嗅球、海马、丘脑、尾状核、豆状核、中脑、桥脑、延脑、小脑各部均有明显的变化。脑血管周隙增宽，并有较多淋巴细胞及少量单核细胞渗出增生形成管套，有的血管壁发生纤维素样坏死，有的小血管周围见红细胞渗出。脑组织各部分的神经细胞发生一定程度的变性和坏死，其中延脑迷走神经核的运动细胞和小脑浦金野氏细胞最明显。脑组织中胶质细胞弥漫性增生，并围绕在坏死神经周围呈现卫星现象，或进入神经细胞内表现为噬神经细胞现象，也可见到胶质细胞局灶性增生形成胶质小结。软脑膜充血水肿增厚，并见淋巴细胞、单核细胞浸润，病变严重时，脑膜的网状组织和血管坏死，并见血浆蛋白渗出，形成均质红染物质。

三、病理诊断

根据流行特点，无接触传染，呈散发，临床症状如病牛发烧 40℃以上、连续应用抗生素无效、典型的头和眼型变化以及病理变化，可以做出初步诊断。最后确诊还应该通过实验室诊断。

本病应与牛瘟、黏膜病、口蹄疫等病相鉴别。

第七节 牛传染性鼻气管炎

牛传染性鼻气管炎（infectious bovine rhinotracheitis）又称牛传染性坏死性鼻炎（infectious bovine necrotic rhinotracheitis）、坏死性鼻炎（necrotic rhinitis）和红鼻病（red nose disease），是由牛疱疹病毒所引起牛的一种急性接触性传染病。其病变主要表现为呼吸道黏膜炎、眼结膜炎、脑膜脑炎、脓疱性阴道炎等。

本病被世界动物卫生组织列为 B 类疾病，我国农业部列为二类动物疫病。其最初发现于美国的科罗拉多州（1955），并被命名为牛传染性鼻气管炎；其后在澳大利亚、新西兰、日本和许多欧洲国家均有发生，呈世界性分布。

一、病原和发病机理

牛传染性鼻气管炎病毒（*Bovine coital exanthema virus*）属于牛疱疹病毒Ⅰ型，可在多种传代和原代细胞上生长，并在核内形成嗜酸性包涵体。病牛或带毒牛从鼻、眼和阴道分泌物排毒，主要通过飞沫侵入呼吸道引起呼吸道黏膜发炎，病毒也可直接侵入结膜引起结膜角膜炎。进入体内的病毒入血液后，通过病毒血症过程到达中枢神经、胎儿等组织器官，并引起受侵部位的损伤和炎症过程。

二、病理变化

鼻、咽喉、气管和大支气管黏膜充血、水肿，严重时见较明显出血，黏膜面附着较多黏液性脓性渗出物，重症例病变可波及副鼻窦、小支气管和肺脏，引起副鼻窦炎、支气管炎和肺炎。有的病例在鼻翼和鼻镜部出现坏死灶。镜检，见鼻腔、气管黏膜上皮细胞变性、坏死，固有层小动脉和毛细血管充血、炎性细胞渗出，在变性明显的黏膜上皮细胞核内可出现嗜酸性包涵体。

有的病例出现结膜角膜炎，见眼结膜充血、水肿，表面形成灰白色坏死灶，角膜水肿增厚呈云雾状。生殖道感染时，在阴道黏膜出现水疱或脓疱，表面常覆盖灰白色黏稠脓样渗出物。中枢神经主要呈现非化脓性脑膜脑炎，在脑膜和脑组织小血管周围淋巴细胞和单核细胞渗出，神经细胞变性、坏死，胶质细胞增生。

病毒经胎盘感染胎儿时，可引起死胎和流产，流产的胎儿皮肤水肿，浆膜出血，浆膜腔积液。肝脏、肾脏、脾脏等组织表面见灰白色小坏死灶。镜检，见病变组织呈现小灶状坏死，其中有炎性细胞浸润，坏死灶附近变性明显的细胞中可见嗜酸性核内包涵体。

三、病理诊断

根据本病的临床症状和各型的特征性病理变化，可做出初步诊断。确诊则有赖于病毒的分离鉴定。分离病毒的材料可采用发热期病毒鼻腔洗涤物，或流产胎儿的胸腔液或胎盘子叶，用牛肾细胞或猪肾细胞等组织培养分离，根据特征性的细胞病变，再结合中和试验及荧光抗体来鉴定病毒。

本病应与牛流行热、恶性卡他热、牛病毒性腹泻-黏膜病和传染性结膜角膜炎以及能引起流产的疾病进行鉴别诊断。

第八节　羊梭菌性感染

梭菌性感染(clostridial infections)是由梭状芽孢杆菌属中的致病菌所引起的一类传染病，被我国农业部列为三类动物疫病。本属细菌均形成芽孢，芽孢多超过菌体宽度，使菌体呈梭形而有“梭菌”之称。梭菌属细菌多数无致病性，广泛存于土壤和人、畜的肠道中，少数为人、畜易感的重要致病菌，主要包括气肿疽、恶性水肿、羊快疫、羊肠毒血症和羔羊痢疾等病。

羊的梭菌感染主要引起羊快疫、羊猝疽、羊黑疫、羊肠毒血症和羔羊痢疾等病。

一、羊快疫

羊快疫(braxy，bradsot)是由腐败梭菌所引起羊的一种急性传染病。本病发生快、病程短、死亡率高。

(一)病原和发病机理

腐败梭菌(*Clostridium putrificum*)是革兰氏阳性厌氧杆菌，菌体粗大，不形成荚膜，在体内外均能形成芽孢，可产生多种外毒素。腐败梭菌或其芽孢污染外界环境，经口腔进入羊的消化道内，可在其中大量繁殖，产生毒素，使胃肠道黏膜损伤，引起出血、坏死。毒素进入血液可以导致其他组织器官的损伤，使病羊急性死亡。

(二)病理变化

其剖检特征是真胃黏膜呈出血性坏死性炎。病死羊的尸体腐败快，腹围膨胀，可视黏膜发绀,并见出血斑,鼻腔常有泡沫样液体流出。剖检,皮下组织呈出血性胶样浸润;胸腔和心包腔液体增多,呈淡红色透明样;心脏内外膜有出血点或出血斑,心肌色变淡,质地柔软;肝脏肿大呈土黄色,质地变脆软,被膜下也可见出血点或灰黄色坏死灶;淋巴结呈出血性淋巴结炎,肿大呈紫红色;脾脏稍肿大或变化不明显;胃和十二指肠呈出血性坏死性肠炎,真胃尤为明显,胃黏膜有大小不等的出血斑或呈弥漫性出血,有时见真胃黏膜坏死和溃疡,瓣胃内容物多干涸呈薄石片状嵌于胃瓣之间,十二指肠与真胃变化相似,空肠呈急性卡他性炎。

(三)病理诊断

依据突然发病、病程短促、真胃和十二指肠黏膜出血或溃疡可做出初步诊断。确诊需要进行微生物学检查。

本病易与羊肠毒血症、炭疽和羊猝疽混淆,应注意加以鉴别。

(1)*羊肠毒血症*　其主要病变为十二指肠、空肠的严重出血性炎症,肠内容物呈血样;肾脏多半表现一侧性软化。但无羊快疫时皮下出血性胶样浸润、肝脏坏死灶、瘤胃黏膜溶解脱落、瓣胃内容物干硬以及无真胃黏膜的重剧出血性坏死性炎症等变化。

(2)*炭疽*　与羊快疫的不同之点表现在病羊重剧高温、急性炎性脾肿,但没有肝坏死变化。用血液和脾组织做涂片染色镜检,可见有特征的炭疽杆菌。

(3)*羊猝疽*　其临床症状与病理变化和羊快疫极其相似,很难区分,因此必须通过细菌学检查进行鉴别。羊猝疽的病原菌为C型魏氏梭菌。

二、羊猝疽

羊猝疽(struck)也称羊猝击,是由C型魏氏梭菌所致成年绵羊多发的一种急性传染病。本病发病急,病程短,死亡快;临床剖检除具肠毒血症病变外,还有腹膜炎和溃疡性肠炎等病变。

(一)病原和发病机理

C型魏氏梭菌革兰氏染色阳性,菌体粗大,两端圆方,可形成荚膜,芽孢形成少,可产生β毒素。细菌进入消化道后,主要在小肠内繁殖,产生的毒素被机体吸收后引起休克和组织细胞损伤变化。

(二)病理变化

羊猝疽主要表现为尸体腐败快,血液凝固不良;浆膜腔内积有多量血样液体,腹膜还见多发性出血灶;肌肉柔软,常被血液染成淡红色或黑色,并产生气体;肝肿大,红黄色,质地脆软,切开后流出多量混有气体的血液;肾脏质地软,肾盂常积白色尿液;小肠呈不同程度的出血性坏死性肠炎,肠壁水肿增厚,黏膜暗红色,并形成小灶状溃疡,肠腔内常有血液渗出。

(三)病理诊断

根据成年绵羊突然发病,剖检见糜烂或溃疡性肠炎、腹膜炎、体腔和心包积液,可初步诊断为猝疽。

确诊需从体腔渗出液、脾脏取材作细菌分离和鉴定,以及从小肠内容物中检查有无β毒素。

三、羊黑疫

羊黑疫(black disease)是由B型诺维氏梭菌所致绵羊和山羊多发的一种急性致死性传染病。本病主要引起2～4岁、营养良好的绵羊发病，山羊也可发病。本病的发生与肝片吸虫的感染程度密切相关，主要发生于低洼、潮湿地区，以春夏季多发。

(一)病原和发病机理

诺维氏梭菌为革兰氏阳性大杆菌，严格厌氧，可形成芽孢，不产生荚膜。B型诺维氏梭菌可产生毒素，当其芽孢进入消化道被肠黏膜的巨噬细胞吞噬后，随血流到达肝脏、脾脏等部位，平时以芽孢的形式潜伏其中。当肝组织受寄生虫或其他因素损伤时，芽孢转变为繁殖体迅速生长，使肝组织坏死，产生的毒素进入血液导致病羊急性休克而死亡。

(二)病理变化

1. 眼观病变

病死羊的尸体迅速腐败，皮下严重瘀血，故病羊皮肤呈暗黑色外观，因而称为"黑疫"。胸腹部皮下常水肿呈胶样浸润，浆膜腔有多量草黄色液体，有时见心内膜、胃肠黏膜有出血灶；肝脏肿大，表面和切面常散布有大小不等、数量不一的凝固性坏死病灶，坏死灶与周围组织界限清晰，表面呈不规则圆形，其直径大者可达2～3 cm，周围有反应性充血带。

2. 镜检病变

肝脏病灶内肝脏细胞坏死，细胞核破碎、溶解或浓缩，有的坏死细胞崩解形成细胞碎片，病灶内可见炎性细胞浸润，其边缘肝细胞变性，并可见病原菌。

(三)病理诊断

根据病羊皮肤呈暗黑色外观和肝实质发生坏死性病灶的临床特点和病理变化可做出初步诊断。确诊必须进行细菌学检查、鉴定或做动物接种。

本病应注意与羊快疫、羊肠毒血症和炭疽病相鉴别。

四、羊传染性肠毒血症

羊传染性肠毒血症(enterotoxaemia)是由D型魏氏梭菌所引起羊的一种急性传染病。本病多发于绵羊，特别是膘好、年幼的羔羊最易发生。本病的临床特点为发病急、死亡快，生前显示有短暂的角弓反张、搐搦和昏迷等神经症状。

(一)病原和发病机理

D型魏氏梭菌可产生ε-毒素。该毒素的原毒素无毒，被消化道的蛋白酶或胰蛋白酶分解激活后，则变为强毒毒素。D型魏氏梭菌是一种条件致病菌，在羊的肠道内常存在该菌，正常时因繁殖缓慢、产生的毒素少而不引起发病。但当饲料突然改变时，如突然食入多量谷类或青嫩多汁富含蛋白的饲料，因消化不良，瘤胃pH降低，未被消化的淀粉在肠道内积聚，引起该菌迅速繁殖并产生大量ε-原毒素，其被胰蛋白酶激活变为ε-毒素，可改变肠壁的通透性，使大量毒素被吸收入血液而引起机体毒血症使动物死亡。

（二）病理变化

剖检特征是出血性坏死性小肠炎和肾脏变软。肠道（十二指肠和空肠前部为主）呈紫黑色，肠黏膜暗红色，并常伴有坏死，肠内容物紫红色或紫黑色，呈血灌肠样景象。肾脏一侧或两侧性软化，皮质波纹状，去除被膜见肾组织呈软泥状，髓质稍坚实，故本病又称为“软肾病”。肾脏变软是死后自溶现象，若病羊死后立即剖检则见肾肿大瘀血，软化不明显。病死羊的尸体易腐败，可视黏膜发紫；浆膜腔内液体增多呈红黄色透明状；心脏内、外膜有出血点，心肌柔软，收缩不良；肺瘀血、水肿；肝脏肿大、瘀血及变质；淋巴结呈出血性淋巴结炎，色淡红色或紫红色，体积肿大，切面湿润；脾肿大而质地柔软。

（三）病理诊断

根据流行特点（散发、突发、死亡快、多发生于雨季和青草生长旺季），结合出血性坏死性小肠炎和肾脏变软病变及急性病例尿中含糖量明显增加等症状，可做出初步诊断。

但确诊必须采取肝、脾等病料进行细菌学检查，或用出血病变部肠段的肠内容物滤液做动物接种进行肠毒素检查。

本病应特别注意与羊快疫、炭疽和羊猝疽等疾病相鉴别。

第九节 牛坏死杆菌病

牛坏死杆菌病（necrobacillosis）是由坏死杆菌所引起牛的一种以组织和器官坏死为主要特征的传染病。成年牛以腐蹄病为主，犊牛以坏死性口炎（白喉）为主。

一、病原和致病机理

本病的病原为梭杆菌属（*Fusobacterium*）中的坏死梭杆菌（*F. necrophorum*），又称坏死杆菌。该菌革兰氏阴性，无鞭毛，不形成芽孢和荚膜，菌体在坏死组织或培养物中呈长细丝状。本菌在自然界中广泛存在，如土壤、沼泽等处均可发现本菌。另外，本菌也可能存在于动物的口腔、扁桃体、肠道等部位。病畜和带菌动物为主要传染源。病原菌多经受损伤的皮肤、黏膜或新生幼畜的脐带入侵机体，在侵入局部繁殖，并产生内毒素和外毒素，引起组织细胞坏死。其中的杀白细胞外毒素使吞噬细胞坏死崩解，坏死细胞释放的蛋白水解酶进一步使局部组织细胞溶解，细菌产生的内毒素使组织发生凝固性坏死。当机体的抵抗力强时，病灶的病原菌被局限化并逐渐被清除，坏死组织通过肉芽组织机化形成包囊或完全被取代，发生在黏膜或体表的坏死组织也可通过腐离脱落；机体抵抗力较弱时，病原菌可进入血液，通过菌血症过程转移到其他组织器官进一步繁殖，严重时引起败血症导致病牛死亡。

二、病理变化

（一）腐蹄病

腐蹄病（foot rot）多见于成年牛，病变主要集中在蹄部。

病牛的一侧或两侧蹄部发生坏死。坏死多从蹄叉、蹄冠及蹄踵部的皮肤开始。初期，患部皮肤变软、变薄，形成小坏死灶。随后，病灶逐渐扩大并向深部发展，坏死部皮肤破溃后，流出恶臭、黄白色或黄灰色或黄褐色的脓性坏死物。当上述病变扩散时，引起周围组织发生弥散性坏死，并进一步形成蜂窝织炎，坏死可以蔓延到滑液囊、腱、韧带、关节及骨骼。严重时，可导致蹄匣脱落。病原菌也可从蹄部转移至其他组织器官，继发坏死性支气管炎、肺炎、胸膜炎、肝炎、子宫炎等。

（二）坏死性口炎

坏死性口炎（necrotic stomatitis）又称白喉，多见于犊牛。

坏死性口炎以口腔、咽喉黏膜的凝固性坏死为特征，并进一步引起化脓性炎。坏死及炎症发生在唇、舌、齿龈、上颚及颊部黏膜，见大小不一、圆形或类圆形的坏死灶，其上覆盖粗糙污秽的灰白色或灰褐色坏死物，坏死物脱落后形成溃疡灶。强行剥去假膜后易出血、暴露出不规则的溃疡面。坏死发生在咽喉部时，可见咽喉黏膜上有溃疡灶，咽喉肿胀，颌下水肿，咽喉周围的淋巴结肿胀并有坏死灶。严重病例，其口腔、咽喉黏膜同时或先后发生坏死性炎，甚至波及颌骨及周围的肌肉、骨膜和牙齿等，见坏死的颌骨肿胀、变形和变疏松。坏死病变常常蔓延至气管、支气管及肺脏，并发展为坏死性-化脓性肺炎及胸膜炎，见肺脏肿胀，呈灰红色或灰白色，在切面上见大小不等的坏死灶，坏死物呈灰白色、黏稠的脓样物，胸膜上常见灰白色的脓样物附着；坏死有时也可能波及肠道，引起坏死性肠炎。

镜检，早期的坏死灶以凝固性坏死为主，坏死组织和细胞基本保持其轮廓，但坏死细胞的胞浆凝固，核浓缩、破碎或溶解。随着病程的发展，病灶不断扩大，其中央坏死的组织和细胞崩解，见其中组织和细胞的碎片及蓝染的核碎片，病灶边缘仍保持组织和细胞的轮廓。在坏死之内常见长细丝状排列的蓝染菌体。坏死灶周围组织出现充血及浆液、中性粒细胞和红细胞等成分的渗出，病程较长时，见巨噬细胞、淋巴细胞的渗出和增生，甚至肉芽组织增生形成包囊。

另外，坏死杆菌也能引起牛的坏死性肝炎或坏死性-化脓性肝炎、坏死性子宫炎和坏死性乳腺炎。

三、病理诊断

牛腐蹄病的病变特点是蹄部的坏死性炎或坏死性-化脓性炎，结合养殖环境地面潮湿、泥泞易发本病，可做出初步诊断。根据坏死性口炎多发于犊牛，口腔组织发生凝固性坏死，并常有坏死性或坏死性-化脓性肺炎的病变特征，在病变组织中可见丝状排列的菌体，可诊断该病。

必要时，可结合细菌的分离鉴定进行确诊。

第十节　牛放线菌病

放线菌病（actinomycosis）是由放线菌所引起动物的一种慢性传染病。其病变特点是形成化脓性肉芽肿及脓汁中出现“硫磺颗粒”样放线菌块。自然条件下，本病可发生于牛、猪、马、山羊、绵羊、犬、猫及野生反刍动物，家畜中以牛、猪较为常见。本病的典型病变发生于牛的下颌或上颌，形成灰白色不规则致密结节状肿块，因而被称为“大颌病”。

一、病原和发病机理

牛放线菌病的主要病原是牛放线菌（*Actinomyces bovis*），其形态和染色特性因生长环境而异。在病灶中，菌块呈菊花或玫瑰花状，中心部为丝球状的菌丝体，革兰氏染色阳性，外围为放射状的棍棒体，革兰氏染色阴性。菌块眼观黄白色，似硫磺颗粒。病原菌寄生于正常动物的口腔黏膜、扁桃体隐窝、齿垢等处。当口腔黏膜受损时，病原菌从损伤处侵入并在局部繁殖，引起骨膜炎、骨髓炎，并逐渐侵入骨组织，使受损部位组织坏死、肉芽组织增生。

二、病理变化

放线菌病的病变通常在舌、颌骨、唇、齿龈、皮肤、肺脏和淋巴结等部位。

放线菌病舌的主要变化：初期见舌黏膜形成糜烂或溃疡，随后肉芽组织增生形成大小不等的结节，表面隆起，切面散在灰白色病灶，内含干酪样或脓样物，周围由特殊肉芽组织和普通肉芽组织包裹。后期，病变呈弥漫性分布，结缔组织广泛性增生，舌肿大变硬如木板状，称此为"木舌"。颌骨病变多发生在下颌，可见下颌骨受侵害而坏死；同时发生骨膜炎和骨髓炎，骨膜细胞增生形成新生物，骨髓内肉芽组织增生，颌骨显著膨大，其表面粗糙不平，切面疏松多孔呈海绵状。病变也可蔓延至周围肌肉、皮下和皮肤，引起周围组织的化脓性炎，在皮肤穿孔时可形成瘘管。唇、齿龈和皮肤病变多为大小不等的结节，质地坚硬，切面见增生的肉芽组织和脓汁混在一起，结节外周有结缔组织包裹。淋巴结病变主要出现在下颌淋巴结、咽淋巴结等，淋巴结肿大，质地变硬，切面有灰白色肉芽组织和灰黄色脓性物，有时形成较大脓肿，周围肉芽组织包裹。

此外，肺脏、乳腺、肾脏、脾脏、心肌、胃肠道等部位也可形成放线菌病的病变，病变中央多形成脓汁，外周肉芽组织包裹。

放线菌性脓肿内的脓液呈浓稠、黏液样，黄绿色，无臭味。脓汁中"硫磺颗粒"为放线菌集落，呈淡黄色的干酪样颗粒；在慢性病例发生钙化后，形成不透明而坚硬的砂粒样颗粒。

组织学观察发现，放线菌病的慢性化脓性肉芽肿内可见菊花瓣状或玫瑰花形菌丛，菌丛直径达 20 μm 以上。菌块为多量中性白细胞环绕，外围为胞浆丰富、泡沫状的巨噬细胞及淋巴细胞，偶尔可见郎罕氏巨细胞，再外周则为增生的结缔组织形成的包膜。此种脓性肉芽肿结节可以在周围不断地产生，形成有多个脓肿中心的大球形或分叶状的肉芽肿。

三、病理诊断

根据放线菌病特征性的化脓性肉芽肿及在其脓汁中出现"硫磺颗粒"样放线菌块可做出初步诊断。确诊可采取新鲜标本，从脓汁中选出"硫磺颗粒"，以灭菌盐水洗涤后置清洁载玻片上压碎，作革兰氏染色。镜检见菊花状菌块的中心为革兰氏阳性菌丝体，周围为放射状排列的革兰氏阴性棍棒体。

第十一节　羊传染性胸膜肺炎

羊传染性胸膜肺炎（contagious pleuropneumonia）是由丝状支原体所引起羊的一种高度接触性传染病，绵羊和山羊均可感染，但山羊多见。其病变特征为纤维素性-间质性肺炎和纤维素性胸膜炎。

发病初期体温升高，病羊精神萎靡，食欲不振，离群呆立，被毛粗乱，身体发抖，呼吸、脉搏都增快，并伴有阵咳，口、鼻腔流出白色泡沫。发病后期呼吸困难，卧地不起，鸣叫，四肢僵直，最后窒息而死。本病在亚、非及其他养羊发达地区呈广泛流行。

一、病原和发病机理

丝状支原体属枝原体科支原体属，其形态细小、多变，革兰氏染色阴性，姬姆萨染色或美兰染色效果良好。传染源主要是病羊或带菌羊，病原体多存在于肺脏、胸腔渗出液和纵隔淋巴结，常通过呼吸道感染。病原体通过气管、支气管进入细支气管和肺泡，使细支气管和肺泡上皮细胞损伤，炎性产物渗出，引起纤维素性肺炎。病原体也可进入间质引起支气管周围炎、血管周围炎和小叶间质炎。

二、病理变化

1. 眼观病变

病变主要在肺脏和胸膜，呈纤维素-间质性肺炎和纤维素性胸膜炎。病变多发生于心叶、尖叶和隔叶前下缘，严重时可扩散到整个肺叶，常为两侧性。病变肺组织呈灰红色或暗红色，质度变实如肝，间质增宽，表面肺胸膜增厚，可见丝网状和絮片状灰白色纤维素附着，切面呈暗红色、灰红色和灰白色相间的大理石样。病程较长时，病变部位的肺组织发生坏死，在坏死灶周围肉芽组织包裹。胸腔有浆液和纤维素渗出，胸膜增厚粗糙，表面有纤维素附着，有时肺胸膜和肋胸膜发生粘连。支气管淋巴结和纵隔淋巴结肿大，灰红色或暗红色，切面湿润。心脏松软，心包积液。

2. 镜检病变

肺脏小血管和毛细血管扩张充满红细胞，肺泡和细支气管内浆液和纤维素渗出以及炎性细胞浸润。间质淋巴细胞、巨噬细胞渗出和增生，呈现支气管周围炎、血管周围炎和小叶间质炎。

三、病理诊断

依据发热、咳嗽、纤维素性-间质性肺炎和纤维素性胸膜炎等特点可做出初步诊断。确诊必须进行病原分离鉴定和血清学试验。

本病应与巴氏杆菌病进行区别。在临床症状和病理变化上，羊支原体性肺炎和羊巴氏杆菌病很相似，但病料染色镜检，羊支原体性肺炎通常观察到较为细小的多形性菌体；而羊巴氏杆菌病病料制片用瑞氏染色、镜检，则可检出两极着色的卵圆状杆菌。病料接种家兔和小鼠作动物感染试验，羊支原体肺炎的病料不引起发病，而巴氏杆菌病的病料则引起动物死亡。

第十二节　副结核

副结核病(paratuberculosis)又称为副结核性肠炎，是由副结核分枝杆菌所引起动物的一种慢性传染病。其病理形态学特征为慢性增生性肠炎，主要见于牛，绵羊、山羊、鹿、马等也可感染。幼龄牛最易感染，其中3～5岁的母牛发病率最高。本病的临床特征为顽固性腹泻和进行性消瘦。

一、病原和发病机理

副结核分枝杆菌(*Mycobacterium paratuberculosis*)为革兰氏阳性小杆菌,抗酸染色呈阳性,分牛型、羊型和色素型,牛型主要对牛有较强的致病性,羊型对牛、羊均有致病性,色素型对牛有较弱的致病性。病原菌主要经消化道感染,空肠后段、回肠、盲肠和结肠最易受侵。病原菌在肠壁的固有层、黏膜下层的单核-巨噬细胞内寄生繁殖,使单核-巨噬细胞转化为上皮样细胞和多核巨细胞并大量增生,同时淋巴细胞明显增生,肠壁增厚,肠绒毛变短,肠腺减少。病原菌通过淋巴和血液进入相应的淋巴结、肝脏、脾脏,在其中繁殖并出现淋巴细胞、上皮样细胞和多核巨细胞的增生。

二、病理变化

1. 眼观病变

副结核病死亡的牛出现明显贫血,各器官组织发生不同度的萎缩。特征性病变主要出现在肠道,小肠后部(空肠后部和回肠)和大肠壁增厚,质地变硬,如食道样,切开肠壁可见黏膜、黏膜下层增厚,黏膜面皱褶明显,严重者如脑回样(图 6-1),黏膜苍白,有时可见出血点。病变肠道相应肠系膜淋巴结肿大,质地变硬,切面皮质和髓质界限不清,且致密呈脑髓样。此外,有的病例在肝脏、脾脏可见灰白色细小的结节。

图 6-1 牛副结核性肠炎—增厚的肠黏膜折叠形成脑回样皱襞(郑明学)

2. 镜检病变

肠黏膜固有层、黏膜下层,甚至肌层间质增厚,其中有多量上皮样细胞和淋巴细胞增生,有时也可出现少量多核巨细胞的增生。小肠绒毛变短甚至消失,黏膜上皮细胞有的变性脱落,肠腺在增生细胞的压迫下萎缩减少,病变肠道表现为增生性肠炎。肠系膜淋巴结皮质淋巴细胞增生,淋巴小结扩大,同时见上皮样细胞和多核巨细胞增生形成的增生性结节。

在肝脏和脾脏出现由上皮样细胞和多核巨细胞增生形成的结节病变。

发生病变的肠道、淋巴结、肝脏、脾脏抗酸染色时,见增生的上皮样细胞和多核巨细胞胞浆内有多量紫红色杆菌。

羊及其他动物副结核病的病变与牛类似。

三、病理诊断

依据病牛出现顽固性腹泻和进行性消瘦的症状,以及回肠与空肠后段黏膜增厚,严重时形成脑回样皱襞,局部淋巴结髓样变等现象可做出初步诊断。

在病变的肠黏膜和淋巴结中发现有上皮样细胞出现,细胞内有抗酸染色的副结核杆菌,对其粪便和黏液涂片后抗酸染色有副结核杆菌出现;或者交叉免疫电泳技术、Dot-ELISA 技术和银加强胶体金技术等呈阳性可确诊。

第十三节　牛泰勒焦虫病

牛泰勒焦虫病(theileriasis of cattle)是由泰勒焦虫所引起牛的血孢子虫病，以泰勒焦虫性结节形成、局部组织坏死、贫血和出血为病理特征。

环形泰勒焦虫病潜伏期14～20 d，常呈急性经过，3～20 d死亡。病牛体温40～42℃，稽留热型；精神沉郁，心率和呼吸增数，咳嗽，流鼻漏；结膜初期充血肿胀，大量流泪，后期贫血、苍白、微黄，布满绿豆大溢血斑；各可视黏膜都可见溢血斑点；可见水肿，排带黏液或血丝的干黑粪便；肩前或腹股沟淋巴结显著硬肿，后逐渐变软。迅速消瘦，血液稀薄，濒死前体温降至正常之下，卧地不起，衰弱致死。

一、病原和发病机理

牛泰勒焦虫属于泰勒科、泰勒属的原虫，主要有环形泰勒焦虫，其次是瑟氏泰勒焦虫和中华泰勒焦虫。牛泰勒焦病是由蜱传播的，蜱是泰勒焦虫的终末宿主，泰勒焦虫在蜱体内有性繁殖；牛是中间宿主，泰勒虫在牛体内进行无性繁殖。感染泰勒虫的蜱在牛体表吸血时，将唾液腺中的子孢子注入牛体内。子孢子首先在侵入局部淋巴结的巨噬细胞和淋巴细胞内进行裂体增殖，形成大裂殖体(石榴体)。大裂殖体发育成熟，破裂成许多大裂殖子，大裂殖子又侵入其他巨噬细胞和淋巴细胞内。上述裂体增殖过程可重复进行，大裂殖子能侵入循环血液转移到机体的其他组织和器官内。这种无性繁殖经过若干代后，有些大裂殖子在巨噬细胞和淋巴细胞内发育为小裂殖体(有性生殖体)，它成熟破裂形成许多小裂殖子，后者侵入红细胞内变成雄性配子体或雌性配子体。泰勒焦虫在牛体内的发育至此即告结束。此时，做病牛末梢血涂片检查即可见到红细胞内有环形、椭圆形、杆状、逗点形或十字形的虫体(血液型虫体)。

蜱的幼虫或若虫在吸食牛血时配子体即侵入蜱体内。在蜱胃肠内雌性配子体从红细胞逸出发育为大配子，雄性配子体发育为小配子，二者结合形成合子，进一步发育成动合子。当蜱完成其蜕化时，动合子进入唾液腺的细胞变为孢子体开始孢子生殖，分裂产生许多子孢子，进入唾液腺腺管。当感染泰勒焦虫的蜱在牛体表吸血时，子孢子随唾液进入牛体，从而导致牛泰勒焦虫病的发生和传播。病牛和带虫牛是传染源。

泰勒虫的无性繁殖在各器官内反复多次进行，可形成许多病灶，初期为巨噬细胞和淋巴细胞组成的结节，随后细胞坏死和局部出血而转变为坏死-出血性炎灶。虫体不断随淋巴和血液向全身各器官播散，淋巴结、脾、肝、肾、真胃、胰腺等器官内可出现许多不同时期的病灶。由于诸多病灶内细胞坏死和出血所产生的大量组织崩解产物以及虫体代谢产物进入血液，可导致严重的毒血症。

病牛可呈现严重贫血，红细胞可下降至(2.0～3.0)×10^{12}个/L，血红蛋白下降至30～45 g/L。关于本病贫血的发生机理，主要与红细胞氧化损伤和凋亡有关。

由于毒血症、贫血、全身出血、巨噬细胞和淋巴细胞严重损伤、重要器官内病灶形成和机能障碍，往往导致重症病例在明显期症状出现后5～7 d内死亡。

二、病理变化

死于泰勒焦虫病的牛消瘦，结膜苍白或黄染，血液凝固不良，体表淋巴结肿大、出血，皮肤、皮下、肌间、肌膜、浆膜、消化道黏膜、心内膜和心外膜以及实质器官等处均见大量出血点或出血斑。

本病的基本病理变化是由泰勒焦虫引起的结节性病变。泰勒焦虫性结节可出现在多数器官，其中以真胃、肾脏、肝脏、脾脏和淋巴结最为多见。剖检可见真胃底部黏膜面散在灰白色或灰红色、针尖到针帽甚至粟粒大的结节，结节在黏膜面破溃后，形成大小不等、暗红色或褐红色坏死灶，其周围黏膜出现细窄的暗红色炎性反应带。镜检，结节主要由巨噬细胞和淋巴细胞组成，黏膜上皮细胞和结节内细胞坏死崩解后形成坏死或溃疡灶。肾脏、肝脏和胰腺表面和切面可出现灰白色或灰红色、针尖至粟粒大结节。脾脏呈现急性炎性脾肿，严重者肿大至正常 2～4 倍。镜检，网状细胞和淋巴细胞内虫体繁殖形成多核虫体，即“石榴体”。淋巴结呈急性淋巴结炎，其表面和切面见大小不等、灰白色或灰黄结节或坏死灶。镜检，网状细胞和淋巴细胞内有“石榴体”形成。肺脏有时出现灰白色或暗红色结节及间质性肺炎。肠黏膜、膀胱黏膜也可见结节性病灶。心肌呈现变质性变化，其色彩变淡，质地变软，心室扩张。

三、病理诊断

根据泰勒焦虫性结节形成、局部组织坏死、贫血、出血、体表淋巴结的肿大等特点可做出初步诊断。采血涂片查出血液型虫体(红细胞内有卵圆形、逗点形、圆点形虫体)或淋巴结穿刺查到“石榴体”(大裂殖体和小裂殖体)可以确诊。

第十四节 棘球蚴病

棘球蚴病又称包虫病(hydatid disease，hydatidosis)，是由棘球绦虫的棘球蚴所引起的一种人畜共患病。本病除牛、羊发生外，马、猪、鹿等动物和人均可发生。

一、病原和发病机理

棘球蚴是棘球绦虫的蚴虫，牛、羊等动物是中间宿主，犬、狼、狐等动物是终末宿主。棘球绦虫寄生在终末宿主的小肠内，孕节和虫卵随粪便排出体外，牛、羊等中间宿主食入被虫卵污染的饲草料或饮入被污染的水后而感染。虫卵在消化道内孵化出六钩蚴并侵入肠壁，随后通过血液和淋巴液进入肝脏，也可进一步通过血液到达肺脏、肾脏、心肌等组织器官。虫卵在受侵的组织器官中经 6～12 个月生长成具有传染性的棘球蚴。棘球蚴在寄生的组织器官为近球形囊肿，其中充满淡黄色的透明液体。棘球蚴能够压迫组织器官发生萎缩，当包囊破裂后，囊液外溢，可引起机体的中毒反应和过敏反应，严重时导致动物的急性死亡。

二、病理变化

棘球蚴囊肿通常见于肝脏，有时见于肺脏、肾脏、心肌等组织器官。

眼观，囊肿近球形，囊内充满透明、淡黄色的液体，向组织器官表面隆起，囊肿直径多为 5～10 cm。感染较轻时，见 1 个或几个棘球蚴囊肿，切开组织见囊肿存在的部位组织发生萎缩，从囊肿内流出淡黄色、透明液体；严重感染时，囊肿可能多达十几个、几十个甚至几百个，组织明显肿胀、变形，其表面见大量囊肿，切面疏松呈蜂窝状（图 6-2）。

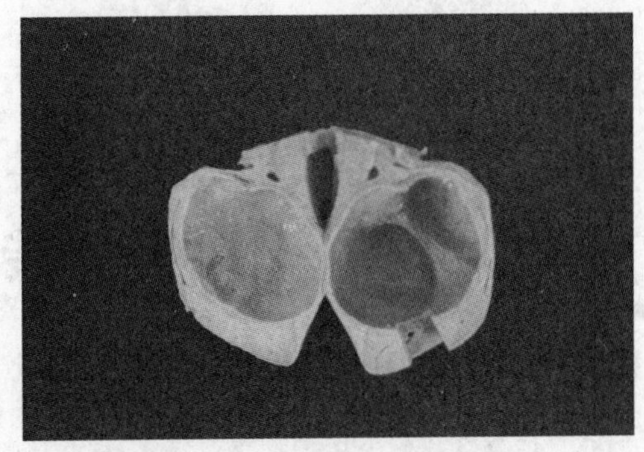

图 6-2　羊肝脏棘球蚴病变（王凤龙）

镜检，未成熟的囊肿周围发生炎症反应，见嗜酸性粒细胞、淋巴细胞、巨噬细胞渗出；随棘球蚴的发育，在囊肿外除淋巴细胞、嗜酸性粒细胞等炎性细胞外，逐渐出现肉芽组织的增生并形成包囊。囊肿外层为较厚、透明、伊红淡染的板层状角质层，与增生的肉芽组织紧密相接。随着时间的推移，肉芽组织可能达到几厘米甚至几十厘米厚。囊肿壁的内层为生发层，较薄，伊红淡染，内侧可见棘球蚴细胞排列，并向囊腔内芽生形成生育囊。较陈旧的囊肿胶质层周围有大量上皮样细胞、巨噬细胞、嗜酸性粒细胞及淋巴细胞浸润和增生，其外有肉芽组织增生包绕，有时整个棘球蚴囊肿全部被肉芽组织取代，形成寄生虫性肉芽肿。

三、病理诊断

通过病理剖检，发现肝脏、肺脏等组织器官的棘球蚴囊肿即可做出诊断。

（王凤龙）

小动物传染病病理诊断

第一节 犬瘟热

犬瘟热(canine distemper, CD)是由犬瘟热病毒所引起的一种传染性极强的高度接触性急性或亚急性传染病。犬瘟热病毒能使食肉目犬科(狼、狐)、貂科(鼬鼠、家貂、水貂)和浣熊科(浣熊)等多种动物自然感染和发病,是养犬业、毛皮动物养殖业和野生动物危害最大的疫病之一,病死率达30%~80%,雪貂高达100%,因此又称貂瘟。近年来,大熊猫、猕猴和食蟹猴等珍稀野生动物也有发生犬瘟热的报道。

犬瘟热急性病例潜伏期约3~5 d,常在出现症状后1~2 d内死亡。慢性病例以消化道症状为主,病程长达1个月以上。犬瘟热的临床表现多种多样,与病毒的毒力、环境条件、动物的年龄及免疫状况有关。倦怠、厌食、体温升高和上呼吸道感染是本病的亚临床症状,约占50%~70%;重症犬瘟热多见于未免疫接种的幼犬,体温呈双相热型。即开始体温升高,持续1~3 d后消退,似感冒痊愈;但几天后体温再次升高,持续时间不定。病犬流泪、眼结膜发红、眼分泌物由浆液性变成黏脓性,后期可发生角膜溃疡、穿孔。鼻镜和足垫过度角化,干燥和有龟裂;鼻汁由浆液性变成脓性。病初有干咳,后转为湿咳,继而呼吸困难。肠胃型的出现呕吐、腹泻,最终死于严重脱水和衰弱。由于犬瘟热病毒侵害中枢神经系统的部位不同,病犬的神经症状也有所差异。临床上表现为癫痫、转圈、流涎空嚼、站立姿势异常、步态不稳、共济失调、咀嚼肌及四肢出现阵发性抽搐等神经症状。出现神经症状的病犬往往预后不良。

一、病原和发病机理

犬瘟热病毒(*Canine distemper virus*, CDV)属于副黏病毒科、麻疹病毒属。病毒通过与宿主细胞的黏附和病毒囊膜与宿主细胞膜的融合来侵染宿主细胞。犬瘟热病毒在50~60℃下30 min即可杀死,对紫外线、乙醚和氯仿等有机溶剂敏感,对化学消毒剂也较敏感。

犬瘟热在养犬各地均有发生,不同年龄、性别和品种的犬都可感染,3~12月龄的幼犬易感性最高。病犬是主要传染源,感染犬和患病动物的鼻、眼分泌物、唾液中有大量病毒,血液、脑脊液、淋巴结、脾脏和胸、腹水中也可见病毒。患病动物可从尿中长期排毒,污染环境。因此,本病通过直接接触、飞沫传播、饮水和饲料等途径均可传染,另外也可经眼结膜和胎盘传染。病毒感染机体后,短时间内难以从分泌物中检出病毒,但在60~90 d内仍可从分泌物中检出病毒。犬瘟热一年四季均可发生,但多发生于寒冷季节,有一定的周期性。

自然感染犬瘟热病毒时,通过与上呼吸道上皮组织接触而传播。感染后病毒沿呼吸道蔓延到支气管淋巴结和扁桃体进行原发性增殖,并引起病毒血症,然后病毒扩散到全身的淋巴器官和黏膜的固有层及中枢神经系统中，引起腹泻、肺炎和神经症状。

二、病理变化

1. 眼观病变

急性病例主要表现体腔有浆液性渗出物，上呼吸道和胃肠道黏膜充血、出血和卡他性炎，肺实质有小出血点，扁桃体红肿，肠系膜淋巴结肿胀。皮肤见有水疱性或脓疱性皮炎变化，趾掌表皮角质层增厚。伴发细菌感染而使病变复杂化，主要集中在神经系统、消化系统和呼吸系统。鼻腔、气管内常有多量黏液或脓液，肺脏常呈斑驳状。消化道内有多量黏液，肠黏膜充血。多数病犬出现不同程度的脑萎缩，脑室扩张，脑室液增多，脑实质变薄。

2. 镜检病变

感染动物的肾盂、膀胱及支气管黏膜上皮组织、巨噬细胞系统、神经胶质细胞、中枢神经系统的神经节细胞以及肾上腺髓质细胞等的胞浆和胞核内有嗜酸性包涵体形成。但包涵体是非特异性的，而且出现的比较迟；肺脏以化脓性支气管肺炎和弥漫性间质性肺炎的变化为特点；皮肤常发生水疱性和脓疱性皮炎；消化道分泌物增多，固有层中有较多的淋巴细胞浸润；淋巴结、脾脏淋巴细胞坏死；中枢神经系统表现为脑水肿、神经细胞变性、噬神经细胞现象、胶质细胞增生和血管周围淋巴细胞浸润。

三、病理诊断

根据流行病学、临床症状和病理变化，可做出初步诊断。但本病常因存在混合感染（如与犬传染性肝炎等）和继发细菌感染而使临床表现复杂化，故需要将临床调查资料与实验室检查结果结合考虑才能确诊。

1. 临床实验室诊断

实验室诊断方法有多种，可根据具体情况选择使用。

(1)*胶体金犬瘟热病毒抗原诊断试剂板* 取血液或眼鼻分泌物进行检测，观察呈色反应。

(2)*血液学变化* 淋巴细胞减少、血小板减少和再生障碍性贫血。另外犬瘟热病毒包涵体常能在血液、体液和上皮细胞中检出；大多数病犬的白细胞总数呈明显下降趋势，在感染后期仅为正常白细胞总数的1/3，淋巴细胞数下降而中性粒细胞数升高。

(3)*包涵体检查是重要的辅助方法* 可取膀胱、胆管和肾盂上皮细胞，制成涂片，HE染色后包涵体染成红色，1个细胞内可能含有1～10个多形性包涵体，呈圆形或椭圆形（直径1～2 μm）。

(4)*免疫荧光方法* 通常采用来自于眼结膜、扁桃体和呼吸道的上皮细胞的细胞涂片进行免疫荧光检测。

(5)*ELISA检查方法* 用于感染犬的血清和脑脊液中的病毒性抗原的检测。

(6)*PCR和核酸杂交技术* 也用于检测组织培养物和组织切片中的病毒性抗原。

(7)*病毒的分离鉴定* 发病早期采集淋巴组织分离病毒。脑内接种雪貂，雪貂最易感，死亡率近100%，常于接种后的8～14 d死亡；也可腹腔接种1～2周龄的犬，感染后可出现明显的症状，多数在发病2周内死亡；或接种无母源抗体仔犬的肺巨噬细胞，可在2～5 d检出多核巨细胞。在病毒的培养过程中，当观察不到细胞的病理变化时，可通过荧光抗体法来检测培养物中的病毒。

2. 鉴别诊断

在本病的诊断中要注意与犬传染性肝炎、犬细小病毒性肠炎、钩端螺旋体病、狂犬病及犬副伤寒等疾病鉴别诊断。

(1)犬传染性肝炎　缺乏呼吸道症状,有剧烈腹痛,特别是胸骨剑突压痛。由于凝血物质合成减少,故血液不易凝结,如有出血,往往出血不止。剖检时有特征性的肝和胆囊病变及体腔的出血性渗出液,而犬瘟热则无此变化。犬传染性肝炎组织学检查为核内包涵体,而犬瘟热则是胞浆内和核内包涵体,且以胞浆内包涵体为主。

(2)犬细小病毒性肠炎　犬瘟热呈现双相热,眼角先是"流泪",后有脓性分泌物附着;鼻部起初流清鼻涕,后有脓性分泌物,同时有明显的呼吸困难症状;绝大多数犬瘟热病例会出现神经症状,下腹部皮疹,部分病例表现皮肤过度角化现象,尤其是足垫增厚,具有较好的鉴别诊断意义。而犬细小病毒病无以上现象。犬细小病毒性肠炎时粪便上清液对猪的红细胞有较高的凝集作用,而犬瘟热则没有。

(3)钩端螺旋体病　不发生呼吸道炎症和结膜炎,但有明显黄疸,尿中镜检可见到钩端螺旋体,而犬瘟热一般无黄染现象。

(4)狂犬病　其临床表现有极度的神经兴奋与意识障碍,有喉头和咬肌麻痹症状,对人及动物有明显的攻击性,而犬瘟热则没有。镜检狂犬病的脑组织,除见大脑和小脑的白质发生炎症形成脑白质炎外,还可在脑神经细胞内见到浆内嗜酸性包涵体,即内基(Negri)氏小体,而犬瘟热是以脱髓性脑病为特点,脑组织内的包涵体主要见于室管膜细胞和星状胶质细胞,神经细胞中很少发现。

(5)犬副伤寒　无呼吸道症状和皮疹,剖检见脾脏显著肿大,病原为沙门氏杆菌;而犬瘟热犬的脾脏肿大不明显,病原为病毒。

第二节　犬细小病毒病

犬细小病毒病(*Canine parvovirus disease*, CPD)是由犬细小病毒所引起的以剧烈呕吐、腹泻、白细胞减少、灰白或灰黄色随后酱油色或番红色腥臭粪便、心力衰竭和小肠上皮细胞坏死为特征的急性传染病,临床表现为心肌炎型和肠炎型两类,病死率高达50%～80%,对养犬业危害极大。同时,该病毒也可感染其他多种动物。血检时,除白细胞明显减少外,还可见红细胞压积增加。

一、病原和发病机理

犬细小病毒(*Canine parvovirus*, CPV)属于细小病毒科、细小病毒属、猫细小病毒亚群。病毒直径20 nm,呈二十面体对称,无囊膜,壳粒32个,单股DNA。其主要有两种类型:CPV-1和CPV-2。CPV-1起初认为是非致病性的,近期发现能引起怀孕母犬吸收胎儿和流产。CPV-2主要引起犬的出血性肠炎和幼犬的心肌炎,并使白细胞大量减少,具有很高的发病率和死亡率。发病犬多数是离乳前后的幼犬,临床表现为剧烈呕吐、腹泻和排出恶臭的粪便,故又称出血性肠炎,发病率和病死率分别为20%～100%和10%～50%。

犬是本病的主要感染者,特别是断奶前后的幼犬最易感。其次是狐、貂等。患病动物是主要传染源，病毒随粪便、尿液、呕吐物及唾液排出体外，污染食物、垫料、食具和周围环境，康复犬的粪便长期带毒。健康犬主要是摄入了被污染的食物和饮水或与病犬接触而感染。本病一年四季均可发生。

目前，对CPV的发病机理尚缺乏深入研究。犬心肌炎和肠炎两种综合征是同一种病毒的不同感染形式，3～4周龄的小犬患急性心肌炎，而成年犬患肠炎综合征。犬细小病毒侵入后在口咽部复制，通过血流扩散到其他器官，3～5 d后出现病毒血症。病毒主要在肠、淋巴组织和骨髓复制。CPV复制时必须依赖宿主细胞的有丝分裂，对分裂旺盛的细胞有特殊的亲和力，因此细胞增殖快会加速病毒的复制。

二、病理变化

根据临床症状可以把犬细小病毒病分为肠炎型和心肌炎型两种类型。

1. 肠炎型

(1)眼观病变　又称出血性肠炎型。患犬初期精神沉郁，食欲废绝，呕吐，体质衰弱；继而腹泻，呈喷射状排出，粪便呈黄色或灰黄色，覆盖有多量黏液和伪膜，随后粪便呈番茄汁样，带有血液并发出特别的腥臭味；病犬迅速脱水，眼窝深陷，皮肤弹性减退。最后因水、电解质平衡失调，并发酸中毒，常在腹泻后1～3 d内死亡。剖检病变：小肠中段和后段肠腔扩张，浆膜下出血变为暗红色，肠系膜淋巴结肿胀、充血。有些病例中，整个小肠表现充血和明显出血。

(2)镜检病变　主要见于空肠、回肠黏膜严重剥脱，肠上皮细胞内有核内包涵体。

2. 心肌炎型

(1)眼观病变　多见于4～6周龄的幼犬。发病特点是临床症状未出现就突然死亡，或者出现严重的呼吸困难后死亡。病程稍长的，发病初期精神尚好，或仅有轻度腹泻，常突然病情加重，呻吟、黏膜发绀、呼吸极度困难，脉搏频数、心脏听诊有明显的心内杂音，常因急性心力衰竭而突然死亡。剖检病变：肺水肿，肺表面色彩斑驳。心脏扩张，心房、心室有界限不明显的苍白区，心肌肥厚。

(2)镜检病变　心肌纤维颗粒变性，心肌和心内膜有非化脓性坏死灶和出血性斑纹。心肌细胞有核内包涵体。

三、病理诊断

根据临床症状，结合流行病学和病理学变化的特点，对出血性肠炎型一般可以做出初步诊断。确诊则必须进行实验室检查，其中包括病毒分离鉴定、血凝和血凝抑制试验、免疫酶方法、胶乳凝集试验、间接免疫荧光试验、免疫扩散试验、血清中和试验、ELISA快速诊断的试剂盒、PCR技术等。

值得一提的是，在宠物临床上进行上述实验室检验之前需首先进行粪便涂片的显微镜检查，以确定有无寄生虫、红细胞、炎细胞、脱落上皮、细菌及其种类和数量等，同时用胶体金试剂板测定CPV和犬冠状病毒(*Canine coronavirus*, CCV)，因为临床实践中混合感染和应激性细小病毒病更为多见。

诊断时，应注意与犬瘟热、犬冠状病毒病、犬传染性肝炎及菌痢等进行鉴别。

(1)犬瘟热　以双相体温升高、白细胞减少、急性鼻卡他及肺炎、严重的胃肠炎和神经症状为特征；而犬细小病毒病则以呕吐、腹泻、血便、迅速脱水为主。

(2)犬冠状病毒病　在群内传播迅速，自然病例潜伏期 1～3 d。开始几天持续呕吐，随后出现腹泻，粪便呈粥样或水样，颜色呈黄绿色或橘红色且混有多少不等的黏液，粪便恶臭，偶尔可见到少量血液。白细胞略有下降，胶体金试剂板可以测定 CPV 和 CCV 两种病毒。

(3)犬传染性肝炎　出现"马鞍"形体温曲线，呕吐、腹泻，牙龈出血，剑状软骨部位出现压痛，出血时间延长，急性症状消失后一眼或双眼暂时性角膜浑浊，渴欲增高。

(4)菌痢　是以沙门氏杆菌、痢疾杆菌、致病性大肠杆菌、空肠弯曲菌感染为主的肠炎，以胶冻样稀便多见，有时血便，抗生素治疗效果明显；而细小病毒引起的腹泻，抗生素治疗无效。

鉴别诊断取决于粪便的直接镜检、病原体的分离鉴定和病毒的测定。

第三节　犬传染性肝炎

犬传染性肝炎(infectious canine hepatitis, ICH)是由犬传染性肝炎病毒所引起的临床上以"马鞍"形体温变化曲线、黄疸、严重血凝不良、肝脏炎症和角膜浑浊(即蓝眼病)为特征的一种急性、败血性传染病。病理上以肝小叶中心坏死、肝细胞核内出现包涵体和凝血时间延长为特征。本病主要发生于犬和狐，是当前养犬业和养狐业危害最大的动物疫病之一。

本病自然感染病例潜伏期 7 d 左右，人工感染约 2～6 d 发病。其病程比犬瘟热短，约 2 周，有的在几天内死亡，死亡率一般在 10%～25%。最急性病例出现呕吐、腹痛、腹泻症状后数小时内死亡。急性病例有精神沉郁，寒战怕冷，体温升高 40.5℃ 左右，持续 1 d 后降至接近常温，1 d 后体温又升高。病犬食欲废绝，喜喝水，呕吐、腹泻，有时粪便带血，大多数病例表现为剑状软骨部位的腹痛，多在 24 h 内死亡。高热初期，血液检查可见白细胞明显减少、血糖降低，一般无神经症状。亚急性病例的症状反应较轻，还可见贫血、黄疸、咽炎、扁桃体炎、淋巴结肿大。急性期症状消失后 7～10 d，约有 1/4 康复犬的单侧或双侧眼睛出现角膜水肿、浑浊、角膜变蓝，临床上也称"蓝眼病"或"肝炎性蓝眼"。病犬黏膜苍白、心搏动增加、呼吸加快、乳齿周围出血和产生自发性血肿，有些病例有蛋白尿。病犬凝血时间延长，一旦出血会流血不止，预后不良。慢性型多发生于老疫区和疾病流行后期，病犬表现轻度发热、食欲时好时坏、便秘与下痢交替，基本不死亡、可以自愈。根据临床表现，可将该病分为"肝炎型"和"呼吸型"两种类型。

一、病原和发病机理

犬传染性肝炎病毒(ICHV)属腺病毒(*Canine adenovirus*, CA)科，哺乳动物腺病毒属。腺病毒分为 CA-1 型和 CA-2 型，CA-1 型引起传染性肝炎，CA-2 型引起传染性支气管炎。这两型病毒在病原性和血清学上有明显差别，但在免疫学上能够交叉保护。

犬传染性肝炎病毒含脱氧核糖核酸，有 252 个壳粒的二十面体，有衣壳，直径约 70～80 nm。该病毒可在鸡胚和一些组织中进行培养，如幼犬的肾上皮细胞和其他组织，雪貂、仔猪、猴、豚鼠和仓鼠的肾上皮细胞，仔猪的肺组织等。在肝细胞和内皮细胞内可产生特征性核内包涵体。在鸡胚和组织培养继代以后对犬的毒力可降低。

犬传染性肝炎病毒可凝集人(O 型)、鸡、豚鼠的红细胞，利用该特性可进行血凝抑制试验。

犬传染性肝炎主要发生在 12 月龄以内的幼犬，成年犬很少发生且多为隐性感染，能耐过。病犬和带毒犬是主要传染源。病犬的分泌物、排泄物均含有病毒，康复带毒犬可自尿中长时间排毒达6～7个月。

该病主要经消化道感染，也可经胎盘感染。呼吸型病例可经呼吸道感染。体外寄生虫可成为传播媒介。本病发生有明显季节性，以冬季多发，幼犬的发病率和病死率均较高。

二、病理变化

1. 眼观病变

肝炎型病死犬腹腔内积有多量浆性或血样液体，腹腔积液暴露空气后可凝固。肠黏膜上有纤维蛋白渗出物，有时在胃、肠、胆囊和隔膜的浆膜有出血。肝脏稍肿大至中度肿大，颜色呈淡棕色至血红色，小叶界限明显，表面呈颗粒状、易碎，有出血点或斑。胆囊壁常见增厚、水肿、出血，整个胆囊呈黑红色，胆囊黏膜有纤维蛋白沉着，具有证病意义。胃肠道出血。全身淋巴结肿大、出血。颈淋巴结炎性肿胀，严重时头颈部水肿。约有半数病例脾脏表现轻度充血性肿胀。常见皮下水肿。呼吸型病例可见肺膨大、充血，支气管淋巴结出血，扁桃体肿大、出血等变化。

2. 镜检病变

肝脏的肝细胞呈现不同程度的变性、坏死，窦状隙内有严重的局限性瘀血。肝细胞及窦状隙内皮细胞的核内见有 Fleulgen 反应阳性小体。一个核内只有一个，称为核内包涵体。有包涵体的核其核膜肥厚、浓染，包涵体与核膜之间有狭小的轮状透明带。

脾脏呈现不同程度的出血，小血管的坏死、脾小体内部分细胞核崩解，在膨大的网状细胞内可见到核内包涵体，肠系膜淋巴结、扁桃体及胸腺淋巴组织有退行性变化。

三、病理诊断

依据犬突然发病和出血时间延长，角膜变蓝、黄疸、贫血等病理变化；血象变化、红细胞数、血色素、比容下降，白细胞降低；血液生化检查，丙氨酸转氨酶 ALT 升高、天冬氨酸转氨酶 AST 升高，胆红素增多；胶体金腺病毒抗原快速诊断试纸板测定病毒等，可做出初步诊断。但最后确诊还有赖于病原分离鉴定和补体结合反应、琼脂扩散反应、中和试验、血凝抑制反应等血清学特异性诊断。

本病的早期症状与犬瘟热、钩端螺旋体病等相似，应注意加以鉴别。其要点可参看犬瘟热的鉴别诊断。

第四节　犬钩端螺旋体病

犬钩端螺旋体病（canine leptospirosis）是由致病性钩端螺旋体所引起的、主要表现为黄疸、高热、出血性素质、流产、血红蛋白尿、皮肤坏死、水肿等症状的一种人畜共患病。本病在临床上有传染性出血性黄疸型和伤寒型两种特殊病型。

各种年龄的犬均可感染本病。其发病率与性别有关，通常公犬发病较多，幼龄犬比老龄犬多发，常散发，潜伏期5～15 d。依据病程本病可分为急性、亚急性和慢性三种，与患病动物的年龄、免疫状态和病原的毒力有关。

急性病例一般2 d内机体衰竭，体温下降死亡。亚急性症状大约在2～3周后恢复。慢性症状多从急性或亚急性转化而来。

一、病原和发病机理

钩端螺旋体(leptospira)是螺旋形、两端呈钩状的一种细菌,很纤细,中央有根轴系,长6~30 μm、宽0.1 μm,螺旋从一端盘绕至另一端,整齐细密,螺宽0.2~0.3 μm,螺距0.3~0.5 μm。暗视野检查时,常呈细小的珠链状。镀银法或姬姆萨氏染色较好。此螺旋体的一端或两端可弯转呈钩状,且绕长轴旋转和摆动,使整个菌体可弯成"C"、"S"、"O"等形状。习惯上按有无病原性将其分为两种。病原性钩螺旋体分成不同的血清型,而各血清型钩端螺旋体可再按交叉凝集反应和凝集吸附反应的结果归入不同的血清群。目前大约有230种血清型,24种血清群。

许多野生啮齿类动物(如老鼠、田鼠等)是本菌的保菌宿主,对本菌有相当高的感受性,且往往会造成慢性持续性感染。潜伏在肾脏中的菌体会随尿液排出,污染水源、土壤等周围环境而感染其他动物或人。

血清型不同,感染的动物也不同。犬只感染后,常变成慢性带菌者,菌体会随着尿液排出而感染其他的犬只、老鼠等啮齿类以及人类。大多数的动物(包括人)感染本菌后,会出现发热、贫血、血红蛋白尿、黄疸及流产等症状。急性感染者常造成死亡;慢性感染者则大多会恢复,病原菌潜伏在肾小管上皮细胞内繁殖而形成污染源。

钩端螺旋体由黏膜或破损皮肤进入犬体内,在血液内大量繁殖而形成菌血症。此时,动物表现发热、精神沉郁、食欲不振和肌肉疼痛等。随着血液中的菌体侵袭肝、肾等实质器官,会出现较明显的临床症状,如呕吐、下痢、脱水、喘息、黄疸及血红蛋白尿等。

菌体侵入肾脏,在肾小管上皮细胞内大量繁殖、聚积而造成肾功能失常,导致尿毒症。肾脏受损后引起肾衰竭,直至犬只死亡。同时,细菌毒素造成肝细胞伤害而导致大规模肝细胞坏死,在肝功能失常的状况下而有严重黄疸、胆色素尿等症状。

感染的宿主范围相当广泛,包括许多家畜(如牛、马、羊、猪、犬等)以及野生动物,甚至一些水生动物。猫科动物对本菌不太具有感受性,因此猫很少有钩端螺旋体病。

本病的发生多与接触病犬或带菌鼠的尿有密切关系。

二、病理变化

急性感染病犬往往在病原菌尚未侵入实质脏器之前,便因急性脱水、血管炎及弥漫性血管内凝血症候群等原因而迅速毙死。亚急性感染表现急性肝肾功能衰竭。慢性感染则通常没有特殊的临床症状,病原菌在实质脏器内潜伏、繁殖,引起炎症反应,如慢性间质性肾炎、慢性活动性肝炎。由于临床表现型的不同,病理变化也有所不同。

1. 眼观病变

胃、十二指肠、大肠和直肠的黏膜肿胀、充血、出血,有的空肠内可见大量红黑色内容物(肠道出血)。脾脏、肝脏和淋巴结肿胀;浆膜下、黏膜和肺脏等组织器官出血。肝脏肿大、质脆、重度黄染,腹腔充满血色液体(腹腔出血),有时肝脏上有黄棕色斑点和出血点。脾脏偶有淡黄色病灶。肾脏肿大、质脆,表面散在灰白色坏死斑。有的胸壁上有出血斑点,还可见胸腔有大量血色积液。

2. 镜下变化

胃肠道黏膜和腺上皮变性、坏死和脱落,黏膜固有层和黏膜下层充血、出血和炎性渗出。肝细胞呈现严重的空泡变性,有的肝细胞发生坏死,中央静脉和窦状隙扩张、充满血液,有时出血,肝细胞索之间有多量炎性细胞浸润。肾脏呈现肾小球肾炎或间质性肾炎的变化。

三、病理诊断

根据病理变化、钩端螺旋体的鉴定及血清学试验进行诊断。青年犬急性肾衰竭和黄疸发作时，即可怀疑是钩端螺旋体病。病犬同时出现发热、白细胞数增加和肝功能衰竭等症状时，即可做出初步诊断。检查出病原体即可确诊。

细菌学检查是直接用暗视野显微镜观察血液或尿液中的病原体，但由于血液和尿液中的细菌数目不多，直接观察几乎是不可能，因此不适合用作即时的鉴别诊断方法。采用 PCR 检测钩端螺旋体的基因核酸，可以进行早期确诊，也可以评估犬只转为慢性带菌的状态。

血清学检查方法主要有两种：显微凝聚试验(MAT)和酶联免疫吸附试验(ELISA)。

鉴别诊断：需与犬瘟热和犬传染性肝炎进行区别；同时还应考虑一些内科病，如急、慢性肾衰竭，急性肝炎，药物副作用或变态反应性疾病，肺炎和肌炎或脊柱损伤等。

第五节 猫泛白细胞减少症

猫泛白细胞减少症(feline panleukopenia, FP)，又称猫瘟热、猫传染性肠炎，是由猫泛白细胞减少症病毒所引起的，临床以突然高热、顽固性呕吐、腹泻、脱水、循环障碍及白细胞减少和肠炎为特征的一种急性高度接触性传染病。

该病毒除感染家猫外，还能感染其他猫科动物(如虎、豹)和鼬科动物(貂)及熊科的浣熊。各种年龄的猫均可感染。多数情况下，1 岁以下的猫易感，感染率可达 70%，死亡率为 50%～60%，5 月龄以下的幼猫死亡率最高可达 80%～90%。免疫猫一般不发病。

本病潜伏期为 29 d，临床表现各异。最急性型，动物不显临床症状而立即倒毙，往往误认为中毒。急性型病程短，由于继发菌血症和毒血症，并伴有小肠损伤，常在感染 24 h 内死亡。亚急性型病程 7 d 左右，体温变化呈双相热型，即第 1 次发热体温 40℃ 左右，24 h 左右降至常温，2～3 d 后体温再次升高，体温达 40℃。病猫精神不振，被毛粗乱，厌食，呕吐，粪便带血，严重脱水至眼球下陷、第三眼睑外露，贫血，出血性肠炎和严重脱水，眼鼻流出脓性分泌物，严重者死亡。妊娠母猫感染后可造成流产和死胎及其他繁殖障碍。

病猫可从粪、尿、呕吐物及各种分泌物中排出大量病毒，康复猫可长期排毒达 1 年以上。感染期的猫也可通过跳蚤、虱、螨等吸血昆虫传播。本病一年四季均可发生，尤以冬春季多发。

此病随年龄的增长发病率逐渐降低，群养猫可全群爆发或全窝发病。

一、病原和发病机理

猫泛白细胞减少症病毒(*Feline panleukopenia virus*, FPV)是细小病毒科、细小病毒属的一种病毒，为单股 DNA 病毒。本病经口接触病毒而被传染，病愈后粪、尿仍有病毒。

病毒进入口腔后先在咽部定居，并在口咽部淋巴结中复制，然后进入血液，18 h 后形成毒血症，48 h 病毒可达全身所有组织，7 d 后病毒到达高峰。病毒进入机体后，淋巴造血组织受到抑制，使淋巴细胞、中性粒细胞减少。随着血清抗体的出现，病毒滴度开始下降，14 d 大多数组织中已很少有病毒。但在肾脏可持续存在少量病毒达 1 年之久。怀孕母猫感染病毒时，病毒可侵害胎儿的脑组织造成畸形。

二、病理变化

1. 眼观病变

眼窝下陷，黏膜和皮肤干燥，血液黏稠，组织失去弹性，剥皮难。肠黏膜肿胀，有点状、斑状或弥漫性出血，黏膜表面覆盖一层红褐色黏液，严重时可见到暗红色血凝块，有时浆膜表面呈红色。肠内容物呈淡红色至暗红色。

2. 镜检病变

肠隐窝扩张，黏膜上皮和腺上皮变性、坏死和脱落，肠上皮细胞核内有包涵体，黏膜固有层和黏膜下层血管明显扩张、充血，出血和炎性渗出明显。血液中白细胞减少。

三、病理诊断

根据临床症状如顽固性呕吐（用止吐药无效），呕吐物黄绿色，双相体温，白细胞数明显减少等，可做出初步诊断。确诊可采用 FPV 抗原快速诊断试纸、血凝抑制试验等血清学方法和病毒分离鉴定。

血液学检查：取病猫血液作白细胞检查，当每立方毫米血液中白细胞总数减少到 8 000 左右时，判断为疑似病；白细胞总数减少到 5 000 以下时，表示严重发病；白细胞总数减少到 2 000 以下时，为典型发病。

诊断时，应与肠寄生虫、肠毒血症或肠中是否有异物等进行鉴别。最常规的方法是镜检粪便，如有必要可进行影像学检查排查异物。

第六节 猫传染性腹膜炎

猫传染性腹膜炎（feline infectious peritonitis，FIP）是由猫冠状病毒所引起的以腹膜炎、大量腹水聚积和致死率高为特征的一种传染病。

4 岁以下的猫多发，尤其常发于群聚饲养的猫群。初期症状不明显，食欲减退，精神沉郁，体重下降，持续发热。后期症状会明显分成干、湿两型。

（1）湿型猫传染性腹膜炎　患猫多在发病 2 个月内死亡。胸腹腔有高蛋白的渗出液。伴随着胸水的增加，患猫从无症状到气喘或呼吸困难。雄性患猫阴囊可能肿大，出现呕吐或下痢，中度至重度贫血，脊椎两旁的肌肉进行性消耗，腹部进行性膨大、无痛感。

（2）干型猫传染性腹膜炎　主要是造成器官的肉芽肿样变。患猫呈现进行性消瘦、眼睛浑浊、眼前房蓄脓、瞳孔缩小、视力障碍等。少数伴随多发性进行性神经症状，包括后躯麻痹、痉挛发抖、眼球震颤、姿态异常和个性改变等。触诊腹部可摸到肠系膜淋巴的结节，肝、肾、脾、肺脏、网膜及淋巴结上均可见结节病变。

一、病原和发病机理

猫传染性腹膜炎病毒（FIPV）属冠状病毒科、冠状病毒属，为单股 RNA，病毒粒子呈多形性，大小 90～100 nm，螺旋状对称，有囊膜，囊膜表面有长约 15～20 nm 的花瓣状纤突。

猫会被多种冠状病毒感染，是否发病取决于不同的传染性和病毒毒性。幼猫易患肠冠状病毒，但一般只出现轻度或自限性腹泻，或者无临床症状。病毒初期在口咽组织和肠绒毛复制繁殖，疾病的发展和表现取决于动物的免疫状况、病毒的种类和病毒量。

本病呈地方流行。该病毒可感染各种年龄的猫，以1～2岁的猫和老龄猫（大于11岁）发病最多；无品种、性别差异，但外来引进的纯种猫发病率高于本地家猫，遗传因素对本病的发生有一定影响。

本病的主要传播途径是粪—口和口—口接触，也可经消化道感染或昆虫传播，带毒猫由粪便排毒传染同居的猫。少数可经衣服、食皿、寝具、人或昆虫等机械途径传染。怀孕母猫可经胎盘垂直传给胎儿。

二、病理变化

1. 眼观病变

两型的病理变化各有不同。

（1）湿型猫传染性腹膜炎　腹腔中有大量半透明的淡黄色液体，接触空气后发生凝固。腹膜浑浊、不光滑，沉着纤维蛋白。暴露胸腔后可见胸腔积液和心包积液，液体黏稠。肝脏、脾脏、肾脏和肠浆膜上附着有纤维蛋白，肝表面还可见直径1～3 mm的小坏死灶。

（2）干型猫传染性腹膜炎　病毒主要侵害中枢神经、眼、肾和脾等器官组织，几乎见不到腹水。结膜和角膜潮红且有分泌物，有的出现前葡萄膜炎（虹膜睫状体炎）、眼前房出血、眼前房积液、角蛋白沉着、视网膜脱落、出血和视网膜炎等。中枢损伤表现为脑水肿和脑部肉芽肿变。肝、肾、脾、肺脏、网膜及淋巴结出现脓疱性肉芽肿结节。肾脏表面凹凸不平，有肉芽肿样变；肝脏黄色、质脆，也可见坏死灶。

2. 镜检病变

积液沉淀物镜检可见到中性粒细胞和巨噬细胞，肝细胞发生空泡变，有的瘀血，肝被膜表面附着红染的纤维蛋白，有的呈现肝细胞坏死；脑组织充血、水肿，神经细胞不同程度的变性和坏死；肉芽肿变主要是由受感染的巨噬细胞和其他细胞围绕在小血管周围而形成；眼睛呈现不同程度的出血性炎。

三、病理诊断

根据流行情况、临床症状和病理变化可做出初步诊断，确诊尚需进行实验室诊断。

取腹腔渗出物、血液和胸腔及腹腔器官匀浆液接种于猫胎肺细胞培养物进行病毒分离和鉴定。也可用中和实验、免疫荧光实验和ELISA检测本病。

鉴别诊断：本病要与猫肠冠状病毒性肠炎相区别，猫感染猫肠冠状病毒（FECV）时不能发生传染性腹膜炎，只能引起轻微的肠道炎症。同时，本病还应与肝性和心性腹水、胆管肝炎、腹膜炎、怀孕、肿瘤、渗出性胸膜炎、自发性脑脊髓炎/脑膜炎、视网膜炎、视网膜脱落和眼前房出血等内科病进行鉴别诊断。

（李富桂）

第八章 营养代谢病病理诊断

第一节 佝偻病和骨软症

一、佝偻病

佝偻病(rickets)是处于生长期的幼畜或幼禽由于维生素D及钙、磷缺乏或饲料中钙、磷比例失调所致的一种骨营养不良性代谢病。其特征是长骨因负重而弯曲，骨端膨大，肋软骨交接处出现圆形膨大的串珠。佝偻病的临床特征是消化紊乱、异食癖、跛行及骨骼变形。

(一)原因和发病机理

1. 引起佝偻病的主要原因

(1)钙缺乏　日粮中钙的绝对缺乏或继发于其他因素，主要是磷的过量摄入。

(2)磷缺乏　日粮中磷的绝对缺乏或继发于其他因素，主要是钙过量摄入。

(3)维生素D缺乏　维生素D摄取绝对量减少或继发于其他因素，如胡萝卜素的过量摄入。

(4)缺乏阳光照射　经太阳晒干的干草含有麦角固醇，皮肤中的7-脱氢胆固醇在阳光紫外线的照射下可转变成维生素D_2和维生素D_3。

(5)其他　动物患有慢性肝脏疾病和肾脏疾病，可影响维生素D的活化，从而使钙、磷吸收和成骨作用发生障碍而发病。

2. 发病机理

佝偻病是以骨基质钙化不足为病理学基础的，而促进骨骼钙化作用的主要因子则是维生素D。当饲料中钙磷比例正常时，机体对维生素D的需要量是很小的；而当钙、磷比例失衡时，哺乳幼畜和青年动物对维生素D的缺乏就极为敏感。

当维生素D源被小肠吸收后进入肝脏，通过25-羟化酶催化转变成25-羟钙化醇，再通过甲状旁腺素的分泌，降低肾小管中磷酸氢根离子的浓度，在肾脏通过1-羟化酶将25-羟钙化醇催化，转变为1,25-二羟钙化醇。后者既促进小肠对钙、磷的吸收，也促进破骨细胞区对钙、磷的吸收，血液中钙、磷浓度升高。因此，维生素D具有调节血液中钙、磷最适比例，促进肠道钙、磷吸收，刺激钙在软骨组织中的沉着，提高骨骼的坚韧性等功能。在哺乳幼畜和青年动物骨骼发育阶段，一旦食物中钙或磷缺乏，并导致体内钙、磷不平衡时，如伴有任何程度的维生素D不足现象，就可使成骨细胞钙化过程延缓，同时甲状旁腺促进小肠中的钙的吸收作用也降低，骨基质不能完全钙化，出现以骨样组织明显增多为特征的佝偻病。病畜体内骨骼中钙的含量明显降低(从66.33%降低到18.2%)，骨样组织明显占优势(从30%增高到70%)，骺软骨持久性肥大和不断增生，骺板增宽，钙化不足的骨干突和骺软骨承受不了正常的压力而使长骨弯曲，骺板进一步变宽及关节明显增大。

（二）病理变化

1. 眼观病变

长骨的骨端和肋胸关节肿大，严重时四肢骨由于躯体负重而变弯曲，产生“弓腿”。剖检可见肋软骨连接部肿大，呈串珠排列，形成所谓的佝偻病串珠。这是由于软骨内骨化障碍时骨骺软骨过度增生，该部体积增大，因而在长骨骨端肿大，肋骨和肋软骨接合部肿大，自然排列成行，形成佝偻病串珠。将长骨纵行锯开，可见骨骺软骨异常增宽，骨组织质地变软，用刀即可切开。患畜出牙不规则，磨损迅速，由于下颌生长停滞，牙齿排列紊乱，严重时可造成两颌不能关闭，乳齿脱落，长出的牙齿的牙槽稀疏，磨损迅速和不均。

2. 镜检病变

从骨骼软骨、骨内膜、骨外膜产生的未钙化的骨样组织增多，骨样组织淡染红色，与蓝染的钙化骨组织不同。当骨样组织高度增生时，会造成骨髓腔缩小和在骨的表面形成骨痂。软骨内骨化障碍表现为软骨细胞增生，软骨细胞增生带加宽，超过正常的数倍。软骨细胞的大小、排列都不正常，一个包囊内常有几个细胞，软骨缺乏钙化。骨与软骨的分界线变得极不整齐，呈锯齿状，失去正常成长骨所具有的纤细整齐的界限。

（三）病理诊断

根据动物的年龄、饲养管理条件、慢性经过、生长迟缓、有异食癖、运动困难以及牙齿和骨骼变化出现的典型病理变化——佝偻病串珠等特征，可做出初步诊断。结合骨的X射线检查及骨组织学变化，可以帮助确诊。另外，血清中钙、磷水平及碱性磷酸酶（AKP）活性的变化也可帮助确诊。

1岁以内犊牛的铜缺乏，在临床、X射线检查及病理学方面也出现和佝偻病相似的现象，应注意鉴别诊断。铜缺乏的犊牛血清铜浓度及肝脏铜水平下降，呈现骺炎而非持久性软骨肥大和骺增宽，此外血清碱性磷酸酶活性增高不明显。

二、骨软症

骨软症（osteomalacia）是由于饲料中钙磷缺乏或者两者比例不当所引起的成年动物软骨内骨化作用完成后发生的一种骨营养不良性疾病。其特征性病变是骨质的进行性脱钙，呈现骨质软化及形成过量的未钙化的骨基质。骨软症的临床特征是消化紊乱、异食癖、跛行、骨质疏松及骨变形。

1. 原因和发病机理

（1）发病原因　饲料和饮水中的钙、磷和/或维生素D缺乏，或钙、磷比例不当是引起本病的主要原因。牛的骨软症主要发生于土壤严重缺磷的地区，通常由于饲料、饮水中磷含量严重不足或钙含量过多，导致钙、磷比例不平衡而发生。日粮中钙、磷同时缺乏，也可以发生骨软症。日粮中高钙低磷可加重骨软症的病情。维生素D的缺乏在牛骨软症的发生上起到促进作用。此外，影响钙、磷吸收的因素如蛋白质、脂类的缺乏与过剩，矿物质（如锌、铜、钼、铁、镁、氟）的缺乏与过剩均可影响钙、磷的吸收与利用。

(2)发病机理　动物体内 99%的钙和 85%的磷都沉积在骨骼和牙齿中,饲料中的钙、磷主要在小肠吸收,经血液循环运行到骨骼和全身其他组织中,以保证骨骼中钙、磷的需求水平。同时骨骼中的钙、磷也不断进行分解更新,释放出钙、磷进入血液中,共同调节血钙、血磷的动态平衡。如果饲料中钙、磷含量不足或小肠吸收钙、磷的机能发生紊乱,则血液中钙、磷的来源减少,运送到骨骼中的钙、磷相应减少。由于机体钙、磷代谢紊乱,使血液中钙含量下降,间接地刺激甲状旁腺激素的分泌,导致骨骼中的钙盐被溶解,以维持血液钙的正常水平,而骨骼发生明显的脱钙,呈现骨质疏松。同时这种疏松结构又被过度形成的未曾钙化的骨样基质和缺乏成骨细胞的纤维组织所取代,骨质的正常结构发生改变,硬度、密度、韧性、负重能力都降低,使骨骼脆弱、变形、肿大,骨骺表面粗糙不平,容易骨折。

维生素 D 可提高小肠组织细胞类脂质膜对钙、磷的通透性,从而促进钙、磷在小肠内的溶解和吸收,使得血液中的钙、磷含量增多,有利于钙、磷的沉积和骨化作用。但当血液中的钙降低时,其又可促进骨骼中钙的溶解释放,以维持血钙水平。

2. 病理变化

(1)眼观病变　本病的主要病理变化在骨骼、牙齿、关节、甲状旁腺和肾脏。眼观全身骨骼发生不同程度的疏松、肿胀,头骨肿大明显,四肢、脊柱、肋骨变形,肋骨有串珠样结节,有时有骨折。严重时,肋骨、尾椎等骨疏松多孔。最后,肋骨变形,个别病牛的最后肋骨被完全吸收。骨膜增厚,易剥离,剥离后骨质缺乏光泽,且粗糙多孔。关节液增多,呈橙黄色,其中混有黄白色或乳白色的芝麻粒大小的组织碎片或絮状物。关节面的软骨都有不同程度的肿胀、小片溃疡和黏稠的胶冻样物质,活动较大的关节软骨表面有数量不等的粟粒大小的半月形的隆起或虫蚀状溃疡。甲状旁腺肿大变形,马属动物可达到黄豆大到蚕豆大小,切面外翻,有湿润感,其肿大的程度与骨骼变形的程度是相一致的。猪和山羊头骨变形,上颅骨肿胀,易突发骨折。多数病畜表现慢性肾脏病变。

(2)镜检病变　主要表现为软骨细胞和骨样组织异常增多。骨骺软骨细胞大量堆积,使软骨细胞增生带加宽,软骨细胞肥大,排列紊乱,骨骺线显著增宽,且参差不齐,其中有增生的软骨细胞团块和增生的骨样组织,骨髓腔内骨内膜产生的骨样组织增多,使骨髓腔缩小,骨外膜产生的骨样组织增多使骨切面增厚。骨小梁数量减少,中心部分多已钙化呈蓝色,而周围部分多是未钙化的骨样组织,呈淡红色。哈氏系统的哈氏管扩张,周围出现一圈骨样组织,同心圆状排列的骨板界限消失,变成均质的骨质。

3. 病理诊断

根据日粮组成中的矿物质含量及日粮的配合方法,饲料的来源及地区自然条件,病畜的年龄、性别、妊娠和泌乳情况,发病季节,临床特征及病理变化,骨骼变形、牙齿磨损等症状,很容易做出确诊。血清钙、无机磷含量和碱性磷酸酶活性的测定及 X 射线检查可辅助诊断。

本病在临床上应与牛的骨折、蹄病、关节炎、肌肉风湿症和慢性氟中毒等相区别。

第二节　硒和维生素E缺乏症

硒是动物必需的一种微量元素,在体内发挥着多种生物学效应,其中最主要的是抗氧化作用。维生素 E 也是一种抗氧化剂,硒和维生素 E 在机体抗氧化作用中具有协同作用,二者缺乏的病理变化极为相似。硒和维生素 E 缺乏症（selenium-vitamin E deficiencies）是指由于体内微量元素硒和维生素 E 单独缺乏或共同缺乏而引起的，以骨骼肌、心肌和肝脏组织变性、坏死为特征的疾病。本病分布于世界各地，可发生于各种动物，主要见于幼畜。

一、硒缺乏症

（一）原因和发病机理

1. 发生原因

（1）动物日粮或饲料中硒含量不足是造成动物机体硒缺乏的直接原因　动物对硒的要求是 0.1～0.2 mg/kg 饲料，当饲料中硒的含量低于 0.05 mg/kg 饲料时，可能引起动物发病，低于 0.02 mg/kg 饲料时则必然发病。

（2）低硒环境是动物硒缺乏的根本原因　饲料中硒含量与土壤中可利用的硒水平密切相关，当土壤中硒含量低于 0.5 mg/kg 时，就属于贫硒地区土壤，该土壤上种植的植物含硒量就不能满足动物的需要，就会发生缺硒症。饲料中硒含量还与土壤中可利用的硒水平有密切关系，一般来讲，碱性土壤中硒较高且易被植物吸收，故碱性土壤生长的植物含硒量较高。而酸性土壤中硒容易与铁形成难溶性复合物，不易被植物吸收，故生长在这些土壤中的植物含硒量较低。

（3）饲料中硒能否被动物充分利用还受机体内其他元素的影响　给猪和鸭饲喂高钴、铁、钛、锌日粮，可复制出硒-维生素 E 缺乏的损伤。

（4）维生素 E 缺乏也可诱发硒缺乏症　饲料缺乏维生素 E 或者饲料加工贮存不当，其中的氧化酶破坏维生素 E 时，也会引起硒缺乏症。

2. 发病机理

硒和维生素 E 是一种天然的抗氧化剂。研究表明，维生素 E 的抗氧化作用是通过抑制多价不饱和脂肪酸产生的游离根对细胞膜的脂质过氧化来实现，而硒的抗氧化作用是通过谷胱甘肽过氧化物酶（GSH-Px）和清除不饱和脂肪酸来实现的。硒是 GSH-Px 的组成成分，它和维生素 E 都是动物体内抗氧化防御系统中的成员。硒通过谷胱甘肽过氧化物酶能清除体内产生的过氧化物自由基，保护细胞膜免受损伤。

在正常生理情况下，体内自由基不断形成，参与新陈代谢、贮能、防御解毒、转化废物，识别、破坏和清除癌细胞，同时又不断地被清除。其生成速度与清除速度保持相对平衡，因而显示不出自由基对机体的氧化损害或生理破坏作用。但是在缺硒的情况下，血液和组织中 GSH-Px 的活性降低，当自由基的产生与清除失去了平衡和稳态时，产生过多自由基。这些化学性质十分活泼的自由基迅速作用于机体，破坏蛋白质、核酸、碳水化合物和花生四烯酸的代谢，使丙二醛交联成 Schiff 碱，在细胞内堆积，促进细胞衰老。另外，自由基使细胞脂质过氧化链式反应发生，破坏细胞膜，造成细胞结构和功能损害，最后导致细胞死亡，出现各种临床症状。硒缺乏时受损的组织器官主要是肌肉组织、胰腺、肝脏、淋巴器官和微血管。

（二）病理变化

1. 眼观病变

肉眼观察以渗出性素质，肌组织的变质性病变（变性、坏死、出血），肝营养不良，胰腺体积小及外分泌部分的变性坏死，淋巴器官发育受阻及淋巴组织变性、坏死为基本特征。不同种属畜禽的病理变化特点不完全一致，主要病变在骨骼肌、心肌和肝脏，其次是肾脏和脑。患病骨骼肌色泽变淡，出现局灶性的发白或发灰的变性区域，呈鱼肉状或煮肉状，双侧对称，以肩胛部、胸背部、腰部及臀部肌肉变化最明显。心肌扩张、变薄，心内膜下肌肉层呈灰白色或黄白色的条纹及斑块，心肌斑点状出血，心肌红斑密集于心外膜和心内膜下层，使心脏在外观上呈紫红色的草莓或桑葚状，称为"桑葚心"。急性病例的肝肿大1～2倍，质脆易碎，呈豆腐渣样，红褐色健康小叶和出血性坏死小叶及淡黄色的缺血性坏死小叶相互混杂，切面有槟榔样花纹，称为"豆蔻肝"。慢性病例的肝表面凹凸不平，正常肝小叶和坏死肝小叶混合存在，体积缩小，质地变硬。肾脏充血、肿胀，实质有出血点和灰色斑状病灶，猪、鸡可见脑膜有出血点和脑软化。渗出性素质多见于雏禽，主要是胸部、腹部、翅下及大腿内侧皮下发生水肿，这些部位集聚淡蓝绿色胶冻样渗出物或淡黄绿色纤维蛋白凝集物。

2. 镜检病变

显微镜下可见，病变的肌纤维发生颗粒变性、透明变性或蜡样坏死以及钙化和再生。透明变性的肌纤维肿胀，嗜伊红性增强，横纹消失。蜡样坏死的肌纤维常崩解呈碎片或变成无结构的大团块，着色较深，核浓缩或碎裂，可发生钙化，肌间成纤维细胞增生。

（三）病理诊断

本病诊断可结合缺硒历史、临床症状（表现为运动障碍、心力衰竭）、饲料和组织中硒含量分析、特征性病理变化（出现白肌病、豆蔻肝、桑葚心、渗出性素质）等做出诊断。病理剖检主要为骨骼肌变性、色淡，如煮肉状，呈灰黄色条状、片状，心肌扩张，心肌内外膜有黄白色、灰白色条纹状斑块，与肌纤维方向一致。肝脏营养不良，呈槟榔样外观。雏禽脑膜水肿、脑软化及出现渗出性素质。

二、维生素E缺乏症

维生素E又称生育酚，是一种天然的脂溶性物质，是所有具有α-生育酚生物活性物质的总称。维生素E可分为生育酚、三烯生育酚两类，共8种化合物，即α、β、γ、δ等。其中，以α-生育酚生物活性最高，且动物组织中90%以上是α-生育酚，它也是饲料中维生素E的最主要存在形式。

维生素E是一种生理性抗氧化剂，广泛存在于动植物性饲料中。它的主要作用是抑制和减缓体内不饱和脂肪酸的氧化和过氧化，中和氧化过程形成的自由基，防止细胞膜上的脂类物质被氧化、被破坏，保护细胞及其细胞器脂质膜结构的稳定性和完整性，维持肌肉、神经和外周血管的正常功能。维生素E还具有维持生殖器官正常功能、抑制透明质酸酶活性和保持细胞间质的通透性作用。

维生素E和硒在抗氧化作用中具有协同作用。硒的作用机制是通过含硒的谷胱甘肽过氧化物酶（GSH-Px）分解已形成的过氧化物，阻止可能引发膜脂质过氧化的羟基自由基（HO·）和单线态氧（O_2）的形成；而维生素E则阻止膜脂质过氧化链式反应，减少了过氧化物的形成。两者之间表现出"相互节省效应"。

（一）原因和发病机理

1. 发生原因

在动物性和植物性饲料中含有一定量的维生素E，通常情况下，动物不会发生维生素E缺乏症。但是，维生素E的化学性质不稳定，易受许多因素的影响而被氧化破坏，失去活性。动物维生素 E 缺乏的主要因素有以下 3 点。①饲料中维生素 E 含量不足或由于加工贮存不当造成维生素 E 破坏。如稿秆、块茎饲料维生素 E 含量极少；劣质的稻草、干草或陈旧的饲草，或者经过暴晒、水浸、过度烘烤的饲草，其所含的维生素 E 大部分被破坏。饲料加工贮存不当（特别是干燥或碾磨），其中的维生素 E 遭到破坏。谷物经过丙酸或氢氧化钠处理，维生素 E 的含量明显减少。②饲料中含过量不饱和脂肪酸（亚油酸、花生四烯酸），可促进维生素 E 氧化。如鱼粉、猪油、亚麻油、豆油等作为添加剂掺入日粮中，当不饱和脂肪酸酸败时，可产生过氧化物，促进维生素 E 氧化；日粮中含硫氨基酸、微量元素缺乏或维生素 A 含量过高，可促进维生素 E 缺乏。③动物对维生素 E 的需要量增加，但未能及时补充。如生长动物、妊娠或泌乳母畜、饲喂高脂肪饲料及日粮中含硫氨基酸或硒缺乏等情况均可增加动物机体对维生素 E 的需要量。此外，当动物面临炎热、寒冷、拥挤、噪声、运输等环境改变时，机体会处于一种应激状态，对维生素 E 的需要量也会增加，如不能及时补充，将会导致维生素 E 不足而发生本病。

2. 发病机理

维生素 E 是一种抗氧化剂，同时还具有维持生殖器官正常功能、抑制透明质酸酶活性和保持细胞间质通透性的作用。研究表明，维生素 E 的抗氧化作用是通过抑制多价不饱和脂肪酸产生的游离根对细胞膜的脂质过氧化来实现的。当动物缺乏维生素 E 时，体内不饱和脂肪酸过度氧化，细胞膜的亚细胞膜遭受损伤，释放出各种溶酶体酶，如 β-葡萄糖醛酸酶、β-半乳糖酶、组织蛋白酶等，导致器官组织的退行性病变。表现为血管机能障碍（血管壁孔隙增大、通透性增强）、血液外渗（渗出性素质）、神经机能失调（出现抽搐、痉挛、麻痹等症状）、繁殖机能障碍（公畜睾丸变性，母畜卵巢萎缩、性周期异常、不孕）及内分泌机能异常等。

（二）病理变化

1. 眼观病变

维生素 E 缺乏的主要病变是白肌病。

骨骼肌是白肌病最常见的病变部位，全身各处均可发生，以负重较大的肌群（如臀部、股部、肩胛部和胸背部肌群等）病变多见且明显，往往呈对称性分布。持续活动的肌群（如胸肌和肋间肌）病变也很明显。白肌病病畜衰弱无力、跛行，症状与病变部位相对应。剖检可见肌肉肿胀，外观像开水烫过一样，呈灰白、苍白或淡黄红色，失去原来的深红色泽。已发生凝固性坏死的部分，呈黄白色、石蜡样色彩，故叫蜡样坏死。有的在坏死灶中发生钙化，则呈白色斑纹，触摸似白垩斑块。急性病例肌肉手感硬而坚实，缺乏弹性，干燥，容易撕裂；慢性病例肌肉质地硬如橡皮状。这种变性、坏死的肌肉在肌群内的分布部位不定，病变部分大小不等，与正常肌肉界限清楚。

心肌主要表现为心肌纤维变性和坏死。心肌病灶往往沿着左心室从心中膈、心尖伸展到心基部。病灶呈淡黄色或灰白色的条纹或弥漫性斑块，与正常心肌没有明显的界线。由于心肺循环障碍，导致心包积液、肺水肿、胸腔积水和轻度腹水。犊牛和羔羊在心内膜下方的心肌常发生病变，并往往很快钙化。猪常在心外膜下发生病变。

禽维生素 E 缺乏主要表现脑软化、渗出性素质及白肌病。脑膜水肿，小脑表面有出血点，脑实质肿胀柔软，脑回平坦。病程稍长者，在小脑可见绿黄色浑浊的软化灶，与周围组织有明显的界线；纹状体的坏死灶呈灰白色；脊髓腹面扁平，普遍肿胀，并见有红色或褐色浑浊样坏死区。全身皮下水肿，尤其胸腹部皮下水肿严重，穿刺可流出蓝绿色或紫红色液体；心包积液。

骨骼肌变性、坏死。

仔猪主要表现为肌营养不良，肝脏变性、坏死，心脏肿大，外观似桑葚状，胃部溃疡。亚急性病例呈进行性全身皮下水肿。慢性病例耳后、背部、会阴部出现瘀血斑，腹下水肿、结膜苍白或黄染。

犊牛和羔羊表现为典型的白肌病病变，骨骼肌变性、坏死，色泽变淡，常因急性心肌损伤而突然死亡。马主要见于幼驹，蹄部出现龟裂，有的背、腹、臀、颈、肩胛及肢端发生水肿。

2. 镜检病变

骨骼肌纤维颗粒变性、肿胀，横纹消失。如果是蜡样坏死，则 HE 染色时坏死区呈半透明、均质红染的团块状或竹节状分布。有的肌纤维断裂、溶解，细胞核固缩、破裂，并常有蓝色细沙样的钙盐沉着。肌间质增宽、水肿，有炎性细胞浸润，如中性粒细胞、巨噬细胞、淋巴细胞等，肌纤维间有不同程度的出血。慢性白肌病时肌膜附近残留的胞核可分裂增殖，形成肌细胞而出现部分肌纤维的再生；病变严重的部位，肌纤维几乎完全被增生的成纤维细胞所取代。心肌纤维变性、肿胀，横纹不清或消失，细胞核浓缩、碎裂，病变区有絮片状或团块状坏死；慢性病例肌间成纤维细胞增生和纤维化。

（三）病理诊断

本病可根据发生特点，一般多发于幼龄动物，而且多为群发；临床表现运动障碍，心脏衰弱，渗出性素质，神经机能紊乱；病理变化特征，骨骼肌、心肌、肝脏、胃肠道、生殖道有典型营养不良病变、雏禽脑膜水肿小脑软化，骨骼肌的变化呈现蜡样坏死，心呈桑葚心；结合饲料、血液、肝脏中维生素 E 含量降低，可以确诊。

硒和维生素 E 缺乏症的临床症状相似，其共同表现为：骨骼肌病变所导致的姿势异常及运动功能障碍；消化功能紊乱，呈现顽固性腹泻或下痢；由于心肌损伤造成的心率加快、心律不齐及心功能障碍；神经机能紊乱，特别是雏禽，由于脑软化所致明显的神经症状，如兴奋、抑郁、痉挛、抽搐、昏迷等；繁殖机能障碍，表现为公畜精液不良，母畜受胎率低下甚至不孕，妊娠流产、早产、死胎，产后胎衣不下，泌乳母畜产乳量减少，禽产蛋量下降，蛋孵化率低下；全身孱弱，发育不良，可视黏膜苍白、黄染，雏鸡有出血性素质。在临床诊断和治疗上二者往往采取相同的手段，且多数情况下，补充维生素 E 和硒都能取得满意效果，且二者并用，效果更佳。

第三节 维生素A缺乏症

维生素 A 缺乏症（vitamin A deficiencies）是由于动物体内维生素 A 及胡萝卜素不足或缺乏所导致的一种慢性营养代谢性疾病，临床上以生长迟缓、上皮角化、夜盲、繁殖机能障碍及免疫力低下为特征。各种动物均可发生，主要见于犊牛、幼禽，多发于冬春青饲料不足的季节。我国北方地区，尤其是高纬度地区多发。

维生素 A 为脂溶性，以两种形式存在于动物饲料中：一种为视黄醇，也称维生素 A，仅存在于动物源性饲料中，鱼肝和鱼油中含量很高，是其重要来源；另一种为胡萝卜素，又称维生素 A 原，存在于植物源性饲料中，以β-胡萝卜素最为重要。各种青绿饲料（包括发酵的青绿饲料在内），特别是青干草、胡萝卜、南瓜、黄玉米中含有丰富的维生素 A 原。维生素 A 原可在小肠黏膜和肝细胞内转变成维生素A供机体应用。β-胡萝卜素由小肠黏膜吸收后，经加氧酶裂解后生成两分子的视黄醇，是维生素A的重要来源。视黄醇在小肠黏膜细胞内与棕榈酸结合成视黄棕榈酯而掺入乳糜微粒中，通过淋巴转运而摄入肝脏贮存。当机体需要时，其可水解为游离视黄醇，与一种特异的运输蛋白-视黄醇结合蛋白(retinol-blinding protein，RBP)结合后通过血液运输到其他组织。

维生素A和胡萝卜素均不溶于水，在油脂内颇稳定，耐热、酸、碱；维生素E、维生素C等抗氧化剂可增强其稳定性。

维生素A的主要功能是：①构成视觉细胞内的感光物质，即视网膜杆细胞中的视紫红质，缺乏维生素A可影响视紫红质的合成，导致暗光或弱光下的视力障碍，出现夜盲症；②维持上皮细胞的完整性，维生素A缺乏时上皮细胞增生表层角化脱屑，皮脂腺及汗腺萎缩，防御病菌的能力降低，毛发枯槁，趾甲变脆；③促进生长发育，维生素A促进硫酸软骨素等黏多糖的合成，缺乏时会影响骨组织的生长发育；④对免疫功能的影响，维生素A是一种免疫刺激剂，缺乏时细胞免疫和体液免疫功能均下降，极易患呼吸道和消化道感染；⑤其他，如维生素A对维持生殖系统正常功能有一定作用；β-胡萝卜素能减轻卟啉病患畜对光的敏感性，从而减轻症状等。

一、原因和发病机理

1. 发生原因

(1)原发性缺乏的原因 维生素A完全依靠外源供给，即从饲料中摄取。饲料中维生素A或胡萝卜素长期缺乏或不足是原发性(外源性)病因。原发性缺乏通常见于下列情况。①一般青绿饲料(青草、胡萝卜、南瓜)及黄玉米中，胡萝卜素含量丰富，而谷类(黄玉米除外)及其加工副产品(麦麸、米糠、粕饼等)中其含量较少。如果长期单一使用配合饲料作日粮又不补加青绿饲料或维生素A时，极易引起发病。一般从春天到初夏，在嫩青草中，无论是禾本科还是豆科的绿色部分中都含有大量的胡萝卜素。因此，日粮中缺乏优质干草、青贮牧草和幼嫩植物，也就缺乏了胡萝卜素的来源。②饲料加工贮藏不当。饲料收割、加工、贮存不当以及存放过久，陈旧变质，其中胡萝卜素受到破坏(如黄玉米储存6个月后，约60%胡萝卜素受到破坏，粒料加工过程可使胡萝卜素丧失多达32%以上)；牧草在高温、潮湿环境中贮存，或被日光暴晒(干草长期暴晒，约50%胡萝卜素受到破坏)，或酸败、氧化等均可使维生素A或者维生素A原受到破坏，长期饲喂可致病。③干旱年份，植物中胡萝卜素含量低下，此外，北方地区，气候寒冷，冬季缺乏青绿饲料，又长期不补充维生素A时，极易引起发病。④幼龄动物，尤其是犊牛和仔猪于3周龄前，不能从饲料中摄取胡萝卜素，需从初乳或母乳中获取，初乳或母乳中维生素A含量低下，以及使用乳品饲喂幼畜，或过早断奶，都易引起维生素A缺乏。

(2)继发性缺乏的原因 主要指动物机体对维生素A或胡萝卜素的吸收、转化、贮存、利用发生障碍而导致维生素A缺乏症。①动物患胃肠道或肝脏疾病，维生素A吸收障碍，胡萝卜素在肝脏的转化受阻，贮存能力下降，所以当慢性肠道疾病和肝脏疾病时最容易继发维生素A缺乏症；②长期缺乏可消化蛋白，肠黏膜酶类失去活性，胡萝卜素向维生素A的转化作用受阻；③饲料中缺乏脂肪，会影响维生素A或胡萝卜素在肠道中的溶解和吸收；④矿物质(无机磷)、维生素C、维生素E、微量元素(钴、锰)缺乏或不足，都能影响体内胡萝卜素的转化和维生素A的储存。

动物机体对维生素A的需要量增多，可引起相对性维生素A缺乏症。例如，妊娠和哺乳期母畜以及生长发育快速的母畜，对维生素 A 的需要量增加；或长期腹泻、患热性疾病的动物，维生素 A 的排出和消耗增多。

此外，饲养管理条件不良，畜舍污秽不洁、寒冷、潮湿、通风不良、密集饲养、过度拥挤、缺乏运动以及阳光照射不足等应激因素亦可促发本病的发生。

2. 发病机理

维生素 A 是维持动物生长发育、正常视力和骨骼、上皮组织的正常生理活动所必需的一种物质，维生素 A 的缺乏会导致一系列病理损伤。

(1)上皮组织角化　维生素 A 缺乏时可引起动物上皮细胞萎缩，特别是具有分泌和覆盖机能的上皮组织、皮肤、泪腺、呼吸、消化道及泌尿生殖道的上皮，逐渐被层叠的角化上皮所取代，由于过度角化而丧失其分泌和覆盖功能。眼结膜上皮细胞角化，泪腺管被脱落的变性上皮细胞阻塞，分泌减少甚至停止分泌，出现干眼病，进一步引起角膜浑浊、溃疡、软化，最后导致全眼球炎。呼吸道上皮的角化使其丧失防御功能，可引起呼吸道感染；消化道上皮的角化可引起犊牛和仔猪发生腹泻。尿道上皮的角化可诱发公牛发生尿道结石。皮肤上皮的角化可引起皮脂腺和汗腺萎缩，皮肤干燥、脱屑，出现皮炎或皮疹，被毛蓬乱，缺乏光泽，脱毛，体表干燥。

(2)骨骼发育障碍　维生素 A 促进硫酸软骨素等黏多糖的合成，缺乏时成骨细胞活性增高，软骨内骨的生长受阻和骨骼的精细造型受到影响，特别是影响到颅骨发育时，可导致脑扭转和脑疝，脑脊液压力升高，随后出现视乳头水肿、共济失调和昏厥等神经症状。

(3)视力障碍　正常情况下，动物视网膜杆状细胞内的视紫质是暗光下视物的必需物质，由视黄醛与视蛋白结合而成。感光时两者又分离，分解后的视黄醛不能再与视蛋白结合，而需经一系列的化学反应才能再与视蛋白结合，在此过程中必须从血液中不断补充维生素 A 以保证视紫质的合成。当维生素 A 缺乏时，视紫质再生便会受到障碍，导致暗适应能力下降，发生夜盲症。

(4)生长发育障碍　维生素 A 缺乏时造成蛋白质合成减少，矿物质利用受阻，内分泌机能紊乱等，导致动物生长发育障碍，生产性能下降。

(5)繁殖机能障碍　维生素 A 是胎儿生长发育过程中器官形成的必需物质，其缺乏可导致生殖功能低下，胚胎生长发于受阻，胎儿成形不全或先天性缺损，尤以脑和眼的损害最为多见。此外，维生素 A 缺乏还可引起公畜精子生成减少，母畜由于子宫、卵巢上皮角化，受胎率下降。

二、病理变化

1. 眼观病变

维生素 A 缺乏没有特征性眼观变化，主要表现为皮肤干燥、脱屑、皮炎，被毛蓬乱无光泽，脱毛，蹄角生长不良、干燥，蹄表面有纵行的皲裂和凹陷。猪主要表现为脂溢性皮炎，表皮附有褐色渗出物。小鸡喙和小腿皮肤的黄色消失，食道和咽部的黏膜表面分布很多黄白色颗粒小结节，气管黏膜上皮角化脱落，表面覆盖有易剥离的白色膜状物。牛皮肤上附有大量麸皮样鳞屑，蹄干燥，皮肤表面有鳞皮和许多纵向裂纹。雏鸭喙部的黄色素变淡，呈苍白色、无光泽。急性型病雏一侧或两侧眼流泪，并在其眼睑下方见有乳酪样分泌物，继而角膜浑浊、软化，导致角膜穿孔和眼前房液外流，最后眼球下陷、失明。产蛋种母鸭维生素 A 缺乏时，除出现上述眼睛的变化外，脚蹼、喙部的黄色素变淡，甚至完全消失而呈苍白色。发生干眼病时，可见眼睛分泌一种浆液性分泌物，角膜角化、增厚，形成云雾状，甚至出现溃疡。

2. 镜检病变

全身上皮细胞萎缩，继而出现角化增生，且易于脱落；典型变化是腺体细胞萎缩、变性、坏死分解，由原来的立方与柱状上皮细胞化生为复层鳞状上皮细胞，腺体的固有结构完全消失，失去正常的分泌功能。脱落的细胞可阻塞管腔，病变以眼结膜、角膜最显著；其次为呼吸道、泪腺和泌尿道黏膜。皮肤有角化丘疹，皮脂腺及汗腺萎缩，局部防御功能降低。患病动物结膜涂片中角化上皮细胞数量显著增多，如犊牛每个视野角化上皮细胞可由正常的 3 个以下增至 11 个以上。眼底检查，发现犊牛视网膜绿毯部由正常时的绿色至橙黄色变为白色。

三、病理诊断

根据长期缺乏青绿饲料及没有补充足量维生素 A 的病史，或者动物发生消化道疾病或肝脏疾病，结合夜盲症、眼睛干燥、皮肤角化和鳞屑、共济失调、繁殖障碍等特点可做出初步诊断。必要时可结合眼底检查、血清和肝脏维生素 A 和胡萝卜素的含量测定结果，做进一步诊断。

结膜涂片检查，角化上皮细胞数量增多有助于诊断。眼底检查，犊牛视网膜绿毯部颜色的变化对于本病的诊断有一定意义。

本病与狂犬病和散发性牛脑脊髓炎的区别在于：前者伴有意识障碍和感觉消失，后者伴有高热和浆膜炎。对于鸡，本病应与白喉型鸡痘、传染性鸡支气管炎、传染性鼻炎等病进行鉴别诊断。猪应该与伪狂犬病、病毒性脑脊髓炎、食盐中毒、有机砷和有机汞中毒等出现的神经症状相鉴别。

第四节 痛 风

痛风(gout)即尿酸盐沉着，是由于血液中尿酸浓度升高，并以尿酸盐(钠)的形式沉着在体内一些器官组织而引起的疾病。其病理特征为血液尿酸盐水平增高。尿酸盐在关节囊、关节软骨、肾小管、输尿管、胸腹腔、各种脏器表面和其他间质组织中沉积。根据尿酸盐在体内沉着的部位不同，可分为内脏型痛风(visceral gout)和关节型痛风(articular gout)。前者指尿酸盐沉着在内脏表面，后者指尿酸沉着在关节腔及其周围。有时这两型也可同时发生。

痛风可发生于人类及多种动物，但以家禽(尤其是鸡)最为常见，火鸡、鹅、雉、鸽等亦可发生痛风，哺乳动物中有老年犬患痛风的报道，低等动物(如鳄鱼、蛇等)也可患痛风。

两种类型的痛风发病率和临床表现有较大的差异。生产中多以内脏型痛风为主，关节型痛风较少见。内脏型痛风零星或成批发生，多因肾功能衰竭而死亡。病禽开始表现身体不适，消化紊乱和腹泻。6～9 d 鸡群中症状完全出现，多为慢性经过，如食欲下降、鸡冠泛白、贫血、脱羽、生长缓慢、粪便呈白色稀水样，多数鸡有明显症状，或突然死亡。关节型痛风临床表现为腿、翅关节软性肿胀，特别是趾跗关节、翅关节肿胀、疼痛，运动迟缓、跛行、不能站立。切开关节腔有稠厚的白色黏性液体流出。有时脊柱，甚至肉垂皮肤中也可形成结节性肿胀。

近年来，本病有增多趋势，特别是集约化饲养的鸡群，饲料生产及饲养管理水平低下可诱发禽痛风的发生。本病目前已成为常见禽病之一。

一、原因和发病机理

1. 发生原因

痛风发生的原因比较复杂，现在仍不完全清楚。一般认为与饲料中核蛋白含量过多、饲养管理、药物中毒以及病原体感染有密切关系，其中之一种或多种综合作用均可引起本病的发生。

(1)蛋白质(特别是核蛋白)的摄入量过多　痛风的主要原因之一是给动物饲喂大量高蛋白饲料，特别是动物性饲料，如鱼粉、肉粉、动物的内脏器官。因为动物性饲料中核蛋白含量很高。核蛋白是动植物细胞的主要成分，是由核酸和蛋白质组成的一种结合蛋白，在水解时能产生蛋白质和核酸。核酸又可分解为磷酸和核苷。核苷在核苷酶的作用下，分解为戊糖、嘌呤和嘧啶类碱性化合物。嘌呤类化合物在体内进一步氧化为次黄嘌呤和黄嘌呤，后者再形成尿酸。禽类不仅可将嘌呤分解为尿酸，而且还可用蛋白质代谢中产生的氨合成尿酸。和家畜不同的是，禽类肝内缺乏精氨酸酶，故不能经鸟氨酸循环生成尿素，随尿排出，而只能生成尿酸。在一般情况下，机体的血液只能维持一定限度的尿酸和尿酸盐，当其含量过多又不能排出体外时，就沉积在内脏器官或关节内而导致痛风。

(2)维生素A缺乏　饲料中维生素A缺乏时，除食管黏膜与眼睑上皮常发生角化甚至脱落外，肾小管、输尿管上皮也会出现病变，致使尿路受阻。此时，一方面尿酸和尿酸盐排出障碍，另一方面因肾组织细胞发生坏死，核蛋白大量分解并产生大量尿酸，使血液中尿酸的浓度随之升高。所以，鸡(尤其是幼鸡)维生素A缺乏时，肾小管与输尿管等常有尿酸盐沉着。严重病例中，心脏和肝脏表面亦可出现同样的病变。

(3)传染性疾病　许多传染病，如肾型传染性支气管炎、传染性喉气管炎、传染性法氏囊病、包涵体肝炎、盲肠肝炎、鸡白痢、单核细胞增多症、大肠杆菌病、减蛋综合征、淋巴细胞性白血病等疾病，均可引起家禽肾脏的损害，故常导致痛风的发生。

(4)中毒性因素　主要由于乱投药物引起。药物使用不当易造成肾脏的损害，如长期大量服用磺胺、抗生素以及食盐、硫酸钠、碳酸氢钠等，肾脏损伤后，尿酸排出障碍，肾组织细胞破坏而产生较多核蛋白，使尿酸生成增多，结果血中尿酸盐的浓度增加并进而引起痛风。霉菌毒素、重金属离子也可直接或间接地损伤肾小管和肾小球，引起肾实质变性。

此外，饲养管理不良(如日粮配比不当、缺水、严寒、运动不足、长途运输)和遗传因素等在痛风的发生上也可能起一定的作用。

2. 发病机理

饲料中蛋白质越多，尤其是核蛋白越多，体内形成的尿酸就越多。因为家禽体内缺乏精氨酸酶，蛋白质在代谢过程中产生的氨不能被合成尿素，而是先合成嘌呤、次黄嘌呤和黄嘌呤，再形成尿酸，最终经肾排泄。尿酸很难溶于水，很容易与钠或钙结合形成尿酸钠和尿酸钙，并容易沉着在肾小管、关节腔或内脏表面。核蛋白是动植物细胞核的主要成分，是由蛋白质和核酸组成的一种结合蛋白。核蛋白水解时产生蛋白质和核酸。组成核酸的嘌呤化合物有腺嘌呤和鸟嘌呤两种，它们在家禽体内代谢产物是黄嘌呤，只要体内黄嘌呤氧化酶充足，生成的尿酸就多。如果尿酸盐的生成速度大于泌尿器官的排泄能力，就引发尿酸盐血症。当肾、输尿管等发生炎症、阻塞时，尿酸排泄受阻，尿酸盐就积蓄在血液中并沉着在胸膜腔、腹膜腔、肝、肾、脾、肠系膜、肠等脏器表面。因此，凡引起肾及尿路损伤或使尿液浓缩、尿液排泄障碍的因素，都可促进尿酸盐血症的形成。鸡传染性支气管炎病毒、法氏囊炎病毒等生物源性物质可直接损伤肾组织，引起肾细胞崩解；霉菌毒素、重金属离子也可直接或间接地损伤肾小管和肾小球，引起肾实质变性。维生素A缺乏可引起肾小管、输尿管上皮细胞代谢紊乱和角质化生，使黏液分泌减少，尿酸盐排泄受阻。高钙和碱性环境有利于尿酸钙的沉积，引起尿石症，堵塞肾小管。食盐过多、饮水不足、尿液浓缩同时伴有肾脏本身或尿路炎症时，都可使尿酸盐排泄受阻，促进它在体内沉着，促进痛风生成。

二、病理变化

1. 眼观病变

不同类型的痛风，其病理变化有所不同。

(1)内脏型　此型痛风鸡最常见，肾脏肿大，色泽变淡，表面呈雪花样花纹，称“花斑肾”，切面可见因尿酸盐沉着而形成的散在白色小点。输尿管扩张，管腔充满白色石灰样沉淀物。有时尿酸盐变得很坚固，呈结石状；有时尿酸盐沉着如同撒粉样，被覆于器官的表面。严重的病例，其他内脏器官(心、肝、脾、肠系膜及腹膜等)的表面也有灰白色粉末状或石灰样的尿酸盐沉积物，严重时形成一层白色薄膜，被覆于脏器表面。

(2)关节型　关节型痛风的主要病变在关节，特征是脚趾和腿部关节肿胀，关节软骨、关节周围结缔组织、滑膜、腱鞘、韧带及骨骺等部位均可见白色尿酸盐沉着。关节腔中积有白色或淡黄色膏状黏稠物。切开关节囊，有膏状白色黏稠液体流出，关节周围软组织以至整个腿部肌肉组织中，都见白色尿酸盐沉着。因尿酸盐结晶有刺激性，故常可引起关节面溃疡及关节囊坏死。随着病情的发展，病变部位周围结缔组织增生，并形成致密坚硬的痛风结节。痛风结节多发于趾关节，尿酸盐大量沉着可使关节变形，并可形成痛风石(tophus)。

2. 镜检病变

内脏型痛风主要变化在肾脏，肾组织内因尿酸盐沉积而形成以痛风石为特征的肾炎——肾病综合征。痛风石是一种特殊的肉芽肿，在经酒精固定的痛风组织切片上，可见局部组织细胞变性、坏死，其周围有巨噬细胞和炎性细胞浸润，分散或成团的针状或菱形尿酸盐结晶沉积在坏死组织中。病程久的还可见有结缔组织增生。在HE染色的组织切片上，可见均质、粉红色、大小不等的痛风结节。肾小管上皮细胞呈现肿胀、变性、坏死、脱落，有的肾小管腔扩张，由细胞碎片和尿酸盐结晶形成管型，有的肾小管腔被堵塞，可导致囊腔的形成，间质纤维化，但肾小球无明显的病变。关节型痛风在受伤害的关节腔内有尿酸盐结晶，滑膜表面呈急性炎症，周围组织中有痛风石形成，甚至在肌肉中也有痛风石形成，在其周围有时有巨噬细胞围绕。

三、病理诊断

根据饲喂富含核蛋白和嘌呤碱的蛋白质饲料过多、典型的临床症状和病理学变化即可做出初步诊断。必要时结合血液中尿酸盐含量测定，组织学检查，可见到细针状尿酸钠结晶或放射状尿酸钠结晶，即可确诊。

内脏型痛风典型的病变为胸腹膜、肺、心包、肝、脾、肠、肾等表面散布着许多石灰样物，病禽排出白色尿酸盐粪便。关节型痛风典型病变为主要关节肿胀，切开关节囊，内有膏状白色黏稠液体流出，关节面有溃疡和坏死变化，后期常形成致密坚硬的痛风结节。

(任玉红)

第九章 中毒病病理诊断

第一节 黄曲霉毒素中毒

黄曲霉毒素中毒(aflatoxicosis)是指人和动物食入了被黄曲霉毒素(aflatoxin)污染的食品、饲料后而引起的一种人畜共患的急性、慢性中毒性疾病。不同动物对黄曲霉毒素的易感性不同,其易感性由高到低依次是:雏鸭>仔猪>犊牛>育肥猪>成年牛>绵羊。其中,幼龄动物高于成年动物,公畜高于母畜,阴雨连绵的雨季多发。由于黄曲霉毒素严重侵害肝脏、血管和神经,因此动物中毒后常出现黄疸、水肿、出血性素质以及抽搐、角弓反张等临床症状。

猪常在采食发霉饲料后5～15 d出现症状。最急性病例主要表现为口吐白沫,肌肉震颤,口、鼻流血,数小时内死亡。急性病例以仔猪多见,尤其是食欲旺盛、体质健壮的猪发病率较高。病猪精神委顿,食欲减退甚至废绝,严重呕吐、腹泻,饮欲增加,走路不稳,弓背,可视黏膜苍白或黄染,体温不高,发病后2 d至2周内死亡,死前有抽搐、角弓反张等症状。亚急性和慢性病例多见于架子猪和育成猪。病猪精神委顿,步态僵硬,食欲减退,进行性消瘦,有异嗜癖现象,部分猪尿液呈黄色或茶色,黏膜黄染,阴户红肿,粪便发黑呈球状,表面富有黏液或者血液,病程1～2个月不等。妊娠母猪可引起流产、弱仔增多,泌乳力下降。中毒严重者,仔猪出生后通过哺乳即可造成急性中毒,严重腹泻,无目的乱走、四肢游泳状划动等神经症状,第2天即可死亡。

犊牛对黄曲霉毒素较敏感,中毒后呈现精神沉郁、食欲减退、生长迟缓、消瘦、被毛蓬乱、磨牙、伫立不安、惊恐、盲目徘徊等症状。可视黏膜黄染,角膜浑浊,一侧或两侧失明,间歇性腹泻,排泄混有血凝块的黏液性软便,个别的有脱肛和腹水出现。成年牛多数呈慢性经过。奶牛对黄曲霉毒素敏感性较高,中毒时,心跳亢进,食欲废绝,精神委顿,行走摇摆,步伐不稳,脉搏每分钟90次,呼吸频数为每分钟13次以上,体温正常,胃肠膨胀,消化紊乱,初期便秘,后期腹泻,排绿色水样粪便或粪便中混有肠黏膜。妊娠牛可发生早产或流产,泌乳期奶牛奶量下降,甚至无乳。

羊中毒后大部分呈现厌食、磨牙、消瘦、精神沉郁、角膜浑浊、腹水、排黑色稀便等症状,有的呈现兴奋、转圈运动等神经症状,最后昏厥、死亡。妊娠母羊会流产。

幼鸡、幼鸭对黄曲霉毒素敏感,多为急性中毒。幼鸡多发生于2～6周龄,中毒后食欲减退,闭目嗜睡,两翅下垂,站立不稳,离群呆立,两眼肿胀。有的病鸡一目失明或双目失明,排黄绿色稀便,死亡率50%以上。幼鸭中毒后食欲消失,生长阻滞,羽毛粗乱,排水样稀便,甚至粪便带血,易惊,步态不稳,严重跛行,头颈震颤,角弓反张,死亡率极高。成年鸭的耐受性较雏鸭强,急性中毒时症状与雏鸭相似;慢性中毒时主要表现食欲减少,机体消瘦,衰弱,贫血,产蛋量下降,生长发育不良。雏鹅中毒后,表现出与雏鸭类似的症状,食欲减退,消瘦,衰弱,贫血,脱毛,腿和脚由于皮下出血呈紫色,死前头颈呈角弓反张状。

一、病因和发病机理

黄曲霉毒素中毒是畜禽采食含有大量黄曲霉毒素的霉败饲料或垫草所致。

黄曲霉毒素在自然界中分布广泛，黄曲霉和寄生曲霉是产生黄曲霉毒素的主要菌种，其他曲霉、毛霉、青霉、镰孢霉、根霉等也可产生黄曲霉毒素。黄曲霉毒素最常见于花生及花生制品中，玉米、大豆、甘薯、棉籽及一些坚果类食品和饲料中也常含有。黄曲霉菌最适宜的繁殖温度为 24～30℃，最适宜繁殖的相对湿度为 80%以上，2～5℃以下和 40～50℃以上不繁殖。

黄曲霉毒素是一类结构相似的化合物的混合物（二呋喃氧杂萘邻酮的衍生物），它们都有一个糠酸呋喃结构和一个氧杂萘邻酮（香豆素）结构。糠酸呋喃结构与毒性和致癌性有关，氧杂萘邻酮结构能加强毒性和致癌性。目前已发现的黄曲霉毒素及其衍生物有 20 种，其中毒素 B_1、B_2、G_1 和 G_2 的毒力最强，它们都具有致癌作用，是目前所知致癌性最强的化学物质，可导致畜禽和人类肝脏损害和肝癌，其中黄曲霉毒素 B_1 存在量最大，毒性也最强，致癌作用是氰化钾的 10 倍，砒霜的 68 倍，氨基偶氮物的 900 倍。

黄曲霉毒素 B_1 被动物摄入后，在肠道迅速吸收，经门脉循环进入肝脏，进食 0.5～1.0 h 后肝脏浓度最高，之后则逐渐减少。肝脏的含毒量是其他器官的 20～200 倍，黄曲霉毒素 B_1 在肝内代谢，其代谢产物大部分经胆汁入肠后随粪便排泄，少部分经肾脏随尿排泄，或经乳腺分泌从乳汁排泄。黄曲霉毒素在肝脏主要分布在线粒体（5%），可使线粒体酶活性降低，导致肝细胞坏死。进一步研究表明，黄曲霉毒素对肝细胞的作用主要是抑制 RNA 聚合酶，使核糖体、核的 RNA 合成受阻；抑制 DNA 前体，改变 DNA 的模板性质，干扰 DNA 的转录；抑制蛋白质的合成，造成染色体畸变，核分裂受阻，结果可使细胞增大，在肝脏内可形成巨肝细胞。

二、病理变化

1. 猪黄曲霉毒素中毒

（1）眼观病变　急性病例主要表现为全身皮下脂肪有不同程度的黄染，腹腔积有淡黄色液体；肝脏轻度肿大，质脆易碎，色泽变黄，表面和切面上有大小不等的灰黄色坏死灶；肠系膜淋巴结充血、水肿；胃内容物滞留，小肠膨胀，半透明；肺瘀血、水肿，小叶性肺炎；心肌松软，心冠脂肪呈淡黄色胶冻样，心外膜和心内膜常有出血斑点；母猪伴有子宫内膜炎和乳腺水肿。慢性和亚急性病例黄疸症状更明显，结节性肝硬化及“黄肝病”；胸、腹腔积液；肾脏肿胀、苍白色，有点状出血；淋巴结充血、水肿等。

（2）镜检病变　肝脏出血、坏死，肝细胞发生颗粒变性、水疱变性和脂肪变性，肝小叶中央区发生凝固性坏死和出血，小肠黏膜脱落、出血。慢性病例可见小胆管和结缔组织增生。

2. 牛、羊黄曲霉毒素中毒

（1）眼观病变　病畜消瘦，可视黏膜苍白，肠炎，有腹水形成；肝脏苍白、坚硬，表面凸凹不平，有灰白色区，胆囊扩张。

（2）镜检病变　主要有肝中央静脉周围的肝细胞严重变性，被增生的结缔组织所代替。结缔组织将肝实质分开，同时小叶间结缔组织亦增生，并伸入小叶内，将肝细胞分隔成岛屿状，形成假小叶。

3. 家禽黄曲霉毒素中毒

（1）眼观病变　急性中毒病例的肝脏肿大，色黄，质脆易碎，表面有灰黄色坏死灶和出血斑点，胆囊充盈；肾脏肿大，充血；气囊浑浊增厚；胰腺出血；心包和腹腔内积有淡黄色液体，心肌有出血斑点；卡他性出血性肠炎。慢性中毒病例的肝脏体积缩小，质地坚硬，表面和切面上有灰白色坏死灶，大量腹水，病程较长者，可形成肝癌结节。

(2)镜检病变　急性中毒，肝细胞发生不同程度的颗粒变性和脂肪变性；肾小管上皮细胞变性、坏死。慢性中毒，可见肝细胞索排列紊乱，肝细胞发生气球样变，间质结缔组织和小胆管增生，常发生胆管细胞癌，癌细胞呈立方体形，胞核感染，常见核分裂象；肾小管上皮细胞发生严重的水疱变性。

三、病理诊断

本病根据流行病学、临床症状和病理组织学变化，特别是肝脏的特征性病变，结合动物有霉败饲料的摄入史，可以做出初步诊断。

确诊需要进行霉菌毒素分析。黄曲霉毒素分析法主要有：薄层层析法(TLC)、高效液相色谱法(HPLC)、酶联免疫吸附法(ELISA)、放射免疫测定法(RIA)、免疫层析(IC)等检测方法。另外，还有亲和柱高效液相色谱法(IAC-HPLC)，能进行定量和定性，而且可以同时测出黄曲霉毒素的总量和 M_1、B_1、B_2、C_1、C_2 各自的量。国际标准化组织(ISO)已将 IAC-HPIC 列为国际标准方法。

第二节　有机磷中毒

有机磷中毒(organophosphorus poisoning)是由于动物接触、吸入或食入有机磷制剂而引起的一种急性中毒性疾病。有机磷农药是农业上常用的杀虫剂，现有 100 多种，有些有机磷制剂也是畜牧业上常用的杀虫药和驱虫药。动物中毒后临床上以瞳孔缩小、呕吐、流涎、呼吸困难为特征。有机磷常用的剂型有乳剂、油剂和粉剂等，稍有挥发性，且有蒜味。

中毒发病时间与毒物种类、剂量和中毒途径密切相关。经皮肤吸收中毒，一般在接触 2～6 d 发病，口服中毒在 10 min 至 2 h 内即可出现症状。一旦中毒症状出现后，病情迅速发展。轻度中毒或中毒的初期，主要表现为毒蕈碱样症状：虹膜括约肌收缩，使瞳孔缩小，瞳孔缩小是有机磷农药中毒的重要体征；由于腺体分泌增多，引起流涎，出汗，支气管分泌物增多，多带“蒜臭味”，呼吸困难，呕吐、腹痛、腹泻，患畜烦躁不安，心率加快。随着中毒的加深，主要特征为烟碱样症状：骨骼肌兴奋导致肌纤维震颤，严重者引起全身抽搐、痉挛而导致肌麻痹。重度中毒会出现中枢神经系统症状：患畜出现头晕、乏力、心跳加快、大小便失禁、神志恍惚、昏迷、惊厥，严重者因呼吸和循环衰竭而死亡。

犬、猫常常因为误食了有机磷农药毒死的老鼠而突然发病，出现症状后不到 1 h 即可死亡。中毒后，患畜先兴奋、惊恐、流涎，继而出现精神沉郁、呕吐，呕吐物带有特殊的“蒜臭味”，随后肌肉震颤、痉挛，呼吸困难，最后卧地不起，昏迷死亡。

一、病因和发病机理

有机磷农药可经消化道、呼吸道、皮肤、黏膜进入动物体内，引起动物中毒。其中毒原因有：动物误食喷洒有机磷农药的种子；放牧时采食了喷洒过有机磷农药的青草；使用有机磷农药及其容器盛装饲料、饮水等被家畜误食;应用有机磷杀虫剂驱杀动物体外寄生虫时剂量过大或者舔食,药浴时体表吸收过多或者动物饮入、吸入等而导致动物发生中毒。

根据毒性大小,有机磷制剂可分为三类:剧毒类,如对硫磷(1605)、甲基对硫磷(甲基1605)、内吸磷(1059)、甲拌磷(3911)和三硫磷等;强毒类,如敌敌畏、乐果、甲基内吸磷(甲基1059)、倍硫磷和杀螟松等;弱毒类,如敌百虫、马拉硫磷、皮蝇磷、灭牙松等。

有机磷农药为有机磷酸酯类化合物,具有高度的脂溶性。其毒理作用是与体内胆碱酯酶结合,生成稳定的磷酰化胆碱酯酶,致使胆碱酯酶失去分解乙酰胆碱的活性,因此胆碱能神经末梢释放的乙酰胆碱不能被分解而大量蓄积,结果出现胆碱能神经的过度兴奋现象,继而麻痹胆碱能神经突触的神经冲动传递,从而出现毒蕈碱样症状、烟碱样症状以及中枢神经系统症状等。

二、病理变化

1. 眼观病变

肝脏充血、灶状坏死,胆囊充盈,胆汁瘀积;肾脏肿大、瘀血;肺脏瘀血、水肿,气管和支气管内有大量泡沫状液体;经口中毒者胃肠黏膜潮红、肿胀、脱落及出血,胃内容物有"蒜臭味";血液凝固不良,木馏油样。

2. 镜检病变

肝细胞发生颗粒变性和脂肪变性,局灶性坏死,中央静脉和窦状隙淤积大量红细胞;肾小球肿大,肾小管上皮细胞发生颗粒变性;心肌纤维肿胀、溶解和断裂;肺泡壁毛细血管扩张充血,间质水肿;脑神经细胞肿胀,胞核溶解,有时可见脑软化灶。氧化乐果皮下染毒制作猫急性中毒模型显示,染毒 3 h 即可出现广泛性脑水肿,同时存在细胞毒性水肿和血管源性脑水肿,即中毒后脑水肿为混合性水肿。

三、病理诊断

根据患畜有接触有机磷农药的病史,结合临床上有瞳孔缩小、流涎、出汗、呕吐、腹泻、呼吸困难以及胃内容物有"蒜臭味"等特点,可以做出初步诊断。

确诊应进行实验室检验。血液胆碱酯酶活性测定。动物体内都有一定的胆碱酯酶储备,当有机磷化合物进入体内与胆碱酯酶结合时,血浆中胆碱酯酶活性降低,轻者降至70%~80%,降至40%以下时则出现临床症状,达到10%以下时,即可引起中毒动物死亡,因此一般以50%作为危险指标。必要时可对呕吐物及呼吸道分泌物作有机磷杀虫药检测:接触对硫磷、苯硫磷时,尿中有对硝基酚;接触敌百虫时,尿中三氯乙醇含量增高。

第三节 亚硝酸盐中毒

亚硝酸盐中毒(nitrite poisoning)又称高铁血红蛋白血症,是指动物采食了含有亚硝酸钠、亚硝酸钾等亚硝酸盐食物而引起的一种中毒性疾病。亚硝酸盐中毒常见于猪,偶尔见于牛羊。

猪亚硝酸盐中毒常于猪吃饱后 15 min 到数小时发病,俗称"饱食瘟",是猪摄入富含硝酸盐、亚硝酸盐过多的饲料或饮水,引起高铁血红蛋白症,导致组织缺氧的一种急性、亚急性中毒性疾病。临诊体征为可视黏膜发绀、血液酱油色、呼吸困难等特征。

牛的中毒表现较缓慢,有时在采食后几小时始见发病症状,有的甚至延迟1周左右。这可能是食入的硝酸盐在瘤胃中转化为亚硝酸盐的过程所致。

一、病因和发病机理

许多富含硝酸盐的饲料,如甜菜、萝卜、马铃薯等块茎类以及油菜、小白菜、菠菜、青菜等叶菜类,在加工、调制过程中方法不当(如蒸煮不透或焖在锅内焖煮以及腌制不透的酸菜)或保存不好,发生腐烂或堆放发热,使硝酸盐还原为具有毒性的亚硝酸盐,动物食后引起中毒。牛等反刍动物过多采食含硝酸盐丰富的饲草,经瘤胃微生物作用也可生成亚硝酸盐引起中毒。如果反刍动物日粮中糖类饲料不足,瘤胃内的酸度保持在pH 7.0左右时,硝酸盐的还原过程最活跃,此时即可产生大量的亚硝酸盐。

亚硝酸盐为强氧化剂,进入动物机体后,可使血中正常氧合血红蛋白(二价铁血红蛋白)氧化成高铁血红蛋白(三价铁血红蛋白),后者不能再与氧结合,失去运氧的功能,致使组织缺氧而发生中毒。高铁血红蛋白除了本身不能携氧到组织以外,还能使正常的血红蛋白在组织中不易与氧分离,在肺部不易与氧结合,因而更加重了缺氧状态,最后导致动物呼吸中枢麻痹,窒息而死亡。此外,亚硝酸盐还能引起血管扩张而导致血压降低。

长期大量食用含亚硝酸盐的食物还有致癌的隐患。因为亚硝酸盐在自然界和胃肠道的酸性环境中可以转化为亚硝胺。亚硝胺具有强烈的致癌作用,主要引起食管癌、胃癌、肝癌和大肠癌等。

亚硝酸盐还有致畸的作用。6个月以内的胎儿对亚硝酸盐类特别敏感,亚硝酸盐能够透过胎盘进入胎儿体内,对胎儿有致畸作用。此外,亚硝酸盐还可通过哺乳进入幼畜体内,造成畜体机体组织缺氧,皮肤、黏膜出现青紫斑。

二、病理变化

1. 眼观病变

死于亚硝酸盐中毒的动物表现为皮肤和可视黏膜为蓝紫色,血液呈暗红色或酱油色,凝固不良;胃底黏膜脱落、出血;肠管膨胀,肠黏膜可见出血点。心外膜出血、浑浊无光泽,心脏扩张,内含大量酱油色血液。肺膨大,瘀血、水肿和气肿,支气管内有大量泡沫性液体;肝、脾、肾脏等器官显著瘀血,呈紫黑色,脑充血。

2. 镜检病变

亚硝酸盐中毒的动物由于缺氧窒息而死,因此心、肺的变化较明显。心肌病变在早期主要是肌间水肿,心肌纤维呈空泡变性,严重时可见心肌断裂和心肌纤维溶解,伴发灶状坏死,坏死的心肌纤维间可见吞噬细胞浸润。肺脏瘀血、出血和水肿,严重气肿。肝脏与肾脏瘀血,实质细胞颗粒变性。

三、病理诊断

根据患畜采食饲料情况,结合严重缺氧、可视黏膜发绀,血液呈酱油色且暴露空气中不变成鲜红色等症状,可以做出初步诊断。

确诊可进行亚硝酸盐检验和变性血红蛋白诊断等实验室检验。

(吴长德)

第二篇　兽医病理诊断技术

第十章

畜禽尸体剖检与疾病诊断

第一节　动物疾病病理诊断的程序和方法

一、动物疾病病理诊断的地位

动物疾病病理诊断技术是指通过运用病理学的原理和技术，通过对动物尸体剖检、组织检查和动物实验等手段，依据形态学的观察和分析做出疾病诊断的技术。

动物疾病的病理诊断在动物疾病诊断中占有极其重要的地位。临床上动物疾病诊断有许多方法，包括视诊、听诊、触诊等，以及各种实验室检查，如血液学、生化学、微生物学、遗传学检查等等，此外还有各种特殊检查，如常规 X 线检查、现代的影像医学检查（如 B 超、CT、磁共振成像）和诊断等。这些检查诊断方法都可在不同情况下和不同程度上，为临床学科对疾病的诊断提供重要的参考和依据。但是，这些方法基本上都是相对间接的，都是从某个方面为临床诊断提供相应的参考数据。即使是现代的影像医学检查，虽然能观察到病灶及其切面的大体影像，可据此对疾病做出有一定推断性的诊断或提供重要的参考，但是仍不免有其局限性，并不能代替病理学检查对病变的直接观察诊断。目前，世界各国医学界公认的最可依赖、重复性最强、准确性最高的诊断手段仍然是病理诊断。病理诊断是制订治疗方案、估计预后、解释临床症状和明确死亡原因的重要依据。另外，病理诊断也可以为动物医疗纠纷中的医学鉴定提供技术支持。因此，病理诊断被医学界赞誉为疾病诊断的"金标准"，是动物疾病诊断的最终诊断。

二、动物疾病病理诊断的程序

动物疾病病理诊断的程序主要包括病历调查、病理剖检与取材、病理组织学检查、免疫组织化学检查和分子病理学检查，通过病理形态学分析做出病理学诊断报告。

1. 病历调查

尸体剖检前，通过询问先了解病畜所在地区疾病的流行情况，生前病史，包括了解临床化验、检查和临床诊断等。此外还应注意查询疾病的发生、发展情况和现在症状、治疗经过与效果和饲养管理等方面的情况。病例调查可获取病例的一般性资料、疾病的病史和病征的第一手资料，为疾病的诊断提供信息和线索。

2. 病理剖检与取材

患病动物或动物尸体的大体观察非常重要，要全面仔细观察并详细描述病变，对病变发生的部位、形态和眼观病变特征进行详细的记录，并尽可能地照相留档。可通过活体穿刺、术中取样和尸体剖解进行取材。在进行病变组织取材时要具有代表性，取材要取最可疑的病灶，应在病变与正常组织交界处取材；取材量要足，取材方法要适当，要避免样本受到挤压和不必要的外界因素影响。

3. 病理组织学和免疫组织化学检查

送检的组织样本必须尽快固定处理，避免细胞自溶和组织学结构的丧失。对待特殊的组织样本，必要的情况下，可以先进行快速固定处理。固定完全的样本，通过病理组织学切片的制作，制成常规的 HE 染色切片或具备免疫组织化学、分子病理学等特殊要求的切片。显微镜下观察病理组织学变化。阅片时必须全面，不要遗漏病变。由于病理形态特征具有相似性、重叠性、联系性、组合型性、排斥性、不典型性、局限性以及诊断价值的差异性等，因此必须善于捕捉那些反映疾病的本质以及构成病理诊断的形态特征。免疫组织化学是利用特异性的抗体与组织切片中的相关抗原结合，经过显色剂的处理，使抗原抗体结合物显示出来。通过显微镜观察，并对其结果进行综合判断，达到对疾病的诊断和鉴别诊断的目的。

所谓分子病理学，就是应用分子生物学的一些基本技术，结合病理形态学的特点，将核酸原位分子杂交、聚合酶链反应(PCR)、原位 PCR、核酸测序等应用于病理诊断，从蛋白质、mRNA 和 DNA 水平揭示疾病的发生、发展规律以及病因学和发病机制，并希望在疾病的早期诊断、判断预后、治疗和预防上找出途径和出路。

4. 病理学诊断报告

通过对眼观病理变化和病理组织学变化进行观察，依据病理形态学变化的特征和病理学基础理论知识进行分析，得出病理诊断结论并形成报告。在形态学分析过程中注意特征性病变或典型病变，对不典型病变进行深入的分析，最后综合分析形态特征的联系性和排斥性来佐证和反证所考虑诊断是否合理，并形成动物病理诊断报告。

三、动物疾病病理诊断的依据和方法

动物疾病病理诊断主要通过对患病动物典型病变分析得出疾病的性质。每种疾病的病理变化都具有普遍性和特殊性，如各种传染病都有其相应的病原体，由于不同的病原体都具有其特有的生物学特性，故对机体器官具有特异的选择性。由于病因的变化，特定的靶器官会出现相应的机能和形态学的变化，病变的性质、分类和范围往往具有一定的特征性，病理形态学的改变也往往与病因的行为具有密切的联系，这些相对固定的特征时常作为动物疾病诊断的重要依据。例如，禽脑脊髓炎、马立克氏病、白血病等的病理诊断就依赖于这些疾病的特征性病变。在实际工作中，动物疾病的病理诊断工作从接收标本到发出病理诊断报告的全过程中，遇到的情况千差万别，各种动物疾病的病理形态学表现又各不相同，且动物疾病经常会发生新类型和新疾病，因此，在进行动物疾病的病理诊断时，必须正确地认识镜下病变和大体病变之间的关系，将二者有机地统一起来，必须全面客观地观察，经过科学地分析，综合得出结论。出色的动物疾病病理诊断，其秘诀就在于掌握病变发生的共性和个性之间的关系。由于取材部位不同、病情发展的阶段不同等原因，显微病变的共性和个性的识别也会有所差异，只有正确处理二者的关系，在普遍性的基础上注意总结每种疾病的特殊性，才具有诊断意义，才能提出符合实际情况的动物疾病病理学诊断报告。

随着兽医学各个分支学科的迅速发展，动物疾病的病理诊断方法也随之迅速发展。电子显微镜技术、冷冻蚀刻技术、特殊染色技术、组织化学技术、免疫组织化学技术和形态计量技术等在动物疾病诊断中得到了广泛的应用；分子生物学技术中与形态学密切相关的部分，如原位分子杂交、原位 PCR、末端标记、组织芯片等技术，也在动物疾病病理诊断中得到了良好的应用。但是，使用这些技术之前必须首先对所检测的病料有初步的病理诊断，这样才可以有的放矢地用某种特殊技术来进一步证实。因此，动物尸体剖检和病理石蜡切片技术等传统技术作为动物疾病病理诊断的重要技术仍然起到了至关重要的作用。作为具有很强的直观性和实践性的动物尸体剖检技术，仍然是目前是临床兽医现场诊断的重要手段。

动物疾病病理诊断技术可以检验动物疾病临床诊断和治疗的准确性，并指导动物疾病治疗的方向和手段。利用动物尸检技术，能够找到动物致病和致死的真正原因，为临床诊断和动物医学纠纷提供直接的证据。作为一门实践性很强的学科，在进行动物疾病病理诊断的学习时既要重视理论知识的更新，也要重视大体标本、病理组织切片、尸体剖检临诊症状观察。要理论结合实际，提高动物疾病病理诊断的准确率。

四、病理变化的认识与分析

1. 辩证地认识与分析病理变化

分析病理变化、进行病理诊断时，切忌主观随意性、片面性和表面性，应从生物学观点，客观地、实事求是地、全面地、辩证地以发展的观点去分析病变。要善于从大量现象中去粗取精、去伪存真、由表及里，从现象到本质，从感性认识到理性认识去分析病变，最后做出正确诊断。任何一种病变的形成，都是在正常的代谢、功能、形态的基础上发展而来的。一般情况下往往都是先出现代谢和机能变化，然后才是形态学变化。对某一病理变化要认识其发生、发展的全过程，这样就能准确地识别病变。进行病理学诊断还要参考其他诊断方法，如临床流行病学诊断、临床症状诊断、微生物学与免疫学诊断、临床诊治情况等，做出较准确的诊断。

2. 辨别疾病病理过程的假象

动物生前的病理变化是致病因素与机体防御能力相互作用的结果，具有一定的特征性或特异性，可作为疾病诊断的依据。例如，鸡肝、脾、肾等脏器有大小不等的灰白色结节，结节由大小不等的淋巴细胞、单核细胞、马立克氏细胞等组成，可诊断为鸡马立克氏病。死后变化是尸体自溶与腐败的结果，无疾病的特征性或特异性。

急性死亡的濒死期病变不应作为疾病的诊断依据，但可作为追索死亡时间的参考。例如，濒死期往往出现左心内膜出血、肺尖部瘀血出血、肺急性出血等，这在法兽医学上具有一定的价值。

3. 局部病变和全身病变的关系

尿路感染可引起肾炎，胃肠炎可引起肝变性，器官的炎症往往可引起该器官所属淋巴结炎。因此，分析病理变化要注意局部变化和全身其他部位病变的联系。

4. 生前病变和死后病变的鉴别

生前病变具有炎性充血、出血肿胀、水肿、纤维素渗出等变化，死后缺乏这种变化。例如，生前器官破裂，破口边缘有炎症、肿胀、纤维素渗出等变化，而死后破裂，则破口边缘没有反应。

五、动物死因的探索和判定

探索和判定动物死因时，应在系统详细地观察病理变化的基础上，对收集大量的感性材料进行分析，最后做出判断。一般要结合病理变化和病因来探索直接致死原因。

1. 分清病理变化的主次

任何一种疾病的某一病例，都要出现许多临床症状及病理变化，特别是一些非传染性疾病，往往可以找出最主要的死亡原因及直接致死原因，如便秘、肠破裂等。同一疾病的不同病例，虽然主要的病理形态学变化基本一致，但由于病因的性质、机体的状态、病程等不同，所以同一疾病的同一器官的形态学变化还是有差异的，因此我们在判断时应分清病理变化的主次，找出疾病的主要病理变化，由此去分析和判断，最后做出科学的诊断。

2. 分析病变的先后

同一疾病，在流行的不同阶段，可以出现不同型。初期往往是最急性型的败血型，中期亚急性型，后期慢性型。例如，猪瘟初期为急性败血型，中期胸型或继发肺疫，后期肠型有典型的扣状肿或继发副伤寒。病变出现的先后，要根据病变的特征、新旧程度来分析。例如，猪瘟膀胱黏膜出血，急性较鲜艳，慢性红细胞溶解被吸收，较陈旧、色暗。根据某一病变的形成过程判断其先后，如化脓性支气管肺炎、肿瘤的原发灶和转移灶等。

3. 全面观察，综合分析

对于动物疾病的诊断，特别是群发病，要寻找病变群。一个病例往往只表现该疾病的某一侧面，所以应多剖检几个病例，这样才能全面地、客观地、真实地发现该疾病的特征性病理变化，即所谓病变群。也就是一种疾病的典型病变不一定在一个病畜身上全部表现出来，因此多剖检一些病例才能发现具有代表性特征病变，为诊断疾病提供依据。最后在全面观察和综合分析的基础上分析病理变化和病因，探索死因，做出疾病的病理诊断。

第二节 尸体剖检概述

一、尸体剖检的意义

尸体剖检(necropsy)是兽医临床病理解剖学的一个重要组成部分，它是运用兽医病理学知识检查尸体的病理变化，确定疾病所处的阶段，研究疾病发生、发展规律的一种方法。尸体剖检是兽医临床实践中最重要和最简便快捷的现场诊断方法之一，也是兽医病理解剖学的主要研究手段之一。

尸体剖检可以通过直接观察尸体的病理变化，联系临床表现，并进一步推断疾病的发生、发展，了解疾病的本质，故而有着许多重要的意义。概括起来，尸体剖检的意义主要表现在以下三方面。

(1)提高兽医临床诊断和治疗质量　在兽医临床实践中，通过尸体剖检，可以检验对患病动物临床诊断和治疗的准确性，及时总结经验，提高诊疗工作的质量。

(2)为最客观、快速、准确的畜禽疾病诊断方法之一　对于一些群发性疾病，如传染病、寄生虫病、中毒性疾病和营养缺乏症等，或对一些群养动物（尤其是中、小动物如猪和鸡）的疾病，通过对发病动物和病死亡动物进行尸体剖检可以直接观察到各组织器官的损伤情况，及早做出诊断，及时采取有效的防治措施。

(3)促进病理学教研和发现临床上新出现的疾病　尸体剖检技术是动物医学专业学生必须掌握的实际操作技能，是兽医病理学不可分割的，也是研究疾病的必需手段，同时还是学生学习兽医病理学理论与实践相结合的一条途径。随着养殖业的迅速发展和一些新畜种、新品种的引进，以及规模化养殖的不断扩大，临床上会出现一些新病，有些老病也会出现新的变化，这给临床诊断造成一定的困难。对临床上出现的新问题或新的病例进行尸体剖检，可以了解其发病情况和疾病所处的阶段以及应采取的措施。

除了上述 3 方面的意义以外，通过对尸体剖检资料的积累，还可为各种疾病的综合研究提供重要的数据。同时，尸体剖检也是很好的教学或科研实践活动，通过尸检可以积累大量教学或科研素材。

按剖检目的不同，尸体剖检可分为诊断学剖检、科学研究剖检和法兽医学剖检 3 种。诊断学剖检的目的在于查明病畜发病和致死的原因、目前所处的阶段和应采取的措施。这就要求对所检动物全身的每个脏器和组织都要做细致的检查，并汇总其相关资料进行综合分析，这样才能得出准确的结论。科学研究剖检以学术研究为目的，如人工造病以确定实验动物全身或某个组织器官的病理学变化规律。多数情况下，目标集中在某个系统或某个组织，对其他的组织和器官只做一般检查。法兽医学的剖检则以解决与兽医有关的法律问题为目的，是在法律的监控下所进行的剖检。三者应依其目的要求来考虑剖检方法和步骤。

二、常见的死后变化

动物死亡后，有机体变为尸体(carcass)。因受体内存在着的酶和细菌的作用以及外界环境的影响，动物死亡后逐渐发生一系列的死后变化。在检查判定大体病变前，应正确地辨认尸体变化，避免把某些死后变化误认为生前的病理变化，以致影响对疾病的准确诊断。尸体的变化有多种，其中包括尸冷、尸僵、尸斑、尸体自溶、尸体腐败与血液凝固等。

1. 尸冷

尸冷指动物死亡后，尸体温度逐渐降低至与外界环境的温度相等的现象。尸冷之所以发生，是由于死亡后机体产热过程停止，而散热过程仍在继续进行。在死后的最初几小时，尸体温度下降的速度较快，以后逐渐变慢。通常在室温条件下，一般以 1℃/h 的速度下降，因此动物的死亡时间大约等于该种动物的体温与尸体温度之差。尸体温度下降的速度受外界环境温度的影响，冬季天气寒冷可加速尸冷的过程，而夏季炎热则延缓尸冷的过程。检查尸体的温度有助于确定动物死亡的时间。

2. 尸僵

动物死亡后，肢体由于肌肉收缩而变得僵硬，四肢各关节不能伸屈，使尸体固定于一定的形状，这种现象称为尸僵。

动物死后最初由于神经系统麻痹，肌肉失去紧张力而变得松弛柔软。但经过很短时间后，肢体的肌肉即行收缩变为僵硬。尸僵开始的时间随外界条件及机体状态不同而异。大、中动物一般在死后 1.5～6 h 开始发生，10～24 h 最明显，24～48 h 开始缓解。尸体从头部开始僵硬，然后则是颈部、前肢、后躯和后肢的肌肉逐渐发生，此时各关节因肌肉僵硬而被固定，不能屈曲。解僵的过程也是从头、颈、躯干到四肢。

除骨骼肌以外，心肌和平滑肌同样可以发生尸僵。在死后 0.5 h 左右心肌即可发生尸僵。由于尸僵时心肌的收缩而使心肌变硬，这样可将心脏内的血液驱出，肌层较厚的左心室表现得最明显，而右心则往往残留少量血液。经 24 h，心肌尸僵消失，心肌松弛。如果心肌变性或心力衰竭，则尸僵可不出现或不完全，这时心脏质度柔软，心腔扩大，并充满血液。因此，发生败血症时，尸僵不完全。

富有平滑肌的器官，如血管、胃、肠、子宫和脾脏等，平滑肌僵硬收缩，可使腔状器官的内腔缩小，组织质度变硬。当平滑肌发生变性时，尸僵同样不明显。例如，败血症的脾脏，由于平滑肌变性而使脾脏质度变软。

了解尸僵有助于在诊断过程中加以鉴别。尸僵出现的早晚、发展程度以及持续时间的长短，与外界因素和自身状态有关。如周围气温较高时，尸僵出现较早，解僵也较迅速；寒冷时则出现较晚，解僵也较迟。肌肉发达的动物，要比消瘦动物尸僵明显。死于破伤风或番木鳖碱中毒的动物，死前肌肉运动较剧烈，尸僵发生的快而且明显。死于败血症的动物，尸僵不显著或不出现。另外，如果尸僵提前，则说明动物急性死亡并有剧烈的运动或高热疾病，如破伤风；如果时间延缓、拖后、不全或不僵，则应考虑到生前有恶病质或烈性传染病，如炭疽等。

除了注意时间以外，还要注意关节不弯曲。发生慢性关节炎时关节也不弯曲。但如果是尸僵的话，4 个关节均不能弯曲；而如果是慢性关节炎的话，只有患病关节不能弯曲。

由此可见，检查尸僵，对于判定动物死亡的时间和疾病的本质有一定的意义。

3. 尸斑

动物死亡后，由于心脏和大动脉管的临终收缩及尸僵的发生，将血液排挤到静脉系统内，并由于重力作用，血液流向尸体的低下部位，使该部血管充盈血液，呈青紫色，这种现象称为坠积性瘀血。尸体倒卧侧组织器官的坠积性瘀血现象称为尸斑，一般在死后 1～1.5 h 即可能出现。尸斑坠积部的组织呈暗红色。初期，用指按压该部可使红色消退，并且这种暗红色的斑可随尸体位置的变更而改变。随着时间的延长，红细胞发生崩解，血红蛋白溶解在血浆内，并通过血管壁向周围组织浸润，结果使心内膜、血管内膜及血管周围组织染成紫红色，这种现象称为尸斑浸润，一般在死后 24 h 左右开始出现。如果改变尸体的位置，尸斑浸润的变化也不会消失。

动物的尸斑主要出现在倒卧侧的皮肤及皮下组织，或者倒卧侧的组织和器官。此时皮肤呈暗红色，血管扩张，与周围的组织界限不清楚。内脏器官，尤其是成对的器官（如肾、肺等），表现尤为明显。靠近地面的脏器呈紫红色或铁青色，上方的组织器官则为苍白色或色淡。由于在尸僵过程中血液下沉，倒卧侧的组织器官变成暗紫色，但受到压迫的地方则为白色。

检查尸斑，对于死亡时间和死后尸体位置的判定有一定的意义。临床上应与瘀血和炎性充血加以区别。瘀血发生的部位和范围一般不受重力作用的影响，如肺瘀血或肾瘀血时，两侧的表现是一致的，肺瘀血时还伴有水肿和气肿。炎性充血可出现在身体的任何部位，局部还伴有肿胀或其他损伤。而尸斑则仅出现于尸体的低下部，除重力因素外没有其他原因，也不伴发其他变化。

4. 尸体自溶和尸体腐败

尸体自溶是指动物体内的溶酶体和消化酶（如胃液、胰液）中的蛋白分解酶，在动物死亡后，发挥其作用而引起的自体消化过程。自溶过程中细胞组织发生溶解，表现最明显的是胃和胰腺。胃黏膜自溶时表现为黏膜肿胀、变软、透明、极易剥离或自行脱落和露出黏膜下层，严重时自溶可波及肌层和浆膜层，甚至可出现死后穿孔。

尸体腐败是指尸体组织蛋白由于细菌的作用而发生腐败分解的现象。其主要是由于肠道内的厌氧菌的分解、消化作用，或血液、肺脏内细菌的作用，从外界进入体内的细菌也可造成尸体腐败。在腐败过程中，体内复杂的化合物被分解为简单的化合物，并产生大量气体，如氨、二氧化碳、甲烷、氮、硫化氢等。因此，腐败的尸体内含有多量的气体，并产生恶臭。尸体腐败的变化可表现在以下几个方面。

(1)死后鼓气　这是由于胃肠内细菌繁殖，胃肠内容物腐败发酵产生大量气体的结果。这种现象在胃肠道表现明显，尤其是反刍兽的前胃和单蹄兽的大肠更明显。此时气体可以充满整个胃肠道，使尸体的腹部膨胀，肛门突出且哆开，严重鼓气时可发生腹壁或横膈破裂。死后鼓气应与生前鼓气相区别：生前鼓气会压迫横膈，使其前伸造成胸膜腔内压升高，造成静脉血回流障碍呈现瘀血，尤其是头、颈部，浆膜面还可见出血；而死后膨气则无上述变化。死后破裂口的边缘没有生前破裂口的出血性浸润和肿胀。在肠道破口处有少量肠内容物流出，但却没有血凝块和出血，只见破口处的组织撕裂。

(2)肝、肾、脾等内脏的腐败　肝脏的腐败往往发生较早，变化也明显，此时肝脏体积增大，质度变软，污灰色，肝包膜下可见到小气泡，切面呈海绵状，可挤出混有泡沫的血水，这种变化称为泡沫肝。肾脏和脾脏发生腐败时也可见到类似肝脏腐败的变化。

(3)尸绿　动物死后尸体变为绿色，称为尸绿。它是由于组织分解产生的硫化氢与红细胞分解产生的血红蛋白和铁相结合，形成硫化血红蛋白和硫化铁，致使腐败组织呈污绿色。这种变化在肠道表现得最明显。临床上可见到动物的腹部出现绿色，尤其是禽类，常见到腹底部的皮肤为绿色。

(4)尸臭　尸体腐败过程中产生大量带恶臭的气体，如硫化氢、己硫醇、甲硫醇、氨等，致使腐败的尸体具有特殊的恶臭气味。

通过尸体的自溶和腐败，可以使死亡的动物逐步分解、消失。但尸体腐败的快慢受周围环境的气温、湿度及疾病性质的影响。适当的温度、湿度或死于败血症和有大面积化脓性炎症的动物，尸体腐败较快且明显。在寒冷、干燥的环境下或死于非传染性疾病的家畜，则尸体腐败缓慢且微弱。

尸体腐败可使生前的病理变化遭到破坏，这样会给剖检和诊断工作带来困难。因此，病畜死后应尽快进行尸体剖检，以免出现死后变化而与生前病变发生混淆。

5. 血液凝固

动物死后不久还会出现血液凝固，即心脏和大血管内的血液凝固成血凝块。在死后血液凝固较快时，血凝块呈一致的暗红色。在血液凝固出现缓慢时，血凝块分成明显的两层，上层为主要含血浆成分的淡黄色鸡脂样凝血块，下层为主要含红细胞的暗红色血凝块，这是由于血液凝固前红细胞沉降所致。

血凝块表面光滑、湿润、有光泽，质柔软、富有弹性，并与血管内膜分离。血凝块与血栓不同，应注意加以区别。动物生前如有血栓形成，则血栓的表面粗糙、质脆而无弹性，并与血管壁有粘连，不易剥离，硬性剥离可损伤内膜。在静脉内的较大血栓，可同时见到黏附于血管壁上的头部呈白色(白色血栓)、体部红白相间(混合血栓)和游离的尾部全为红色(红色血栓即血凝块)。

血液凝固的快慢与死亡的原因有关。由于败血症、窒息及一氧化碳中毒等死亡的动物，往往血液凝固不良。

第三节 病理剖检的方法和步骤

一、尸体剖检前的准备

动物的尸体剖检是兽医临床诊断过程中的一个重要环节。剖检动物尤其是剖检传染病动物尸体时，剖检者必须要做好各方面的准备，既要注意防止病原体扩散，又要预防自身感染，还要快速、准确地做出诊断。因此，尸体剖检前必须做好以下工作。

（一）选择合适的剖检时间

应在禽畜死亡后尽快进行。尸体放久后，容易腐败分解，尤其在夏天，尸体腐败分解过程更快，这会影响对原有病变的观察和诊断。同时，由于尸体腐败分解，大量细菌繁殖，也使得病原学检查失去意义。

（二）选择适宜的剖检场地

根据送检动物的情况，决定是在解剖室（小动物）剖检还是在火化或掩埋现场（大家畜或怀疑烈性传染病者）就地解剖。剖检传染病尸体时最好在病理解剖室进行，以便消毒和防止病原扩散。在解剖室内剖检要确保剖检台有自来水，以便于清洗，下水应通入室外独立的化粪池。如果因条件不允许而在室外剖检时，应选择地势较高、环境较干燥且远离水源、道路、房舍和畜舍的地点进行。要根据动物的大小，剖检前挖好尸坑或火化坑，坑深约 2 m，将尸坑土堆放在上风向作解剖台。若夏季因尸体气味可引来苍蝇时，应在防蝇条件下工作。剖检后将内脏、尸体连同被污染的土层投入坑内，再撒上石灰或喷洒 10% 的石灰水、3%～5%来苏儿或臭药水，如果动物尸体较大还应喷洒甲醛溶液，然后用土掩埋。

（三）剖检动物常用的器械和药品

根据动物死前症状或尸体特点准备解剖器械，一般应有解剖刀、剥皮刀、脏器刀、脑刀、骨钳、骨锯、外科剪、肠剪、骨剪、外科刀、镊子、骨锯、双刃锯、斧头、骨凿、阔唇虎头钳、探针、量尺、量杯、注射器、针头、天平、磨刀棒或磨刀石等。如果没有专用解剖器材，也可找其他适合的刀、剪代用。其他器材还包括装检验样品的灭菌平皿、棉拭子和固定组织用的内盛 10%福尔马林的广口瓶，供加热消毒的金属装具盆、锅、桶及常用消毒液，如 3%～5%来苏儿、石炭酸、臭药水、0.2%高锰酸钾液、70%酒精、3%～5%碘酒等。此外，还应准备凡士林、滑石粉、肥皂、棉花和纱布等。

为方便去现场，平时应根据动物的不同种类，预先准备好各种器械和药品，并将这些用品放到一个专用包内备用，随时可以出发。但要注意，所有用品必须是洁净或无菌的。

（四）剖检人员的防护

剖检人员要有明确的自我保护意识，尤其在接触危害人类健康的动物病时，要事先采取预防措施，避免检验者被感染。应备好各种工作服，最好是连体、棉制服，胶皮或塑料围裙，胶手套、线手套、工作帽、胶鞋，必要时要戴上口罩和眼镜。根据需要备隔离衣。如缺乏上述用品时，可备凡士林或其他油类，涂于手上，保护皮肤，防止感染。

剖检过程中，应保持清洁和注意消毒，不要用手去抓洁净的物品或去摸自己身体的其他部位（如鼻、眼、嘴等），可由助手来做。如果条件不允许或无条件的话，可在剖检室内事先拧开水龙头或在室外现场备一桶稀释好的消毒液和一条干净毛巾，常用清水或消毒液洗去剖检人员手上和刀剪等器械上的血液、脓液和各种排出物。但未经检查的脏器切面不可用水冲洗，以免改变其原来的颜色和性状。在剖检过程中如果不慎切破皮肤，应立即消毒和包扎，必要时还需注射疫苗或抗毒素等。

剖检结束后，双手先用肥皂洗涤，再用消毒液冲洗。为了消除粪便和尸腐臭味，可先用0.2%的高锰酸钾溶液浸手，再用2%～3%的草酸溶液洗涤，褪去棕褐色后，再用清水冲洗。

（五）完整的记录表格

对于任何一个病例，从接收标本到报告检验结果，都要有完整的记录、明确的接交和书面报告手续，这样才会使收集的证据更完整，从而使整个诊疗单位的水平不断提高。为此，应事先备齐一套记录表格，以方便记录和留档。

由于剖检的目的不同，所适用的表格也不完全一样。科学研究剖检是以某些特定的组织或器官为检查目标，例如注射或口服给予实验动物四氯化碳导致肝炎的发生，在剖检过程中主要侧重肝脏的变化，而对于其他的脏器则做一般肉眼观察，所以实用的表格应该是包括一般登记和以肝脏病变为主的特殊登记，如随时间延续的肝脏变化（包括眼观、光镜下和电镜下）。法医病理学剖检是在法律监管下寻找疾病以外的死亡原因，故有其特定的或最适宜的表格。诊断学剖检在兽医工作中应用得最多，绝大多数剖检都是以诊断为最终目的的。一个疾病的诊断必须是在汇总了包括一般登记、病料情况、流行病学概况、临床症状、尸体剖检变化、初步诊断、实验室检验和饲养场反馈信息等所有的有关该病例的资料，并对此进行综合分析后而得出的。由此可见，尸体剖检只是诊断过程中的一部分，必须与其他的资料融为一体，才能做出准确的诊断结果。因此，诊断学剖检需要一整套表格汇总在一起。具体的表格在尸体剖检记录中再详细介绍。

二、尸体剖检的注意事项

（一）了解病史

尸体剖检前，应先了解病畜所在地区疾病的流行情况，生前病史，包括了解临床化验、检查和临床诊断等。此外还应注意到治疗、饲养管理和临死前的表现等方面的情况。应细致观察尸体的一般情况，如新鲜程度，皮肤与黏膜状态，淋巴结是否肿大，自然孔有无血迹或血性分泌物，以及尸僵程度、姿势、卧位、尸冷和腹部鼓气情况、被毛等有无异常等。据此确定应采取的自我防护级别、消毒方法、剖检地点等。

如果发现可疑炭疽病时，不要剖检，只剪一块耳朵，用末梢血液作涂片染色检查。对于猪，则作下颌淋巴结涂片染色检查。确诊为炭疽时，应禁止剖检，以免炭疽杆菌接触空气后形成芽孢。芽孢既可污染环境又难以杀灭。同时应将尸体和被污染的场地、器具等进行严格消毒和处理。

(二)尸体剖检的时间

尸体剖检应在病畜死后越早越好。另外,剖检最好在白天进行,因为在灯光下,一些病变的颜色(如黄疸、变性等)不易辨认。供分离病毒的脑组织要在动物死后 5 h 内采取。一般死后超过 24 h 的尸体就失去剖检意义。此外,细菌和病毒分离培养的病料要先无菌采取,最后再取病料做组织病理学检查。如果尸体已腐烂,可锯一块带骨髓的股骨送检。

(三)自我防护意识

剖检前应在尸体表面喷洒消毒液。搬运尸体时,特别是搬运炭疽、开放性鼻疽等传染病尸体时,应先用浸透消毒液的棉花团塞住尸体的天然孔,并用消毒液喷洒其体表,然后方可运送。

(四)病变的观察及病料的采集

在调查了解发病动物病史的基础上,仔细观察剖检动物的眼观病理变化,对所见的病变组织和器官做客观的、详细的描述(方法见后),并填写在所选用的表格内。分析剖检的病变,把看到的病变分清主次,判定原发、继发和并发等,并尽快采集病料做进一步的检验,以有利于对疾病的诊断。

在剖检过程中,如需做病理诊断时,要做全面解剖和详细的解剖记录,然后再根据情况采集病料。采集病料进行进一步实验室检查时(如分离病原体),一定要注意取料时不能污染,应尽量无菌操作;送料时也不能扩散毒菌。病料要放在加盖的容器内,特殊情况还要特殊处理(蜡封或烧熔封闭菌种管,外包浸过消毒液的脱脂棉或纱布,置于封闭的金属容器内专送)。另外,取病料做组织病理学检查时,固定液的量要充分,否则会出现一些死后变化,从而影响病理形态学的观察。

在采取某一脏器前,应先检查与该脏器有关的各种联系。例如,在采取肾脏前,应先检查肾动脉和肾静脉的开口和分支以及输尿管的情况。如发现某方面有异常状态时,就该对此进行细致检查。例如,当发现输尿管异常时,可将整个泌尿系统一同采下,并作系统检查。同样,采取肝脏前,应先检查胆管、胆囊、肝管、门静脉、后大静脉、肝动脉、肝静脉以及肝门淋巴结等。如发现肝脏有慢性瘀血时,还应对心脏和肺脏进行检查,以判明原因。

已摘下的器官,在未切开之前,应先称其重量,次测其长、宽和厚度。对个别脏器,还需作其他测量,如心脏除测其重量外,在必要时还要量其两侧房室孔和两动脉孔的周径,以及左、右心室壁的厚度;在肾脏,应量其皮质及全肾的厚度。

总之,未经检查的器官切面不可用水冲洗,否则可能会改变其原来的颜色和性状。切脏器的刀、剪应锋利,切开脏器时,要由前向后,一刀切开,不要由上向下挤压,或作拉锯式的切开。切开未经固定的脑和脊髓时,应先使刀口浸湿,然后下刀,否则切面粗糙不平。

(五)尸检后处理

(1)*衣物和器材*　剖检中所用的衣物和器材最好直接放入煮锅或手提高压锅内,经灭菌后,方可清洗和处理。解剖器械也可直接放入消毒液内浸泡消毒后,再清洗处理。胶手套消毒后,用清水洗净,擦干,撒上滑石粉。金属器械消毒清洁后擦干,涂抹凡士林,以免生锈。

(2)*尸体*　为了不使尸体和解剖时的污染物成为传染源,剖检后的尸体最好是焚化或深埋。特殊情况（如人畜共患或烈性病）要先用消毒药处理然后再焚烧。野外剖检时，尸体要就地深埋，并先在尸体上洒消毒液，尤其要选择具有强烈刺激异味的消毒药（如甲醛等），以免尸体被意外抛出。

(3)场地　剖检场地要进行彻底消毒，以防止污染周围环境。如遇特殊情况（如禽流感），检验工作在现场进行时，当撤离检验工作点时，要做终末消毒，以保证继用者的安全。

(4)用具和运输车辆　存放感染动物的笼具、运送动物用的车辆和绳索等工具，使用后都必须经严格消毒处理后才能重新使用。

三、尸体剖检步骤

为了全面而系统地检查尸体所呈现的病理变化，尸体剖检必须按照一定的方法和顺序进行。但考虑到各种家畜解剖结构的特点、器官和系统之间的生理解剖学关系、疾病的性质以及术式的简便和效果等，每种动物的剖检方法和顺序既有共性又有独特之处。因此，剖检方法和顺序不是一成不变的，而是依具体条件和要求有一定的灵活性。不管采用哪种方法，都是为了高效率地检查全身各个组织器官。对于所有的动物而言，一般剖检先由体表开始，然后是体内。体内的剖检顺序通常从腹腔开始，之后是胸腔，再后则其他。通常采用的剖检顺序如下。

1. 接收病料

这是诊断者或剖检者与畜主的第一次接触，必须要充分的了解被检动物或该养殖场的所有情况，包括：送检单位、送检者姓名、联系电话、送检病料的情况和请求检验目的等；环境、地理位置、气候、饲养、管理、群体状况、动物的免疫情况、来源、动物数量、发病时间、临床症状、发病率、死亡率、治疗情况和治疗效果；等等。为避免接收材料时收集的材料（问诊）不完全，临床上多根据本单位的情况采用一些特制的表格。

2. 外部检查

如果送检的是活畜，则应先进行临床症状检查并做好记录。在剥皮之前检查尸体的外表状态。外部检查的内容主要包括以下几方面。

(1)尸体概况　畜别、品种、性别、年龄、毛色、特征、体态等。

(2)营养状态　可根据肌肉发育情况、皮肤和被毛状况来判断。

(3)皮肤　注意被毛的光泽度，皮肤的厚度、硬度及弹性，有无脱毛、褥疮、溃疡、脓肿、创伤、肿瘤、外寄生虫等，有无粪泥和其他病理产物的污染。此外，还要注意检查有无皮下水肿和气肿。

(4)天然孔（眼、鼻、口、肛门、外生殖器等）的检查　首先检查各天然孔的开闭状态，有无分泌物、排泄物及其性状、量、颜色、气味和浓度等；其次应注意可视黏膜的检查，着重注意黏膜色泽变化。

(5)尸体变化的检查　家畜死亡后，舌尖伸出于卧侧口角外，由此可以确定死亡时的位置。进行尸体变化的检查有助于判定死亡发生的时间、位置，并与病理变化相区别（检查项目见尸体变化）。

3. 致死动物

应按照采样的原则及其方法进行采集血样、分泌物、排泄物、体表寄生虫等，然后再将动物致死。

根据发病系统不同、检验目的不同，致死动物的方法也不同，主要有下列 5 种。

(1)放血致死　大、中、小动物均适用。即用刀或剪切断动物的颈动脉、颈静脉、前腔动静脉等,使动物流血致死。

(2)静脉注射药物致死　如静脉注射甲醛、来苏儿等。

(3)人造气栓致死　主要用于小动物,即从静脉中注入空气,使动物在短时间内死于空气性栓塞。

(4)断颈致死　用于小动物或禽类,即将第一颈椎与寰椎脱臼,致使脊髓及颈部血管断裂而死,临床上常用于鸡的致死。这种方法方便、快捷,多数情况下不需器具,但却可造成喉头和气管上部出血,故呼吸道疾病时要注意区别。

(5)断延髓　用于大家畜(如牛)的致死,这种方法要求有确实的把握,否则较危险。

4. 内部检查

内部检查包括剥皮、皮下检查、体腔的剖开、内脏的采出和检查等。

(1)剥皮和皮下检查　为了检查皮下病理变化并利用皮革的经济价值,在剖开体腔以前应先剥皮。在剥皮的过程中,注意检查皮下有无出血、水肿、脱水、炎症和脓肿等病变,并观察皮下脂肪组织的多少、颜色、性状及病理变化的性质等。剥皮后,应对肌肉和生殖器官进行大概的检查。

(2)暴露腹腔并视检腹腔脏器　按不同的切线将腹壁掀开,露出腹腔内的脏器,并立即进行视检。检查的内容包括:腹腔液的数量和性状;腹腔内有无异常内容物;腹膜的性状;腹腔脏器的位置和外形;横膈膜的紧张程度、有无破裂等。

(3)胸腔的剖开和胸腔脏器的视检　剖开胸腔,并注意检查胸腔液的数量和性状、胸腔内有无异常内容物、胸膜的性状、肺脏、胸腺、心脏等。

(4)腹腔脏器的采出　腹腔脏器的采出与检查可以同时进行,也可以先采出后检查,包括胃、肠、肝、脾、胰、肾和肾上腺等的采出。

(5)胸腔脏器的采出　为使咽、喉头、气管、食道和肺联系起来,以观察其病变的互相联系,可把口腔、颈部器官和肺脏一同采出。但在大家畜一般都采用口腔与颈部器官和胸腔器官分别采出。

(6)口腔和颈部器官的采出　先检查颈部动脉、静脉、甲状腺、唾液腺及其导管,颌下和颈部淋巴结有无病变,然后采出口腔和颈部的器官。

(7)颈部、胸腔和腹腔脏器的检查　脏器的检查最好在采出的当时进行,因为此时脏器还保持着原有的湿润度和色泽。如果采出过久,由于受周围环境的影响,脏器的湿润度和色泽会发生很大的变化,使检查发生困难。但是,边采出边检查的方法在实际工作中也常感不便,因为与病畜发病和致死原因有关的病变有时会被忽略。通常,腹腔、胸腔和颈部各器官与病畜发病致死的关系最密切,所以这3部分脏器采出之后,就要立即进行检查。检查后,再按需要采出和检查其他各部分。至于这3部分脏器的检查顺序则应服从疾病的情况,即先取与发病和致死的原因最有关系的脏器进行检查,与该病理过程发生、发展有联系的器官可一并检查。或考虑到对环境的污染,应先查口腔器官,再查胸腔器官,之后再查腹腔脏器中的脾和肝脏,最后再查胃肠道。总之,检查顺序服从于检查目的和现场的情况,不应墨守成规,既要细致搜索和观察重点的病变,又要照顾到全身一般性检查。脏器在检查前要注意保持其原有的湿润程度和色彩,应尽量缩短其在外界环境中暴露的时间。

(8)骨盆腔脏器的采出和检查　在未采出骨盆腔脏器之前,应先检查各器官的位置和概貌。

可在保持各器官的生理联系下，一同采出。公畜先分离直肠并进行检查，然后检查包皮、龟头、尿道黏膜、膀胱、睾丸和附睾、输精管、精囊及尿道球腺等；母畜检查直肠、膀胱、尿道、阴道、子宫、输卵管、卵巢及其淋巴结的状态。如果剖检妊娠子宫，要注意检查胎儿、羊水、胎膜和脐带。

(9)颅腔剖开、脑的采出和检查　采出脑后，应先观察脑膜，然后检查脑回和脑沟的状态(禽除外)，最后做脑的内部检查。

(10)鼻腔的剖开和检查　用骨锯(大、中动物)或骨剪(小动物和禽)纵行把头骨分成两半，其中的一半带有鼻中隔或剪开鼻腔。检查鼻中隔、鼻道黏膜、颌窦、鼻甲窦、眶下窦等。

(11)脊椎管的剖开、脊髓的采出和检查　剖开脊柱，取出脊髓，检查软脊膜、脊髓液、脊髓表面和内部。

(12)肌肉、关节的检查　肌肉的检查通常只是对肉眼上有明显变化的部分进行，注意其色泽、硬度、有无出血、水肿、变性、坏死、炎症等病变；关节的检查通常只对有关节炎的关节进行，看关节部是否肿大，可以切开关节囊，检查关节液的含量、性质和关节软骨表面的状态。

(13)骨和骨髓的检查　主要对骨组织发生疾病的病例进行，先进行肉眼观察，再验其硬度，检查其断面的形象。骨髓的检查对与造血系统有关的各种疾病极为重要。检查骨干和骨端的状态，以及红骨髓、黄骨髓的性质、分布等。

四、尸体剖检记录和尸体剖检报告

(一)尸体剖检记录

尸体剖检记录是诊断的依据，是法医上的依据，更是尸体剖检报告的重要依据，也是进行综合分析研究时的原始科学资料。不管何种剖检目的，没有很好的记录，最后的诊断就没有依据。遇到疾病问题纠纷的时候，更需要详尽准确的记录作为判断分析的标准。记录的内容要力求完整详细，如实地反映尸体的各种病理变化，且要做到重点详写，次点简写。记录应在剖检的当时完成，即在检查病变的过程中进行，不可凭记忆事后补记，以免遗漏或错误。记录的顺序应与剖检顺序一致。为便于记录，最好使用表格(表10-1)。

表10-1　尸体剖检记录

门诊号：　　　　　　　　病例编号：

畜主		地址				联系电话	
畜别		性别		年龄		品种	
毛色		特征		用途		营养	
体高		身长		胸围		体重	
委托单位			剖检者			记录者	
致死方法			死亡日期			剖检日期	
临床病历及诊断							

续表 10-1

病理剖检记录

尸体剖检记录包括 3 个方面的内容。

1. 概况登记

包括畜主单位、姓名、通信地址、剖检病例的编号，畜别、品种、年龄、性别、送检的病料及种类(尸体、活体、内脏等)，送检的目的、日期、送检人。

2. 临床摘要

记录发病地区的流行病学、饲养管理、免疫、其他化验结果、临床症状、发病时间、发病率、死亡率、初步诊断、治疗情况等。

3. 剖检所见

完整的剖检记录，应包括各系统器官的变化，因为这些变化都是互相联系的。有时肉眼看来似乎不明显的、不重要的某种变化，可能就是诊断疾病的重要线索，如果忽略不计，就会给诊断造成困难。只有详尽全面的剖检记录，才能概括出某种疾病的全貌。但是，大多数疾病的病变总是较明显地定位于某些器官、某个系统，因此，记录时也应抓住主要矛盾，突出重点，主次分明。如果无眼观病理变化的话，也应记录清楚，因为对于诊断来说，阴性结果和阳性结果同样重要。

对病变的描述，要客观地用通俗易懂的语言加以表达，切不可用病理学术语或名词来代替病变的描述。例如，肾脏浑浊肿胀的病变，可描述为“肾切面稍突起，色泽暗晦，失去正常的光泽，组织结构模糊不清”。如果病变有时用文字难以描述时，可绘图补充说明。

为了描述不失真，用词必须明确，不能含糊不清，力求使所描述的组织器官的变化能反映其本来的面貌。现就病变描述的方法加以简要叙述。

(1)位置　指各脏器的位置异常表现，脏器彼此间或脏器与体腔壁间是否有粘连等。如肠扭转时可用扭转 180°或 360°等来表示扭转程度。

(2)大小、重量和容积　力求用数字来表示，一般以 cm、g、mL 为单位。如因条件所限，也可用常见实物比喻，如针尖大小、米粒大、黄豆大、蚕豆大、鸡蛋大等，切不可用“肿大”、“缩小”、“增多”和“减少”等主观判断的术语。

(3)形状　一般用实物比拟，如圆形、椭圆形、菜花形、葡萄丛状、结节状等。

(4)表面　指脏器表面及浆膜的异常表现，可采用絮状、绒毛样、凹陷或突起、虎斑状、光滑或粗糙等。

(5)颜色　单一的颜色可用鲜红、淡红、苍白等词来表示。复杂的色彩可用紫红、灰白、黄绿等复合词来形容，前者表示次色，后者表示主色。对器官的色泽光彩，也可用发光或晦暗来描述。为了表示病变或颜色的分布情况，常用弥漫性、块状、点状、条状等。

(6)湿度　一般用湿润、干燥等描述。

(7)透明度　一般用澄清、浑浊、透明、半透明等描述。

(8)切面　常用平滑或微突、结构不清、景象模糊、血样物流出、呈海绵状等描述。

(9)质度和结构　多用坚硬、柔软、脆弱、胶样、水样、粥样、干酪样、髓样、肉样、砂粒样、颗粒样等描述。

(10)气味　常用恶臭、腥臭、酸败味等描述。

对于无肉眼变化的器官，一般不用“正常”、“无变化”等词。因为无肉眼变化，不一定就说明无组织细胞变化，通常可用“无肉眼可见变化”或“未发现异常”等词来概括。

总之，尸检记录时要求完整详尽、图文并茂、重点突出、主次分明、客观描述。客观描述应记住7个字，即色、形、体、位、量、质、味。具体地讲，色有主次深浅，形有方圆点片，体有大小厚薄，位有里表正曲，量有多少轻重，质有硬软松实，味有香臭腥酸。从这7个方面去描述一个病变将会比较客观。只有这样，才能达到病变描述的“三定”目的，即定性、定量、定位。另外，在剖检过程中如果采集病料做进一步检验，也应记录在案，如采的什么组织、送到哪个实验室、检验目的等。

(二)尸体剖检报告

以诊断学剖检为例，尸体剖检报告的主要内容包括以下6个部分，即概况登记、临床摘要、主要病理变化、病理学诊断结果、实验室检验结果和结论。前3项已在尸体剖检记录中详细介绍，在此不再重复。

1. 病理学诊断结果

病理学诊断结果就是在描述现有病变的基础上指出某个器官或组织的病变性质。根据剖检所见变化，进行综合分析，判断病理变化的主次，用病理学术语对病变做出诊断，如支气管肺炎、肝硬化、胃肠炎、淋巴结结核等。其顺序可按病变的主次及相互关系来排列。这些术语称为器官病理学的诊断。或者可以根据全身多器官损伤、出血、脾脏肿大或瘀血等病变得出细菌性或病毒性败血症的初步诊断结果，并提出应采取的措施。该部分相当于临床疾病诊断过程中的初步诊断，也称推断性诊断。要想确定诊断(即得出最后结论)的话，还必须要做进一步的实验室检验来加以验证或排除。

病理学诊断结果是在剖检后，根据畜群的概况、流行病学和剖检过程中所见到的眼观病理变化而得出的。由于送检病料的不同、动物发病阶段的不同以及所患疾病的不同，剖检后的结论即病理学诊断结果(表10-2)的完整性也不同。

表 10-2　病理诊断报告

门诊号：　　　　　　　　病例编号：

畜主：		住址：			电话：	
畜别：	性别：	年龄：	营养：	毛色：	品种：	用途：
送检材料：		送检日期：			主送者：	
临床摘要：						
送检目的：						
检验结果：						
结论：						
					检验者：	日期：

病理诊断报告

门诊号：　　　　　　　　病例编号：

畜主：		住址：			电话：	
畜别：	性别：	年龄：	营养：	毛色：	品种：	用途：
送检材料：		送检日期：			主送者：	
检验结果：						
结论：						
					检验者：	日期：

病理学诊断结果可以分为4级。

(1)最完善的结论——剖检的结果可推断是什么病，如猪群中有部分猪发病，高热、不食、粪便时干时稀、皮肤及耳尖发紫、注射抗生素无效等；剖检见皮肤弥漫性出血斑点、肠道浆膜散在出血点、肺脏出血斑点及肺炎灶、肾脏密集暗红色出血点、全身淋巴结肿大、周边出血、回盲瓣坏死、结肠黏膜纽扣状溃疡等病变，可基本上诊断为猪瘟。

(2)器官病理学诊断——看不出什么病，但是可以指出各个器官是什么病变，性质是什么，如支气管肺炎、纤维素性胸膜肺炎、坏死性肝炎、纤维素性心包炎等。

(3)确定一般病理现象——得不出器官病理学的诊断结果，但可看出一般的病变，如脾脏出血、腿部皮下水肿、肝脏灶状坏死等。

(4)不能确定——就是剖检后没有结果。

值得注意的是，不管病理学诊断的级别是哪一个，都需要再采集病料送到相应的实验室做进一步的检验(前三级)。例如鸡传染性喉气管炎，可取喉头、气管制作组织切片或涂片，HE染色和免疫组化染色，显微镜下观察细胞的变化，如果见到合胞体即可确诊；或者采集喉气管接种到11日龄鸡胚的尿囊绒毛膜上，观察蚀斑和镜检膜上蚀斑处的变化，如果见到合胞体即可确诊。或者再送动物进行剖检或剖检者到养殖场去进一步收集材料(第四级)。这样，才能做出最终诊断即结论。

2. 实验室检验结果

在剖检过程中，根据需要采集不同的病料进行各种实验室检验，采集的病料应随同化验单(表10-3)一起提交相应的实验室，如血清学、病毒学、细菌学、病理组织学、血液学、寄生虫学、营养学、毒理学等。待化验结果出来，由化验人员签字后将化验单返回剖检者。

表10-3　实验室化验结果报告单

Report on Laboratory Examination

室　别
section ________

编　号　　Case. No. ________　　送检病料　Specimen ________　　送检目的　What for ________

送检时间　Recep. Time ____ 年 Y ____ 月 M ____ 日 D ____ 午 M　　检验者　Exam. by ________

化验结果：
Result

签　字　Signature ________　　日期　Date ________

3. 结论

根据病理解剖学诊断，结合病畜生前临床症状及其他有关资料，找出各病变之间的内在联系、病变与临床症状之间的关系。再汇总实验室检验结果和初步诊断后采取措施的效果反馈，综合分析，做出判断，得出结论(填于表10-2)。阐明病畜发病和致死的原因，验证初诊的准确性或对初步诊断加以修正，并提出防治建议。

五、病理组织材料的选取和寄送

为了详细查明原因，确定病理形态学变化的性质，做出正确的诊断，需要在剖检的同时选取病理组织学材料，并及时固定，送至病理切片实验室制作切片，进行病理组织学检查。而病理组织切片能否完整地、如实地显示原来的病理变化，在很大程度上取决于材料的选取、固定和寄送。因为病理组织块是制作病理切片的基础材料，它直接影响诊断、研究的结果。取材的方法和注意事项如下。

1. 组织块要新鲜

制片的组织块越新鲜越好，尤其是电镜检查材料必须新鲜。因此，切取的组织块应立即投入相应的固定液中，及时固定，以防组织发生死后变化。

2. 取材要全面且具有代表性，能显示病变的发展过程

要选择有病变的器官或组织，特别是病变显著部分或可疑病灶。在一块组织中，要包括病灶及其周围正常组织，且应包括器官的重要结构部分。例如，胃、肠应包括从浆膜到黏膜各层组织，且能看到肠淋巴滤泡；肾脏应包括皮质、髓质和肾盂；心脏应包括心房、心室及其瓣膜各部分；外周神经组织作纵切及横切面都属需要。较大而重要的病变可从病灶中心到外周不同部位取材，以反映病变各阶段的形态学变化。

3. 切取组织块所用的刀剪要锋利

切取时必须迅速而准确，由前向后一次切开，不要来回用力，勿使组织块受挤压或损伤，以保持组织完整，避免人为的变化。因此，更应注意对柔软菲薄或易变形的组织（如胃、肠、胆囊、肺以及水肿的组织等）的切取。为了使胃肠黏膜保持原来的形态，小动物可将整段肠管剪下，不加冲洗或挤压，直接投入固定液内。黏膜面所附着的病理性产物，一经触摸，即被破坏，故在采取标本时应加以注意。接触水分可改变组织的微细结构，所以组织在固定前，不要沾水。

4. 组织块的大小要适当

通常组织块的长、宽、厚以 1.5 cm×1 cm×0.4 cm 为宜，必要时可增大到 2 cm×1.5 cm×0.5 cm，以便于固定液迅速浸透。尸体剖检时采取病理组织块可切得稍大些，待固定几小时后再加以修整，切到适当的大小。

5. 取材时要尽量保持组织的自然状态与完整性，避免人为改变

为了防止组织块在固定时扭曲变形，对于胃、肠、胆囊等易变形的组织，切取后可将其浆膜面朝下平放于厚纸片上，然后徐徐投入固定液中。对于较大的组织片，可用两片细铜丝网放在其内外两面，系好，再行固定。

6. 对于特殊病灶要做适当标记

在切取组织块时，需将病变显著的部分切平，另一面切成不平面，以资区别，使包埋时不致倒置。如果组织块过小或易碎，则采取后应装入特制的标本分载盒（铜网盒或特殊塑料制成的组织处理盒）内再行固定，以防丢失或破裂。

7. 注意避免类似的组织块混淆

当类似的组织块较多，容易彼此混淆时，可分别固定于不同的小瓶中，或用分载盒分装固定，或将组织切成不同的形状（如长方形、四方形，三角形等），使易于辨认。此外，还可将用铅笔标明的小纸片和组织块一同用纱布包裹，再行固定。

8. 选用恰当的固定液

固定液的种类较多，不同的固定液各有其特点，应依据被检物的性质选用恰当的固定液进行固定，以便正确地保存其固有成分和结构。例如，福尔马林液能固定一般组织，但有溶解肝糖原和某些色素的作用；酒精能很好地固定肝糖原和蛋白性抗原物质，但溶解脂肪。因此，固定标本必须依据要求，选择适当的固定液。

最常用的固定液是10%的福尔马林水溶液（市售甲醛用水稀释10倍），或为使切片效果更好可用中性福尔马林液。其他固定液，如酒精溶液或Zenker氏液等，亦要准备齐全，以便需要时即可应用。固定液的量要相当于组织块总体积的5～10倍，液量勿少于组织块总体积的4倍。将组织块投入固定液之后应及时摇动，使组织块充分接触固定液，固定液容器不宜过小，容器底部可垫以脱脂棉花，以防止组织与容器粘连，避免组织固定不良或变形。肺脏组织比重较轻，易漂浮于固定液面，可盖上薄片脱脂棉花，借棉花的虹吸现象，可不断地浸湿标本。

9. 固定时间要适当

固定时间依据固定物的大小和固定液的性质而定，通常由数小时至数天。固定时间过短，组织固定不充分，影响染色效果，使组织原有结构不清楚；固定时间过长或固定液浓度过高，则使组织收缩过硬，也影响切片染色质量。例如以甲醛液固定，只需24～48 h即可，以后用水冲洗12 h则可应用；用Zenker氏液固定12～24 h后，经水冲洗24 h，亦可应用。

为了停止细胞内蛋白溶解酶的作用，最好将组织块置于4℃冰箱冷藏固定，以使酶失去作用，细菌也停止生长。

10. 病理组织块的寄送

将固定完全和修整后的组织块，用浸渍固定液的脱脂棉花包裹，放置于广口瓶或塑料袋内，并将其口封固。瓶外再裹以油纸或塑料纸，然后用大小适当的木盒包装，即可寄送。同时应将整理过的尸体剖检记录及有关材料一同寄出，并在送检单上（表10-4）说明送检的目的要求，组织块的名称、数量以及其他应说明的问题。除寄送的病理组织块外，本单位还应保留一套病理组织块，以备必要时复查之用。

表10-4 标本送检单

<table>
<tr><td>标本名称</td><td></td><td>数量</td><td></td><td>状态</td><td></td></tr>
<tr><td>采集地点</td><td colspan="3"></td><td>日期</td><td></td></tr>
<tr><td>采集时的情况</td><td colspan="5"></td></tr>
<tr><td>送检单位</td><td></td><td>送检人员</td><td></td><td>送检时间</td><td></td></tr>
<tr><td rowspan="4">回
执</td><td>标本名称</td><td colspan="2"></td><td>数量</td><td></td></tr>
<tr><td>收到时的状态</td><td colspan="4"></td></tr>
<tr><td>收检日期</td><td></td><td colspan="3" rowspan="2">收检单位
盖 章</td></tr>
<tr><td>收检人</td><td></td></tr>
</table>

11. 接收送检标本时，须依据送检单详细检查送检物

注意标本名称、大小及数目是否与送检单相符，负责人及地址有无填写清楚。如发现送检标本不符，或送检单填写有误，应立即退回更正。标本固定不当，组织干涸或坏变不能制片时，也应退回。经检查无误后，即将标本编号登记，并在标本瓶上贴上标签（即病例号），以防错乱。

第四节 各种动物尸体剖检方法

一、家禽的尸体剖检

(一)了解病史并考虑所有可能的诊断

1. 详细了解病史

了解发病地区的流行病学、饲养管理、免疫、其他化验结果、临床症状、发病时间、发病率、死亡率、初步诊断、治疗情况等。

2. 观察临床症状

如果禽还活着,应先观察临床症状,主要包括精神状态、食欲、饮欲、冠髯的色彩及丰润度、羽毛的光泽度、排泄物的状态、有无运动障碍和姿势异常等。例如,冠髯苍白,见于球虫病、黄曲霉毒素中毒和脂肪肝破裂综合征等疾病引起的贫血;发绀见于禽流感、鸡新城疫、禽霍乱、中毒性疾病;羽毛逆立蓬松、缺乏光泽、易于污染、提前或延迟换羽,常见于营养不良及慢性消耗性疾病;肛门周围羽毛被粪便污染,提示腹泻;肛门周围羽毛脱落,多因鸡群中有啄肛恶癖的病鸡互相啄羽的结果。

跛行是鸡最常见的运动障碍,见于某些传染病、营养代谢病、创伤以及全身极度衰弱的过程中。例如,鸡运动失调,表现步调混乱、前后晃动、跌跌撞撞,出于保持身体平衡,一边行走一边扑动翅膀,同时头、颈和腿都震颤,提示禽脑脊髓炎;鸡的一条腿伸向前,另一条腿后,形成劈叉姿势或两翅下垂,提示神经型马立克氏病;鸡的头向后极度弯曲,形成"观星"姿势,兴奋时更明显,是典型的维生素 B_1 缺乏症的表现。又如,病鸡两肢瘫痪,趾曲向内侧,以胫跖关节着地,并展翅以保持身体平衡,这是维生素 B_2 缺乏症的特征症状。再如,病鸡的头、颈扭曲或翅、腿麻痹,平时无异常但受到刺激惊扰或快跑时,则突然向后仰倒,全身抽搐或就地转圈,数分钟又恢复正常,这是鸡新城疫的后遗症。

若病禽已死亡,还应了解禽群的饲养管理情况、发病经过及病禽症状、死亡时间及数目等。

3. 家禽的致死

致死方法有放血致死、断颈、将气体直接注入心脏或翅静脉和切断颈脊髓等,选择时应以不影响诊断为原则。例如,如果有呼吸道症状,则应采取放血致死的方法,否则,断颈致死会导致喉头出血而影响对生前病变的判断。

(二)外部检查

1. 体表检查

先检查病死鸡的外观,羽毛是否整齐,有无污染、蓬乱、脱毛现象,鸡冠、肉髯和面部是否有痘斑或皮疹,口、鼻、眼有无分泌物或排泄物,量及质如何,泄殖腔附近是否有粪污或白色粪便所阻塞,鸡爪皮肤是否粗糙或裂缝,是否有石灰样物附着,脚底是否有趾瘤等。应注意腹部皮下是否有腐败引起的尸绿。维生素 E 和硒缺乏时,皮下也呈紫蓝色。检查各关节有无肿胀,胸骨突有无变形、弯曲等现象。如果鼻腔、眼有分泌物,眶下窦肿胀,肉髯肿则提示鸡传染性鼻炎;如果同时鸡群急性死亡和颜面肿胀,脚鳞出血则疑似禽流感;如果鸡冠、肉髯、口角眼睑等部出现疱疹,有时也见于腿、脚、腹部及泄殖腔周围,则是禽痘的特征。病禽眼睑或口角长出疣状物和小结痂,脚下部和脚趾皮肤干裂或脱落,是泛酸缺乏的表现。挤压鼻孔和鼻窝下窦看有无液体流出,口腔有无黏液。检查两眼虹彩的颜色。最后触摸腹部是否有变软或积有液体。

2. 消毒

用5%来苏儿溶液浸泡羽毛,可防止剖检时有绒毛和尘埃飞扬。可用手提起头,在来苏儿溶液中浸提几次。注意,头部不要浸水。然后放到剖检台上待检。

(三)头颈部器官剖开及其检查

1. 眼部检查

观察眼瞳孔的大小,虹彩的色泽。

2. 口腔检查

用剪刀将嘴的一侧剪开,检查口腔。观察口腔黏膜的完整性,腭裂内有无分泌物和黏膜上有无坏死灶、溃疡灶等。鸽的毛滴虫在口腔内会出现黄色坏死灶,刚刚死亡的家禽可以刮取黏膜做成湿片,直接在显微镜下检查,可以看到变形的毛滴虫;死亡时间较长的需染色后才能看到。

3. 鼻腔和眶下窦检查

用大剪刀或骨钳在近眼处横切,摘除喙上部,检查鼻腔,并可将眶下窦的前端暴露出来。将消毒剪的一片插入眶下窦,通过每侧窦壁纵切,检查黏膜是否水肿和充血、出血。如果怀疑鸡传染性鼻炎,则应先摘掉头部,无菌条件下先在鼻腔或鼻窦内用棉拭子取样,然后再进行形态学检查。

4. 颈部器官检查

用剪刀一直从嘴角到胸窝外纵向剪开皮肤,将皮肤向一侧翻转,检查成对的迷走神经、胸腺、甲状腺及甲状旁腺。发生马立克氏病时可见到迷走神经肿胀,横纹消失。在颈椎两侧寻找并观察胸腺的大小及颜色,有无小的出血、坏死点。

5. 食道和嗉囊检查

检查嗉囊是否充盈食物,内容物的数量及性状。纵向剪开食道和嗉囊,注意其内容物及味道、黏膜的变化。例如,维生素A缺乏时,食道黏膜干燥并有浅黄色结节状突起,白色念珠菌感染时的嗉囊黏膜呈灰白色坏死。

6. 喉头、气管检查

纵向剖开喉头、气管,观察喉头、气管黏膜有无水肿、充血、出血和分泌物。如果有的话,确定是黏液性、脓性、纤维素性还是出血性,因为不同的变化将提示不同的疾病。如果需要采集病料,则应尽早无菌摘取,以避免污染。

(四)胸腹腔剖开及其检查

切开大腿与腹侧连接的皮肤,用力将两大腿向外翻压直到两髋关节脱臼,将禽体背卧位平放于瓷盘上。在泄殖孔前的皮肤上做一横切线,由此切线中部沿腹中线由后向前剪开皮肤,直到前胸部。这样从横切线切口处的皮下组织开始分离,即可将腹部和胸部皮肤分离。观察皮下有无充血、出血、水肿、坏死等病变,注意胸部肌肉的丰满程度、颜色、有无出血、坏死,观察龙骨是否变形、弯曲。观察腹围大小、腹壁的颜色等。再按上述皮肤切线的相应处剪开腹壁肌肉,两侧胸壁可用骨剪自后向前沿肋骨和肋软骨交界处将肋骨、乌喙骨和锁骨一一剪断,然后握住龙骨突的后缘用力向上前方翻拉，并切断周围的软组织，即可去掉胸骨，露出体腔(图 10-1)。

剖开体腔后，注意检查各部位的气囊。气囊是由浆膜所构成的，正常时透明菲薄，有光泽。如果发现浑浊、增厚，或表面被覆有渗出物或增生物，均为异常状态。

检查体腔时，应注意体腔内容物。正常时，体腔内各脏器表面均湿润而有光泽。异常时可见体腔内液体增多，或有病理性渗出物及其他病变。

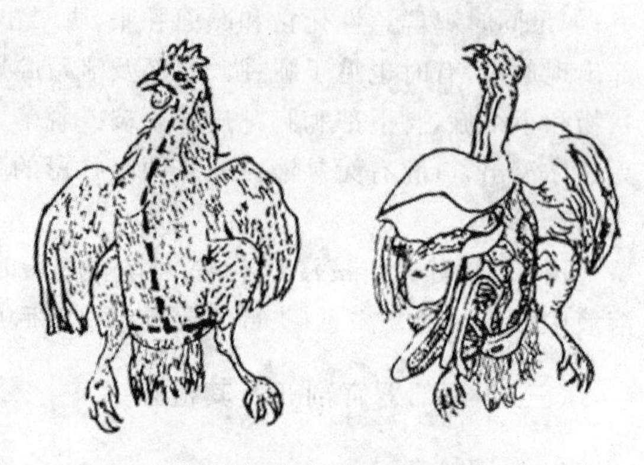

图 10-1 鸡剖检时剥皮与体腔剖开方法示意图

(五)内脏器官的采出

1. 腹腔脏器的采出

用剪刀在腺胃前缘剪断食道，左手抓住腺胃向后拉起，右手用剪刀剪断消化道与其他部位的联系，直至泄殖腔前剪断直肠或连同泄殖腔一起取出。

2. 分离各脏器

用剪刀切断各处的联系，分离肝脏、脾脏、胰脏。去除肠系膜及连接物，消化道分离后按自然位置摆好。分离过程中观察脏器的浆膜面有无水肿、出血、坏死或结节，器官形状有无改变等。

3. 摘检法氏囊

法氏囊在泄殖腔的上方，可随同泄殖腔一起取出或拽起直肠直接检查法氏囊。观察有无肿胀、水肿、出血、坏死等。

4. 性腺采出

用解剖剪摘除母鸡的卵巢和输卵管，并观察滤泡有无皱缩、充血、出血，输卵管是否有囊肿或肿胀等。同样，摘除公鸡的睾丸。

5. 肾脏的采出

眼观输尿管及肾脏，然后用手术刀柄轻轻剔出肾脏。注意不要损伤腰荐神经丛。

6. 取出心脏

先观察心包膜和心包积液情况、心脏外观，然后用手术剪剪断连接心脏的血管，摘除心脏。

7. 肺脏的采出

用手术刀柄从肋间拨出肺脏。

(六)内脏检查

1. 心脏检查

左手提起心尖部的心包，右手剪开心包，观察心包液的数量及其性状。如果心包积有浆液性液体，则可能是慢性呼吸道疾病和早期大肠杆菌病；纤维素性心包液为继发性大肠杆菌病；如果心外膜与心包已粘连，而且还见肝周炎时，则病程较长并出现败血症。用手术刀切开心脏，检查有无出血(禽霍乱时出血)、结节(雏鸡白痢)或心内膜赘生物(链球菌病)等。

2. 肺脏检查

检查肺脏的质度，观察有无水肿、结节（禽曲霉菌病、马立克氏病）、炎症（支原体病、大肠杆菌病）等。

3. 检查肝脏

先检查肝脏的大小（通常右部肝比左部肝大，尤其鸭更明显）、颜色、质地，边缘是否钝，形状有无异常，表面有无小的坏死点或者大小不等的圆形如硬币一样的坏死灶。然后用手术刀平行切开肝脏多个切面，观察肝脏的结构是否清晰，有无硬化（腹水症、慢性增生性肝炎）、灰白色坏死（白痢、伤寒、副伤寒）、圆形灰白色灶周围有红晕且湿润有光泽（组织滴虫病，需仔细检查盲肠病变及其盲肠异刺线虫），检查肝脏切面及血管情况（鸡的肝脏常见变性、小点坏死及肿瘤结节；小鸭肝炎时，肝肿大，橙黄色，散在出血点；填鸭经常见肝脂变或淀粉样变，质地均脆弱）。再检查胆囊大小、胆汁的多少、颜色、黏稠度及胆囊黏膜的状况（肠炎时，胆囊多肿大）。

4. 检查脾脏

在腺胃和肌胃交界处的右方，可以找到脾脏。观察脾脏体积大小、质度、颜色等。脾脏萎缩多为营养不良或免疫低下。脾脏肿大、柔软、暗红色则多为细菌感染或败血症。若脾脏肿大，并有大小不等的灰白色湿润有光泽的肿瘤结节或弥漫性肿，则大多为马立克氏病（育成鸡和青年蛋鸡）和淋巴白血病（150 日龄以后的蛋鸡）。用手术刀切开脾脏，观察结构是否清晰、有无刀泥等以确定是否为败血脾。

5. 检查肾脏

首先检查肾脏的颜色、质地、输尿管中尿酸盐的含量，然后横切肾脏，观察断面结构、尿酸盐沉积（肿大、花斑为肾型传支，肿大不明显但沉积尿酸盐为传染性法氏囊病和中毒性疾病的表现）、坏死、肿瘤结节（马立克氏病）等。

6. 检查胃肠道

用肠剪沿腺胃纵切，通过肌胃、小肠、盲肠、回肠直至泄殖腔。检查肠壁的厚（坏死性肠炎、球虫病等）薄（生长抑制综合征、营养不良），淋巴集结有无肿胀、出血（鸡新城疫），肠道有无出血（禽霍乱和球虫病等），有无蛔虫、异刺线虫、组织滴虫和绦虫等寄生虫。具体而言，又可分为腺胃、肌胃、肠道的检查。

（1）腺胃检查　剪开腺胃，检查内容物的性状、黏膜及腺乳头有无充血、出血，胃壁有无增厚等。

（2）肌胃检查　先观察肌胃浆膜上有无出血、肌胃的硬度，然后从大弯部切开，检查内容物及角质膜的性状；再撕去角质膜，检查角质膜下的情况，看有无出血、溃疡。

（3）肠道检查　从后向前（或从前向后），检查直肠、盲肠及小肠各段的肠管是否扩张，黏膜血管是否明显，浆膜上有无结节、肿物。沿肠系膜附着部剪开肠道，检查各段肠内容物的性状，黏膜颜色，肠壁是否增厚，肠壁上的淋巴集结以及盲肠起始部的盲肠扁桃体是否肿胀，有无出血、坏死。盲肠腔中有无出血或土黄色干酪样的栓塞物。

7. 检查生殖系统器官

用剪刀纵剪输卵管，观察黏膜有无异常，内容物有无干酪样（慢性输卵管炎）、黏性（禽流感、传染性支气管炎等）。产蛋下降综合征还需制作组织切片，镜检黏膜上皮内的核内包涵体。衣原体感染除引起输卵管的变化外，还可导致蛋鸡腹水。检查公鸡的睾丸，看体积大小及有无充血、出血（禽霍乱）等。

（七）检查脊髓与神经

1. 翅神经丛和坐骨神经丛检查

翅神经丛在第一肋前，很容易观察到。检查坐骨神经需细心分离内收肌，即可暴露出坐骨神经；去除肾脏部分，可见到坐骨神经丛。看坐骨神经丛两侧是否对称，神经是否肿大均匀，横纹是否消失（马立克氏病）。

2. 骨髓检查

用骨剪纵切股骨，检查骨髓的颜色和数量。

3. 脊柱检查

用骨钳或剪刀去除脊柱的横突，暴露脊髓膨大部。观察有无眼观病理变化，如果生前有共济失调（禽脑脊髓炎）和犬坐姿（腰椎错位），则一般需作组织病理学检查。

（八）脑的采出与检查

剥离头部皮肤，用骨剪沿头盖骨基部剪一圆形切线，去除头盖骨，方法同哺乳动物。或用手术刀过中心点纵切头部，使之分成两半，可直接观察大脑、小脑、延脑等，然后放入固定液中固定做病理组织学检查。脑组织有病变的疾病很多，如病毒性疾病（鸡新城疫、脑脊髓炎、马立克氏病等）、细菌性疾病（禽曲霉菌病等）、中毒性疾病、营养缺乏症（维生素 B 缺乏）等。

二、兔的尸体剖检

（一）体表检查

检查被毛是否有光泽，有无缺损、肿物和寄生虫；身体状况如何，营养状况是否良好。检查眼结膜、鼻腔黏膜、口腔黏膜的颜色；检查全身皮肤（背部、腹部、胸部）以确定有无脱水或水肿、有无增生物、肿瘤或溃烂处，尤其颜面部和天然孔周围皮肤有无出血。皮肤红斑、丘疹，中央凹陷坏死，相邻组织水肿、出血、结痂，多见于兔痘；后肢区侧面皮肤形成脚皮炎，皮肤出现粟粒大脓肿，见于葡萄球菌病；面部、颌下、颈部至胸前、四肢关节、脚底部的皮肤发生坏死性炎症，形成脓肿、溃疡，病灶破疡后散发恶臭气味，四肢有深层溃疡病变，见于坏死杆菌病；颌下、腹下水肿，见于肝片吸虫病。此外还要确定尸僵是否完全。检查肛门周围和尿道口周围有无粪尿污染，并观察被毛被污染的颜色，可以确定生前排泄物的性质。

（二）天然孔的检查

眼睑水肿、下垂，脓性结膜炎，见于黏液瘤病。眼睑炎、化脓性眼炎或溃疡性角膜炎，见于兔痘。结膜炎、角膜炎，见于巴氏杆菌病。眼虹膜变色，见于结核病。化脓性结膜炎，见于伪结核。眼睑水肿，见于肝片吸虫病。角膜浑浊、干燥，结膜边缘有色素沉着，见于维生素 A 缺乏症。

鼻腔黏膜小点出血或弥漫性出血，鼻孔流出鲜红色分泌物，见于兔瘟。鼻孔周围水肿、发炎，见于黏液瘤病。鼻腔水肿、坏死，见于兔痘。浆液性、化脓性鼻炎，鼻腔内层黏膜红肿，见于巴氏杆菌病。鼻腔黏膜充血，见于波氏杆菌病。鼻孔皮肤红肿、发炎，鼻腔有黏液性、浆液性、脓性分泌物，见于传染性鼻炎。鼻腔发炎，见于野兔病。鼻腔黏膜发炎，有黏液性、浆液性分泌物，见于李氏杆菌病。

口周围水肿、发炎，见于黏液瘤病。口腔水肿、坏死、丘疹、结节，见于兔痘。口腔内黏膜潮红、充血，唇舌、硬腭及口腔内黏膜有水疱、糜烂、溃疡、坏死，见于传染性水疱性口炎。口腔内黏膜发炎，大量流涎，见于传染性口炎。口腔内黏膜、齿龈发生坏死性炎症，形成脓肿、溃疡，破后散发恶臭气味，见于坏死杆菌病。

耳部水肿，见于黏液瘤病。中耳炎、中耳脓肿，见于巴氏杆菌病。

（三）皮肤剖开及皮下检查

将兔仰卧于瓷盘中。沿体中线从颌下、胸部、腹部作一纵切线，直至会阴部，然后剥皮，一般只剥离腹侧皮肤。若全剥，则在口角稍后部，做一环形切线与纵口会合。前肢在桡骨中部，后肢在跗关节处做环形切口，在四肢内侧垂直于纵切口切开皮肤，将尸体皮肤全部剥掉。剥皮时切断四肢的肌肉，使之平放在剖检台上起支撑作用。边剥皮边检查，看皮下是否有病变。如果皮肤不易剥离，说明兔生前脱水严重。观察体表淋巴结是否肿大、出血、水肿、坏死等，以及皮下肌肉和皮下脂肪的状态。

（四）剖开腹腔

从胸骨柄向后作一垂直切线，为不伤害内脏，用两指将腹壁挑起，用剪刀在两指间将腹壁切开，然后沿肋骨弓将腹肌切开。分别掀开两侧腹肌，观察有无腹水、腹水的性状以及内脏的位置有无异常，如肝脏表面有无灰白色灶、肠浆膜的变化等。

（五）暴露胸腔

在肋骨上端，肋骨与胸骨交接处由后向前剪断两侧肋骨，提起胸壁，胸腔器官即暴露。胸腔暴露后，要注意检查胸腔和心包的液体数量、多少及性状；并观察胸膜和心包膜有无炎症、增厚及粘连。

（六）内脏的采出

1. 胃肠道的采出

先分离胃隔韧带，切断食道、脾肾韧带，再切断肠与背侧的联系。从食道切口处，将胃向后拉至直肠部，将直肠内容物向两侧推，切断直肠，摘除整个胃肠道。

2. 肝脏的采出

剪断肝脏各处的韧带，连同胆囊一起将肝脏摘除。

3. 肾脏的采出

先切断肾脏与周围组织的联系，让肾脏从腰部剥离，并保持与输尿管、膀胱的联系，然后从膀胱颈部的前方剪断，将整个泌尿系统摘除。同时顺便检查髂淋巴结。

4. 颈胸部器官的采出

剪断横隔，观察胸腔内是否有渗出液以及渗出液的数量、性状。再从前方切断颌舌骨肌，拉出舌头，切断软腭，再切断气管与食道背侧的联系。切断纵隔，将舌至肺部全部摘除，心脏也在其中。然后检查胸膜的光滑度和异常变化，看浆膜是否光滑、有无出血及附着物、增生物等。

5. 生殖系统器官的采出

左手抓住一侧卵巢向上提起，右手用解剖剪剪断其与周围的联系；另一侧相同，保持与输卵管、子宫角、子宫体的联系一起向后拉至子宫颈口处剪断或放置后部。成年雄性可不摘除，连体检查。

（七）内脏器官的检查

1. 气管和肺的检查

先用剪刀剪开喉头、气管、支气管至肺，检查其内有无分泌物、渗出物，分泌物是浆液性、黏液性，还是脓性或出血性。注意检查器官的充血情况，如充血明显（俗称红气管）则应考虑兔瘟。然后，再观察肺脏及淋巴结的色彩、质度，以及有无病灶、病灶的大小、性质。

2. 心脏的检查

检查心包膜、心外膜、冠状沟、心肌、心内膜、心瓣膜等。看心包膜是否增厚，心包有无积液，心外膜、心冠脂肪、心肌、心内膜有无出血，心外膜有无纤维素性渗出，心内膜有无增生物等。心包炎多见于肺炎球菌病、坏死杆菌病。心包有坏死干酪样中心和纤维素包囊的结节，见于结核病。心包积液，见于李氏杆菌病。心包和肺、胸膜粘连，见于肺炎球菌病。心外膜有出血点、斑，见于黏液瘤病、巴氏杆菌病。

3. 肝、脾的检查

看是否肿大，有无出血、水肿、坏死、肿瘤等病变，胆管是否增生，胆囊的充盈程度、胆汁的性状以及黏膜的变化等；着重观察肝脏的灰白色灶，应取该部组织触片，在显微镜下观察有无球虫。同时检查肝门淋巴结。肝肿大，见于兔瘟、兔痘、野兔热、肺炎球菌病、泰泽氏病。肝脂肪变性，见于肺炎球菌病、链球菌病、胆碱缺乏症。肝充血、出血，多见于伪结核。肝有大小不一的出血点，多见于弓形虫病。脾肿大，多见于黏液瘤病、巴氏杆菌病、野兔热、绿脓杆菌病、肺炎球菌病、链球菌病、沙门氏菌病、兔痘、伪结核。脾出血，多见于兔痘、巴氏杆菌病。脾充血、瘀血、出血，见于伪结核。脾萎缩，见于泰泽氏病。

4. 胃肠道的检查

从胃开始用剪刀沿外缘剪开胃肠道，一直到直肠。主要检查胃黏膜是否出血，胃内有无异物。观察肠道黏膜是否水肿、出血、坏死，肠壁以及内容物的变化。并随时检查所属淋巴结的变化。胃黏膜脱落，见于兔瘟。胃底黏膜脱落，有大小不一的溃疡，见于魏氏杆菌病。胃膨大，充满液体和气体，胃黏膜出血，多见于大肠杆菌病。肠黏膜充血，见于巴氏杆菌病、大肠杆菌病。泰泽氏病的回肠、盲肠黏膜弥漫性出血。球虫病的十二指肠、空肠、回肠、盲肠壁、黏膜充血。

5. 肾脏的检查

观察肾脏的体积有无改变，有无出血点等。用手术刀沿肾脏外缘切开肾脏，并用手将被膜剥离。观察是否萎缩、变性，有无出血点，有无坏死等。然后，用检查刀纵切肾脏，观察皮质和髓质的结构有无异常，有无出血斑点、变性、坏死或囊肿等。随后，剪开输尿管、膀胱至尿道，观察黏膜上是否有出血点、膀胱积尿与否及其量和性状。肾呈现肿大，见于兔瘟、野兔热病。肾有点状出血，多见于兔瘟、沙门氏菌病。肾脂肪变性，见于链球菌病。肾有小坏死点，见于李氏杆菌病。肾有数量不等、大小不一的脓疱，见于葡萄球菌病。

6. 生殖系统的检查

检查各器官组织的发育是否正常，有无异常变化。睾丸灶性或间质性出血，见于黏液瘤病。乳腺肿胀、脓肿，见于巴氏杆菌病。阴道充血、水肿，腔内有黏液性或脓性分泌物，见于沙门氏菌病。包皮、阴茎、阴囊水肿，龟头肿大；阴唇、肛门皮肤、黏膜发红、水肿，形成粟粒大结节，有黏液性脓性分泌物，结棕色痂，去痂露出溃疡面，创面湿润，稍凹下，边缘不整，易出血，周围组织水肿，见于兔梅毒。睾丸水肿、坏死，见于兔痘。睾丸炎、附睾炎，见于巴氏杆菌病。乳房炎，见于葡萄球菌病。

（八）头部的检查

采用十字法和三角法用骨锯将头骨锯开，然后用骨钳将头盖骨掀起，暴露颅腔，剪开硬脑膜，再切断十二对脑神经与头部的联系，剥离脑组织，然后用刀纵切，检查脑室，再横切检查脑组织。最后检查鼻窦、鼻黏膜，额窦、眶下窦等。如果生前有神经症状，则需取脑组织作切片，镜检其病理组织学变化。

（九）脊髓、脊椎的检查

检查脊椎的发育是否正常、有无畸形，然后再检查脊髓，看脊髓液是否增多，最后取出脊髓做大体检查或组织学检查。

（十）四肢的检查

切开皮肤、关节，查看皮下是否水肿或出血、关节液是否增多，性状如何，筋腱有无异常，关节有无畸形等。四肢骨骼弯曲，出现特征性“骨串球”、“鸡胸”等症状，多见于佝偻病。面骨和长骨端肿大，骨弯曲，多见于全身性钙、磷缺乏症。若有关节肿胀，则多见于巴氏杆菌病。变形性关节炎，见于棒状杆菌病。肘关节、膝关节、附关节骨骼变形、脊椎炎，多见于结核病。

三、猪的尸体剖检

（一）体表检查

检查尸僵是否完全；被毛是否光滑；体表的颜色，皮肤有无外伤，是否发紫，是否有出血斑点、异物或损伤。

从眼结膜开始，至鼻腔黏膜、口腔黏膜、全身皮肤（背部、腹部、胸部）、四肢（关节、蹄部）、耳部。首先，看眼角有无眼屎；眼结膜有无黄染、贫血（苍白）及小点出血等；齿龈有无出血、溃疡；鼻孔有无分泌物，一侧颜面部有无变形；胸、腹和四肢内侧皮肤有无出血斑块；耳部、背部皮肤有无坏死、脱落；关节是否肿大；蹄叉、蹄冠、上唇吻突及鼻孔周围有无水疱、糜烂；尾部和肝门周围有无粪污等异常。

（二）剖开皮肤及皮下检查

首先，为了使尸体保持背位，需切断四肢内侧的所有肌肉和髋关节的圆韧带，使四肢平摊在地上，借以抵住躯体，保持不倒。然后，再从颈、胸、腹的腹侧切开皮肤。

取背位。先从颌下、胸部、腹部沿体中线作一纵形切线，直至会阴部，然后剥皮。剥皮时切断四肢的肌肉，使之平放在剖检台上起支撑作用。边剥皮边检查，看皮下是否有病变，如出血斑点（败血症）、水肿（特别是在股内侧、颈部及前颌部皮下，若有水肿，多呈胶冻样）、破溃、菱形充血块（猪丹毒）等，体表淋巴结是否肿大、出血（是周边出血还是散在的小出血点）、充血（呈一致的粉红色）、水肿（切面湿润）、坏死、化脓等，以及皮下肌肉和皮下脂肪的状态。这在诊断猪传染性疾病时有十分重要的意义。小猪(断奶前)还要检查肋骨和肋软骨交界处,看有无串珠样肿大。

(三)剖开腹腔

从胸骨柄向后作一纵切线,为不伤害内脏,用两指将腹壁挑起,用剪刀在两指间将腹壁切开,然后沿肋骨弓将腹肌切开。掀开腹肌,观察有无腹水、腹水的性状、肠浆膜的变化等;再掀开另一侧腹肌继续观察。

(四)暴露胸腔

分别沿肋软骨和胸骨交界处之间切断肋骨,切断横隔,再切断心尖部纵隔,去除胸骨,检查胸腔和心包腔内有无渗出液,渗出液的量、颜色、透明度;胸膜是否光滑,心外膜、心包膜的厚度,有无出血斑点及粘连(猪传染性胸膜肺炎)等。

(五)摘除内脏

1. 胃肠道摘除

先分离胃隔韧带,切断食道、脾肾韧带,再切断肠与背侧的联系。从食道切口处,将胃向后拉至直肠部,将直肠内容物向两侧推,切断直肠,摘除整个胃肠道。

2. 肝脏的摘除

剪断肝脏各处的韧带,连同胆囊一起将肝脏摘除。

3. 肾脏的摘除

先切断肾脏与周围组织的联系,让肾脏从腰部剥离,并保持与输尿管、膀胱的联系,然后从膀胱颈部的前方剪断,将整个泌尿系统摘除。并顺便检查髂淋巴结。

4. 颈胸部器官摘除

剪断横隔,观察胸腔内是否有渗出液以及渗出液的数量、性状。再从前方切断颌舌骨肌,拉出舌头,切断软腭,再切断气管与食道背侧的联系。切断纵隔,将舌至肺部全部摘除,心脏也在其中。然后检查胸膜,看浆膜是否光滑、有无出血、附着物、增生物等。

(六)内部检查

1. 气管和肺的检查

剪开喉头、气管、支气管至肺,仔细观察呼吸道黏膜色彩、质度、有无分泌物、渗出物,分泌物为浆液性、黏液性,还是脓性或出血性;切开肺脏,观察肺切面状态,还需注意有无肺丝虫。并顺便检查肺门淋巴结。当发生猪瘟时,全身淋巴结周边出血。

2. 心脏的检查

检查心包膜、心外膜、冠状沟、心肌、心内膜、心瓣膜等。看心包膜是否增厚,心包有无积液,心外膜、心冠脂肪、心肌、心内膜有无出血,心外膜有无纤维素性渗出,心内膜有无增生物,心肌的色彩等。

3. 肝、脾的检查

看是否肿大,是否变脆或变硬,颜色如何,小叶结构是否清楚,有无出血、水肿、坏死等病变,着重观察脾脏边缘有无梗死。连续平行切多个切面观察结构,查看有无囊虫或包虫寄生,肝切面的血量和颜色,胆管是否增生,胆囊的充盈程度、胆汁的性状以及黏膜的变化等。同时

检查肝门淋巴结，以及胰腺有无出血、坏死。

4. 胃肠道的检查

从胃开始用剪刀沿外缘打开胃肠道，一直到直肠。主要检查黏膜、肠壁以及内容物的变化，如出血（胃底腺）、坏死（大肠纽扣状——猪瘟，糠麸样——仔猪副伤寒，回盲瓣坏死——猪瘟）等，并随时检查淋巴结的变化，特别是肠系膜淋巴结（肿胀，周边出血——怀疑猪瘟，髓样肿胀或水肿——弓形虫病或细菌性肠炎）。猪的结肠，盘曲 2.5 周。在剖开之前，先检查肠间膜有无水肿，肠浆膜有无出血、纤维素渗出。然后分离肠盘，使肠管伸展开。剪开肠腔，检查黏膜有无坏死、溃疡，溃疡的形成是隆起还是下陷，以及盲肠、结肠黏膜的情况，特别要注意检查回盲口（盲肠、结肠是猪瘟和仔猪副伤寒必然出现病变的地方）。检查肠内容物的情况，注意有无寄生虫或泥沙等。

5. 肾脏的检查

观察肾脏的体积有无改变，有无出血点等。用手术刀沿肾脏外缘划破被膜，并用手剥离被膜。观察出血点的大小和密集程度（区别猪瘟和猪弓形虫病）、有无坏死等。然后，用检查刀纵切肾脏，观察皮髓质的结构有无异常，有无出血斑点、变性、坏死（梗死——猪瘟）或囊肿，切面是否隆起，皮质、髓质的厚薄比例、颜色；皮质的放射状条纹是否清楚，有无小露珠样的小红点均匀散布；肾乳头、肾盂有无出血等。随后，用剪刀剪开输尿管至膀胱，观察黏膜上是否有出血点（出血性败血型猪瘟）、膀胱积尿与否及其量。

6. 生殖系统器官检查

检查各器官组织的发育是否正常，有无异常变化。尤其要注意观察子宫（子宫蓄脓）和睾丸的变化。例如，检查公猪睾丸大小，切开检查有无化脓。母猪检查子宫大小，从背部剪开子宫，检查有无死胎、胎衣滞留或蓄脓等情况。

（七）头部检查

采用十字法和三角法用骨锯将头骨锯开，然后用骨钳将头盖骨掀起，暴露颅腔；剪开硬脑膜，再切断脑神经与头部的联系，剥离脑组织；然后用刀纵切，检查脑室，再横切检查脑组织。检查脑膜有无充血、出血。必要时，取材料送检。脑炎时，肉眼观察变化多不明显，只有做成病理切片，在显微镜下检查，才能确诊。最后检查鼻窦、鼻黏膜、额窦、眶下窦等。但应着重检查鼻腔，观察鼻中隔两侧是否对称，鼻骨有无异常，鼻腔、鼻窦中有无肿物以及其颜色、形状、范围大小，黏膜有无萎缩（萎缩性鼻炎）等。

（八）脊髓、脊椎检查

首先检查脊椎的发育是否正常，有无畸形、赘生物等；然后再用斧子砸断脊椎的横凸，暴露脊髓，看脊髓液是否增多；最后取出脊髓做大体检查或组织学检查。

（九）四肢的检查

主要是检查关节和蹄部。切开皮肤、关节，看关节液是否增多，性状如何，筋腱有无异常，关节有无畸形，皮肤是否水肿，有无水疱等。如猪蹄部有水疱或疑似口蹄疫，则应采集心脏，固定于 10％中性福尔马林液中，石蜡切片、苏木素-伊红（HE）染色，显微镜下观察心肌的变化。

四、犬、猫的尸体剖检

犬、猫的尸体剖检与猪、兔基本相似。

(一)体表检查

用双手触摸全身皮肤和四肢,以确定体况为健壮、中等或微弱,也可以据此推断出动物的发病时间和营养状况。检查被毛是否有光泽,有无缺损、疙瘩和寄生虫。检查眼结膜、鼻腔黏膜、口腔黏膜,看是否有贫血的症状;检查全身皮肤(背部、腹部、胸部)以确定有无脱水或水肿,有无增生物、肿瘤或溃烂处等;还要确定尸僵是否完全。检查肛门周围有无粪便污染,尿道口周围的被毛有无被污染后变色,可以确定生前是否尿路不畅、结石或子宫蓄脓(雌性)。还要仔细检查耳部,猫、犬的耳部较易感染发病,如耳螨和中耳炎。

(二)剖开皮肤及皮下检查

取背位。方法同兔、猪。

(三)剖开腹腔

方法同兔、猪,但需着重观察犬的胃肠道位置(有些犬易患胃扭转和肠套叠)和肠浆膜的变化等。

(四)暴露胸腔

分别沿胸骨肋骨交界处切断肋软骨、横隔,再切断心尖部纵隔,去除胸骨,将肋骨向两侧推,观察胸腔有无积液,积液的量、颜色、透明度;胸膜是否光滑;心包膜、心外膜的厚度,有无出血斑点及附着等。

(五)摘除内脏

1. 胃肠道摘除

先分离胃隔韧带,切断食道、脾肾韧带,再切断肠与背侧的联系。从食道切口处,将胃向后拉至直肠部,将直肠内容物向两侧推,切断直肠,摘除整个胃肠道。

2. 肝脏的摘除

剪断肝脏各处的韧带,连同胆囊一起将肝脏摘除。

3. 肾脏的摘除

先切断肾脏与周围组织的联系,让肾脏从腰部剥离,并保持与输尿管、膀胱的联系,然后从膀胱颈部的前方剪断,将整个泌尿系统摘除。并顺便检查髂淋巴结。

4. 颈胸部器官摘除

剪断横隔,观察胸腔内是否有渗出液以及渗出液的数量、性状。再从前方切断颌舌骨肌,拉出舌头,切断软腭,再切断气管与食道背侧的联系。切断纵隔,将舌至肺部全部摘除,心脏也在其中。然后检查胸膜的光滑度和异常变化,看浆膜是否光滑、有无出血及附着物、增生物等。

5. 生殖系统器官摘除

左手抓住一侧卵巢向上提起,右手用剪刀剪断其与周围的联系;另一侧相同,保持与输卵管、子宫角、子宫体的联系一起向后拉至子宫颈口处剪断或放置后部。成年雄性可不摘除,连体检查。

(六)内部检查

1. 气管和肺的检查

先观察肺脏的色彩、质度,有无病灶、病灶的大小、性质,然后剪开喉头、气管、支气管至肺,检查有无分泌物、渗出物,分泌物是浆液性、黏液性,还是脓性或出血性。对急性死亡犬要注意检查是否肺水肿(药物性或中毒性)。并顺便检查肺门淋巴结。

2. 心脏的检查

检查心包膜、心外膜、冠状沟、心肌、心内膜、心瓣膜等。看心包膜是否增厚,心包有无积液,心外膜、心冠脂肪、心肌、心内膜有无出血,心外膜有无纤维素性渗出,心内膜有无增生物等。

3. 肝、脾的检查

看是否肿大,有无出血、水肿、坏死、肿瘤等病变,胆管是否增生,胆囊的充盈程度、胆汁的性状以及黏膜的变化等。同时检查肝门淋巴结。

4. 胃肠道的检查

从胃开始用剪刀沿外缘打开胃肠道,一直到直肠。主要检查胃黏膜是否出血(病毒性胃肠炎),胃内有无异物,肠道黏膜是否水肿、出血、坏死,肠壁以及内容物的变化。并随时检查所属淋巴结的变化。

5. 肾脏的检查

观察肾脏的体积有无改变,有无出血点等。用剪刀沿肾脏外缘划破被膜,并剥离被膜。观察肾脏是否萎缩、变性、有无出血点、有无坏死等。然后,用剪刀纵切肾脏,观察皮髓质的结构有无异常,有无出血斑点、变性、坏死或囊肿等。随后,用剪刀剪开输尿管、膀胱至尿道,观察黏膜上是否有出血点、膀胱积尿与否及其量,有无结石或其他堵塞物,老龄雄犬还要检查前列腺是否增生。犬、猫的泌尿系统堵塞较为常见,犬主要是各种化学物质构成的结石,而猫除了结石外,还因公猫的尿道较细,有一些炎性渗出物和组织碎片混合在一起堵塞尿道而不能排尿。

6. 生殖器官检查

检查各器官组织的发育是否正常,有无异常变化。对于老龄犬,要注意观察子宫(子宫蓄脓)。

(七)头部检查

采用十字法和三角法用骨锯将头骨锯开,然后用骨钳将头盖骨掀起,暴露颅腔;剪开硬脑膜,再切断十二对脑神经与头部的联系,剥离脑组织;然后用刀纵切,检查脑室;再横切,检查脑组织。最后检查鼻窦、鼻黏膜,额窦、眶下窦等,看鼻中隔两侧是否对称、黏膜有无萎缩等。如果生前有神经症状,则需取脑组织作切片,镜检其病理组织学变化。

(八)脊髓、脊椎检查

首先检查脊椎的发育是否正常,有无畸形(犬、猫的腰椎错位较为多见,如生前有行动不便或不能运动者应详细检查)、赘生物等;然后再用斧子砸断脊椎的横凸,暴露脊髓,看脊髓液是否增多;最后取出脊髓,做大体检查或组织学检查。

(九)四肢的检查

主要是检查关节和蹄部。切开皮肤、关节,看皮下是否水肿或出血,关节液是否增多,性状如何,筋腱有无异常,关节有无畸形等。

五、牛、羊的尸体剖检

牛、羊的体表检查要注意四肢有无骨折，口、鼻、蹄冠、蹄叉有无异常（如蹄叉腐烂、有异物），有无水疱、糜烂，蹄壳是否脱落；皮肤有无溃疡、串珠肿；鼻中隔有无溃疡、星形斑痕。注意可视黏膜（眼结膜、鼻腔、口腔、阴道）的色彩（黄色说明有黄疸，剖检时应注意肝、胆有无异常；苍白说明贫血，剖检时应注意内脏有无破裂，造成大出血，或骨髓造血机能有无改变；暗紫色说明血液循环障碍，应注意心脏有无异常）及有无出血斑点等变化。牛、羊还应注意检查腿部有无肿胀、充气；阴道有无分泌物、子宫是否脱落等；有无乳房炎；下颌骨有无肿胀。如果天然孔有出血，死亡急，尸僵不全，腹围胀气等，则一定要先采耳血检查有无炭疽可能。待排除炭疽病之后，才许可剖检。此外，牛的下腹部或股前部腹壁容易发生疝气。

牛、羊是反刍动物，其腹腔脏器的解剖结构（主要是胃、肠）与单胃动物有很大差异，因此，剖检方法上也要有相应的改变。

反刍动物有 4 个胃，占腹腔左侧的绝大部分及右侧中下部，前至第 6～8 肋间，后达骨盆腔。因此，剖检尸体时应采取左侧卧位，以便腹腔脏器的采出和检查。

（一）腹腔的剖开

从右侧肷窝部沿肋骨弓至剑状软骨切开腹壁，再从髋结节至耻骨联合切开腹壁，然后将被切成楔形的右腹壁向下翻开，即露出腹腔。注意，在剖开腹腔时，为了避免划破肠道，造成气、粪溢出，最好是先把腹壁切一个小口，伸进左手的食指和中指，反手向上，屈伸双指；然后右手持刀，刀刃向上，将刀尖插入左手的双指间，双手配合前进，腹壁即被划开。剖检幼畜时，脐部腹壁应与脐动、静脉连在一起，仔细检查血管有无增粗、化脓现象。

（二）腹腔脏器的采出

腹腔剖开后，在剑状软骨部可见网胃，右侧肋骨后缘为肝脏、胆囊和皱胃，右肷部见盲肠，其余的脏器均为网膜所覆盖。为了采出腹腔脏器，应先将网膜切除，然后依次采出小肠、大肠、胃和其他器官。

1. 网膜的切除

以左手牵引网膜，右手执刀，将大网膜浅层和深层分别自其附着部（十二指肠降部、皱胃的大弯、瘤胃左沟和右沟）切离，再将小网膜从其附着部（肝脏的脏面、瓣胃壁面、皱胃幽门部和十二指肠起始部）切离，此时小肠和肠盘均显露出来。

2. 空肠和回肠的采出

在右侧骨盆腔前缘找出盲肠，提起盲肠，沿盲肠体向前见一连接盲肠和回肠的三角韧带，即回盲韧带。切断回盲韧带，分离一段回肠，在距盲肠约 15 cm 处将回肠作二重结扎并切断，由此断端向前分离回肠和空肠直至空肠起始部，即十二指肠空肠曲，再作二重结扎并切断，取出空肠和回肠。

3. 大肠的采出

在骨盆腔口找出直肠，将直肠内粪便向前方挤压，在其末端作一次结扎，并在结扎的后方切断直肠。然后握住直肠断端，由后向前把降结肠从背侧脂肪组织中分离出来，并切离肠系膜直至前肠系膜根部。再将横行结肠、肠盘与十二指肠回行部之间的联系切断。最后把前肠系膜根部的血管、神经、结缔组织一同切断,取出大肠。

4. 胃、十二指肠和脾脏的采出

先检查有无创伤性网胃炎、横膈炎和心包炎,并观察胆管、胰管的状态。如果有创伤性网胃炎、横膈炎和心包炎时,应立即进行检查,必要时将心包、横膈和网胃一同采出。

采出时先分离十二指肠肠系膜,切断胆管、胰管和十二指肠的联系。将瘤胃向后方牵引,露出食道,在其末端结扎并切断。助手用力向后下方牵引瘤胃,术者用刀切离瘤胃与背部相联系的结缔组织,并切断脾膈韧带,即可将胃、十二指肠、胰腺和脾脏同时采出。

5. 脾脏的采出

以左手抓住脾头并向外牵引,使其各部韧带保持紧张,切断脾肾韧带、脾膈韧带、脾胃韧带和脾的动静脉,然后将脾脏同大网膜一起取出。脾脏的采出可在肠的采出之前进行,特别是在脾有明显病变时。

6. 肾脏和肾上腺的采出

先检查肾的动静脉、输尿管和有关的淋巴结。注意该部血管有无血栓或动脉瘤。若输尿管有病变时,应将整个泌尿系统一并采出,否则可分别采出。抓住肾脏,切断和剥离其周围的浆膜和结缔组织,切断其血管和输尿管,即可采出。或先取左肾,保持与输尿管的联系,向后拉,并放在膀胱的一侧;右肾用同法采取。

肾上腺或与肾脏同时采取,或分别采出。

7. 肝脏和胰腺的采出

采取肝脏前,先检查与肝脏相联系的门脉和后腔静脉,注意有无血栓形成。然后切断肝脏与横膈膜相连的左三角韧带,注意肝与膈之间有无病理性的粘连;再切断圆韧带、镰状韧带、后腔静脉和冠状韧带;最后切断右三角韧带,采出肝脏。胰腺可附于肝脏一同采出,或先自肝脏分离取出。

(三)胸腔脏器的采出

为使咽、喉头、气管、食道和肺联系起来,以观察其病变的互相联系,可把口腔、颈部器官和肺脏一同采出。但对于大家畜,一般都采用口腔与颈部器官和胸腔器官分别采出。

1. 心脏的采出

延长心包上的切口(即心脏视检时所作的切口),露出心脏。检查心外膜的一般性状和心脏的外观,然后于距左纵沟左右各约 2 cm 处,用刀切开左右心室,此时可检查血量及其性状。最后以左手拇指和食指伸入心室切口,将心脏提起,检查心底部各大血管之后,将各动静脉切断,取出心脏。

2. 肺脏的采出

先切断纵隔的背侧部与胸主动脉,检查右侧胸腔液的数量和性状。然后在横膈的胸腔面切断纵隔、食道和后腔静脉,在胸腔入口处切断气管、食道、前纵隔、血管和神经等,并在气管轮上作一小切口,用左手指伸入切口牵引气管,可将肺脏采出。肺膜与胸膜有粘连时,应先检查,再将粘连分开。

胸主动脉可单独采出,或与肺脏同时采出。必要时胸主动脉可与腹主动脉一并分离采出。或在下颌处用刀或剪切断两侧舌骨,将气管、支气管、心脏连带食道、主动脉一并采出。

(四)口腔和颈部器官的采出

先检查颈部动脉、静脉、甲状腺、唾液腺及其导管,再检查颌下和颈部淋巴结有无病变。采出时先在第一臼齿前下方锯断下颌支,再将刀插入口腔,由口角向耳根,沿上下臼齿间切断颊部肌肉。将刀尖伸入颌间,切断下颌支内面的肌肉和后缘的腮腺等。最后切断冠状突周围的肌肉与下颌关节的囊状韧带。握住下颌骨断端用力向后上方提举,下颌骨即可分离取出,口腔显露。此时以左手牵引舌尖,切断与其联系的软组织、舌骨支,检查喉囊。然后分离咽喉头、气管、食道周围的肌肉和结缔组织,即可将口腔和颈部的器官一并采出。

(五)内脏检查

1. 胃的检查

先将瘤胃、网胃、瓣胃之间的结缔组织分离,使其有血管和淋巴结的一面向上,按皱胃在左、瘤胃在右的位置平放在地上。用剪刀沿皱胃小弯部剪开;至皱胃与瓣胃交界处,则沿瓣胃的大弯部剪开;至瓣胃弓网胃口处,又沿网胃大弯剪开;最后沿瘤胃上下缘剪开(图 10-2)。这样,胃的各部分可全部展开。如果网胃有创伤性炎症,则可顺食道沟剪开,以保持网胃大弯的完整性,便于检查病变。

胃内容物和黏膜的检查方法及内容前面已叙述,但检查网胃时,应注意有无异物和创伤,是否与膈(偶然也可与肝)粘连。如果没有粘连,可将瘤胃、网胃、瓣胃、皱胃之间的联系分离,使 4 个胃展开,检查胃内容物及黏膜的情况。小牛第一胃中常有毛球,成年牛瘤胃、网胃中常有金属异物。网胃中的金属异物可刺穿胃壁,穿过膈引起创伤性心包炎。此时,网胃、膈、心囊会牢固地愈合在一起。羊的皱胃中常有寄生虫。牛、羊胃黏膜在死后不久即可剥脱,需注意黏膜下有无充血、炎症及胃腔中有无其他变化。

2. 其他内脏器官的检查

同其他猪的内脏器官检查。

(六)颅腔剖开及检查

为了便于打开颅腔,先沿两眼后缘用锯横行锯断,再沿两角外缘与第一锯相接锯开,于枕骨大孔沿枕骨片的中央及顶骨和额骨的中央缝作一纵锯线(图 10-3),最后用力将左右两角压向两边,颅腔即可暴露。牛、羊脑的取出和检查方法同猪。

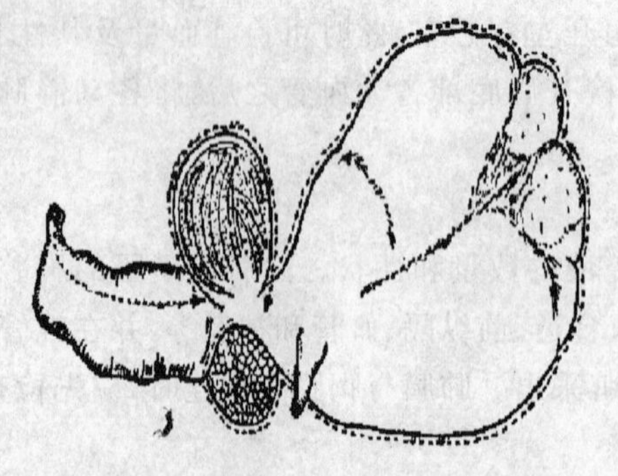

图 10-2 牛剖检时胃检查方法示意图

图 10-3 牛颅腔剖开示意图

(宁章勇)

第十一章 病理组织的切片制作技术

第一节 常规石蜡切片制作技术

切片制作技术随着医学、生物学及相关学科技术的发展而不断发展，并已成为病理形态学乃至生物形态学研究中不可缺少的组成部分。切片制作技术主要是将病变材料制备成极薄的组织切片，经过相应的染色或者其他处理，进而在光学显微镜下准确而清晰地观察组织和细胞的病理变化。常用的切片技术有石蜡切片技术和冰冻切片技术。切片制作的仪器设备逐渐向自动化发展，目前在一些病理实验室已应用自动脱水机、切片机、自动染色机和自动封片机制作病理切片，但传统的人工制作病理切片技术仍是切片制作的基础。本节主要介绍传统的人工石蜡切片制作技术，以使学生初步掌握病理切片制作的一般程序和方法。

一、石蜡切片制作程序

石蜡切片制作技术是利用石蜡的硬度，以石蜡包埋器官组织，制成石蜡切片以便观察的实验技术。将一块病理组织制成一张病理切片标本，必须经过一系列的过程，其主要程序为：取材→固定→冲洗→脱水→透明→浸蜡→包埋→切片→染色→封固。

(一)取材

从尸体解剖或临床手术上选取供制作切片标本的病理组织切块，称为取材。病理组织块是制作病理切片的基础材料，切片标本能否如实而完整地显示固有的病理变化，在很大程度上取决于材料的选取是否恰当，它直接关系到诊断和研究的结果。取材方法及注意事项如下。

1. 材料尽量新鲜

最好是动物心脏还在跳动时取材，并及时投入固定液中。

2. 取材要全面并具有代表性，能显示病变的发展过程

因此要选取病变显著的区域和可疑病灶，在同一组织块中最好包括病灶及其周围的健康组织，并应包含该器官的主要结构部分。例如，肾脏应包括皮质、髓质和肾盂；胃肠道要包含从浆膜到黏膜的各层组织；外周神经组织要作纵切及横切面。较大而重要的病变可从病灶中心到外周不同部位取材，以反映病变各阶段的形态学变化。

3. 要尽量保持组织的自然状态与完整性

取材用的刀剪要锋利，切取时勿使组织受挤压或揉擦，对易变形的组织(如胃、肠、胆囊等)切取后将其浆膜面向下平放于纸片上，然后徐徐投入固定液中。

4. 组织块大小要适当

通常其长、宽、厚以 1.5 cm×1 cm×0.4 cm 为宜,以便固定液迅速浸透。尸体剖检时采取病理组织块可稍大一些,固定几小时之后再加以修整,切成适当大小。

5. 保持材料的清洁

组织块上如有血液、污物、黏液、食物、粪便等,可用生理盐水冲洗,然后再入固定液,但要注意防止组织损伤。

6. 组织编号要清楚

取材完毕后应对被检组织进行核对,组织标本应按序妥善存放,加足固定液。固定容器表面贴好标签,标明标本名称和编号。

(二)固定和固定液

将组织浸在固定液内,使其固有形态和结构得以保存,称为固定。能使组织固定的溶液称为固定液。如果新鲜组织不及时固定,则会因细菌繁殖而致腐败。此外,动物死亡后,细胞内的蛋白溶解酶也可分解细胞蛋白质而引起组织自溶。固定具有防止组织腐败与自溶的作用,能够沉淀或凝固细胞内的物质,如蛋白质、脂肪和糖类,保持其原有的组织成分,使细胞易于着色。

1. 常用的固定液

(1)福尔马林　一般市售福尔马林为 40%左右的甲醛水溶液。此液保存日久,可自行分解产生副甲醛而形成白色沉淀。这种溶液中往往有甲酸产生,使溶液变为酸性,影响核染色。福尔马林的常用配方如下:①10%福尔马林液(此液是最常用的固定液):福尔马林 100 mL,自来水 900 mL;②中性福尔马林液:福尔马林 100 mL,磷酸二氢钠 4 g,磷酸氢二钠 6.5 g,蒸馏水 900 mL,此液因加有缓冲剂,故固定后的组织着色良好。

(2)乙醇　乙醇又称酒精,为无色液体,能与水以任何比例相溶。市售的普通酒精为 95%,纯酒精即无水酒精,浓度为 99.8%,易挥发,易吸水,应密封保存。高浓度酒精对组织有较大收缩作用。组织必须用酒精固定时,宜先用 80%酒精固定数小时,然后再移入 95%酒精中,这样,可避免组织过度收缩。纯酒精能很好地保存糖原、尿酸和多种抗原物质,要证明上述物质时,以酒精固定为佳。酒精固定组织同时兼有脱水作用,经酒精固定的组织不必水洗,无须经过低浓度酒精,可缩短脱水时间。对于其他种类固定液固定的组织,经水洗后可用 80%酒精保存备用。但浓度在 50%以上的酒精可溶解脂肪、类脂以及血红蛋白,所以要证明上述物质时,不能用酒精固定。

2. 固定时注意事项

(1)固定液用量要充足　液量勿少于组织块总体积的 4 倍。将组织块投入固定液之后应及时摇动,使组织块充分接触固定液,勿使其黏附于瓶底或瓶壁。组织块固定时应将尸体剖检号用铅笔写在小纸片上,随组织块一同投入固定液。

(2)组织固定时间要恰当　无论任何组织都愈新鲜愈好,固定时间依据固定物的大小和固定液的性质而定。通常为数小时至数天。固定时间过短,组织固定不充分,影响染色效果,使组织原有结构不清楚;固定时间过长或固定液浓度过高,则使组织收缩过硬,也影响切片染色质量。

(3)组织块不宜过厚　固定液渗入组织达到固定作用通常比较缓慢,需要一定时间。无论何种固定液,经数小时渗入组织深度只达 2～3 mm,因此组织不宜过厚。

(4)选择适当固定液　对于特殊标本,如进行组织化学实验或抗原定位追踪,应依据被检物的性质而选用恰当的固定液进行固定，这样才能正确地保存其固有成分和结构。例如，福尔马林液能固定一般组织，但有溶解肝糖原和某些色素的作用；酒精能很好地固定肝糖原和蛋白性抗原物质，但溶解脂肪。因此，固定标本必须依据要求，选择适当固定液。

（三）冲洗

组织块是通过固定液的渗入来达到固定目的的，但如果固定液长期留在组织内，又会影响组织染色，甚至有的固定液可以在组织内产生沉淀物或结晶而影响观察，有些还可以继续发挥作用而使组织发生某些化学变化。因此，残留在组织内的固定液必须清洗干净，以免影响组织结构的观察。

组织固定后，通常用流水冲洗 8～12 h，以洗净固定液，停止固定作用，避免组织因过度固定而影响制片效果。同时，组织经过冲洗也可改变硬度。组织冲洗后，即可进入脱水，也可置于 70%～80% 的酒精中保存待用。以酒精或福尔马林液固定的组织不需水洗，必要时可用酒精浸洗。

冲洗方法：冲洗必须用流水。为使标本得到充分洗涤，同时组织块又不致混淆，应根据标本多少和实验条件选用不同的冲水工具。可采用纱布块包裹不同病例组织块，放入一个大搪瓷缸内，进行流水冲洗。注意水流不能太大。

（四）脱水

将组织内的水分彻底脱去，叫脱水。组织经过固定和水洗后，含大量水分，而水与石蜡是不相溶的，组织内含水分将妨碍石蜡渗入，从而影响包埋。因此，在浸蜡包埋之前，必须脱去组织内所含的水分。脱水所用的试剂称为脱水剂，常用的脱水剂是酒精。将组织用酒精由低浓度至高浓度依次浸泡，使组织中的水分逐渐脱出，而又不引起组织显著收缩。脱水的过程和时间如下（组织块大小约 1.5 cm×1 cm×0.4 cm）：

70%酒精	1～2 h
85%酒精	1～2 h（组织块在此溶液中可放置几小时甚至过夜）
95%酒精Ⅰ	1～2 h
95%酒精Ⅱ	1～2 h
无水酒精Ⅰ	1～2 h
无水酒精Ⅱ	1～2 h

脱水时间视组织种类和组织块大小而灵活掌握，不必恪守规定的时间。对于骨、韧带等致密组织，可适当缩短脱水时间。组织在无水酒精中，水分必须脱净，脂肪彻底溶掉，这样石蜡才能渗入。肺组织易漂浮于液体表面，故宜装入标本分载盒中进行脱水。

（五）透明

透明是指组织脱水后，通过透明剂的作用而脱去酒精使组织透明，促使石蜡易渗入组织的过程。透明过程中所用的试剂称为透明剂。透明剂不仅具有脱酒精作用，而且还能溶解石蜡，有助于石蜡渗入组织，为浸蜡创造条件。二甲苯能溶于酒精，又可溶解石蜡，是最常用的透明剂。但二甲苯易使组织收缩、硬化变脆，所以组织在二甲苯内的时间不宜过长，以防止组织过脆。透明的过程和时间如下（组织块大小同上）：

1∶1 酒精二甲苯　　1～2 h（组织块在此溶液中也可放置几小时甚至过夜）

二甲苯Ⅰ　　　　1～2 h

二甲苯Ⅱ　　　　1～2 h

透明时间长短也依据组织种类和组织块大小不同有所变动，其标准是以组织完全透明为度。

脱水透明用的酒精、二甲苯要定期更新，以保持适宜的浓度。

（六）浸蜡

组织经过透明后移入溶化的石蜡中浸渍，使石蜡充分渗入组织内，起填充作用，称为浸蜡。浸蜡后的组织硬度均匀适中，可使切片完整。浸蜡过程和时间如下（组织块大小同上）：

石蜡Ⅰ　　　　1～2 h

石蜡Ⅱ　　　　1～2 h

一般切片所用的石蜡有软蜡（熔点为 50～52℃）和硬蜡（熔点为 54～60℃）2 种。选用哪一种熔点的石蜡为宜，应根据制片时的气候和室温而定。通常在夏季室温高时，应用熔点较高的硬蜡；冬季室温较低时，则用熔点较低的软蜡。

浸蜡时间长短也随组织种类和组织块大小不同而有所变动。浸蜡时温度不宜过高，时间也不能太长，以免组织过硬。浸蜡过程宜在恒温箱中进行，熔蜡箱可用恒温箱，也可自制木质温箱，以电炉丝为热源，安装调节钮，以调节箱内温度。其温度范围通常为 55～60℃，工作温度以 56℃为宜。自制熔蜡箱简单适用，且经济。例如，室温 17～18℃，则蜡Ⅰ 52～54℃ 1 块、54～56℃ 2 块，蜡Ⅱ 54～56℃ 3 块、56～58℃ 3 块；室温 20℃，则蜡Ⅰ 56～58℃ 4 块、50～52℃ 3 块，蜡Ⅱ 50～52℃ 1 块、56～62℃ 3.5 块。

脱水、透明、浸蜡也可在组织自动脱水机内进行，时间设定、蜡的硬度可参考以上内容。

（七）包埋

器具用平皿，先用甘油涂抹平皿内壁，再倒入包埋蜡，其熔点同蜡Ⅱ。用镊子夹取组织块放入平皿内摆好，再用载玻片分割开，然后放入冷水中，待冷固后取出，切成立方形小块，周围留 2 mm 蜡边，用火烘热木块底部再粘在木块上，以待切片。

组织也可用包埋框在包埋机包埋。

（八）切片与展片

切片是将组织标本制成很薄的片子，以便染色。它包括石蜡切片和冰冻切片。石蜡切片是病理制片中最常用的方法，具有切片薄、质量佳、适合连续切片等优点。其缺点是在脱水、透明和浸蜡过程中，使脂肪、类脂质、酶和抗原、抗体等物质受到破坏。

切片前先准备好毛笔、镊子，将粘有蜡块的木块固定于切片机上，调节蜡块与刀的距离，当蜡块与刀口接触时，可进行切削。当组织切全后，调节切片厚度 4～7 μm，然后连续进行切片。

从一条蜡带上切取一张完整、厚薄均匀的、无刀口的切片，放入 40℃左右的温水里，使切片充分舒展。取一载玻片放入切片下面，用镊子尖接触切片边缘，使载玻片接触切片后垂直提出水面，这样，切片就附贴在载玻片上了。切片一般贴在载玻片 1/3 处，另一边用笔写上检验号码，放入 37℃温箱中，4～8 h 烤干后即可染色。

（九）染色

染色是用一种以上的染料浸染组织切片，使组织细胞中不同物质因着色性能不同而染成不同色彩,从而便于显微镜下观察。染色为组织制片技术中重要的一环。染色适当与否,直接关系到镜检的准确性。染色方法有普通染色和特殊染色之分。普通染色是指石蜡切片经常应用的苏木素-伊红(简称 HE)染色。苏木精是一种碱性染料,可将细胞核和细胞内核糖体染成蓝紫色,被碱性染料染色的结构具有嗜碱性。伊红是一种酸性染料,能将细胞质染成红色或淡红色,被酸性染料染色的结构具有嗜酸性。HE 染色是石蜡切片中常用的染色方法,所以又称为常规染色法。特殊染色法是为了显示组织或细胞内某些特殊物质,或观察特殊组织结构而采用的染色方法。以下介绍苏木素-伊红染色的方法及步骤。

1. 脱蜡

将充分烘干的切片从恒温箱中取出,依次通过下列溶液。

(1)二甲苯Ⅰ　　5～10 min

(2)二甲苯Ⅱ　　10～20 min(进行彻底脱蜡)

(3)1∶1 二甲苯酒精　　1～2 min(时间可灵活掌握)

(4)无水酒精　　2～3 min

(5)95％酒精　　2～3 min

(6)85％酒精　　2～3 min

(7)70％酒精　　2～3 min

(8)50％酒精　　2～3 min

以上步骤为脱蜡过程,石蜡包埋切片染色前必须经过这一步骤。只有将石蜡彻底溶解,切片才具备进入苏木素染色的条件。

2. 染色

将经过脱蜡的切片移入染色液中进行染色。

(1)苏木素染液　　10～15 min

(2)蒸馏水洗片刻

(3)1％盐酸酒精分化　　1～5 s(切片进入此液,被 2～3 次提取)

第 3 步是苏木素染色的关键。分化适当者,细胞核着色鲜明、清晰,核以外不应有着色部分,颜色一律脱净。若分化不当,时间过短,多余颜色没有褪掉,则细胞核轮廓不清晰;若分化时间过长,核着色过浅,则模糊难辨。缺乏经验者应以显微镜观察控制。

(4)自来水洗　　10～20 min(此时切片逐渐呈鲜艳蓝色,这一步起反蓝作用,细胞核更清晰)

(5)50％酒精　　1～2 min

(6)70％酒精　　1～2 min

(7)85％酒精　　1～2 min

(8)95％酒精　　2～3 min

切片经过上述 4 种上升(浓度)酒精,为伊红酒精染液浸染创造条件。

(9)0.5％伊红酒精浸染　　30 s

3. 脱水、透明

切片依次通过下列溶液,洗去伊红浮色,并进行脱水、透明。

(1)95％酒精Ⅰ　　2～4 min (洗去多余伊红染液)

(2)95％酒精Ⅱ　　2～4 min (洗去片上伊红的浮色)

(3)95%酒精Ⅲ　　2～4 min
(4)无水酒精Ⅰ　　2～4 min
(5)无水酒精Ⅱ　　2～4 min(彻底脱水)
(6)二甲苯Ⅰ　　3～5 min
(7)二甲苯Ⅱ　　10～20 min(充分透明)

染色过程至此结束。苏木素-伊红染色结果,细胞核呈蓝色,细胞浆呈粉红色,红细胞橙红色,软骨组织深蓝色。

染色注意事项如下。

(1)染色前附贴的切片必须充分干燥,否则染色过程中可能发生脱落。

(2)切片从恒温箱中取出后应尽快投入二甲苯中,以利于石蜡溶解。必要时可将二甲苯脱蜡缸放入恒温箱中,加温脱蜡。

(3)染色各步骤所用的试剂必须定期更新,以保持必需的浓度和纯度。

(十)封固

封固是指在切片上滴加封固剂和盖玻片,将切片密封,以利于观察和保存。通常用光学树胶或加拿大树胶为封固剂。

封固方法:将已完全透明的切片从二甲苯液中取出,擦去切片以外载玻片上的二甲苯,用粗细适度的玻璃棒滴加树胶于切片一端,随即将盖玻片一端与树胶接触稍稍前推,并与载玻片成30°角,徐徐下落,将切片封盖。盖玻片加封之前,需在酒精灯火焰上稍加烘烤,以去潮气,然后将烘烤面朝上加盖。操作时要迅速准确,勿使切片在空气中暴露太久,以防二甲苯挥发,切片干燥。

封固时应注意树胶浓度要适宜,以能滴下成珠为佳。树胶使用前切勿搅拌,以免产生气泡。滴加树胶要适量,以恰能充满盖玻片为宜。树胶酸碱度宜接近中性,过酸易使切片褪色。封固后的切片,平放于烤片架上,置恒温箱烘干,即可送检。

二、试剂配制

(一)苏木素染液配制方法

苏木素	2 g
纯酒精	100 mL
甘油	100 mL
冰醋酸	10 mL
钾明矾	2～3 g
蒸馏水	100 mL

配制时先将苏木素溶于酒精,再依次加甘油和冰醋酸,将钾明矾放入乳钵,研成粉末,溶于蒸馏水,注入苏木素液,用玻璃棒搅匀,以脱脂棉轻盖瓶口,置放于光线充足处,约经6周后,颜色变为红褐色,即显示已经氧化成熟,可以使用。一般染色时间为10 min。

(二)伊红染色液配制方法

伊红	0.5 g

95%酒精 100 mL

将伊红加入酒精，使充分溶解，此液为饱和伊红溶液，最好提前配制，以使伊红充分溶解，增强染色力。一般时间为1～2 min。

（三）0.5%～1% 盐酸酒精配制方法

盐酸 0.5～1 mL

70%酒精 100 mL

将盐酸徐徐加入酒精中，充分混合即可。

第二节 病理组织化学技术

病理组织化学技术是利用某些化学试剂与组织和细胞内的被检成分发生化学反应，并在局部形成有色沉淀物，通过显微镜检查，对组织和细胞内化学成分变化进行研究的技术。

病理组织化学技术可用于组织和细胞内糖类、脂肪、蛋白、核酸、酶类以及某些无机物的变化研究。以下介绍几种较常用的组织化学染色方法。

一、糖原和黏多糖的染色方法

动物组织和细胞内的糖原和黏多糖均属于多糖。糖原主要存在于肝细胞和肌细胞内，可以随时被分解为单糖利用。黏多糖为氨基己糖、己糖醛酸及其他己糖所组成的复杂的高分子化合物，有的黏多糖分子含有硫酸根。黏多糖包括透明质酸、硫酸软骨素和肝素等。

（一）过碘酸-雪夫氏反应(Periodic acid Schiff reaction，简称 PAS 反应)

1. 原理

PAS反应是显示细胞内糖原和黏多糖的常用染色方法，其基本原理是应用过碘酸的氧化作用，打开多糖分子内1,2-乙二醇中的碳-碳键，或者打开黏多糖中的氨基、烃氨基衍生物，形成 α-醛基，醛基与 Schiff 试剂中的亚硫酸品红反应形成紫红色化合物，从而可证明糖原或黏多糖成分的存在。

肝细胞和肌细胞的糖原，以及肝素、硫酸软骨素和基质的透明质酸等多糖均呈阳性反应。

2. 方法

(1)取肝、心肌、骨骼肌等组织块(厚1～2 mm)固定于 Carnoy 氏液或95%酒精中，置4℃冰箱4～6 h；

(2)石蜡包埋，切片；

(3)在70%酒精溶液中展片和捞片，置烤片机烤干；

(4)二甲苯脱蜡后，经无水酒精、95%酒精、80%酒精至70%酒精，入过碘酸酒精溶液10～15 min；

(5)70%酒精清洗，入 Schiff 氏溶液染色10～15 min；

(6)0.1%亚硫酸清洗3次，每次1 min；

(7)自来水清洗3～5 min，蒸馏水清洗2 min；

(8)梯度酒精脱水，二甲苯透明，中性树胶封固。

结果：糖原呈紫红色颗粒。

3. 试剂配制

(1)过碘酸酒精溶液的配制。

过碘酸($HIO_4 \cdot 2H_2O$)	0.4 g
95%酒精	35 mL
0.2 mol/L 醋酸钠(27.5 g+1 000 mL 蒸馏水)	5 mL
蒸馏水	10 mL

保存于4°C冰箱备用(保存时间不宜过长，液体显黄色即失效)。

(2)Schiff 氏溶液的配制。

Schiff 氏原液	11.5 mL
1 mol/L 盐酸	0.5 mL
无水酒精	23 mL

(二)爱先蓝改良法(Alcian Blue modified)

1. 染色方法

(1)组织块固定于10%中性福尔马林溶液中，石蜡切片或冰冻切片；

(2)脱蜡后，经无水酒精、95%酒精、80%酒精、70%酒精至水，入新鲜的爱先蓝液(pH 2.5，溶液在使用前过滤)染5～10 min；

(3)自来水清洗；

(4)用1%中性红或Mayer氏的明矾卡红复染细胞核，自来水冲洗；

(5)经各度酒精脱水，二甲苯透明，中性树胶封固；

结果：酸性黏液物质呈蓝绿色；细胞核呈红色。

2. 爱先蓝染液配制

爱先蓝	1 g
3%冰醋酸	100 mL

二、脂肪染色方法

脂类物质除存在于脂肪细胞外，也见于神经组织、肾上腺细胞，以及发生脂肪变性的肝细胞、肾小管上皮细胞和心肌细胞等。

(一)原理

脂溶性染料，如苏丹Ⅲ、苏丹Ⅳ、油红O、尼罗蓝等，可与组织和细胞内的脂类物质选择性地结合，使脂质呈现一定的颜色。

(二)方法

1. 油红O染色

(1)取切好的冰冻切片，在70%的乙醇中稍洗；

(2)浸入油红O-乙醇染色液中着染约10～15 min；

(3)70%的乙醇中浸洗 1 min；

(4)蒸馏水浸洗 2 次；

(5)苏木精浅染胞核 2 min；

(6)水洗 10 min，再用蒸馏水稍洗；

(7)用滤纸把组织周围水分擦干；

(8)甘油明胶封固。

试剂配置方法如下。

(1)油红 O 贮备液：

油红 O(oil red O)	0.5 g
无水乙醇(absolute alcohol)	100 mL

将油红 O 和无水乙醇倾入三角烧瓶内，轻轻摇动使其尽量溶解，过滤到小口砂塞瓶密封保存备用。

(2)油红 O 工作液：

油红 O 贮备液	18 mL
蒸馏水	12 mL

将油红 O 贮备液与蒸馏水充分混合后静置 10 min 使用。

2. 苏丹Ⅲ染色法

(1)取新鲜组织固定于 10%福尔马林中，冰冻切片；

(2)50%酒精 2～3 min；

(3)苏丹Ⅲ染液染色 20～30 min(置 56～60℃温箱中)；

(4)50%～70%酒精清洗片刻；

(5)蒸馏水洗 2 次；

(6)苏木素复染细胞核；

(7)自来水清洗 5～10 min，蒸馏水清洗 2 min；

(8) 甘油透明，甘油明胶封固。

结果：脂肪呈深桔黄色；细胞核呈蓝色。

苏丹Ⅲ染液配制：

苏丹Ⅲ	3 g
70%酒精	100 mL

将苏丹Ⅲ加入酒精溶液中，置 60℃温箱溶解 1 h，溶液过滤后备用。用时取 20 mL 溶液加蒸馏水 2～3 mL。

3. 苏丹Ⅳ染色法

(1)取新鲜组织固定于 10%福尔马林中，冰冻切片；

(2)50%酒精 2～5 min；

(3)苏丹Ⅳ染液染色 2～5 min；

(4)用 70%酒精洗涤，蒸馏水洗；

(5)苏木素染细胞核；

(6)蒸馏水洗；

(7)甘油封固。

结果：脂肪呈橘红色；细胞核呈蓝色。

苏丹Ⅳ染液配制：

苏丹Ⅳ	0.2～0.3 g
丙酮	50 mL
70％酒精	50 mL

将苏丹Ⅳ溶于丙酮后，与70％酒精混合，过滤密封备用。

4. 硫酸尼罗蓝染色法

(1)取组织块于甲醛-氯化钙混合液中固定6～18 h；

(2)入重铬酸钾-氯化钙溶液，置室温18 h后，再移至温箱(60℃)铬化24 h；

(3)蒸馏水洗3次；

(4)入0.2％～1％尼罗蓝溶液，置温箱60℃染色5 min；

(5)入1％冰醋酸液分化30 s；

(6)自来水清洗3次；

(7)甘油明胶封固。

结果：中性脂肪呈红色或粉红色；酸性脂类呈蓝色。

甲醛-氯化钙溶液配制：

重铬酸钾	5 g
氯化钙	1 g
蒸馏水	10 mL

将重铬酸钾和氯化钙溶于蒸馏水中，备用。

三、蛋白质染色方法

(一)原理

蛋白质是由氨基酸构成的多肽链大分子，既可单独存在成为单纯蛋白质，也可与其他物质形成结合蛋白质，如糖蛋白、核蛋白、脂蛋白。其染色原理主要是通过染料与蛋白质氨基酸残基的—NH_2结合以显示蛋白质。

(二)方法

1. 茚三酮-Schiff试剂法

(1)取新鲜组织固定于10％福尔马林或95％酒精等固定液，石蜡包埋切片或冰冻切片；

(2)石蜡切片经二甲苯脱蜡后，入100％酒精至70％酒精清洗；

(3)入0.5％茚三酮溶液，置37℃温箱中作用12～24 h；

(4)自来水清洗；

(5)入Schiff染液染色45 min；

(6)自来水清洗；

(7)苏木素复染；

(8)70％～100％酒精脱水，二甲苯透明，中性树胶封固。

结果：蛋白质呈粉红至红色；细胞核呈蓝色。

2. 偶联四唑反应法(coupled tetrazolium reaction)

偶联四唑反应主要用于显示蛋白质中所有的氨基酸,特别是酪氨酸、色氨酸与组氨酸。氨基在4℃和pH 9时,可与四唑联苯胺结合,其结合产物为蛋白质重氨盐,其中的重氰基与酸发生偶联反应,最后形成有色产物。

(1)取新鲜组织固定于10%福尔马林或95%酒精,石蜡包埋切片;

(2)石蜡切片经二甲苯脱蜡后,入100%酒精至70%酒精清洗;

(3)入四氮化联苯胺溶液后,置4℃冰箱作用15 min;

(4)蒸馏水清洗;

(5)用pH 9.2的巴比妥-醋酸盐缓冲液清洗3次,每次2 min;

(6)入pH 9.2的巴比妥-醋酸盐缓冲液作用15 min;

(7)蒸馏水清洗3 min;

(8)70%～100%酒精脱水,二甲苯透明,中性树胶封固。

结果:色氯酸、酪氨酸及组氨酸呈棕红色。

四氮化联苯胺溶液的配制:

2 mol/L HCl	3 mL
联苯胺	0.06 g
5%亚硝酸钠水溶液	1 mL

低温环境配制,搅拌10 min后,液体呈黄色透明液,再依次加入以下溶液:

5%氨基磺酸铵($NH_2SO_3NH_4$)	1 mL
碳酸钠饱和水溶液	10 mL
使用前加蒸馏水	50 mL

四、酶类的染色方法

酶是具有专一催化功能的在细胞内合成的蛋白质,生物体内物质的合成与分解代谢均是在酶的催下进行的。用组织化学方法显示细胞内的某些酶,观察其分布以研究酶在疾病过程中的活性变化,从而探讨细胞的机能活动。

下面重点介绍碱性磷酸酶、酸性磷酸酶、细胞色素氧化酶的显示方法。

(一)碱性磷酸酶

1. Gomori显示碱性磷酸酶钙钴法

磷酸酯酶能分解磷酸酯释放出磷酸基,磷酸基与钙盐起反应形成磷酸钙,磷酸钙与硝酸钴反应使磷酸钙变成磷酸钴后,再和硫化铵作用形成硫化钴黑色沉淀物。

(1)取新鲜组织,固定于10%的缓冲福尔马林溶液(pH 7.4)或冷丙酮中。

(2)石蜡包埋切片或冰冻切片。包埋时修薄组织块(2～3 mm厚),尽量缩短包埋时间。包埋好的蜡块保存于冰箱中,尽快切片(10 μm),以防酶活性受影响。

(3) 贴片。贴片时水温尽量在40℃以下,贴好的切片置于37℃温箱干燥2 h或放入干燥器内,于冰箱中干燥12～24 h。

(4)二甲苯脱蜡后经高浓度到低浓度酒精水化,蒸馏水清洗。

(5)入碱性磷酸酶作用液(pH 9.2～9.8)1.5～2 h。

(6)入1%硝酸钙水溶液2 min。

(7)入1%硝酸钴水溶液2 min。

(8)蒸馏水清洗2次，每次1 min，入硫化铵水溶液1 min。

(9)自来水洗5～10 min，用甘油明胶封固。

结果：碱性磷酸酶呈浅灰色、灰黄色或灰黑色。颜色越深，表明酶活性越强。

碱性磷酸酶作用液的配制：

2%甘油磷酸钠水溶液	10 mL
2%巴比妥钠水溶液	10 mL
2%硝酸钙水溶液	5 mL
蒸馏水	25 mL

以上溶液混合后即为碱性磷酸酶作用液。

2. 碱性磷酸酶偶氮染料染色法

α-萘酚磷酸钠在碱性磷酸酶的作用下分解为R-OH和磷酸钠，偶氮染料可直接与R-OH结合呈现颜色反应，从而显示碱性磷酸酶。

(1)取材、固定、切片、贴片等同Gomori显示碱性磷酸酶钙钴法。

(2)切片入*α*-萘酚磷酸钠-坚固红或坚固蓝作用液反应15 min。

(3)蒸馏水清洗，甘油明胶封固。

结果：坚固红染色的酶活性处呈棕红色；坚固蓝染色的呈黑色。

α-萘酚磷酸钠-坚固红或坚固蓝作用液的配制：

α-萘酚磷酸钠	5 mg
巴比妥缓冲液(pH 9.64)	5 mL
坚固红RR或坚固蓝Rc	5 mg

以上物质混合溶解后，过滤后即为可使用的*α*-萘酚磷酸钠-坚固红或坚固蓝作用液。

(二)酸性磷酸酶

1. 酸性磷酸酶铅沉淀法

磷酸酯酶分解磷酸酯释放出磷酸基，磷酸基与铅盐作用后形成磷酸铅，再与硫化铵反应生成棕黑色的沉淀。

(1)取材、固定、切片、贴片等同Gomori显示碱性磷酸酶钙钴法。

(2)入酸性磷酸酶作用液(pH 5)作用1～24 h。

(3)蒸馏水清洗，入2%醋酸清洗。

(4)蒸馏水清洗，入1%硫化铵水溶液作用2 min。

(5)自来水洗5 min，脱水、透明、树胶封固。

结果：酸性磷酸酶呈黄棕色至棕黑色。

对照切片在作用液内不加甘油磷酸钠。

酸性磷酸酶作用液的配制：

1.36%醋酸钠水溶液	4 mL
6%醋酸	2 mL
5%醋酸铅水溶液	2 mL

2%甘油磷酸钠水溶液	6 mL
蒸馏水	12 mL

以上溶液混合后静置数小时，4℃冰箱保存。用前过滤后以蒸馏水稀释2～3倍，即为酸性磷酸酶作用液。

2. 酸性磷酸酶偶氮偶联染色法

此法与碱性磷酸酶相似，只是用pH 5的醋酸缓冲液配制染料。

(1)取材、固定、切片、贴片等同Gomori显示碱性磷酸酶钙钴法。

(2)切片入α-萘酚磷酸钠-苏丹黄作用液反应30～60 min。

(3)蒸馏水洗，入2%甲基绿水溶液复染。

(4)自来水洗，甘油明胶封固。

结果：酸性磷酸酶呈暗红色；细胞核呈绿色。

α-萘酚磷酸钠-苏丹黄作用液的配制：

α-萘酚磷酸钠	10 mg
0.1 mol/L 醋酸缓冲液(pH 5)	10 mL
苏丹黄 RRA	10 mg

以上物质混合溶解，过滤后即为可使用的α-萘酚磷酸钠-苏丹黄作用液。

(三)酯酶

1. 酯酶的醋酸吲哚酚法

组织中的酯酶可分解作用液中的吲哚酚酯，释放出吲哚酚基，而后被氧化成不溶解的靛蓝，从而使酯酶的活性部位显色。

(1)取组织块于10%中性福尔马林溶液固定24 h；

(2)冰冻切片10～15 μm，入作用液在22～37℃染色1～15 min；

(3)用Mayer明矾卡红染细胞核10 min；

(4)蒸馏水洗，加甘油明胶封固，或脱水、透明、树胶封固。

结果：酯酶呈蓝色；细胞核呈红色。

吲哚酚酯作用液的配制：

O-乙酰-5-溴吲哚酚	1.3 mg
无水酒精	0.1 mL

O-乙酰-5-溴吲哚酚溶解于无水酒精后加以下试剂：

0.1 mol/L Tris-HCl 缓冲液 pH 6～8	2 mL
0.05 mol/L 铁氰化钾(赤血盐)	1 mL
0.05 mol/L 亚铁氰化钾(黄血盐)	1 mL
0.1 mol/L 氯化钙	1 mL
蒸馏水加至	10 mL

2. 非特异性酯酶α-醋酸萘酚坚固蓝显示法

(1)取新鲜组织，10%中性福尔马林溶液固定，石蜡包埋切片或冰冻切片；

(2)石蜡切片经脱蜡、水化后入作用液30 s至15 min；冰冻切片直接入作用液；

(3)自来水洗3 min；

(4)明矾卡红复染核,自来水洗,甘油明胶封固。

结果:酯酶活性部位呈棕红色;细胞核呈红色。

α-醋酸萘酚坚固蓝作用液的配制:

α-醋酸萘酚	5 mg
丙酮	0.1 mL

α-醋酸萘酚溶解于丙酮后,加 0.2 mol/L pH 7.4 磷酸缓冲液 10 mL,再加坚固蓝 B 30 mg,使用前配制。

五、核酸染色方法

细胞内的核酸主要有核糖核酸(RNA)和脱氧核糖核酸(DNA)两种,核糖核酸主要存在于细胞质内和核仁中,脱氧核糖核酸主要存在于细胞核内。某些染料可与核糖核酸或脱氧核糖核酸结合而显示核酸的存在部位。核酸的染色方法有多种,以下主要介绍甲基绿-派罗宁染色法。

脱氧核糖核酸(DNA)和核糖核酸(RNA)甲基绿-派罗宁染色法:甲基绿染 DNA,而派罗宁染 RNA,从而使 DNA 显示绿色或蓝绿色,RNA 显示红色。

(1)取组织块固定于 10%甲醛或 Carnoy 氏固定液,置冰箱 4~6 h;

(2)石蜡包埋,切片;

(3)切片脱蜡、水化后,放入甲基绿-派罗宁染液染 16~20 min;

(4)取出切片,用吸水纸吸干,入丙酮 10~30 s 后,入丙酮二甲苯等量混合液 1~2 min;

(5)二甲苯透明,树胶封固。

结果:脱氧核糖核酸(DNA)呈绿色或蓝绿色;核糖核酸(RNA)呈红色。

甲基绿-派罗宁溶液的配制:

1%甲基绿(用醋酸缓冲液 pH 4.8)	2 mL
1%派罗宁(用醋酸缓冲液 pH 4.8)	1 mL
醋酸缓冲液 pH 4.8	40 mL

该溶液现配现用。如果甲基绿中含有甲基紫,则在甲基绿水溶液中加入氯仿抽提干净甲基紫后再使用。

六、色素染色方法

1. 黑色素染色方法

黑色素异常时,可在全身各处形成含有黑色素的沉着物。常规固定剂与石蜡组织切片中的黑色素不会丢失,其形态特点为大小不等的颗粒状物质,可用 Masson-Fontana 氨银液染色。

Masson-Fontana 氨银液染色方法:

(1)石蜡组织切片,常规脱蜡至水;

(2)用蒸馏水洗 1 min;

(3)切片置入 Fontana 银液内,并加盖于暗处作用 12~18 h;

(4)蒸馏水洗 2 次;

(5)0.2%的氯化金水溶液处理 5 min;

(6)蒸馏水洗 1 min;

(7)丽春红-苦味酸染色液染色 3 min;

(8)无水乙醇脱水，二甲苯透明，中性树胶封固。

结果：黑色素颗粒呈黑色；胶原纤维呈红色。

Fontana 银液配制方法：用 10%硝酸银水溶液 20 mL，逐滴加入浓氨水，至沉淀消失呈乳白色，加蒸馏水 20 mL。此液贮存在棕色磨口瓶内，置暗处 24 h 后再用。

2. 脂褐素染色方法

脂褐素(lipofuscin)又称为棕色萎缩性色素或消耗性色素，是一种微细的、大小一致呈小滴状的浅棕色或金黄色的颗粒。常用 Schmorl 方法染色。

Schmorl 染色方法：

(1)组织块用 10%中性福尔马林固定，石蜡包埋；

(2)切片脱蜡至蒸馏水；

(3)浸入高铁化物溶液作用 2～3 min；

(4)蒸馏水清洗 2 次；

(5)1%中性复红复染细胞核 2～5 min；

(6)蒸馏水清洗，酒精脱水，二甲苯透明，树胶封固。

结果：脂褐素呈绿色或蓝色；细胞核呈红色。

高铁化物溶液的配制：

1%的三氯化铁	30 mL
1%的铁氰化钾	4 mL
蒸馏水	6 mL

该溶液现配现用，不能保存。

3. 含铁血黄素染色方法

含铁血黄素是一种血红蛋白源性色素，常规染色为棕黄色大小不等的颗粒，呈点状和团块状分布于细胞内或细胞外。有的存在于血管内。常用的三价铁离子的显示方法是普鲁士蓝法，该方法是用亚铁氰化钾在酸性环境下与组织内的三价离子铁离子结合，呈现出蓝色不溶性的亚铁氰化铁来显示铁的。石蜡切片和冰冻切片都可用于普鲁士蓝法染色。

普鲁士蓝染色法：

(1)组织块用 10%中性福尔马林固定，石蜡包埋；

(2)切片脱蜡至蒸馏水；

(3)普鲁士蓝染色液染 15～30 min；

(4)蒸馏水清洗 2 次；

(5)1%中性复红复染细胞核 20 s；

(6)蒸馏水清洗，酒精脱水，二甲苯透明，树胶封固。

结果：含铁血黄素呈蓝色；细胞核呈红色。

盐酸亚铁氰化钾溶液(普鲁士蓝染液)的配制：

2%盐酸	25 mL
2%亚铁氰化钾	25 mL

以上两种溶液混合后即可使用，现配现用。

4. 胆色素染色方法

血红蛋白分解产物和代谢发生障碍等情况，使胆红素的含量增多，在组织中形成大小不等的颗粒或团块状物质。胆色素可以被 Fouchet 试剂(三氯醋酸和三氯化铁混合液)氧化成绿色的胆绿素。同时,根据胆色素浓度的不同可呈淡绿色、翠绿色和深绿色。

Hall 染色方法:

(1)石蜡组织切片,常规脱蜡至水;

(2)蒸馏水洗 2 次,浸入 Fouchet 染色液中 5 min;

(3)蒸馏水洗 3 次,每次 2 min;

(4)丽春红-苦味酸染色液复染 3 min;

(5)无水乙醇快速分化与脱水;

(6)二甲苯透明,中性树胶封固。

结果:胆色素呈绿色;胶原纤维呈红色。

Fouchet 染色液配制:

25% 的三氯醋酸	30 mL
10%的三氯化铁	3 mL

上述溶液混合贮存于棕色瓶内,临用前配制,不宜长时间保存。

七、病理性物质沉着染色方法

1. 纤维素染色

纤维素是由存在于血液内的纤维蛋白分子聚合形成的特殊蛋白质,又称纤维蛋白。这种蛋白由溶胶状态转变为凝胶状态,形成弯曲细丝纤维素而存在于组织内,多呈网状结构或无定形的纤维团块。常用 Gram 甲紫染色方法。

Gram 染色方法:

(1)石蜡组织切片,常规脱蜡至水;

(2)伊红染色液染色 10 min,稍水洗;

(3)甲紫染色液染色 3 min,稍水洗;

(4)用革兰碘液处理 3 min;

(5)倾去碘液,用吸水纸吸干;

(6)用苯胺和二甲苯等量混合液分化 30 s;

(7)二甲苯清洗苯胺,中性树胶封固。

结果:纤维素呈蓝色。

试剂配制:

(1)伊红染色液

伊红	2.5 g
蒸馏水	98 mL

(2)甲紫染色液

甲紫	1 g
蒸馏水	100 mL

2. 淀粉样物质染色

淀粉样物质是一种无细胞的嗜伊红物质,一般常用 Bennhold 刚果红染色法。

Bennhold 刚果红染色方法:

(1)石蜡组织切片,常规脱蜡至水;

(2)明矾-苏木精染色 2 min;

(3)0.5%盐酸乙醇分化 10 s;

(4)流水冲洗,使细胞核呈蓝色;

(5)刚果红染色液染色 20～30 min;

(6)1%的碳酸锂处理 15 s,蒸馏水浸洗 1 min;

(7)80%乙醇分化 15 s;

(8)流水冲洗 1～2 min;

(9)无水乙醇脱水,二甲苯透明,中性树胶封固。

结果:淀粉样物质呈红色;细胞核呈蓝色。

刚果红染色液的配制。

刚果红	1 g
蒸馏水	100 mL

3. 钙盐染色

钙在人体内大量存在,除骨骼和牙齿外,正常时钙渗透在所有的组织和细胞中,一般不以固体状态出现在组织内。某些情况下,钙沉着在骨骼及牙齿以外的组织,称为病理性钙盐沉着。其主要成分是磷酸钙,其次为碳酸钙。钙盐常用茜素红 S 法染色。

茜素红 S 染色方法:

(1)石蜡组织切片,常规脱蜡至水;

(2)茜素红 S 染色液染色 5 min;

(3)蒸馏水冲洗 2 次;

(4)0.1%的盐酸乙醇迅速分化;

(5)流水冲洗 5 min;

(6)苏木精浅染细胞核;

(7)流水冲洗 10 min;

(8)无水乙醇快速脱水;

(9)二甲苯透明,中性树胶封固。

结果:钙盐呈红色;细胞核呈蓝色。

八、肥大细胞染色方法

肥大细胞形态较大(20～30 μm),细胞核较小,细胞质内充满许多的圆形嗜碱性颗粒。由于颗粒中含有肝素等成分的多硫酸脂,也属于硫酸黏多糖类,故能够被异染性染料着色,常用甲苯胺蓝染色法。

甲苯胺蓝染色法:

(1)石蜡组织切片,脱蜡至水;

(2)0.5%甲苯胺蓝染色液染色 10～20 min,蒸馏水洗 2 次;

(3)0.5%冰醋酸分化液分化 30 s 左右,至细胞核和颗粒清晰为止;

(4)蒸馏水洗 2 次,无水乙醇快速脱水;

(5)滤纸吸干水分,二甲苯透明和中性树胶封固。

结果：肥大细胞内的颗粒呈紫红色；细胞核呈蓝色。

试剂配制：

(1)0.5％的甲苯胺蓝染色液：

甲苯胺蓝	0.5 g
蒸馏水	100 mL

(2)0.5％的冰醋酸分化液：

冰醋酸	0.5 mL
蒸馏水	100 mL

第三节 免疫组织化学技术

免疫组织化学技术(immunohistochemistry technique)是在常规HE染色和组织化学染色的基础上，根据抗原抗体反应原理而发展起来的染色技术。免疫组织化学技术广泛应用于病理学研究和临床病理诊断，是临床病理诊断中重要的辅助技术之一，对于判断肿瘤的来源、分类、预后和鉴别诊断以及指导临床治疗等起着重要的作用。

一、原理

根据免疫学抗原抗体反应和化学显色原理，组织切片或细胞标本中的抗原先和一抗结合，再利用一抗与标记生物素、荧光素等的二抗进行反应，前者再用标记辣根过氧化物酶(HRP)或碱性磷酸酶(AKP)等的抗生物素(如链霉亲和素等)结合，最后通过呈色反应或荧光来显示细胞或组织中的化学成分，在光学显微镜或荧光显微镜下可清晰地看见组织细胞发生的抗原抗体反应产物，从而能够在细胞爬片或组织切片上原位确定某些化学成分的分布和含量。

二、免疫组织化学技术的特点

(一)特异性强

免疫学的基本原理决定抗原与抗体之间的结合具有高度特异性，因此，免疫组织化学从理论上讲也是组织细胞中抗原的特定显示。

(二)敏感性高

免疫组织化学技术具有较高的敏感性。不同的免疫组织化学技术方法可以不同程度地把抗原-抗体结合物的特异性放大；或者采用各种增加敏感性的方法，可以检测出组织细胞中极微量的抗原。此外，不断研发出的检测试剂盒也使得免疫组织化学技术更具敏感性，这样高敏感性的抗体抗原反应，使免疫组织化学方法越来越方便地应用于常规病理诊断工作。

(三)定位准确，形态与功能相结合

免疫组织化学技术通过抗原抗体反应及呈色反应，可在组织和细胞中进行抗原的准确定位，因而可同时对不同抗原在同一组织或细胞中进行定位观察，这样就可以进行形态与功能相

结合的研究，这对病理学领域开展深入研究是十分有意义的。

（四）应用范围广

应用免疫组织化学技术，可以检测组织石蜡切片、组织冰冻切片、细胞涂片、细胞爬片和培养细胞中的相应抗原。

三、分类

（一）按标记物质的种类分

可分为免疫荧光法、放射免疫法、免疫酶标法和免疫金银法等。

（二）按染色步骤分

可分为直接法（又称一步法）和间接法（二步、三步或多步法）。与直接法相比，间接法的灵敏度更高。

（三）按结合方式分

可分为抗原-抗体结合，如过氧化物酶-抗过氧化物酶（PAP）法；亲和连接，如卵白素-生物素-过氧化物酶复合物（ABC）法、链霉菌抗生物素蛋白-过氧化物酶连接（SP）法等，其中SP法是比较常用的方法；聚合物链接，如即用型二步法，此方法尤其适合于内源性生物素含量高的组织抗原检测。

四、常用的免疫组织化学染色方法

（一）免疫荧光方法

免疫荧光方法是最早建立的免疫组织化学技术。它利用抗原抗体特异性结合的原理，先将已知抗体标上荧光素，以此作为探针检查细胞或组织内的相应抗原，在荧光显微镜下观察。当抗原-抗体复合物中的荧光素受激发光的照射后即会发出一定波长的荧光，从而可确定组织中某种抗原的定位，进而还可进行定量分析。由于免疫荧光技术特异性强、灵敏度高、快速简便，所以在临床病理诊断、检验中应用较广。

（二）免疫酶标方法

免疫酶标方法是继免疫荧光后，于20世纪60年代发展起来的技术。其基本原理是先以酶标记的抗体与组织或细胞作用，然后加入酶的底物，生成有色的不溶性产物或具有一定电子密度的颗粒，通过光镜或电镜，对细胞表面和细胞内的各种抗原成分进行定位研究。免疫酶标技术是目前最常用的技术。本方法与免疫荧光技术相比的主要优点是：定位准确，对比度好，染色标本可长期保存，适合于光、电镜研究等。免疫酶标方法的发展非常迅速，已经衍生出了多种标记方法，且随着方法的不断改进和创新，其特异性和灵敏度都在不断提高，使用也越来越方便。目前，在病理诊断中广为使用的免疫酶方法有ABC法、SP三步法、即用型二步法检测系统等。

(三)免疫胶体金技术

免疫胶体金技术是以胶体金这样一种特殊的金属颗粒来作为标记物。胶体金是指金的水溶胶,它能迅速而稳定地吸附蛋白,对蛋白的生物学活性则没有明显的影响。因此,用胶体金标记一抗、二抗或其他能特异性结合免疫球蛋白的分子(如葡萄球菌 A 蛋白)等作为探针,就能对组织或细胞内的抗原进行定性、定位,甚至定量研究。由于胶体金有不同大小的颗粒,且胶体金的电子密度高,所以免疫胶体金技术特别适合于免疫电镜的单标记或多标记定位研究。由于胶体金本身呈淡红色至深红色,因此其也适合进行光镜观察。如果应用银加强的免疫金银法则更便于光镜观察。

五、实验流程简介

(一)LSAB(S-P)法

1. 特点

LSAB 法采用链菌抗生物素蛋白-生物素技术。其中链菌抗生物素蛋白-生物素具有很强的亲和力,三步法染色,加入的二抗和三抗可将抗原-抗体结合物不断放大,从而很大程度地提高了敏感性。需要注意的是,检测时要封闭内源性生物素。

2. 染色步骤

(1)石蜡切片,常规脱蜡至水,冰冻切片和细胞涂片需要先固定,然后蒸馏水冲洗;

(2)必要时进行抗原修复,修复后蒸馏水冲洗;

(3)3% H_2O_2 水溶液孵育 10～30 min,以灭活内源性过氧化物酶活性;

(4)蒸馏水冲洗,PBS 浸泡 5 min;

(5)血清封闭(尽可能与二抗来源一致)室温 15～30 min,倾去,勿洗;

(6)滴加适当比例稀释的一抗,37℃ 孵育 2～3 h 或 4℃ 过夜(12～16 h);

(7)PBS 冲洗 3 次,每次 5 min;

(8)滴加生物素标记鼠/兔/羊二抗,室温或 37℃孵育 30～60 min;

(9)PBS 冲洗 3 次,每次 5 min;

(10)滴加 SP(链霉亲和素-过氧化物酶),室温或 37℃孵育 20～30 min;

(11)PBS 冲洗 3 次,每次 5 min;

(12)DAB-H_2O_2 显色剂显色 1～5 min,观察颜色变化,适时用蒸馏水洗终止显色;

(13)苏木精染色液复染细胞核 3～5 min,蒸馏水洗 5～10 min;

(14)脱水,透明,中性树胶封固。

3. 结果

阳性结果呈棕色,细胞核呈蓝色。

(二)EnVision 法

1. 特点

采用聚合物技术的二步法,属于非生物素检测系统,可避免内源性生物素干扰,不需要进行封闭内源性生物素操作,加一抗前也不需用正常血清封闭,具有敏感性高、操作简便和非特异性染色少的优点，是常用的方法之一。

2. 染色步骤

(1)脱蜡、水化组织切片；冰冻切片和细胞涂片固定后蒸馏水洗；

(2)必要时进行抗原修复，修复后蒸馏水洗；

(3)3% H_2O_2 水溶液孵育 5～10 min，以阻断内源性过氧化物酶，蒸馏水洗，PBS 或 TBS 冲洗 5 min；

(4)滴加一抗，室温或 37℃孵育 30～60 min，或 4℃过夜(12 ～16 h)；

(5)PBS 或 TBS 浸洗 3 次，每次 5 min；

(6)滴加 En Vision/HRP/鼠/兔二抗，37℃孵育 10～30 min；

(7)PBS 或 TBS 浸洗 3 次，每次 5 min；

(8)应用 DAB-H_2O_2 溶液显色 1～5 min，蒸馏水洗终止显色；

(9)苏木精染色液复染细胞核 3～5 min，蒸馏水洗 5～10 min；

(10)脱水，透明，中性树胶封固。

3. 结果

阳性结果呈棕色，细胞核呈蓝色。

(三)EPOS 法

1. 特点

EPOS 法采用聚合物技术的一步法，敏感性高。一抗不含生物素，可避免内源性生物素干扰，不需要进行封闭内源性生物素操作，加一抗前也不需要血清封闭。EPOS 法最大的优点是操作步骤少，染色快，非特异性背景低。

2. 染色步骤

(1)脱蜡、水化组织切片；冰冻切片和细胞涂片固定后蒸馏水洗；

(2)必要时进行抗原修复，修复后蒸馏水洗；

(3)3% H_2O_2 水溶液孵育 5～10 min，以阻断内源性过氧化物酶，蒸馏水洗，PBS 或 TBS 冲洗 5 min；

(4)滴加一抗，室温或 37℃孵育 30～60 min；

(5)PBS 或 TBS 浸洗 3 次，每次 5 min；

(6)应用 DAB-H_2O_2 溶液显色 1～5 min，蒸馏水洗终止显色；

(7)苏木精染色液复染细胞核 3～5 min，蒸馏水洗 5～10 min；

(8)脱水，透明，中性树胶封固。

3. 结果

阳性结果呈棕色，细胞核呈蓝色。

六、免疫组织化学染色注意事项

免疫组织化学染色从组织取材固定到染色后封固，经过多个步骤的操作，每一个步骤操作不当都会影响染色结果，进而影响病理诊断的准确性。免疫组织化学染色过程中需要注意的事项如下。

(1)组织标本应及时固定，常用 10% 的福尔马林溶液作为固定液，固定时间一般为 24 h。

(2)石蜡切片脱蜡要彻底，脱蜡干净会造成局灶型阳性等染色不均匀的现象，甚至染色失败。

(3)是否进行抗原修复，需要针对被检测抗原查阅文献等。许多抗原检测进行抗原修复时，可以用热处理方法代替蛋白酶消化方法。不当的抗原修复会导致抗原定位发生改变，也可能会引起假阳性或假阴性结果。

(4)一抗是免疫组织化学染色过程中的核心试剂，多次重复实验中最好选择同一品牌、同一批次的抗体，这样稀释度以及优化的条件才可能一致，实验的重复性和平行性较好。另外，抗体保存要恰当，超过了有效期或者抗体反复冻融都可能会导致抗体效价降低或失活，直接影响染色结果。

(5)抗体孵育一般先在4℃放置12～16 h，即通常是过夜，之后可在37℃继续孵育1～2 h，以更有利于抗原抗体的充分结合。

(6)滴加抗体时要完全覆盖组织，在加抗体前用含0.05%吐温的PBS浸洗切片，可有效避免由于抗体表面张力的作用而在组织表面隆起以致引起表面组织边缘出现假阳性的现象。

(7)在整个染色操作过程中，一定要避免切片干燥，否则会增加背景色，甚至导致染色失败。

(8)一抗孵育时最好提前用免疫组织化学专用笔把待检组织画圈，这样即节省了抗体的用量和实验的成本，也能够非常有效地保证抗体的充分孵育，对整个染色的成败是非常重要的。

(9)滴加抗体前要尽可能甩干切片上的PBS，残留的PBS对加入的抗体稀释度是很高的，可能会直接影响染色结果。

(10)加抗体前后均应用PBS充分浸洗切片，不必担心过多的浸洗会使抗原-抗体结合物解离，尤其是最后一次的PBS，最好使用浸洗，以有利于减少非特异性染色。

(11)染色过程中设立阳性和阴性对照非常重要，以验证抗体和检测试剂系统效价是否稳定，实验操作是否正确，从而确保染色结果的可靠性。

(12)组织切片背景色深可能与下列因素有关，应注意避免。①一抗浓度太高；②二抗孵育时间过长；③DAB显色剂中DAB浓度过高或H_2O_2太多；④一抗纯度不高；⑤抗体孵育后切片浸洗不彻底；⑥内源性过氧化物酶的干扰；⑦内源性生物素的干扰；⑧在染色过程中发生切片干片的现象。

（杨利峰）

第十二章 白细胞临床病理学检查

血液离心时表层为灰白色，这部分细胞即称为白细胞。它是一组形态、功能和在发育上与分化阶段不同的非均质性混合细胞的统称，依据形态、功能和来源而分为中性粒细胞、嗜酸性粒细胞、嗜碱性粒细胞、淋巴细胞和单核细胞。它们通过不同的方式和机理消灭病原体，是机体抵御病原微生物等异物的主要防线。

外周血液中的 5 种白细胞各有其特定的生理机能，生理状况下这 5 种白细胞之间有一定的比例。但在病理情况下，白细胞总数的变化反映机体防御机能的一般状态，各种白细胞之间百分比的变化，则反映机体防御机能的特殊状态。因此，白细胞计数对疾病的诊断具有一定意义，而白细胞分类计数则具有具体意义，在分析临床意义时，必须把二者结合起来。

对白细胞总数、分类计数及形态变化检查的结果分析得当，能为疾病的诊断、疗效的观察及预后的判断提供重要的参考。在一般情况下，白细胞检验的结果能为临床兽医提示动物的易感性、侵入微生物的种类和毒力、疾病过程的性质与严重性、患病机体的全身反应以及疾病过程的长短及转归的可能性。

第一节 白细胞计数及分类计数

白细胞计数是兽医临床工作中重要的检验指标，应用大致有 3 个目的：①用以肯定诊断，如白细胞异常增高，并辅助白细胞形态检查，可确立白血病的诊断；②为疾病的鉴别诊断提供依据，如感染犬瘟热后，大多数犬只的白细胞总数呈明显下降趋势，而细菌性肠炎时，白细胞则增多；③揭示疾病的严重性或检测治疗结果，如可通过白细胞增高的程度判断感染的严重程度，急性细菌性感染时白细胞的增高更为明显。

一、白细胞计数

(一)计数方法

1. 采血

采血的部位和方法根据检验的项目、所需血量和动物种类的不同而不同，分为毛细血管采血、静脉采血和心脏采血。

采血常用的抗凝剂有以下几种。

(1)草酸钠　1.5～2.0 mg 可抗凝 1.0 mL 血液；

(2)乙二胺四乙酸二钠　每 10 mg 可使 5 mL 全血抗凝，或配成 10% 的溶液，每 2 滴可使 5 mL 全血抗凝；

(3)3.8%枸橼酸钠溶液　每 0.5 mL 可使 5 mL 全血抗凝；

(4)肝素　配制成 1 g/L 水溶液。取 0.5 mL 置小瓶内，放于 37～50℃ 中烘干，能使 5 mL 血液不凝固。

2. 血液的稀释

用 1 mL 移液管正确吸取 0.38 mL 白细胞稀释液(白细胞稀释液的配方：冰醋酸 2.0 mL；1% 龙胆紫或 1% 美蓝 1 mL；加蒸馏水至 100 mL，过滤后备用)置小试管中，用一次性毛细吸管吸取抗凝血 20 mL，用脱脂棉擦去吸管外壁多余血液后，挤入小试管底部，并抽吸数次，然后颠倒几次混匀。

3. 充液

在血球计数板的计数室上方加盖盖玻片，用吸管吸取血液，弃去 1～2 滴，然后沿盖玻片边缘滴入，让其自然流入计数室内，静置 3 min 即可计数。

4. 计数

用低倍镜观察计数室内白细胞分布是否均匀，分布均匀后计数血球计数板四角 4 个大方格内的白细胞数。计数时必须遵循一定方向逐格进行。

5. 计算

白细胞数/mm^3 =4 个大方格计数的白细胞总数×50。

(二)各种动物白细胞正常值

不同的生理状态下，健康动物白细胞总数(表 12-1)及分类计数波动较大，年龄、运动、寒冷、消化期、妊娠及分娩期等对白细胞数目均产生影响。

犊牛的白细胞数目比成年牛高，肉牛的总数比驯化的乳牛高，因为在采血时肉牛挣扎的剧烈。发情可以使白细胞的总数升高，在发情的当天和第二天有中性粒细胞和嗜酸性粒细胞的下降。分娩时中性粒细胞增多，嗜酸性粒细胞下降约 50%。应激时的变化和分娩时相似。

猪初生时中性粒细胞的百分率较高，为 70%，1 周龄时降为 45%，成年时为 55%。母猪分娩时白细胞总数和分类记数的规律和牛分娩时相似。

表 12-1　几种成年畜禽白细胞数及其分类

(引自朱维正. 新编兽医手册(修订版). 北京：金盾出版社，2000)

	马	牛	绵羊	山羊	猪	兔	犬	猫
白细胞总数/($\times10^9$/L)	9.5 (5.4～13.5)	8 (6.8～9.4)	8.6 (6.4～10.2)	9.6 (4.3～14.7)	14.8 (10.2～21.2)	8 (7～9)	9.4 (6.8～11.8)	12 (5～15)
嗜碱性粒细胞/%	0.005	0.005	0.005	0.001	0.005	0.04	少见	0.045
嗜酸性粒细胞/%	0.045	0.04	0.05	0.04	0.025	0.015	0.04	0～0.25
淋巴细胞/%	0.34	0.57	0.59	0.57	0.555	0.52	0.708	0.93
单核细胞/%	0.025	0.02	0.026	0.015	0.035	0.04	0.20	0.258
中性粒细胞/%	0.585	0.365	0.345	0.35	0.34	0.325	0.05	0.012

(三)白细胞计数的病理解释

白细胞增多症是指白细胞计数值超过健康动物正常值上限。一般来说，中性粒细胞增多是白细胞增多症最为常见的原因，而淋巴细胞增多和嗜酸性粒细胞增多在引起白细胞增多症过程中所起的作用较小。

白细胞减少症是指白细胞计数值低于健康动物参考值范围的下限。单胃动物白细胞减少症基本上是和中性粒细胞减少症同时发生，假如中性粒细胞正常，则即使出现淋巴细胞减少和嗜酸性粒细胞减少通常也不会引起白细胞减少症。但在反刍动物，白细胞减少症既可能由中性粒细胞减少症所引起，也可能由淋巴细胞减少症所引起。

1. 白细胞增多症的原因

造成白细胞增多的原因有：急性化脓性感染，如脓肿、脑膜炎、肺炎、胸膜炎、腹膜炎、肠炎；中毒，包括因代谢障碍、汞中毒、铅中毒、药物及蛇毒等原因；生长迅速的肿瘤；急性出血及大手术后 36 h 内；红细胞溶血；白血病；创伤；某些杆菌感染（如大肠杆菌、炭疽杆菌）、真菌感染及立克次氏体感染等。

2. 白细胞减少症的原因

①白细胞减少症的一般病因与骨髓的改变有关，通常称为“4D”，即退行性（degeneration）、抑制（depression）、耗竭（depletion）、破坏（destruction）。

②能造成白细胞减少症的疾病和原因包括：病毒性感染，如猪瘟、流感、犬瘟热等，白细胞减少一般出现在疾病的早期，在疾病的后期由于继发感染有白细胞的增多；强烈的细菌感染，革兰氏阴性细菌的内毒素作用；缺乏某些营养物质——珠蛋白；X 射线会破坏骨髓的细胞成分，产生白细胞减少症；长期使用某些药物（如氯霉素、磺胺类）可以造成白细胞的减少。

二、白细胞分类计数

（一）概述

白细胞分类计数是将血液制成血涂片，经染色后在显微镜下观察白细胞的形态并进行分类计数，从而求得各种白细胞的比值（百分率）和绝对值。白细胞分类计数的目的在于：观察白细胞增多症、白细胞减少症、感染、中毒、恶性肿瘤、白血病和其他血液系统疾病的白细胞变化情况；评估红细胞和血小板形态。

对被检动物血象进行解释时，不仅要参考相对分类计数值，还要参考绝对分类计数值，这样得出的结论比较科学和客观。为了便于临床应用中的参考，现将各种动物白细胞分类绝对值的变化列表解释如下（表 12-2）。

表 12-2　各种家畜白细胞分类绝对值的解释

（引自王小龙．兽医临床病理学．北京：中国农业出版社，1995）

病理变化	各类白细胞分类计数的绝对值（个细胞/μL）						
	犬	猪	牛	马	猪	绵羊	山羊
白细胞增多症	>15 000	>15 000	>12 000	>12 500	>2 200	>12 000	>13 000
白细胞减少症	<6 000	<5 500	<4 000	<6 000	<10 000	<4 000	<4 000
中性粒细胞增多症	>11 800	>12 500	>4 000	>6 700	>10 000	>5 600	>7 200
中性粒细胞减少症	<3 000	<2 500	<1 500	<2 700	<3 200	<700	<1 200
中性粒细胞核左移	>300	>300	>200	>100	>800	>100	>100
淋巴细胞增多症	>5 000	>7 000	>7 500	>5 500	>13 000	>9 000	>9 000
淋巴细胞减少症	<1 500	<2 000	<3 000	<2 000	<4 500	<2 000	<2 000
单核细胞增多症	>800	>600	>850	>1 000	>2 000	>750	>550
酸性粒细胞增多症	>750	>750	>1 500	>1 000	>2 000	>1 000	>650

(二)白细胞分类计数变化的病理学解释

1. 中性粒细胞反应

中性粒细胞具有趋化作用、变形和黏附作用、吞噬和杀菌作用等功能,在机体防御和抵抗病原菌侵袭过程中起着主要作用。中性粒细胞数量可随动物生理状态而变化,一般下午较早晨为高,采食、运动、恐惧、兴奋、高温或严寒都能使中性粒细胞增多。生理性增多都是一时性的,通常不伴有白细胞质量方面的变化。

(1)中性粒细胞增多　健康的年轻动物在恐惧、兴奋、突然性挣扎等反应时会由中性粒细胞轻度增多而无核左移,这种情况也见于兽医临床治疗中应用皮质类固醇类药物和肾上腺皮质激素(ACTH)之后。感染性疾病(特别是各种病原微生物引起的全身性感染,如炭疽、腺疫、巴氏杆菌病、猪丹毒、结核等传染病),急性炎症(如急性胃肠炎、肺炎、子宫内膜炎、急性肾炎、乳房炎等),化脓性疾病(如化脓性胸膜炎、化脓性腹膜炎、创伤性心包炎、肺脓肿、蜂窝织炎等),中毒性疾病(如酸中毒的前期、毛地黄中毒、尿毒症等),外科手术,一些溶血性疾病等,都会使中性粒细胞增多。

(2)中性粒细胞减少　中性粒细胞减少的情况可分为以下3种。

①循环血液中的中性粒细胞减少。这种情况是在成熟的中性粒细胞大量被破坏和被组织大量利用时,由于中性粒细胞失落的速度超过了其生成和从骨髓中释放的速度而发生的。兽医临床上,急性大肠杆菌病、牛急性化脓性疾病、山羊链球菌性乳房炎、内毒素血症、免疫介导性中性粒细胞减少、全身性败血症、猪大肠杆菌性乳房炎、沙门氏菌病等过程中都能见到这种变化。

②骨髓白细胞生成作用降低所致的中性粒细胞减少。在某些传染性疾病的急性期或症状出现时的最初阶段能见到骨髓中颗粒白细胞的生成作用降低,但这种情况只是一种暂时现象,只持续5～7 d。骨髓干细胞和增生的颗粒细胞经受5～7 d损害之后,在骨髓中重新恢复颗粒细胞生成作用,并出现颗粒细胞增生现象,这表示机体开始进入恢复阶段。在另一些疾病,中性粒细胞减少的现象发生过程比较隐蔽,在白细胞生成过程中,某种缺陷的存在比较持久,持续呈现白细胞减少现象的期限亦比较长。泛白细胞减少症或再生障碍性贫血不仅具有这种特征的血液学变化,同时还呈现骨髓造血组织发育不良。

③无效粒细胞的过度生成所致的中性粒细胞减少。由于无效粒细胞生成作用所致的中性粒细胞减少,见于因骨髓纤维化而粒细胞不能自骨髓释放时,也见于因骨髓坏死而粒细胞于骨髓间死亡时,还见于因粒细胞成熟过程发生中断时。在这些情况下进行骨髓检查,显示粒细胞的生成组织呈现增生,同时伴有中性粒细胞减少。因此,用常规检查技术不能将中性粒细胞减少的一些阶段区别开来,也不能将暂时呈现白细胞再生不良的一些类型区别开来。

(3)中性粒细胞的核象变化　在分析中性粒细胞增多和减少的变化时,要结合白细胞总数的变化及核象变化进行综合分析。

中性粒细胞的核象变化是指其细胞核的分叶状态,它反映白细胞的成熟程度,而核象变化又可反映某些疾病的病情和预后。正常时,外周血液内中性粒细胞的分叶是以2～3叶为多,同时也可见到少量杆状核中性粒细胞。如果外周血液中未成熟的中性粒细胞增多,即中性幼年核和杆状核白细胞的比例升高,则称为核左移(shift to left)。如果分叶核中性粒细胞大量增加,核的分叶数目增多(4～5个或更多),则称为核右移(shift to right)。

①中性粒细胞核左移。当杆状核中性粒细胞超过其正常参考值的上限时，称轻度核左移；如果超过其正常参考值上限的1.5倍，并伴有少数晚幼中性粒细胞时，称中度核左移；当其超过白细胞比值的25%，并伴有更幼稚的中性粒细胞时，称重度核左移。中性粒细胞核左移时，还常伴有程度不同的中毒性变化。

核左移伴有白细胞总数增高，称为再生性核左移。它表示骨髓造血机能加强，机体处于积极防御阶段，常见于感染、急性中毒、急性失血和急性溶血。

核左移而白细胞总数不高，甚至减少者，称退行性核左移。它表示骨髓造血机能减退，机体的抗病力降低，见于严重的感染、败血症等。

在兽医临床上，核左移的程度和白细胞总数的变化可作为评价动物病情的严重程度和机体的防御能力的指标。当白细胞总数和中性粒细胞百分率略微增高，轻度核左移，表示感染程度轻，机体抵抗力较强；如果白细胞总数和中性粒细胞百分率均增高，中度核左移及中毒性改变，表示有严重感染；而当白细胞总数和中性粒细胞百分率明显增高，或白细胞总数并不增高甚至减少，但有显著核左移及中毒性改变，则表示病情极为严重。

②中性粒细胞核右移。核右移是由于缺乏造血物质而使脱氧核糖核酸合成障碍所致。如果在疾病期间出现核右移，则反映病情危重或机体高度衰弱，预后往往不良。中性粒细胞核右移见于重度贫血、重度感染和应用抗代谢药物治疗后。

2. 单核细胞反应

单核细胞功能主要是激活淋巴细胞，使淋巴细胞在特异性免疫中起着重要的作用；吞噬和杀灭某些病原体，如病毒、结核杆菌、布氏杆菌等；吞噬衰老的红细胞和清除损伤组织及死亡的细胞；抑制肿瘤细胞的生长；在中性粒细胞和单核细胞生长中起反馈调节作用。

(1)*单核细胞增多*　单核细胞增多在任何中性粒细胞增多的情况下都可发生，其中包括健康状态下的生理性反应及对皮质类固醇的反应。单核细胞反应的发生常与具有化脓、坏死、癌肿、溶血、出血、免疫损害及某些化脓性肉芽肿为特征的疾病有关。此外，单核细胞增多，也常见于某些原虫性疾病(如锥虫病、焦虫病等)、某些慢性细菌性疾病(如结核、布氏杆菌病等)、某些病毒性疾病(如马传染性贫血等)。

(2)*单核细胞减少*　单核细胞减少多见于急性传染病的初期及各种疾病的垂危期。

3. 嗜酸性粒细胞反应

嗜酸性粒细胞具有吞噬作用，对组胺、免疫复合物和来自寄生虫、某些细菌的嗜酸性粒细胞趋化因子等多种物质有趋化性，并分泌组胺酶灭活组胺，减轻某些过敏反应。因此，嗜酸性粒细胞对皮肤病、变态反应性疾病和寄生虫病的反应比较敏感。

(1)*嗜酸性粒细胞增多*　嗜酸性粒细胞增多，见于某些内寄生虫病(如肝吸虫、球虫、旋毛虫等)、某些过敏性疾病(如荨麻疹、血清过敏、饲料过敏等)、湿疹及疥癣等皮肤病。此外，食物性过敏反应、肾上腺皮质功能不全、犬嗜酸性肌炎和肌萎缩、犬和猫嗜酸性肉芽肿复合症、犬嗜酸性胃肠炎、牛对乳汁的高度过敏等也可出现嗜酸性粒细胞增多。

(2)*嗜酸性粒细胞减少*　见于感染性疾病和严重发热性疾病的初期及尿毒症、毒血症、严重创伤、中毒、过劳等。如果嗜酸性粒细胞持续下降，甚至完全消失，则表明病情严重。

4. 嗜碱性粒细胞反应

嗜碱性粒细胞生理功能的突出特点是参与超敏反应。嗜碱性颗粒中含有组胺、肝素、慢反应物质、血小板活化因子和嗜酸性粒细胞趋化因子等多种活性物质。

嗜碱性粒细胞增多在家畜较为罕见，而且通常是与嗜酸性粒细胞增多同时发生，例如在那些产生 IgE 的疾病中，可预见的嗜酸性粒细胞增多总是同时有嗜碱性粒细胞增多。检查犬恶丝虫阴性反应的犬较之阳性反应的犬更常见到嗜碱性粒细胞增多的现象。猪也可发生嗜碱性粒细胞增多的现象，但由于成熟嗜碱性粒细胞的颗粒不易被着色，所以往往被忽略而被漏检。嗜碱性粒细胞增多而不伴有嗜酸性粒细胞增多的现象比较罕见，一旦出现这种现象，则应考虑为某些内分泌紊乱所继发的血浆脂蛋白代谢改变、肾病综合征、慢性肝脏疾病、遗传性高脂蛋白血症等疾病。

5. 淋巴细胞反应

淋巴细胞是重要的免疫活性细胞，分为 T 淋巴细胞和 B 淋巴细胞。健康动物淋巴细胞的数量通常比较稳定，大多数畜种的淋巴细胞伴随年龄增长而轻度增加。

(1)淋巴细胞增多　见于某些慢性传染病(如结核、布鲁氏菌病等)、急性传染病的恢复期、某些病毒性疾病(如猪瘟、流感等)及血孢子虫病等。肾上腺素在引起生理性白细胞增多的同时，亦能引起淋巴细胞增多。

(2)淋巴细胞减少　淋巴细胞减少在患病动物是一种常见的异常血象。导致淋巴细胞减少的机理在对疾病最后做出诊断之前是很难区别清楚的，一般只能凭假定的机理予以推断。能够引起淋巴细胞减少的机理可能有以下几种。

①由皮质类固醇诱发的淋巴细胞减少，是皮质类固醇促使处于循环状态的淋巴细胞重新分配所致，见于外源性皮质类固醇或 ACTH 的应用、体温极高或极低、肾上腺皮质机能亢进、疼痛性疾病等。

②在急性全身性感染时，由于传染性抗原普遍、广泛地被释放，导致体循环中淋巴细胞在淋巴结中的潴留，除淋巴结增大外，同时在血液中还可能出现淋巴细胞减少的现象。但随着时间的延长，淋巴细胞减少的现象逐渐消失。一般来说，病毒感染较细菌感染更易引起淋巴细胞减少，局部感染虽可引起与其相关的局部淋巴结发生淋巴细胞阻滞，但一般不易引起血液中的淋巴细胞减少。在牛地方性流产、犬冠状病毒感染、犬瘟热、犬细小病毒感染、内毒素血症、马疱疹病毒感染、马流感、猫泛白细胞减少症、犬传染性肝炎、霉形体感染、羊蓝舌病、败血症等病症中，血液中都可见到淋巴细胞减少。

③获得性 T 淋巴细胞缺乏症。在循环中的淋巴细胞绝大多数是 T 淋巴细胞。在一些新生动物，当某些感染而引起胸腺坏死或萎缩之后仍能持续存活的话，则会出现持续的淋巴细胞减少症。这种现象在犬瘟热、马疱疹病毒感染、猫持续性泛白细胞减少症、猫白血症病毒感染等过程中都可见到。

④免疫抑制药物的应用或辐射作用。由于这类药物和辐射物质的作用都可抑制细胞克隆的增生，故而缓慢地产生淋巴细胞减少的现象。

⑤因富含淋巴细胞的传出性淋巴流失所致的淋巴细胞减少。流失的主要原因有胸导管破裂和猫心血管疾病之后的乳糜样胸导管液的漏出。

⑥因富含淋巴细胞的传入性淋巴流失所致的淋巴细胞减少。见于消化道淋巴肉瘤、肠新生物、肉芽肿性肠炎、反刍兽副结核病(Johne's 病)、使蛋白质丧失的肠病、溃疡性肠炎等。

⑦在肿瘤或炎症破坏淋巴结结构时，循环中的淋巴细胞会取代淋巴结结构，从而出现淋巴细胞减少的现象。

⑧遗传性免疫缺乏症，使 T 淋巴细胞缺乏或 B 淋巴细胞亦同时缺乏，因而显示淋巴细胞

减少症。

鉴于在不同种类的动物之间，淋巴细胞的数量差异较大，故应对照各自的参考值来解释淋巴细胞减少的现象。

第二节　白细胞形态学检查

一、中性粒细胞形态学检查

不同家畜，中性粒细胞的形态是不一致的。犬的中性粒细胞核分叶之间有狭窄部分将小叶分开，无核丝的形成，胞浆呈淡粉红色，并有尘埃样的颗粒散布于其间；猫的中性粒细胞形态与犬相似；牛的中性粒细胞核膜呈现一个或数个致密的突出点，无核丝生成，胞浆中颗粒模糊，隐约可见，使细胞呈现橙黄色；马中性粒细胞的核膜不规则，具有多分叶性的特征。

在各种有害因素的作用下，中性粒细胞常会出现下列形态学异常改变。

(1)细胞大小不均　中性粒细胞大小悬殊，见于慢性感染和病程较长的化脓性炎症。

(2)中毒性颗粒　在中性粒细胞的细胞浆中出现分布不均、大小不等的深紫色或蓝黑色粗大颗粒，这种颗粒称中毒性颗粒，见于烧伤和严重的化脓性感染。

(3)空泡　在中性粒细胞的细胞浆中出现一个至数个大小不等的空泡，严重者细胞呈筛状，有时在细胞核上也能见到空泡，见于败血症和某些中毒性疾病(如棘豆属植物中毒、化学品中毒等)。

(4)核变形　中性粒细胞的细胞核发生固缩或溶解、碎裂。细胞核发生固缩时，核染色质呈深紫色粗大凝块状；细胞核溶解时，核膜破碎，核染色质松散、模糊、着色浅淡。这说明细胞受损程度加重，见于严重感染。

二、单核细胞形态学检查

单核细胞是一种较大的细胞，必须将其与晚幼粒细胞和大淋巴细胞相区别。鉴别单核细胞的标准一般可从以下 4 个方面考虑。①细胞核呈卵圆形，核分 2～3 个叶，丝带状的核染色质，核的包膜呈锐角形；②细胞浆呈灰蓝色，其色泽较中性粒细胞浆的颜色深；③细胞浆内出现空泡可能是单核细胞非常明显的一个特征，在新鲜的血涂片上，单核细胞中的空泡可能表示动物存在感染，然而用 EDTA 抗凝的血在采样后 30～60 min，作为一种人为因素(体外贮存)亦可使单核细胞的胞浆产生空泡；④单核细胞有短的、毛发样的伪足也是它的一个特征。

单核细胞转化成巨噬细胞的现象，在血液中极难见到，然而在艾利希氏体病、组织胞浆菌病、利什曼原虫病时，在毛细血管血液的涂片上则能见到。巨噬细胞是一种很大的、颗粒丰富的细胞，细胞浆内还有空泡。

三、嗜酸性粒细胞形态学检查

不同种类动物的嗜酸性粒细胞形态差别相当显著。犬的嗜酸性粒细胞中的嗜酸性颗粒，在形状、大小和数量方面均变化不定，而且并不充满细胞浆，染成橙红色，可能见到细胞浆内的空泡。猫的嗜酸性粒细胞中的嗜酸性颗粒很小，呈椭圆形或杆状，充满细胞浆，并染成暗橙色。

牛的嗜酸性粒细胞的嗜酸性颗粒小而圆，充满细胞浆，染成明亮的橙色。猪嗜酸性粒细胞的嗜酸性颗粒的形状和大小与牛相似，但染成暗橙色。马的嗜酸性粒细胞的嗜酸性颗粒大而圆，染成明亮橙色。对于各种动物的嗜酸性粒细胞用新亚甲蓝染色就比较难鉴别，因其嗜酸性颗粒不着色，而呈现为一种绿色的折光小体。鸡的“中性粒细胞”因胞浆内含嗜酸性颗粒而称为伪嗜酸性粒细胞，和真正的嗜酸性粒细胞不易区别。

四、嗜碱性粒细胞形态学检查

犬的嗜碱性粒细胞的嗜碱性颗粒呈紫红色，与肥大细胞相比，前者颗粒较为稀疏，后者颗粒则充满胞浆。猫的嗜碱性粒细胞在生化性质方面有所改变，所以染成灰蓝色，也比中性粒细胞大，但在猫的嗜碱性中幼粒细胞的胞浆内，则有紫红色颗粒。至于马与牛的嗜碱性粒细胞，都有相当数量的紫红色颗粒。

五、淋巴细胞的形态学检查

在普通光学显微镜下，常规染色，淋巴细胞各亚群形态相同，不能区别。犬的淋巴细胞较小，伴有很少量带蓝色的胞浆，只有极少数淋巴细胞的胞浆内含有少量深红色颗粒，细胞核呈圆形并伴有聚集成块的核染色质，用常规的染色方法通常不能见到核仁。猫的淋巴细胞与犬的相似，细胞核偶尔见到具有轻度的缺刻，胞浆内颗粒稀少。在牛的白细胞中，大部分是淋巴细胞：小淋巴细胞的形态学特征与犬的相似；大淋巴细胞有较多的胞浆，核周缘有缺刻，核染色较淡，胞浆中的颗粒比较常见。至于马的淋巴细胞，其形态也与犬相似，在 EDTA 抗凝的血样存放 30～60 min 的血涂片上，可见到这种人为因素诱发的淋巴细胞核分叶、胞浆内有空泡、整个淋巴细胞形态显得模糊等现象。

血液中偶尔能见到抗原刺激时期的正在过渡与转变中的少量淋巴细胞（免疫淋巴细胞或活性淋巴细胞）。这类细胞既可能是 T 细胞，亦可能是 B 细胞。它们的形态学特征是细胞浆高度嗜碱性，偶尔能见到苍白色高尔基带；细胞核与小淋巴细胞的细胞核相似，或是有微开褶的扇形边缘，核的染色质聚集。至于浆细胞，则属于一种特殊的免疫细胞，常出现在淋巴结和骨髓，血液中很少见到，其细胞核及染色特征与其他免疫细胞相同。鉴定这种细胞的特征性依据是细胞核偏离中心，胞浆中可见到苍白的核周缘带。

淋巴母细胞是有丝分裂之前和之后的免疫细胞，它们比较大，更嗜碱性，与淋巴细胞相比较则有较细的核染色质，通常能见到核仁。这类细胞在血液中亦较少见到。

第三节 利用白细胞反应作为疾病预后判断的参考

一、预后良好

当动物处于恢复阶段，血象变化朝正常参考值方向接近时，预示着疾病预后良好，特别是在中性粒细胞核左移、淋巴细胞减少或嗜酸性粒细胞减少等现象消失时，即便是临床症状尚未缓解，仍旧预示着动物即将康复。

二、预后慎重或预后不良

主要通过中性粒细胞和淋巴细胞的变化来体现。

1. 中性粒细胞的变化

当血液中未成熟的中性粒细胞接近、等于或超过中性分叶粒细胞时，不论其白细胞计数值如何变化，均表示这一瞬间组织对中性粒细胞强烈的需求量超出了粒细胞的生成能力。任何类型的中性粒细胞减少，都是疾病重剧的表现，因为它反映了原发性疾病的病性加上继发性疾病的危险性。当血象中出现伴有核左移的中性粒细胞高度增加，甚至出现髓细胞或其他早期幼稚型细胞时，通常是与广泛性化脓性疾病有关系。

2. 淋巴细胞的变化

动物即便呈现临床健康状态，但当其淋巴细胞计数下降时，则能预示即将患病；如果动物持续存在着淋巴细胞减少的现象，则能预示体内持续存在着致病因素。

（韩克光）

第十三章 红细胞临床病理学检查

红细胞是血液中数量最多的有形成分，其主要生理功能是运输 O_2 和 CO_2，其次是对机体所产生的酸碱物质有缓冲作用，近年来发现红细胞还具有免疫功能。红细胞起源于骨髓造血干细胞，哺乳动物红细胞无核，禽类红细胞有核。红细胞的生成和死亡在红细胞生成素及其他神经体液因素的调节下保持动态平衡。在病理状态下，多种原因可造成红细胞生成和平衡遭到破坏，使红细胞数量减少或增多从而引起贫血或红细胞增多症。但还有一些红细胞疾病是红细胞在质量方面发生改变，而数量上不一定有改变或仅有轻度的变化。通过对红细胞的检查，对疾病的诊断具有一定的意义。

第一节 红细胞计数原理及方法

一、红细胞计数原理

显微镜法计数的基本原理是用等渗稀释液将全血稀释后，置于血细胞计数板的计数室内，在显微镜下计数一定体积稀释血中的红细胞数，然后换算出每升血液内的红细胞数。

血液分析仪法计数的原理是电阻抗原理，又称库尔特原理。把用等渗电解质溶液（称为稀释液）稀释的细胞悬液置入一个不导电的容器中，将小孔管插入细胞悬液中。小孔管是电阻抗法细胞计数的一个重要的组成部分，其内侧充满了稀释液，并有一个内电极，外侧细胞悬液中有一个外电极。检测期间，当电流接通后，位于小孔两侧的电极产生稳定的电流。稀释液通过小孔管壁上固有的小孔（直径一般 $<100\ \mu m$，厚度为 $75\ \mu m$ 左右）向小孔内部流动。因为小孔壁充满了具有专导性的液体，故其电子脉冲是稳定的。如果供给电流 I 和阻抗 Z 是稳定的，根据欧姆定律，通过小孔的电压 E 也是不变的（这时 $E=IZ$）。当有一个细胞通过小孔时，由于细胞的导电性质比稀释液要低，故在电路中小孔感应区内的电阻增加，于瞬间能上能下起了电压变化而出现一个脉冲信号，自然数为通过脉冲。电压增加的变化程度取决于非传导的细胞占据小孔感应区的体积，即细胞体积越大，引起的脉冲越大，产生的脉冲振幅越高。脉冲信号经过放大、甄别、阈值修正、整形和计数步骤，最终得出细胞计数结果。

二、红细胞计数方法

1. 显微镜法计数

红细胞计数方法基本同白细胞计数方法。注意红细胞计数血液是用红细胞稀释液（红细胞稀释液的配方为：NaCl 0.5 g；Na_2SO_4 2.5 g；$HgCl_2$ 0.25 g；加蒸馏水至 100 mL），将全血稀

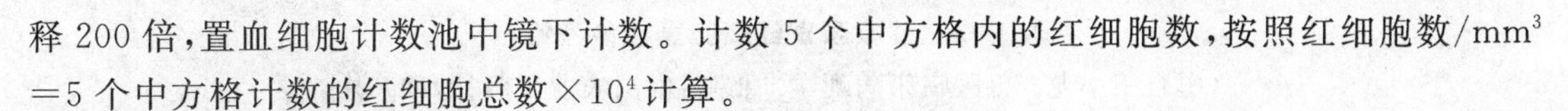

释 200 倍，置血细胞计数池中镜下计数。计数 5 个中方格内的红细胞数，按照红细胞数/mm^3 ＝5 个中方格计数的红细胞总数×10^4 计算。

2. 血液分析仪法计数

血液分析仪在医学和兽医学临床已广为普及，它大大提高了检验效率。如果能正确使用血液分析仪，会显著提高检验质量。但血液分析的仪器种类繁多，测定原理各异，故应严格按仪器说明书进行操作。

第二节　红细胞临床病理

兽医临床上对红细胞常用的评价方法包括红细胞计数、血红蛋白浓度测定、红细胞压积测定、红细胞指数测定、血沉测定、红细胞脆性测定以及红细胞形态学检查。在此重点阐述红细胞数量和病理形态学变化。

正常情况下，红细胞的生成和破坏处于动态平衡，因而血液中红细胞的数量及质量保持相对稳定。无论何种原因造成的红细胞生成与破坏失常，都会引起红细胞在数量上或质量上的改变，从而导致疾病的发生。

一、红细胞数量变化

1. 红细胞增多

绝大多数的红细胞增多为相对性增多，而红细胞的绝对性增多较为少见。

(1)相对性增多　多为机体脱水，造成血液浓缩而使红细胞和血红蛋白量相对增加。见于严重呕吐、腹泻、大量出汗、急性胃肠炎、肠阻塞、肠变位、牛的瓣胃和真胃阻塞、渗出性胸、腹膜炎、日射病与热射病、某些传染病及发热性疾病等。

(2)绝对性增多　为红细胞增生过盛所致，有原发性和继发性两种。原发性红细胞增多症又叫真性红细胞增多症，红细胞数可增加 2～3 倍。继发性红细胞增多是由于代偿作用使红细胞绝对数增多，见于代偿机能不全的心脏病及慢性肺部疾患。

2. 红细胞减少

红细胞减少见于多种原因引起的贫血。

二、红细胞形态变化

在兽医临床上，很多疾病的诊断往往可以通过制备良好血液涂片观察，检查红细胞形态学变化而获得重要的信息或启示。形态学异常包括 5 类，即大小异常、形态异常、出现红细胞的包涵物、有核红细胞及红细胞病原体。

(一)红细胞大小异常

各种家畜红细胞直径参考值见表 13-1。从表 13-1 中可以看出，犬的红细胞最大，山羊与绵羊的红细胞最小。红细胞大小不均的现象，相对而言多见于牛，因健康牛红细胞直径为 3.6～9.6 μm，年轻的牛这种差异更显著。病理性红细胞大小异常有以下几方面。

表 13-1 健康家畜红细胞直径参考值

（引自王小龙．兽医临床病理学．北京：中国农业出版社，1995）

畜别	红细胞直径/μm
牛	3.6～9.6 或 4.0～8.0
绵羊	3.5～6.0（均值 4.6）或 4.8～5.2
山羊	3.2～4.2
猪	4.0～8.0
马	5.6～8.0
犬	7.0 或 6.9～7.3 或 6.7
猫	5.4～6.5（均值 5.9）或 5.7～6.3

1. 红细胞大小不均症(anisocytosis)

在正常红细胞之间出现了直径和容积过大的或过小的红细胞所致。见于动物再生障碍性贫血时大红细胞释放至末梢循环血液中。

2. 大红细胞(macrocytes)

大红细胞是一种未成熟的红细胞，其直径比正常红细胞大，同时其平均红细胞容积增大。非多染性大红细胞可能出现在某些疾病，如维生素 B_{12} 缺乏或叶酸缺乏所致的贫血。

3. 小红细胞(microcytes)

血涂片中出现较多染色过浅的小红细胞，其平均红细胞容积小于正常红细胞。它可能在动物维生素 B_6 或铁缺乏所致的贫血中出现。所谓的球形红细胞（spherocytes）就是属于小红细胞中的一种。

（二）红细胞形态异常

红细胞形态学上出现显著的变化，可能是红细胞生成异常的征兆。常见的形态异常红细胞有以下几种。

1. 异形红细胞(poikilocytes)

异形红细胞是指形状异常的红细胞，通常见于以慢性失血、铁缺乏和红细胞碎裂为特征以及红细胞脆性增高的疾病。

2. 薄红细胞(leptocytes)

薄红细胞的细胞膜的表面积与其容积的比例增大，其比正常红细胞扁平，中心部位无色，见于慢性乏力性疾病，贫血过程中伴有胆汁阻滞者。

3. 口状红细胞(stomatocytes)

红细胞中央有卵圆形口状淡染色带，见于犬的遗传性溶血性疾病，也见于某些肝病过程中。

4. 靶形红细胞(target red cell 或 codocytes)

靶形红细胞也是薄红细胞的一种，其特征是细胞质中央部分染色深，被一层未着染的环所包围；未染色层外周又是一圈染色层。靶形红细胞常见于犬血片中。靶形红细胞的形成可能与血片固定或染色时人为因素有关，但它仍然是一种异常的红细胞，因其表面积与细胞容积的比例值要比正常红细胞大。这种红细胞常见于患慢性疾病的动物血液中。

5. 球形红细胞(spherocytes)

球形红细胞可根据其形态与染色特征而被辨认，常在犬血片中见到。其体积较正常红细胞小,染色较正常红细胞深,无中央淡染区,在湿片中较易辨认。如果数量多,则在血抹片上亦易认出。这种细胞也可在猫血片中见到,但因猫正常红细胞本身比较小,故不易与球形红细胞区别。球形红细胞的细胞膜比较僵硬,故变形性较差,因而易从循环系统血管内被移除而使其寿命缩短。

6. 红细胞破碎(erythrocyte fragmentation)

红细胞一部分或若干部分犹如被削除那样,使其形态呈不完整的破碎样,此种情况常出现在溶血性贫血和微循环改变的疾病。在通常情况下,红细胞破碎乃是其正常破坏路径之一。当然,也可能是机体移除异常红细胞的重要机制。在发生免疫介导性贫血时,抗体包裹了红细胞,使其膜的可塑性消失,容易使红细胞破碎。此外,在发生铁缺乏症、镰刀细胞病、海恩茨氏小体形成时亦出现红细胞破碎现象。有人指出,发生高胆固醇血症和脂血症等情况下可引起红细胞僵硬化,从而易于被破碎。红细胞破碎还见于弥散性血管内凝血。

7. 棘形红细胞(acanthocytes)

棘形红细胞是一种表面有棘刺样突出的球形红细胞。这种红细胞常见于附红细胞体病和患肝病的犬,但在健康牛的血液中也有存在。

8. 红细胞皱缩(crenation of erythrocyte)

红细胞皱缩是指红细胞收缩,表面形成许多钝锯齿样突起。这种现象通常并无临床意义,而是由于血样时间长而干燥,或者遇到溶血原,或者暴露在高渗溶液中所致。

(三)红细胞的包涵物及其他异常物

1. 网织红细胞(reticulocytes)

网织红细胞是一种未完全成熟的红细胞,其细胞核已经消失,但细胞浆内尚有嗜碱性的残余物质。用常规染色不能鉴定这种细胞。

网织红细胞数量与红细胞生成活性成正比,因此网织红细胞增加可说明红细胞生成增加。急性失血后有大量的网织红细胞出现,反映红细胞的生成正在加快。慢性失血时网织红细胞增多症则不如急性失血时明显。溶血性贫血时有持续性网织红细胞增多症。除马外,网织红细胞计数可用来作为评价个体对贫血反应的依据。

2. 海恩茨氏体(Heinz bodies)

血片用0.5%甲基紫生理盐水染色后,红细胞的边缘或细胞质内有一至数个淡紫色或蓝黑色的小点或较大的颗粒,此即海恩茨氏体。它是变性珠蛋白的沉淀物,见于铜中毒、酚噻嗪中毒、溶血性贫血等。

3. 豪威耳-若利氏小体(Howell-Jolly bodies)

豪威耳-若利氏小体是DNA的一种残存的碎片,为细胞分裂时从分裂的核上分离出来的染色体碎片。在瑞氏染色的涂片上,红细胞内有呈淡红或淡蓝色的圆形或卵圆形小体。豪威耳-若利氏小体见于脾脏摘除,或红细胞生成功能不全,或由溶血所致的强烈的或异常的红细胞生成等情况。在健康的马和猫的血涂片中也可能见到。

4. 红细胞中点状嗜碱性颗粒(basophilic stippling, punctate basophilia)

红细胞中点状嗜碱性颗粒也称嗜碱性点彩、嗜碱性斑点,呈蓝染的嗜碱性颗粒散布于细胞内。在用罗曼诺夫斯基(Romanowsky)法染色时,其由残存的RNA着色而成,在用瑞氏染色时也可能见到。嗜碱性斑点在牛贫血时常能见到,偶尔见于猫的贫血过程中。它也可能是犬铅中毒的特征。

5. 多染性红细胞增多(polychromasia)

多染性红细胞增多也称嗜多染性红细胞,指染色后的各红细胞之间其颜色变化不一,有时甚至在同一红细胞内亦存在色差的界限。多染性红细胞乃是失血时进入末梢循环的网织红细胞,也是造血活性增强的一种证据。在健康的犬、猫血片中能见到少量的嗜多染性红细胞。

6. 血红蛋白过少(hypochromia)

由于红细胞中血红蛋白不足,染色后着色淡,红细胞中心区苍白。这类红细胞在铁缺乏的患畜中最为常见。

(四)有核红细胞

有核红细胞(nucleated erythrocyte)乃是一种未成熟的红细胞。正常情况下,哺乳动物红细胞在离开骨髓之前就失去了核。有核红细胞的出现多见于贫血时,并表示骨髓生成红细胞增强或是脾脏及骨髓以外的地方呈现生成红细胞的作用,且有过多的红细胞不受控制地进入血流。出现有核红细胞一般认为是预后良好的征兆,因为这反映了骨髓功能的旺盛。但如果有核红细胞出现数量极多或持续地出现有核红细胞,则表示预后不良。

(五)常见红细胞相关病原体

1. 附红细胞体

血涂片以姬姆萨染色,附红细胞体呈微淡紫红色、圆盘状、球状和环状附着于红细胞表面;红细胞呈星芒状,有的破裂。

2. 鸡住白细胞原虫

血涂片以姬姆萨染色,多数红细胞有异常变化,如变圆,有的呈嗜碱性着染,核变圆增大且疏松染成紫红色,裂殖子呈卵圆形,直径 0.89～1.45 μm,每个红细胞可寄生 1～7 个。

3. 焦虫

焦虫见牛泰勒焦虫病。无菌采患牛耳缘静脉血抹片,姬姆萨染色,镜检,可见红细胞大小不均,红细胞内有环形、逗点形、杆状形虫体。一个红细胞内有虫体 1～4 个。

4. 锥虫

锥虫主要侵袭马(驴、骡)、牛和骆驼等。姬氏液或瑞氏液染色的血涂片中,虫体胞质呈淡蓝色,核居中,呈红色或红紫色;动基体为深红色,点状;波动膜为淡蓝色。细胞质内有深蓝色的异染质(volutin)颗粒。

(孙　斌)

第十四章 排泄物和分泌物检查

第一节 尿液检查

尿液是血液经肾小球滤过、肾小管和集合管分泌及重吸收的终末代谢产物。尿液成分和性状的变化可以反映机体的代谢以及多种器官、组织的功能改变，如肾脏及尿路疾病、水和电解质代谢情况、酸碱平衡紊乱、血液疾病、肌肉病变、内分泌疾病等。

尿液的常规检查包括尿液物理性状(一般性状)检查(尿量、颜色、透明度、气味、比重等)、尿液化学成分测定、尿沉渣检查等。这一节主要介绍一般性状检查和尿沉渣检查。

一、一般性状检查

1. 尿量

检验动物尿量的变化最好要收集24 h尿量，犬0.25～1 L，猪2～5 L，羊0.5～2 L，牛6～12 L。在许多疾病过程中，动物尿量显著增多或减少。但尿量的变化受许多因素的影响，如饮水量、环境温度、运动量等。摄入的水多，尿量也多。环境温度高则出汗多，尿量减少。尿量与尿比重成反比，尿量多则尿比重低、渗透压低。

(1)多尿　通常由于肾小球滤过率增高或肾小管重吸收减少而引起多尿。多尿可见于以下几种情况。①肾脏疾病。慢性肾炎、慢性肾盂肾炎、肾囊肿等引起慢性肾功能不全，慢性肾功能不全的早期多尿。在急性肾功能不全的多尿期，患畜尿量明显增多，病情趋于好转。②内分泌疾病。糖尿病、甲状腺功能亢进、尿崩症等疾病过程中出现多尿。③药物性利尿。使用速尿、噻嗪类利尿药或甘露醇、山梨醇等脱水药引起多尿。大量输液也引起尿量增加。

(2)少尿　少尿可由于以下因素引起。①肾前性少尿，见于失血、严重脱水、休克、心功能不全、肾血管栓塞等，此时肾血流量减少，肾小球滤过率急剧降低，引起尿量减少。②肾源性少尿，见于急性肾功能不全的少尿期、慢性肾功能不全的晚期。③肾后性少尿，见于尿路阻塞性疾病，如尿道炎、尿道结石、前列腺肥大、肿瘤压迫等，此时尿液蓄积在肾盂内，出现少尿、无尿，肾实质可发生压迫性萎缩。尿道结石引起尿道完全阻塞时，可见膀胱高度充盈，严重时破裂。

2. 颜色

动物尿液颜色因畜种、饮水量、尿量、尿色素、出汗等不同而不同，新鲜尿液呈深浅不一的黄色。常见的尿液颜色改变有以下几种。

(1)淡黄或无色　一般比重比较低，见于动物大量饮水、肾病末期、尿崩症等。

(2)黄褐色或橘黄色　一般比重比较高，见于动物饮水减少、脱水、黄疸、热性疾病、服用维生素B_2等。

(3)红色　尿液呈淡红、鲜红或暗红色，主要有以下几种情况。①血尿。正常动物尿液中不含红细胞。尿液中混有一定量的红细胞称血尿。混有较多血液时为粉红色或血样，混有血液的量极少时外观接近正常，但在显微镜下可见到红细胞。血尿见于泌尿器官炎症（急性肾炎、肾病、肾盂肾炎、膀胱炎、尿道炎）、尿结石、输卵管炎以及某些传染病。排尿开始时排血尿，多为尿道或生殖道出血。排尿结束前排血尿，多为膀胱出血。从排尿开始到排尿结束均排血尿，为肾脏出血。②血红蛋白尿。尿呈淡红色、红褐色，为红细胞大量破坏的结果，尿沉渣中无红细胞。见于梨形虫病、钩端螺旋体病、母牛产后血红蛋白尿、溶血性贫血、铜中毒、蛇毒中毒等。③肌红蛋白尿。尿呈暗红色、咖啡色，肌肉变性坏死，肌红蛋白进入血液。见于动物白肌病、野生动物捕捉性肌病等。④乳白色。见于尿中有多量脓细胞、尿酸盐、磷酸盐、碳酸盐等。⑤蓝色。动物亚硝酸盐中毒时，用美蓝治疗后，尿液可呈蓝色。

3. 透明度

除马、兔尿液浑浊外，其他动物正常的新鲜尿液均是清亮透明的。尿液放置时间稍长时，因 pH、温度等的变化而析出沉淀，尿液变得浑浊。若动物的新鲜尿液浑浊，则说明尿中含有细胞（脓细胞、红细胞、上皮细胞等）或盐类结晶（尿酸盐、磷酸盐、碳酸盐、草酸盐等），见于肾脏、输尿管、膀胱、尿道或生殖器官的疾病。将尿液以 2 000 r/min 离心，取沉淀进一步镜检。

4. 气味

动物的新鲜尿液具有各自的尿气味。放置时间长的尿液，由于尿素分解产生氨，则具有刺鼻的氨臭味。

若新鲜尿液具有刺鼻的氨臭味，则可能是由于引起尿潴留的一些疾病，如尿道阻塞、膀胱炎、肾盂肾炎等。若尿液具有酮体臭味，则可能是酮病、糖尿病等。若尿液具有蛋白质腐败的尸臭，则可能是膀胱和尿道的化脓性炎症、组织坏死或溃疡等。

5. 比重

正常动物尿比重通常为 1.015～1.045，猫的尿比重为 1.035～1.060。由于动物每天排出的固体物质比较恒定，故尿量对尿比重有较大影响，尿量大时尿比重降低，尿量少时尿比重增高。

(1)尿比重降低　病因与病理性多尿基本相同，见于尿崩症、蛋白质营养不良、肾盂肾炎等。急性肾功能不全的少尿期、多尿期为低比重尿。另外，使用利尿药时，尿比重偏低。

(2)尿比重增高　病因与病理性少尿基本相同，见于脱水、蛋白尿、糖尿等相关疾病。

二、尿沉渣检查

尿沉渣（urinary sediment）检查是用显微镜对尿沉淀物进行检查，以识别尿液中细胞、管型、结晶、细菌、寄生虫等各种有形成分，对泌尿系统疾病的诊断、定位、鉴别诊断及预后具有重要意义。通过尿沉渣检查常可发现在一般性状检查或化学试验中不能发现的变化，例如尿蛋白检查为阴性者而镜检却可查见少量的红细胞。

1. 检查方法

尿沉渣检查应取患畜排出的新鲜尿液。尿液放置过久要变碱，尿液中的细胞、管型等有形成分可能被破坏而影响检查结果。尿沉渣检查可分为非染色沉渣检查和染色沉渣检查。

(1)非染色沉渣镜检　取新鲜尿液 10～15 mL，盛于离心管中，以 1 500～2 000 r/min 速度离心 5～15 min，弃去上清液，剩约 0.2 mL 液体，混匀后用吸管吸取少量放在载玻片上，盖上盖玻片镜检。检查管型应在低倍镜下观察 20 个视野，检查细胞应在高倍镜下观察 10～15 个视野。记录每个视野某一成分的数量，计算平均值。

（2）染色镜检法　尿液离心，染色镜检。采用 Sternheimer-Malbin 染色、结晶紫-沙黄染色，可识别各种管型（尤其是透明管型）及各种形态的红细胞、上皮细胞；用巴氏染色观察有形成分的细微结构，对尿路肿瘤细胞具诊断意义；应用阿尔新蓝、中性红等混合染色也有助于尿沉渣成分的识别；细胞过氧化物酶染色可鉴别不典型红细胞与白细胞，并可区别中性粒细胞管型及肾上皮细胞管型；用酸性磷酸酶染色，可区分透明管型与颗粒管型；用苏丹Ⅲ染色，可识别脂肪；用革兰氏染色法检查细菌。

2. 尿细胞成分检查

尿沉渣中细胞可见红细胞、白细胞、吞噬细胞、上皮细胞等。

（1）红细胞　正常尿中红细胞甚少，如果每个高倍视野见到 1～2 个红细胞时可考虑为异常；若每个高倍视野均可见到 3 个以上红细胞，则诊断为镜下血尿。引起血尿的疾病很多，归纳为以下 3 点。

①泌尿系统自身的疾病。泌尿系统各部位的炎症、肿瘤、结核、结石、创伤等均可引起不同程度的血尿，如急性和慢性肾小球肾炎、肾盂肾炎、泌尿系统感染、肾结石、肾结核等都是引起血尿的常见原因。

②全身其他系统的疾病。主要见于各种原因引起的出血性疾病，如特发性血小板减少性紫癜、DIC、再生障碍性贫血和白血病合并有血小板减少时；某些免疫性疾病（如系统性红斑狼疮等）也可发生血尿。

③泌尿系统附近器官的疾病。如前列腺炎、精囊炎、盆腔炎等患畜尿中也偶尔见到红细胞。

（2）白细胞　正常尿中可偶尔见到 1～2 个白细胞，如果每个高倍视野见到 5 个及以上白细胞，则为白细胞增多。引起尿中白细胞增多的原因很多，概括起来有以下几点。

①泌尿系统炎症。尿中中性粒细胞增多，见于细菌感染引起的急性炎症，如肾盂肾炎、肾脓肿、膀胱炎、尿道炎、肾结核等；尿中淋巴细胞及单核细胞增多，见于慢性泌尿道炎症；尿液中单核细胞增多，见于药物性急性间质性肾炎及新月形肾小球肾炎；尿液中嗜酸性粒细胞增多，见于急性间质性肾炎、药物所致变态反应等。

②生殖系统炎症。前列腺炎、阴道炎或宫颈炎、附件炎时，尿中白细胞增多。

（3）上皮细胞　尿中所见上皮细胞由肾小管、肾盂、输尿管、膀胱、尿道等处上皮脱落混入。肾小管为立方上皮，在肾实质损伤时可出现于尿中。肾盂、输尿管、膀胱等处均为移行上皮细胞，尿道为假复层柱状上皮细胞，近尿道外口处为复层扁平上皮细胞。这些部位有病变时，尿中就会出现相应的上皮细胞增多现象。

①扁平上皮细胞。正常尿中可见少量扁平上皮细胞。这种细胞大而扁平，胞体宽阔呈多角形，含有小而明显的圆形或椭圆形的核。如果尿中扁平上皮细胞增多，同时伴有大量白细胞，则提示泌尿生殖系炎症，如膀胱、尿道炎等。另外，在肾盂、输尿管结石时也可见到。

②肾小管上皮细胞。由于肾小管受损，上皮脱落而随尿排出。肾小管上皮细胞比中性粒细胞大 1.5～2 倍，含一个较大的圆形胞核，核膜很厚，因此细胞核突出易见。肾小管上皮细胞在尿中易变形，形态往往不规则。胞质中有小空泡、颗粒或脂肪小滴。这种细胞在正常尿中不存在，若在尿中出现或增多，则表示肾小管有病变，例如在急性肾小管肾炎、急性肾小管坏死时可大量出现。

③移行上皮细胞。由于细胞所处的部位不同以及脱落时器官的胀缩状态不同，导致脱落

的移行上皮细胞在大小和形态上有很大差异。其细胞体积是白细胞的2～5倍，呈圆形、梨形、纺锤形等，含有一个圆形或椭圆形的核。正常动物尿液中有少量移行上皮细胞，这种细胞在尿液中大量出现并伴有白细胞，表明可能是尿路炎症，如肾盂肾炎、膀胱炎、输尿管炎等。

3. 尿管型的检查

管型是尿液中的蛋白在肾小管、集合管内凝固而形成的圆柱状结构物，故又称圆柱体。管型的形成必须有蛋白尿，其形成基质物为Tamm-Horsfall糖蛋白(T-H糖蛋白)。在病理情况下，由于肾小球基底膜的通透性增加，大量蛋白质由肾小球进入肾小管，在肾远曲小管和集合管内，由于浓缩(水分吸收)酸化(酸性物增加)和软骨素硫酸酯的存在，蛋白在肾小管腔内凝集、沉淀并形成管型。

管型形成的必要条件是：蛋白尿的存在(原尿中的白蛋白和肾小管分泌的T-H蛋白)；肾小管有使尿液浓缩酸化的能力，同时尿流缓慢及局部尿液积滞，肾单位中形成的管型在重新排尿时随尿排出；具有可供交替使用的肾单位。

当尿液通过炎症损伤部位时，有白细胞、红细胞、上皮细胞等脱落黏附在处于凝结过程的蛋白质之中而形成细胞管型。如果附着的细胞退化变性，崩解成细胞碎屑，则形成粗或细颗粒管型。在急性血管内溶血时，由于大量游离血红蛋白从肾小球滤过，在肾小管内形成血红蛋白管型。如所含上皮细胞出现脂肪变性，形成脂肪管型，进一步变性可形成蜡样管型。根据管型内含物的不同，可将管型分为透明管型、颗粒管型、细胞管型(红细胞、白细胞、上皮细胞)、血红蛋白管型、脂肪管型、蜡样管型等。此外还应注意细菌、真菌、结晶体及血小板等特殊管型。

尿管型的分类鉴定及结合临床症状，对急性肾炎、慢性肾炎、肾病综合征有较特异的诊断意义，对糖尿病肾病、急性肾小管坏死、肾脂肪变性、肾盂肾炎、肝炎梗阻性黄疸、弥散性血管内凝血、肿瘤等疾患，具有重要的鉴别诊断价值。

(1)透明管型　为大小不一、无色均质半透明、两端钝圆、两边平行的圆柱体。此管型在碱性尿液中或稀释时可溶解消失。但是此管型如持续多量出现于尿液中，同时又见异常粗大的透明管型和红细胞，则表示肾小管上皮有剥落现象，说明肾脏有严重的病变(如急性肾小球肾炎)及体循环瘀血的心脏病。

(2)颗粒管型　由黏蛋白、血浆蛋白以及破碎的肾上皮细胞颗粒组成，表面散在大小不等的短而粗、裂断成节的不透明颗粒。如果在尿中大量出现，则多见于急、慢性肾小球肾炎或肾病综合征。若颗粒管型与透明管型同时存在，则多见于肾小球肾炎、肾病、严重感染及肾动脉硬化等。

(3)上皮细胞管型　由脱落的上皮细胞黏结而成，见于急性肾小球肾炎、肾盂肾炎、细菌尿伴有尿路感染、重金属中毒、高热及多发性动脉炎等。

(4)红细胞管型　由蛋白质将红细胞黏合或者在透明管型上沉积红细胞而成。镜下呈淡绿色或者黄绿色。尿液中出现此管型时，表示肾脏内有出血，常出现于急性肾小球肾炎、慢性肾炎急性发作期及溶血反应等疾病过程中。

(5)蜡样管型　色泽灰暗，宛如蜡状。尿液中出现此管型是不良之兆，表示肾小管有严重的变性、坏死，常见于重症肾小球肾炎，尤其慢性肾小球肾炎后期及肾淀粉样变等患畜的尿液中。

(6)脂肪管型　由发生脂肪变性的上皮细胞破碎后产生的脂肪滴形成，是一种较大的管型。脂肪管型见于类脂肪性肾病及肾小球肾炎等患畜的尿液中。

(7)混合管型　尿中出现多种管型，此管型的出现，表示肾小球肾炎反复发作、出血和血管坏死。

第二节　鼻液气管内容物检查

一、鼻液的检查

鼻液是呼吸道黏膜的分泌物，正常情况下有少量的鼻液，不易发现。如果鼻液明显增多或者性状改变，则为病态。当上呼吸道、支气管及肺有急性炎症时，常见鼻液增多，因此鼻液的检查对于呼吸器官的疾病诊断具有重要意义。检查时首先查看鼻液来自一侧还是两侧鼻腔，然后查看鼻液的量、性状、有无混合物等。

1. 鼻液的量

鼻液增多，主要见于呼吸道的急性炎症和肺组织的溶解坏死时，如急性鼻炎、支气管炎、肺炎、肺水肿和肺坏疽等，以及犬瘟热、流行性感冒、开放性肺结核等疾病。鼻液减少，见于呼吸道慢性炎症，如慢性结核等。鼻液不定，如病畜站立时仅少量鼻液，当低头、采食、咳嗽、喷嚏时排出大量鼻液，则主要见于副鼻窦炎、肺脓肿、肺坏疽等。

2. 鼻液的性状

主要根据鼻液的颜色、气味、黏稠度、透明度来判定疾病。可分为浆液性鼻液、黏液性鼻液、脓性鼻液、腐败性鼻液、血性鼻液。

浆液性鼻液稀薄透明，呈水样，无色无味，见于呼吸道炎症早期，如感冒、卡他性鼻炎、犬瘟热的初期；黏液性鼻液黏稠不透明，灰白色或黄白色，呈线状，主要见于急性呼吸道炎症的中后期；脓性鼻液黏稠浑浊，呈糊状，黄色或者黄绿色，略有难闻气味，见于化脓性鼻炎、副鼻窦炎、肺脓肿等；腐败性鼻液呈污秽的灰色或暗褐色，散发恶臭的腐败气味，是坏疽的特征，见于坏疽性鼻炎、肺坏疽、出血性败血症等；血性鼻液呈红色，鼻液中混有血丝或凝血块，见于出血性鼻炎、肺水肿、肺充血、肺出血、肺脓肿、肺结核等。当鼻出血、肺血管破裂时，鼻腔流出鲜血。

3. 鼻液中混杂物

鼻液中可混有气泡、饲料、胃肠内容物等。鼻液中常混有气泡，呈泡沫状，见于肺水肿、肺充血、慢性支气管肺炎、纤维素性肺炎等。鼻液中混有饲料，见于吞咽功能障碍、食道炎、食管痉挛或阻塞，是由于吞咽或咽下障碍而引起的食物返流所致。鼻液中混有胃、肠内容物，提示胃幽门、小肠扭转、阻塞或变位。

4. 单双侧性鼻液

单侧性鼻液增多，主要提示喉头以上部位呼吸器官病变，如单侧性急性鼻炎、副鼻窦炎等，鼻液从患侧流出。双侧性鼻液增多见于双侧鼻炎及喉以下呼吸器官病变，如急性喉炎、气管炎、支气管炎、支气管肺炎、纤维素性肺炎、肺坏疽等。

二、痰液(或气管内容物)的检查

痰液(或气管内容物)检查主要包括分泌物的量、颜色、气味的检查以及分泌物的显微镜检查等。其主要目的包括：辅助诊断某些呼吸系统疾病，如支气管炎、支气管扩张、肺炎等；确诊某些呼吸系统疾病，如肺结核、肺癌、肺吸虫病等；指导治疗，观察疗效和预后，如果在治疗过程中痰量逐渐减少，表示病情好转。

1. 痰液量

痰液(或气管内容物)是气管、支气管和肺泡所产生的分泌物。正常情况下,此种分泌物甚少,无色或灰白色。当呼吸道有病变时,由于呼吸道黏膜分泌物增多,痰液(或气管内容物)也增多。如猪肺疫、鸡新城疫、传染性支气管炎等。

2. 痰液颜色

不同的疾病及疾病的不同时期,分泌物的颜色可能不同。痰液颜色为黄色或黄绿色时,表示有化脓性细菌感染,如慢性支气管炎、肺结核、肺脓肿等病;颜色为红色时,表示分泌物中带血,见于肺癌、肺结核、支气管炎、支气管扩张、急性肺水肿;肺炎等;颜色为棕褐色时,见于阿米巴肺脓肿、肺瘀血;铁锈色是大叶性肺炎的特征。

3. 痰液气味

正常痰液无特殊气味,但患有肺结核、肺癌时血性痰液有血腥味;当患有肺脓肿、支气管扩张、晚期恶性肺肿瘤时,痰液有恶臭味。

4. 显微镜检查

痰液显微镜检查可以直接发现病原体或提示呼吸系统疾病的性质。痰液的显微镜检查包括不染色涂片检查和染色涂片检查。

不染色痰液涂片检查主要观察有无红细胞、白细胞、上皮细胞,以及有无色素细胞、弹力纤维、结晶、寄生虫和虫卵等,如找到肺吸虫虫卵即可确诊为肺吸虫病。

染色涂片检查包括:瑞氏染色,对肺癌的确诊有重要价值,主要检查有无癌细胞,如鳞状上皮癌、腺癌、未分化癌;革兰氏染色,检查有无致病菌,如葡萄球菌、肺炎球菌、巴氏杆菌、白喉杆菌、绿脓杆菌、肺炎杆菌等;抗酸性染色,主要检验结核杆菌,如多次阳性者,表示肺结核病变有活动性和开放性(排菌者)。

第三节 粪便检查

粪便检查是临床常用的化验方法之一,其目的是了解消化系统有无炎症、出血、寄生虫、致病菌感染等病理现象,粗略判断胃肠、胰腺和肝胆的功能状态。粪便检查应采集新鲜标本,盛器要清洁干燥,不可混入尿液、消毒液及其他杂物。粪便检查包括肉眼检查、显微镜检查、潜血试验和细菌学检查等,以下主要介绍肉眼检查和显微镜检查。

一、肉眼检查

通过肉眼直接观察粪便的形状、硬度、颜色、气味以及有无寄生虫等。

1. 粪便的形状及硬度

不同动物粪便的性状不同。正常牛粪较稀薄,落地后呈轮层状的粪堆;羊粪呈干球样,深黑色,落地能滚动;马粪为球状,深绿色表面有光泽,落地后部分碎裂;猪粪黏稠,软而成型,有时干硬呈节状,有时稀软呈粥状。马、牛、羊等草食动物粪便一般没有难闻的臭味,猪粪、鸡粪较臭。在疾病过程中,如果粪便比正常坚硬则为便秘,常见于急性热性疾病,如猪瘟;如果比正常稀薄呈水样则为腹泻,如猪传染性胃肠炎和流行性腹泻、鸡新城疫等。

2. 粪便颜色

当胃和前部肠道出血时，粪呈黑褐色，如消化道溃疡、胃肠道肿瘤或肝硬化等疾患并发上消化道出血；当后部肠道出血时，可见血液附于粪便表面呈红色或鲜红色，如结肠肿瘤、鸡盲肠球虫等。当发生阻塞性黄疸时，肠道内胆汁减少或缺如，粪便可呈白陶土色。

3. 粪便的气味

粪便酸臭味，多见于肠炎、便秘等，如马的 X 结肠炎；粪便混有脓汁及血液时，呈腐败腥臭味；阿米巴痢疾有特殊的腥臭味。

4. 粪便的混杂物

肠炎时常混有黏液及脱落的黏膜上皮，有时混有脓汁、血液等；有异食癖的家畜，粪内常混有异物，如木片、砂、毛等；寄生虫感染时常混有虫体，如蛔虫、绦虫、蛲虫等。

二、显微镜检查

1. 寄生虫、虫卵

粪便检查是诊断寄生虫病的主要手段之一，因为体内许多寄生虫的虫卵、卵囊、幼虫都可随粪便排出。虫卵检查常用涂片法、沉淀法和漂浮法。将新鲜粪便少许在载玻片上与生理盐水混匀后，涂成薄片，盖上盖玻片，在显微镜下观察有无寄生虫虫卵、包囊。若涂片法未发现寄生虫而临床高度怀疑有肠寄生虫时，可用饱和盐水漂浮法或清水沉淀法集卵，以提高阳性率。检查血吸虫卵时，还可用毛蚴孵化法，以助诊断。

2. 细胞

以高倍镜观察 10 个视野，计算平均数。

(1)红细胞　正常粪便中无红细胞。若出现大量红细胞，可能为后部肠道出血，见于结肠炎、痢疾、直肠或结肠癌等疾病。

(2)白细胞　炎症时，粪中除红细胞增多外，还可见较多的白细胞。炎症越重，白细胞的数量越多。肠道有寄生虫时，嗜酸性粒细胞的数量增多，同时粪便内常可见到寄生虫卵或包囊。

(3)上皮细胞　生理情况下，少量脱落的上皮细胞多已破坏，粪便中不能见到。肠炎时上皮细胞增多，同时有白细胞。

3. 脂肪

正常动物粪便不含或含少量脂肪，胰腺的外分泌功能减退或小肠吸收功能不良时，粪便中脂肪含量增多。将粪便与水 1∶1 混合后涂片，滴加一滴苏丹Ⅲ溶液，盖上盖玻片镜检，脂肪滴呈圆形、红色。正常动物粪便中不含中性脂肪或仅含微量。若在高倍镜下每视野超过 6 个脂肪滴时，提示有消化障碍、脂肪吸收不良，临床上犬的胰腺炎常见脂肪便。

4. 微生物

粪便病原体检查是将粪便中的病原体进行分离、培养、鉴定，以明确感染的性质。临床上引起腹泻的病原菌很多，包括沙门氏菌属、志贺菌属、弧菌属、弯曲菌属、小肠结肠耶尔森菌、致病性大肠埃希氏菌、念珠菌、巴氏杆菌、魏氏梭菌等。例如，常见的沙门氏菌属细菌是引起鸡白痢、禽伤寒和副伤寒、仔猪副伤寒等畜禽沙门氏菌病的常见病原菌；多杀性巴氏杆菌可引起禽霍乱和猪肺疫以及各种动物的巴氏杆菌病；致病性大肠埃希氏菌可引起仔猪黄、白痢和水肿病以及禽大肠杆菌病等；动物肠结核是由结核分枝杆菌所引起的。因此，通过粪便病原体检查能确定动物常见的消化道疾病的发病原因，为疾病诊断和治疗提供依据。

第四节 阴道分泌物检查

阴道分泌物主要来自宫颈腺体分泌物及阴道黏膜细胞的渗出，此外还有子宫内膜、前庭大腺的分泌物等。家畜阴道分泌物检查主要用于确定配种时间、早期妊娠诊断和繁殖障碍识别，此外对阴道炎和子宫炎等疾病也有辅助的诊断价值。

一、标本的采集

阴唇部清洗消毒，然后用生理盐水浸湿的棉签、钝的吸管或玻璃棒穿过括约肌插进阴道，采集分泌物。在载玻片上均匀涂片，自然干燥，瑞氏、姬姆萨或新美蓝染色，用油镜观察阴道分泌物中的各种细胞。

二、一般性状检查

观察阴道分泌物的颜色及性状。

生理情况下，动物子宫黏膜随发情周期而发生周期性变化，发情期子宫分泌的黏液增多，黏液流入阴道，有时经阴门流出。

母牛发情早期黏液稀薄，发情期黏液多，黏稠，无色、灰白色或淡黄色，透明，有时经阴门流出。到发情后期，量逐渐减少且黏性差，颜色不透明，有时含有淡黄色细胞碎屑或微量血液。不发情的母牛阴道苍白、干燥，子宫颈口紧闭，无黏液流出。黏液的流动性取决于酸碱度，碱性越大越黏，乏情期的阴道黏液比发情期的碱性强，故黏性大。发情开始时，黏液碱性较低，故黏性最小；发情旺期，黏液碱性增高，故黏性最强，有牵缕性，可以拉长。发情母牛的子宫颈黏液如在载玻片上涂片、干燥后镜检，则出现蕨类植物状的结晶花纹。结晶花纹典型，长而整齐，保持时间达数小时以上，其他杂物（如上皮细胞、白细胞等）很少。如果结晶结构较短，呈星芒状，且保持时间较短，白细胞较多，则是发情末期的表现。

母羊发情初期，阴道分泌少量呈透明或稀薄乳白色的分泌物；中期黏液较多，呈牵丝性；后期分泌物牵丝性减低，较黏，发情后期第 2 天黏液减少而黏度增高，其中混有较多的脱落细胞，多数是角化上皮细胞。发情的当天就有少量的角化上皮细胞，但是发情后第 2 天角化上皮细胞数量最多。

母猪发情初期，阴门流出水样稍黏稠的乳白色液体；发情期阴门流出多量黏稠有滑腻感能牵起细丝状的黏液，这时母猪排卵最多，是配种的最佳时期；发情后期，分泌物明显减少而黏稠。

母犬发情时会自阴道排出带血的分泌物，之后颜色变为粉红色，最后变为淡黄色。

当母畜分娩后、流产后、助产引起生殖器官损伤时，常发生子宫内膜炎、阴道炎，阴道分泌物增多、分泌物性质发生改变。母畜分娩后，子宫内的渗出液不容易排出，常常继发细菌感染，引起子宫积脓；雌激素分泌过多引起子宫内膜囊肿性增生，发生子宫积液或子宫积黏液，继发细菌感染，引起子宫内膜炎及子宫积脓。死胎发生化脓性变化，也常引起子宫积脓。急性子宫内膜炎或者子宫积脓时，从生殖道排出灰白色浑浊含有絮状物的分泌物或灰白色、灰黄色、棕褐色甚至是出血性、脓性分泌物，特别是在卧下时排出较多。胎衣不下、胎盘碎片、死亡胎儿腐

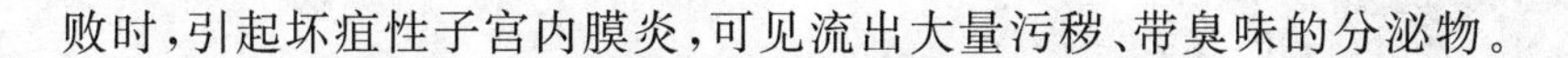

败时，引起坏疽性子宫内膜炎，可见流出大量污秽、带臭味的分泌物。

三、显微镜检查

1. 阴道分泌物微生物学检查

常见的可引起阴道炎和子宫内膜炎的病原很多，如葡萄球菌、链球菌、化脓放线菌、大肠杆菌、坏死杆菌、布鲁氏菌、结核杆菌、李氏杆菌、弧形菌、衣原体、胎儿三毛滴虫等。布鲁氏菌、李氏杆菌、钩端螺旋体、衣原体、弓形体、日本脑炎病毒、猪瘟病毒、伪狂犬病病毒、细小病毒、胎儿三毛滴虫等病原引起流产、早产及死产时，子宫常有炎症。

2. 阴道分泌物细胞学检查

急性炎症以中性粒细胞为主。慢性炎症除有中性粒细胞外，还有较多的浆细胞、巨噬细胞和淋巴细胞。一些中性粒细胞与未角质化的上皮细胞结成凝块。

阴道分泌物检验应注意将炎症与发情期的分泌物增多相区别。发情前期的后半期及发情期有角化上皮出现，无中性粒细胞。发情后期，角化上皮消失，中性粒细胞很多，以处理细胞碎片。休情期的上皮无角化现象。若中性粒细胞和角化上皮同时存在，则提示炎症存在，因为在正常情况下，这两类细胞不会一起出现。

（祁保民）

第十五章 穿刺液检查

第一节 浆膜腔穿刺液检查

动物的胸腔、腹腔、心包腔等统称为浆膜腔。在正常情况下，浆膜腔内仅有少量液体，不易采集，主要起润滑作用，以减轻两层浆膜间的相互摩擦。在病理状态下，浆膜腔内液体的产生和吸收平衡遭到破坏，过多的液体在腔内积聚形成积液，这些积液随部位不同而分为胸腔积液（简称胸水）、腹腔积液（简称腹水）和心包腔积液等。浆膜腔积液检查的主要目的是区分积液性质是单纯漏出液、改良漏出液，还是渗出液。

浆膜腔积液标本由胸腔穿刺术、腹腔穿刺术或心包穿刺术分别采集。送检标本最好留取中段液体于消毒试管或消毒瓶内。为防止积液出现凝块、细胞变性、细菌破坏自溶等，标本应及时送检。

一、浆膜腔积液的性质

区分积液的性质对疾病的诊断和治疗具有重要意义。按浆膜腔积液的性质和病因，一般将之分为单纯漏出液、改良漏出液和渗出液（表 15-1）。

表 15-1 单纯漏出液、改良漏出液与渗出液的鉴别

项　目	单纯漏出液	改良漏出液	渗出液
外观	无色，清亮	清亮，呈淡黄色	浑浊，可为黄色、血色、脓性、乳糜样
比重	<1.015	1.015～1.025	>1.025
蛋白含量/(gm%)	<2.5	>2.5	>2.5
细胞数/(个/μL)	<1 500	1 000～7 000	>7 000
细胞种类	间皮细胞和巨噬细胞	中性粒细胞和小淋巴细胞数量增加	中性粒细胞
pH	>7.4	介于二者之间	<6.8
积液总蛋白/血清总蛋白	<0.5	介于二者之间	>0.5
葡萄糖	>3.3 mmol/L	介于二者之间	可变化，常<3.3 mmol/L
LD	<200 U/L	介于二者之间	>200 U/L
积液 LD/血清 LD	<0.6	介于二者之间	>0.6

1. 单纯漏出液(pure transudates)

形成于液体重吸收减少以及毛细血管或淋巴系统流体静压升高,为非炎性液体。其特点是低蛋白、细胞含量低,可能发生于充血性心力衰竭、肝功能衰竭或任何原因所致的低蛋白血症。

2. 改良漏出液(modified transudate)

细胞含量和蛋白浓度不定,为相对非特异类型的溢出液,是渗出液发展的过渡期。

3. 渗出液(exudate)

凡由各种炎症或其他原因(如恶性肿瘤等)导致血管通透性增加而引起的积液称为渗出液。渗出液多为炎症性积液,有核细胞含量和蛋白浓度均高。

二、浆膜腔穿刺液的检查

1. 细胞计数

细胞计数时应把全部有核细胞(包括间皮细胞)都列入细胞计数中。

(1)红细胞计数　对单纯漏出液、改良漏出液和渗出液无多大意义。但当积液中红细胞计数大于 0.1×10^{12} 个/L 时应考虑可能是恶性肿瘤、肺栓塞或创伤所致,也要考虑结核病或穿刺损伤的可能。

(2)白细胞计数　白细胞计数对单纯漏出液、改良漏出液及渗出液的鉴别有参考价值。胸腔积液以白细胞计数 1.0×10^{12} 个/L 为界时,80%以上单纯漏出液低于此值,80%以上渗出液却高于此值。但两者常有重叠,因而白细胞计数的可靠性也不强。

2. 白细胞分类

穿刺液应在抽出后立即低速离心沉淀,用沉淀物涂片经瑞氏染色后进行分类。单纯漏出液中细胞较少,以淋巴细胞及间皮细胞为主。渗出液则细胞较多,各种细胞增加的临床意义如下。

(1)中性分叶核粒细胞增多　常见于化脓性渗出液、结核性浆膜腔炎早期的渗出液中;心包积液中中性粒细胞增加见于细菌性心内膜炎。

(2)淋巴细胞增多　主要提示慢性炎症,如结核、病毒感染、肿瘤或结缔组织病所致渗出液。少数淋巴细胞也可出现于漏出液中。

(3)嗜酸性粒细胞增多　常见于超敏反应、寄生虫病所致的渗出液以及结核性渗出液的吸收期。另外多次反复穿刺刺激、人工气胸、手术后积液、间皮瘤等,积液中嗜酸性粒细胞亦增多。

(4)间皮细胞增多　提示浆膜受刺激或受损,浆膜上皮脱落旺盛,多见于瘀血、恶性肿瘤等。间皮细胞经瑞氏染色后,大小约为 15~30 μm,呈圆形、椭圆形或不规则形;核在中心或偏位,多为 1 个核,也可见 2 个或多个核者,均为紫色;胞质多呈淡蓝色或淡紫色,有时有空泡。间皮细胞在渗出液中可退变,使形态不规则;还有幼稚型间皮细胞,染色质较粗糙致密,但核仁不易见到,都应注意与癌细胞区别。

3. 细胞学检查

怀疑恶性积液时,可用积液离心沉渣涂片或细胞玻片离心沉淀仪收集积液中细胞,作巴氏或 HE 染色镜检。镜检如见有多量形态不规则、细胞胞体大小不等、核偏大并可见核仁及胞质染色较深的细胞时,应高度重视、认真鉴别。

4. 病原学检查

(1)涂片细菌检查　如果怀疑为渗出液,则应将标本离心后取沉淀物涂片,作革兰染色找细菌;如果怀疑为结核性积液,则应作抗酸染色找抗酸杆菌。另外,还可以进一步进行细菌培养(除需氧菌和厌氧菌培养外,还应根据需要作结核菌培养)、药敏试验,甚至动物接种。

(2)真菌检查　真菌引起的浆膜腔积液可在显微镜下查找菌丝或芽孢,必要时进一步作真菌培养。

(3)寄生虫检查　可将乳糜样浆膜腔积液离心沉淀后,将沉淀物倒在玻片上检查有无寄生虫。

三、几种浆膜腔穿刺液的鉴别诊断

1. 腹腔穿刺液的鉴别诊断

(1)单纯漏出液　见于窦前型(presinusoidal)或窦状肝病、右心衰竭等引起的门静脉高压,肝脏功能障碍、肠道疾病造成的蛋白质吸收障碍等引起的低蛋白血症,以及肾小球性肾病等。

(2)改良漏出液　见于犬恶丝虫腔静脉综合征、肝病等造成的右心衰竭而引起的窦后型(postsinusoidal)门静脉高压,或者肿瘤的形成等。

(3)渗出液　细菌培养可能为阴性,也可能为阳性,流出的液体中肌酸酐含量大于血清中的肌酸酐含量,有橘黄色、黄色或绿色存在于巨噬细胞中,为胆红素或胆汁来源的颜色。见于胰腺炎、猫传染性腹膜炎等非化脓性炎症,或者肠穿孔和异物等造成的脓毒性炎症。

(4)乳糜渗出液　小淋巴细胞增多,苏丹Ⅲ脂肪染色为阳性,甘油三酯大于 100 mg/dL,流出的液体中甘油三酯大于血清中的甘油三酯含量,胆固醇含量低于甘油三酯的量。见于创伤、肿瘤、感染和右心衰竭等。

(5)血性渗出液　液体中红细胞压积(PCV)大于 10%,无凝块形成。见于凝血病、创伤、血管瘤等。

2. 胸腔穿刺液的鉴别诊断

(1)单纯漏出液　可能为低蛋白血症。

(2)改良漏出液　需要排除右心充血性心力衰竭、心包积液、三尖瓣反流、肺动脉高压、扩张性的或肥厚性的心脏疾病、肿瘤、肺小叶扭转和横膈疝。

(3)渗出液　非化脓性的液体,需要排除以下几种疾病:肿瘤;真菌感染;慢性乳糜胸;猫传染性胸膜炎;慢性肺小叶扭转(chronic lung lobe torsion)。

(4)脓毒性液体　需排除穿透性胸部创伤、异物吸入、食道破裂、肺脏脓肿破裂或脓肿性肿瘤破裂、血源性细菌感染。

(5)出血性液体　需排除创伤、肿瘤、凝血病和肺小叶扭转等。

(6)乳糜性液体　需排除肿瘤、犬恶丝虫病、肥厚性心肌病、肺小叶扭转和横膈疝。

第二节　关节腔穿刺液检查

关节腔为由关节面与滑膜围成的裂隙,内含滑膜液。滑膜液来自血管、毛细淋巴管的超滤液及滑膜细胞的分泌液,为清亮、无色或淡黄色的、具有一定黏度的液体,比重为 1.010,pH 为 7.3 左右,内含少量白细胞和少量红细胞。滑膜液对关节起着润滑、保护作用,同时也为关节提供营养物质,排出腔内废物。

关节腔炎症反应为非创伤性炎症反应,通常出现特征性的全身性症状,如发热、白细胞增多、食欲不振、嗜睡等。根据其特征,可分为脓毒性的和非脓毒性的(免疫性);根据病变关节个数，可分为单关节炎（累及一个关节）和多关节炎（累及多个关节）。关节腔发生炎症时，常累及滑膜，使滑膜液的量、化学组成、细胞成分等均发生改变。滑膜液的变化可直接反应关节炎症的性质和程度，故滑膜液分析是炎性关节病的最重要的一种诊断方式。穿刺采集滑膜液进行细胞学分析是定义关节炎的所必需的。

但并不是所有的关节腔穿刺采集的滑膜液进行实验室诊断都能对关节炎进行分类和确诊。最近研究报道，20%的狗具有不明原因引起的免疫性关节炎，同时发热，但有关关节液分析的临床信息比较少，所以给诊断带来一定困难。尤其是在脓毒性关节炎和免疫性节炎中，中性粒细胞数量都明显增加，有些关节炎即使是由细菌引起的，但滑膜液培养却呈现细菌阴性，这给二者的鉴别诊断带来很大困难。此外，在临床上，滑膜液细胞学分析、盐类结晶测定鉴定、蛋白含量、葡萄糖含量和黏蛋白凝块测定等这些指标并不可能全部测定。

一、关节腔穿刺液采集

关节腔穿刺的适应症有：原因不明的关节积液；疑为脓毒性关节炎，进行病因确定；区别脓毒性关节炎和免疫性关节炎；抽积液或向关节腔内注药，以达到治疗目的。

关节腔滑膜液采集过程首先要注意液体量。将采集的液体分别装入无菌试管中，可进行微生物学检查及表观性状检查；装入含有肝素抗凝（25 U 肝素钠/mL 滑膜液）的无菌试管中，可进行细胞学及化学检查。采取标本后应注意及时送验，及时检查。

二、表观性状检查

1. 量

正常关节腔内存有少量滑膜液，但很难抽出。发生关节腔炎症反应时，滑膜液量会明显增多，有时关节表面出现明显的肿胀现象和疼痛反应。

2. 颜色和性状

正常滑膜液多呈清亮、无色或淡黄色的黏稠液体。关节炎时，关节液的颜色和性状发生改变。不同的炎症原因会出现不同的颜色或性状，通常色泽浑浊、变黄、含有血液，有时为白色或淡黄色脓液。滑膜液浑浊与可能白细胞数量增加有关，也可能与其内含有脂肪滴、纤维蛋白或盐类结晶等存在有关。发生炎症反应时，滑膜液黏性明显降低，甚至缺乏黏性（如化脓性关节炎），这与滑膜液中透明质酸的含量降低有关。由于发生炎症时滑膜液中透明质酸聚合物被游离的溶解酶分离，且炎症渗出液增多，致使透明质酸聚合物浓度明显降低。

3. 异物

正常滑膜液不含有不溶性的固体物质，呈液体状态，且静置后不会凝固。而发生炎症反应时，由于大量纤维蛋白原和凝血因子等渗出，纤维蛋白原转化为纤维蛋白，故出现凝块。有时，由于大量的盐类物质沉积在关节腔内，从而使得滑膜液中出现石灰渣样渗出物，如大量的尿酸盐沉积，这多见于家禽痛风或感染传染性支气管炎病毒。

三、细胞学分析

滑膜液中白细胞或中性粒细胞的数量可以通过高倍镜下每个区域的数量乘以 1 000 来计算。正常情况下，每毫升滑膜液中含有白细胞数量少于 2 500～3 000 个，且有少量红细胞。其中，白细胞中至少有 90%是单核细胞。关节炎时（脓毒性或免疫性），白细胞数量会明显地高于 5 000 个，甚至高达 100 000 个/mL，且中性粒细胞数量高于 10%，甚至高于 90%。

如果为细菌引起的关节炎，则中性粒细胞数量超过 75%，尤其是化脓性细菌引起的炎症反应，其数量可高达 95%。如果为病毒感染引起的关节炎，则淋巴细胞或单核细胞数量明显增加。如果是免疫性关节炎时，滑膜液中的中性粒细胞内出现大量的免疫复合物形成的包涵体。

四、其他

为对临床关节炎进行确诊，尤其是怀疑为病原微生物引起的关节炎，如猪链球菌引起的关节炎时，可穿刺采集滑膜液进行细菌培养和鉴定。如果滑膜液表观性状检查发现或怀疑有盐类结晶时，除一般生物光学显微镜检查外，还需要用偏振光显微镜对盐类结晶作出鉴定。通常，临床上常见的滑膜液盐类结晶有尿酸钠、草酸钙、焦磷酸钙、磷灰石等。

如果能穿刺采集大量的滑膜液，则可进行蛋白含量、葡萄糖含量和黏蛋白凝块测定等。

（王建琳）

第十六章 脱落细胞检查

脱落细胞学(exfoliative cytology)是采集动物各部位,尤其是管腔器官表面的脱落细胞,或对肿物及病变器官通过钢针吸取的方法获得细胞,经染色后于显微镜下观察这些细胞的形态,进而做出诊断的一门临床检验学科。脱落细胞学又称诊断细胞学(diagnositic cytology)、细胞病理学(cytopathology)或临床细胞学(clinical cytology)。

第一节 脱落细胞样品采集及处理

一、脱落细胞样品的采集

1. 脱落细胞检查材料的来源

(1)自然排出物　指动物的体腔、各组织器官的表面及体表脱落的细胞,如输尿管、膀胱脱落的移行上皮(尿)、乳腺导管上皮(乳头溢液)及气管黏膜脱落上皮(痰),食管和胃黏膜、口腔黏膜及鼻咽部黏膜的标本等。

(2)自然管腔器官内表面黏膜　正常情况下,管腔器官黏膜上皮细胞经常有脱落更新,有病变的黏膜上皮细胞更易脱落。

(3)体腔抽出液　包括胸膜腔、腹膜腔、心包腔等浆膜腔积液及脑脊髓膜腔积液等。

(4)细针穿刺吸取液　用细针穿刺病变器官或肿物,抽吸出少许病变组织细胞作涂片检查。常用于乳腺肿块、皮下软组织肿物、肿大的淋巴结等。

2. 脱落细胞检查材料的采集方法

正确地采集标本是细胞学诊断的基础和关键。采集多在病变区直接采取,标本采集后应尽快制片、固定,以免细胞自溶或腐败;应尽量避免黏液、血液等干扰物混入标本。

(1)直视采集法　指在肉眼观察下直接采集的方法。对口腔、鼻咽部、皮肤、阴道、阴道穹隆、宫颈、肛管等部位可直接采用吸管吸取、刮片刮取、刷洗的方法采取标本。胃、直肠、气管、肺支气管和食管在动物剖检时,刮取或用纤维内镜在病灶处直接刷取细胞涂片。

(2)自然分泌液的采集法　对痰液、尿液及乳头溢液等自然分泌液可直接留取。

(3)摩擦法　利用摩擦工具在病变部位摩擦,将擦取物直接涂片。常用的摩擦工具有海绵摩擦器、线网套、气囊等,可分别用于鼻咽部、食管和胃部病灶的取材。

(4)灌洗法　向管状器官或腹腔、盆腔灌注一定量生理盐水冲洗,使其细胞成分脱落于液体中,收集灌洗液离心制片,作细胞学检查。

(5)针穿抽吸法　对浆膜腔积液、浅表及深部组织器官,如乳腺、淋巴结、肝、关节腔及软组织等,可用细针穿刺抽吸积液及部分病变细胞进行细胞学检查。

二、脱落细胞病料的处理

取刮取物直接涂片,抽出液和清洗液直接涂片或离心取沉渣涂片,针穿抽吸液直接涂片染色检查。

1. 涂片的制备

(1)涂片要求　①标本要求新鲜,取材后需尽快制片;②玻片要求清洁、无油渍;③涂片要求牢固;④涂片均匀,薄厚适度;⑤被检动物的标本至少要制作2张涂片,以防漏诊,涂片编号、记录。

(2)涂片制备方法　①推片法:将标本离心或自然沉淀后,取1滴沉淀物推片。本法适用于较稀薄的标本,如浆膜腔积液、血液及尿液等。②涂抹法:用竹棉签在玻片上将标本涂开,由玻片中心以顺时针方向向外转圈涂抹或从玻片一端开始平行涂抹,涂抹均匀,不要重复。适用于稍黏稠的标本,如鼻咽部、宫颈黏膜等处标本。③压拉涂片法:将标本夹在交叉的2张玻片之间,然后移动2张玻片,使之重叠,边压边拉,一次即可获得2张涂片。本法适用于较黏稠的标本,如痰液标本。④吸管推片法:先用吸管将标本滴在玻片的一端,后将滴管前端平行放在标本滴上,向另一端平行匀速移动滴管,即可推出均匀的薄膜。本法适用于浆膜腔积液标本。⑤喷射法:用配有细针头的注射器将标本从左至右反复均匀地喷射在玻片上。本法适用于各种细针吸取的液体标本。⑥印片法:用手术刀切开病变组织块,立即将新鲜切面平放在玻片上,轻轻按印。本法适于动物剖检或为活体组织检查。

2. 涂片的固定

(1)固定液　脱落细胞学检查常用的固定液有3种。①乙醚酒精固定液:该固定液渗透性较强,固定效果好,适用于一般细胞学常规染色。②氯仿酒精固定液:又称卡诺氏固定液。③95%酒精固定液:制备简单,但渗透作用稍差。

(2)固定方法　①带湿固定:涂片尚未干燥即行固定的方法。适用于巴氏或HE染色的痰液、阴道分泌物及食管拉网涂片等。此法固定细胞结构清楚,染色新鲜。②干燥固定:涂片后待其自然干燥,再行固定。适用于瑞氏染色和姬姆萨染色的稀薄标本,如尿液、胃冲洗液等。

(3)固定时间　因标本性质和固定液不同而异,一般为15～30 min。含黏液较多的标本,如痰液、阴道分泌物、食管拉网等,固定时间应适当延长;尿液、胸、腹水等涂片不含黏液,固定时间可酌情缩短。

三、涂片的染色

1. 巴氏染色法

本法染色的特点是细胞具有多色性的染色效果,色彩鲜艳多样。涂片染色的透明性好,细胞质颗粒分明,细胞核结构清晰。例如,鳞状上皮过度角化细胞的细胞质呈橘黄色,角化细胞显粉红色,而角化前细胞显浅绿色或浅蓝色,适用于上皮细胞染色或观察阴道涂片中激素水平对上皮细胞的影响。此方法的缺点是染色程序比较复杂。

2. 苏木精-伊红染色法

该方法染色透明度好,核与胞质对比鲜明,步骤简便,效果稳定。适用于痰液涂片。

3. 瑞氏-姬姆萨染色法

本方法多用于血液、骨髓细胞学检查。细胞核染色质结构和细胞质内颗粒显示较清晰，操作简便。

第二节　脱落细胞检查

一、正常脱落细胞的形态

1. 正常脱落的上皮细胞

正常脱落的上皮细胞主要来自复层扁平上皮细胞（鳞状上皮）和柱状上皮细胞。

(1)*复层扁平上皮细胞*　覆盖于皮肤、口腔、食道、阴道的全部，子宫颈、喉部、鼻咽的一部分以及全身皮肤。

(2)*柱状上皮细胞*　柱状上皮细胞主要覆盖于鼻腔、鼻咽、支气管、胃、肠、子宫颈管、子宫内膜及输卵管部位。其在组织学上分为单层柱状上皮细胞、假复层纤毛柱状上皮细胞和复层柱状上皮细胞3种类型。

(3)*上皮细胞成团脱落时的形态特点*　①鳞状上皮细胞：基底层细胞呈多角形，大小一致，核一致，距离相等，呈嵌铺砖状。②纤毛柱状上皮细胞：细胞常聚合成堆，细胞间界限不清楚，呈融合体样，可见细胞核互相堆叠，细胞团的边缘有时可见纤毛。③黏液柱状上皮细胞：细胞呈蜂窝状结构，胞质内含大量黏液，细胞体积较大。

2. 脱落上皮细胞的变性

细胞脱落后，血液供应中断，由于缺乏氧气、营养和表面酶的作用，很快发生变性直至坏死。

3. 脱落的非上皮细胞成分

涂片中脱落的非上皮细胞成分又称背景成分，包括血细胞、黏液、坏死物、细菌团、真菌、植物细胞、染料沉渣和棉花纤维等。

二、炎症时脱落细胞的一般形态特征

1. 上皮细胞的一般形态变化

上皮细胞在不同的炎症时反应亦不同。急性炎症时，上皮细胞主要表现为变性和坏死；慢性炎症时，上皮细胞则主要表现为增生、再生和化生，并有不同程度的变性、坏死。

(1)*鳞状上皮细胞*　炎症时基底层和中层细胞的改变较为明显，主要是细胞核的改变，有时细胞形态也有一定程度的改变。细胞核表现为核肥大、核异形、核固缩和核碎裂。

(2)*柱状上皮细胞*　炎症时，纤毛柱状上皮细胞改变较明显，常成片或成排脱落，细胞核体积缩小，核形轻度不规则，染色变深，有的为正常细胞核的一半大小，此外可见含2个核以上的多核重叠状。细胞体积缩小，呈小锥形，胞质染成深红色。

(3)*病毒感染所致上皮细胞形态改变*　与脱落细胞学检查有关的病毒感染性疾病主要在呼吸道、阴道和泌尿道。细胞内出现包涵体，对检查病毒感染有参考意义。

2. 上皮细胞增生、再生、化生时的脱落细胞形态

(1)增生　指非肿瘤性增生,多由慢性炎症或其他理化因素刺激所致上皮细胞分裂增殖增强,数目增多,常伴有细胞体积增大。涂片中上皮细胞增生的共同特点是:核增大,可见核仁;胞质内 RNA 增多,蛋白质合成旺盛,故胞质嗜碱性;胞质相对减少,核质比略大;核分裂活跃,可能出现双核或多核细胞。

(2)再生　上皮组织的损伤由邻近健康上皮的生发层细胞分裂增生修复称再生。由于再生上皮细胞未完全成熟,易于脱落,故在涂片中除见再生上皮细胞外,还可见增生活跃的基底层细胞。再生细胞的形态与增生的上皮细胞相似,常见数量不等的炎症细胞。

(3)化生　已分化成熟的组织,在慢性炎症或其他理化因素作用下,其形态和功能均转变成另一种成熟的相同组织的过程称为化生。鳞状细胞化生是由基底层开始,逐渐推向表面,所以有时表面尚残存部分原来的成熟柱状上皮细胞,常见于鼻腔、鼻咽、支气管、子宫颈等部位。完全成熟的鳞状化生上皮细胞与正常鳞状上皮细胞难以区别。化生部位常伴有慢性炎症,故涂片中常常可见各种类型炎症细胞。

3. 各类型炎症的脱落细胞特征

(1)急性炎症　涂片中见上皮细胞常有明显变性,有较多坏死细胞碎屑、中性粒细胞和巨噬细胞。巨噬细胞胞质内吞噬有坏死细胞碎屑,此外还可见红染无结构、呈网状或团块状的纤维素。

(2)亚急性炎症　涂片中除变性上皮细胞和坏死细胞碎屑外,尚见增生的上皮细胞。中性粒细胞、单核细胞、淋巴细胞及嗜酸粒细胞常同时存在。

(3)慢性炎症　涂片中见较多成团的增生上皮细胞,炎症细胞则以淋巴细胞或浆细胞为主,变性、坏死的细胞成分减少。

(4)特异增生性炎症　即肉芽肿性炎症,如结核、副结核性肠炎。结核性肉芽肿是最常见的肉芽肿性炎症,以形成结核结节为特征。组织学上结核结节由类上皮细胞、朗罕巨细胞和淋巴细胞组成,中央常发生干酪样坏死,成红染的无结构颗粒状。

三、恶性肿瘤脱落细胞的一般形态

恶性肿瘤脱落细胞涂片中常见较多坏死碎屑及红细胞,由于恶性肿瘤易发生出血坏死,故在此背景中可找到肿瘤细胞。若有继发性感染,尚可发现多少不等的中性粒细胞。恶性肿瘤的瘤细胞具有明显的异型性,表现为:肿瘤细胞核增大、大小不等;核染色质深染、粗糙;核畸形,核与胞质比例失常,核仁增大数目增多;核分裂多及病理性核分裂;瘤巨细胞和多核巨细胞,裸核肿瘤细胞等。

上皮细胞组织发生的恶性肿瘤称为癌,有上皮组织特点,即成巢性。涂片中除见单个散在癌细胞外,还见成团脱落的癌细胞。癌细胞团中,细胞形态、大小不等,排列紊乱,失去极性。由于癌细胞迅速繁殖,互相挤压,可呈镶嵌或堆叠状。

四、脱落细胞涂片结果的记录

为了提高诊断率和防止造成差错,检查涂片前必须严格核对涂片编号,了解送检单的资料;阅片要全面、认真,详细记录阅片结果。

(杨玉荣)

第十七章 活体组织检查

第一节 概述

活体组织检查(biopsy)是用不同的方法,如手术、钳取、针刺抽吸和刮取,从患畜身体病变部位获取小块病变组织作病理检查,以协助临床疾病诊断的方法。由于检查的组织取自活体,故称为活体组织检查,又简称为活检。活检是诊断病理学中最重要的部分,对绝大多数送检病例都能做出明确的组织病理学诊断,被作为临床的最后诊断。

活体组织检查的优点是材料新鲜,保持活组织状态,可以在疾病的各个阶段取材;缺点是不能在活动物身上任意取材,不能做全面系统的检查,取材有局限性。活检方法准确可靠,能及时提供诊断意见,以供治疗时参考。在多数情况下,活检可以作为疾病诊断的最终确定性方法。

活体组织检查方法在临床上是极其常用的病理诊断方法。例如,在动物医院宠物的肿瘤病、皮肤病、某些消化道疾病的诊断中常用活检法;在畜禽的某些群发病诊断中,也可用活体组织检查法,如口蹄疫或水疱病的生前诊断取水疱液作检查。对珍稀动物的疾病诊断(如大熊猫等),活体组织检查可能更具优势。

活检的目的为:确定疾病性质,为疾病诊断提供重要的线索;了解病变范围,估计结局及预后;帮助制订治疗方案,验证治疗效果;验证及观察药物疗效,为临床用药提供参考依据;在器官移植中,用活检帮助判断有无排异现象;参与临床科研,发现新的疾病或新的类型,为临床科研提供病理组织学依据。

一、活体组织检查的种类

活体组织检查有多种方法,主要包括以下 4 类。

1. 体表浅层组织检查

若病变组织部位表浅(如皮肤、子宫颈)或在手术中取标本,则多切取小块组织进行活检。

2. 内窥镜活体组织检查

对腔状器官(如消化道、呼吸道)可通过内窥镜采取活检组织,如用胃镜、乙状结肠镜、腹腔镜、支气管镜和膀胱镜等。

3. 穿刺或抽吸活体组织检查

病变组织在深部(如肝、肾、脑),则多用较粗的特制针头作针刺组织活检。有时还要用 X 射线透视等影像仪器导向,以保证穿刺成功。为了减少对组织的损伤,可作细针穿刺涂片进行细胞学检查。这一方法可用于肺、乳腺、甲状腺等部位的病变。

4. 手术切片检查

把手术切除的组织固定后切片，染色，作病理组织检查。

二、活体组织取材的一般程序与注意事项

1. 标本的肉眼观察

观察标本的形状、大小、质地、表面与切面、组织结构特征以及有无包膜和被膜。

2. 标本的选择

①在肉眼观察的同时，选取病变处组织块，在申请单背面记录取材组织块的数目和取材部位，以便核对。组织的采取应在正常与病灶交界之处，还应包括包膜部分，必要时可多取材，观察包膜有无浸润。

②在切取组织块的时候，切勿挤压或损伤，以免造成人为的病变。

③切下的组织块应尽量防止其弯曲扭转，应先平展于纸板上，黏着以后，慢慢地放入固定液中。

④组织的厚度一般不应超过 0.3 cm，其大小不宜超过 1.5 cm^2，这样较易固定、脱水和包埋。

⑤各组织应包括脏器的重要结构，如肾脏应包括皮质、髓质和肾盂，有浆膜的脏器(如肺和肝等)组织中，要有一块带有浆膜。

⑥骨或钙化组织，包埋前应进行脱钙。

⑦为防止不同标本之间的相互污染，在每例标本取材后，必须把取材刀、剪、镊、检验台及切板流水洗干净，其余标本保留 1～3 个月备查后，方可弃掉。

3. 组织取材的注意事项

组织标本的取材常常受到各种因素的影响，如各种内窥镜钳取的组织，常因过度挤压而变形，严重者组织结构被破坏。为了避免上述缺点，组织取材时应注意：活检钳的刀口必须锋利，以免组织受挤压，取材部位必须是主要病变区；必须取病灶与正常组织交界区；必要时，取远离病灶区的正常组织作对照；手术切除的内脏器官或较大肿瘤，最好将标本全部送检，并保持原病变的完整性，如果要切开，应根据不同器官病变按一定的方法切开。

三、活检组织的固定

送作病理检查的标本必须新鲜，不能自溶腐败，离体的标本应立即予以固定。常用 10% 的福尔马林固定，也可用 95% 的酒精固定。固定液的量要充足，至少 5～20 倍于标本体积，以使固定液全部淹埋组织为宜。放标本的容器大小要适当，口径要大，以便于标本保持原样固定和便于取出。放标本的容器要密封，以免固定液挥发浓度不足而影响固定效果。

四、活检切片的制作方法

活检组织一般常用石蜡包埋，切片用苏木精-伊红(HE)染色。根据病理诊断的需要，也可选用其他特殊染色，在 1～4 d 内做出病理诊断。为了满足临床快速诊断的需要，也可采用快速石蜡包埋切片法，用此法可在 1～2 h 内发出病理诊断报告。冰冻切片法是用液体二氧化碳或半导体制冷器迅速将组织冷冻成硬块，用冷冻切片机切片，这个过程一般可在 30 min 内完成，以满足手术台边的紧急诊断需要。箱式恒冷切片机是在 −25℃ 的冰箱内进行切片，大大提

高了冰冻切片的质量，有利于诊断的正确性。由于活检组织经常体积很小或细胞不多，但活检诊断又常要指导治疗方案，所以诊断过程中要特别仔细与慎重。

第二节　临床常用活体组织检查

一、淋巴结病变的组织学检查

局部或全身淋巴结肿大的病畜，在临床上很难进行鉴别诊断，但通过组织学检查常能区分是炎症反应还是肿瘤病变，有时还可发现转移性肿瘤的存在。

急性淋巴结炎时，淋巴结毛细血管充血，淋巴窦明显扩张，内含浆液，窦壁细胞肿大、增生，有时在窦内大量堆积。扩张的淋巴窦内，通常还有不同数量的中性粒细胞、淋巴细胞和浆细胞，而巨噬细胞内常有吞噬的致病菌、红细胞、白细胞。因水肿，淋巴小结内的淋巴细胞显得相当疏松。

坏死性淋巴结炎时，见淋巴组织坏死，其固有结构破坏，细胞崩解，形成大小不等、形状不一的坏死灶，有的坏死灶内有大量红细胞。坏死灶周围充血、出血，并可见中性粒细胞和巨噬细胞浸润。在弓形虫病和泰勒焦虫病时，常可在巨噬细胞胞浆内见有原虫。淋巴窦扩张，其中有多量巨噬细胞，出血明显时有大量红细胞，也可见白细胞和组织坏死崩解产物。

慢性淋巴结炎时，淋巴结以淋巴细胞增生为主。此时淋巴小结增大、增多，并具有明显的生发中心；皮质、髓质界限消失，淋巴窦也被增生的淋巴组织挤压或占据，仅见淋巴细胞弥漫地分布于整个淋巴结。在淋巴细胞之间也可见巨噬细胞有不同程度的增生，有时还可见浆细胞散在分布或小灶状集结。充血和渗出现象不明显，偶见少量白细胞浸润和细胞的变性、坏死。结核、马鼻疽、布鲁氏菌病和副结核病时的慢性淋巴结炎及霉菌性淋巴结炎，通常在淋巴细胞增生的同时还有上皮样细胞及郎罕氏巨细胞增生。

淋巴肉瘤的淋巴结或淋巴小结的正常结构部分或全部消失，被一片呈弥漫性增生的幼稚淋巴细胞或成淋巴细胞所代替。前者分化较成熟，细胞圆而小，核深染，只有少许胞质，与正常淋巴细胞极相似，细胞体略大且常见核分裂象（正常小淋巴细胞不应有分裂象），瘤细胞间可见结缔组织的纤维小梁呈玻璃样变，称为淋巴细胞型淋巴肉瘤。后者分化程度低，细胞体积较大，胞质较多，核染色较浅，形状和成淋巴细胞相似，也可见核分裂象，有时还出现多核瘤细胞，称为成淋巴细胞型淋巴肉瘤。

二、皮肤与皮下组织病变的检查

本项检查的首要目的是进行炎症与非炎症的鉴别诊断，进而再鉴别非炎症损害是属于肿瘤性还是非肿瘤性的。在炎性损害中，炎性细胞（中性粒细胞、巨噬细胞、嗜酸性粒细胞、淋巴细胞和浆细胞）占优势，有时还可见到病原体。在属于非肿瘤的非炎性损害中，主要有 3 种情况：①一种被称为产生角蛋白（keratin）的损害，表皮囊会产生角蛋白，这种损害生成一种由上皮细胞、角蛋白、脂滴、碎片以及偶有胆固醇结晶组成的白色絮状物质；②皮脂增生，主要由具有大量空泡的蓝色细胞浆的体积较大的细胞组成，细胞核呈卵圆形，具有明显的核仁；③涎囊肿，其内的液体含有体积较大的细胞，核小，胞浆呈蓝色空泡状，有粉红色颗粒以及数量不定的未变性的中性粒细胞。皮肤和皮下组织的肿瘤有上皮肿瘤、圆细胞肿瘤(肥大细胞瘤、组织细胞瘤、传染性肿瘤、皮肤淋巴肉瘤等)、纺锤形细胞肿瘤和脂肪瘤等。

三、深部组织损伤的检查

为了确定深部组织的病变性质,通常需要通过内腔镜或穿刺方法采取可疑病变器官组织进行活体组织检查。其首要目的是进行炎症与非炎症的鉴别诊断,进而再鉴别非炎症损害是属于肿瘤性还是非肿瘤性的。肿瘤性病变时,应判断肿瘤的良恶性程度和发展阶段。

(白　瑞)

参考文献

[1] 赵德明. 兽医病理学[M]. 3 版. 北京:中国农业大学出版社,2012.
[2] 黄克和,王小龙. 兽医临床病理学[M]. 2 版. 北京:中国农业出版社,2012.
[3] 邓干臻. 兽医临床诊断学[M]. 北京:科学出版社,2009.
[4] 李崇道. 兽医病理学[M]. 台北:黎明文化事业股份有限公司,2009.
[5] 王雯慧. 兽医病理学[M]. 北京:科学出版社,2012.
[6] 郑明学. 兽医临床病理解剖学[M]. 北京:中国农业大学出版社,2008.
[7] 梁英杰,凌启波,张威. 临床病理学技术[M]. 北京:人民卫生出版社,2011.
[8] 倪灿荣,马大烈,戴益民. 免疫组织化学实验技术及应用[M]. 北京:化学工业出版社,2006.
[9] 范国雄. 禽畜尸体剖检[M]. 北京:农业出版社,1986.
[10] 高丰,贺文琦. 动物病理解剖学[M]. 北京:科学出版社,2008.
[11] 董军. 宠物疾病诊疗与处方手册[M]. 2 版. 北京:化学工业出版社,2012.
[12] Alex Gough. 小动物医学鉴别诊断[M]. 夏兆飞,袁占奎,译. 北京:中国农业大学出版社,2010.
[13] 周庆国. 犬猫疾病诊治彩色图谱[M]. 北京:中国农业出版社, 2004.
[14] 迈克尔·沙尔. 犬猫临床疾病图谱[M]. 林德贵,译. 沈阳:辽宁科学技术出版社,2004.
[15] 白景煌. 养犬与犬病[M]. 北京:科学技术出版社,2001.
[16] 陈溥言. 兽医传染病学[M]. 5 版. 北京: 中国农业出版社, 2006.
[17] 汪明. 兽医寄生虫学[M]. 3 版. 北京: 中国农业出版社, 2006.
[18] 孙效彪,郑明学. 兔病防控与治疗技术[M]. 北京: 中国农业出版社, 2004.
[19] 朱瑞良. 兔病[M]. 北京: 中国农业出版社, 2010.
[20] 陈怀涛,赵德明. 兽医病理学[M]. 2 版. 北京: 中国农业出版社, 2010.
[21] 陈怀涛. 兽医病理解剖学[M]. 北京:中国农业出版社,2006.
[22] Stephen J Ettinger, Edward C Feldman. Veterinary internal medicine (seventh edition). Elsevier Health Sciences, 2009.
[23] Vinay Kumar, Abul K Abbas, Jon C Aster, et al. Robbins and Cotran Pathologic basis of disease (Eighth edition). Saunders Elsevier, 2010.
[24] 高俊峰,侯美如,李桂伟,等. 家兔球虫病研究进展[J]. 中国草食动物科学,2013,33(3):33-36.
[25] 李菁,林彤,宋帅,等. 口蹄疫病毒 L^{pro} 蛋白的致病机理[J]. 中国人兽共患病学报, 2010, 26(2):175-178.

[26] 李浩，刘洋，李长安. 多杀性巴氏杆菌病研究进展[J]. 畜牧兽医杂志，2011，30(2):31.
[27] 谢刚，王松雪，张艳. 超高效液相色谱法快速检测粮食中黄曲霉毒素的含量[J]. 分析化学研究报告，2013，2：223-228.
[28] 谷长勤，胡薛英，张万坡，等. 实验性雏鸭黄曲霉毒素中毒肝损伤的动态变化[J]. 中国兽医学报，2008，5：566-568.
[29] 孙建国，呼尔查，薛新梅. 猪亚硝酸盐中毒的诊断与防治[J]. 上海畜牧兽医通讯，2012，3：105-106.
[30] Magnoli A P，Texeira M，Rosa C A R，et al. Sodium bentonite and monensin under chronic aflatoxicosis in broiler chickens. Poultry science，2011，90(2):352-357.
[31] Gao Xiugong，Lin Hsiuling，Ray Radharaman，et al. Toxicogenomic Studies of Human Neural Cells Following Exposure to Organophosphorus Chemical Warfare Nerve Agent VX . Neurochemical Research，2013，5：916-934.